基础化学创新课程系列教材

分析化学

主　编　徐　溢　季金苟
副主编　胡晓荣　谭光群　王瑞琪

科学出版社
北　京

内 容 简 介

本书是在总结多年工科教学需求和经验的基础上编写的，保持了分析化学的理论体系，注重结合国家标准和行业标准等的现行做法，以强化工科应用为宗旨，同时配套数字资源，是一本集科学性、实用性和易读性于一体的教材。全书内容包括：绪论、分析数据处理和分析检验的质量保证、分析样品的采集与处理、酸碱滴定法、配位滴定法、氧化还原滴定法、沉淀滴定法、重量分析法和吸光光度法。

本书可作为高等理工院校和师范院校化学、化学工程与技术、制药工程、药学、环境科学与工程、材料科学与工程、农学等相关专业的分析化学教材，也可供其他分析测试相关领域的工作者和自学者参考。

图书在版编目（CIP）数据

分析化学/徐溢，季金苟主编. —北京：科学出版社，2023.6
基础化学创新课程系列教材
ISBN 978-7-03-075607-7

Ⅰ. ①分…　Ⅱ. ①徐…　②季…　Ⅲ. ①分析化学-高等学校-教材
Ⅳ. ①O65

中国国家版本馆 CIP 数据核字（2023）第 092116 号

责任编辑：侯晓敏　陈雅娴　李丽娇/责任校对：杨　赛
责任印制：张　伟/封面设计：迷底书装

科学出版社出版
北京东黄城根北街 16 号
邮政编码：100717
http://www.sciencep.com
北京厚诚则铭印刷科技有限公司印刷
科学出版社发行　各地新华书店经销
*
2023 年 6 月第 一 版　开本：787×1092　1/16
2024 年 1 月第二次印刷　印张：16 1/4
字数：416 000

定价：59.00 元

（如有印装质量问题，我社负责调换）

《分析化学》编写委员会

主　编　徐　溢　季金苟

副主编　胡晓荣　谭光群　王瑞琪

编　委　（按姓名汉语拼音排序）

陈　刚　胡晓荣　季金苟　金　燕

穆小静　孙永华　谭光群　王瑞琪

肖尚友　徐　红　徐　溢

前言

分析化学是化学、化学工程与技术、制药工程、药学、环境科学与工程、材料科学与工程、农学等的基础课程。分析化学包括化学分析和仪器分析两部分，在仪器分析方法迅猛发展的今天，化学分析作为分析化学学科的基础和支撑，依然具有不可替代的作用。化学分析的核心是基于化学反应对无机、有机和生物样本进行定性和定量分析，以及对复杂混合物进行定性和定量测试。

本书的内容主要包括分析数据的处理、分析过程的基础知识、滴定分析和重量分析，考虑到吸光光度法的定量分析大多建立在显色反应基础上，是化学分析和仪器分析的过渡，因此也纳入本书，对于仪器分析方法则另外成书。本书力求引导学生建立唯物辩证、严谨求实、批判创新和责任担当等理念，依据学科发展的特点和需要，在保持基础理论和知识体系完整性的基础上，结合国家标准和行业标准等的现行做法，注重针对工科专业学生对该课程知识点和实验技能的需求，考虑不同学校、不同专业的教学改革需求，在相关教学内容的设置以及内容的深度和广度上都有一定的拓展，体现了明显的工科特色。

本书在简要介绍各类分析方法的基本原理和相关基本概念的基础上，以测试方法及其应用为主体，减少内容零散性，增强知识点的内在逻辑关联性，突出方法的应用特征，引入数字资源拓展教学模式，通过拓展阅读介绍分析方法的发展历程、新技术和新趋势，使学生能够在全面掌握分析化学的基础知识和专业技能的同时，把握本学科当前的发展趋势。本书有助于学生掌握化学分析的方法和原理，了解其应用特点和应用领域，初步具备应用相关方法和技术解决科学实验、生产过程、质量监控等方面的分析测试问题的能力，对于培养学生求实创新、精益求精的科学精神具有重要意义。

本书由重庆大学、四川大学、成都理工大学、重庆工商大学等长期从事分析化学教学和科研的教师共同编写。各章具体分工为：第 1 章由胡晓荣和徐溢共同编写，第 2 章由陈刚和胡晓荣共同编写，第 3 章由季金苟编写，第 4 章由谭光群编写，第 5 章由孙永华编写，第 6 章由王瑞琪编写，第 7 章由金燕编写，第 8 章由肖尚友编写，第 9 章由穆小静、徐红编写。全书由重庆大学徐溢、季金苟和成都理工大学胡晓荣负责统稿。在此，感谢所有为本书出版付出时间与精力的老师和工作人员。

限于编者的水平和经验，书中不当之处在所难免，恳请各位专家和读者批评指正。

编　者

2022 年 6 月于重庆

目　录

第1章　绪　　论

【内容提要与学习要求】

本章要求学生对分析化学课程内涵有全面整体的了解，掌握不同分类方法下分析化学的分类、定量分析的分析过程以及每个过程的目的、滴定分析基本概念和对化学反应的要求、基准物质在分析化学中的地位和基准物质应满足的条件、标准溶液概念与配制方法、直接配制法和标定法，以及滴定分析的定量依据及有关计算。

1.1　分析化学的任务和作用

分析化学(analytical chemistry)是在原子和分子层面上对物质的含量、组成、结构和形态等进行测量和表征，提供含量、组成、结构和形态等相关信息，研究获取信息的最优方法与策略的学科。随着科学技术进步和社会经济发展对分析化学要求的提高，分析化学最近几十年经历了极大的拓展，其定义也在不断变化。目前普遍为人们所接受的是欧洲化学学会联合会(Federation of European Chemical Societies，FECS)的定义，即分析化学是发展和应用各种理论、方法、仪器和策略以获取有关物质在相对时空内组成和性质的信息的一门学科。

分析化学是认识物质世界的方法和手段，人类对物质世界的探索推动人类文明和科学技术的不断进步，以化学为基础的化工、材料、能源、生物、医药、农业、环境等学科的发展无不依赖于分析化学的发展。化工生产过程控制、原材料和产品质量监测、矿产资源勘探与综合利用、能源合理高效应用、新材料发现及其应用性开发、新药研制、疾病成因与治疗、农产品产量与品质提高、环境污染与治理无不需要分析化学，而分析化学工作者作为解决以上问题的参与者发挥着重要作用。通过分析物质各部分的组成成分、含量和结构，以获取物质体系信息，推断物质性质和变化过程，因此分析化学被称为科学技术的“眼睛”。

分析化学是高等学校化学、应用化学、化学工程与工艺、生物工程、制药工程、环境科学与工程、食品科学等专业的基础课程之一。分析化学知识和思维方式是各类专业人才培养中重要的知识和能力构成部分。学生通过分析化学课程的学习，掌握分析化学基本理论、基本知识和实验方法，养成严谨的科学态度、踏实细致的工作作风、实事求是的科学道德，形成分析—综合的研究性思维。

1.2　分析方法的分类

根据分析化学研究对象和方法原理、学科发展的程度，将分析方法进行了分类。根据不同的分类依据可将分析化学分为以下类别。

1.2.1　定性分析、定量分析和结构分析

根据分析任务和要求的不同，分析化学可分为定性分析(qualitative analysis)、定量分析

(quantitative analysis)和结构分析(structural analysis)。定性分析的任务是鉴定物质由哪些元素、原子团或化合物组成；定量分析的任务是测定物质中有关成分的含量；结构分析的任务是解析物质的分子结构、晶体结构或存在形态。

1.2.2 化学分析和仪器分析

根据测定原理的不同，分析化学分为化学分析和仪器分析。以物质之间的化学反应及其反应物之间的计量关系为基础的分析方法称为化学分析法(chemical analysis)。化学分析法是经典分析方法，包括滴定分析法(titrimetric analysis)和重量分析法(gravimetric analysis)，因为体积计量在滴定分析中发挥关键作用，因此滴定分析法又称为容量分析法(volumetric analysis)。化学分析法主要应用于常量组分(组分质量分数高于 1%)的测定，测定结果准确，相对误差一般在±0.2%左右。滴定分析操作快速简单、条件易于控制，是生产过程和科学研究中测定物质主要成分的常用定量分析方法。重量分析操作烦琐、耗时长，但具有很高的准确度，是早期分析化学的主要方法，现在仍是一些测定组分含量的标准方法。

以物质物理性质或发生化学反应时的物理化学性质为基础的分析方法称为物理分析法(physical analysis)或物理化学分析法(physicochemical analysis)，物理性质和物理化学性质参数的测定需要使用相应的仪器，因此也称为仪器分析法(instrumental analysis)。仪器分析法主要包括光学分析、电化学分析、色谱分析、质谱分析、核磁共振分析、放射化学分析、热分析及各种联用技术等。仪器分析法灵敏度高，可测定低含量的物质。

1.2.3 无机分析、有机分析和生物分析

根据被分析物质的类别，分析化学可分为无机分析(inorganic analysis)、有机分析(organic analysis)和生物分析(biological analysis)。分析对象不同，对分析方法的要求不同。另外，根据分析化学应用领域的不同，分析化学还可分为冶金分析、地质分析、环境分析、工业分析、食品分析、药物分析、材料分析等。

1.2.4 常量组分分析、微量组分分析、痕量组分分析和超痕量组分分析

根据被测组分在试样中相对含量的高低，可以把分析方法分为常量组分分析(major composition analysis)、微量组分分析(micro composition analysis)、痕量组分分析(trace composition analysis)和超痕量组分分析(ultratrace composition analysis)，相应的组分含量如表 1.1 所示。

表 1.1 分析方法根据被分析组分相对含量分类

分析方法	组分质量分数(用百分数表示)/%	组分质量分数
常量组分分析	＞1	$>10^{-2}$
微量组分分析	0.01～1	$10^{-4}\sim10^{-2}$
痕量组分分析	0.0001～0.01	$10^{-4}\sim10^{-6}$
超痕量组分分析	＜0.0001	$<10^{-6}$

1.2.5 常量分析、半微量分析、微量分析和超微量分析

根据分析过程中需要试样量的多少，可以将分析方法分为常量分析(macro-analysis)、半微

量分析(semimicro-analysis)、微量分析(micro-analysis)和超微量分析(ultramicro-analysis)，相应的试样取样量如表 1.2 所示。

表 1.2　分析方法根据试样用量多少分类

分析方法	试样质量/mg	试液体积/mL
常量分析	＞100	＞10
半微量分析	10～100	1～10
微量分析	0.1～10	0.01～1
超微量分析	＜0.1	＜0.01

要注意区分以上两种分类方法的不同，一种是基于被测组分在被分析物中的相对含量高低来分类，另一种是基于分析过程中取样量多少来分类。如果分析方法检测不到痕量或超痕量组分时，可以增大取样量，通过分离富集实现对低含量组分的测定，此时可称为对痕量组分的常量分析。例如，取 1 L 地表水加入三价铁盐，调节酸度形成 $Fe(OH)_3$ 后共沉淀分离痕量组分 As、Cd、Co、Cr、Cu、Ni 等元素，然后再采用火焰原子吸收法测定。随着科学技术的发展，能分析越来越少的试样、测定越来越低的含量，如毛细管电泳用于单个细胞成分分析，分离后的单个细胞用电迁移或流体动力学方法整个进入毛细管内，在毛细管内溶解细胞膜释放细胞内物质，再用高压电泳分离检测其中的超痕量组分。

1.2.6　例行分析和仲裁分析

根据分析过程的性质，可以将分析检测活动分为例行分析(routine analysis)和仲裁分析(arbitration analysis)。一般分析实验室对日常生产过程监控、产品质量指标的检测分析称为例行分析；不同企业或部门间对产品质量或分析结果有争议时请权威分析测试部门进行裁判的分析称为仲裁分析。

1.3　定量分析过程

定量分析的主要任务是测定物质中一种或多种组分的含量。定量分析过程多种多样，大体可以分为样品采集、样品分解和试样制备，干扰组分的分离和分析方法的选择，分析结果的表达和对分析结果的评价三个阶段。

1.3.1　样品采集、样品分解和试样制备

样品采集的基本要求是样品必须对研究对象具有高度的代表性，即样品的成分平均值应能提供研究对象总体的无偏估计，样品间测定值的不同应能反映总体各部分之间的差异。对于不同的研究对象，有相应的国家标准或行业标准规定具体的采样方法和采样量。一个好的采样方案应该是在给定的人力、物力和时间下，能对总体做出尽可能精确和可靠的结论。样品采集后，送往实验室的过程中应该采取必要措施保护样品不受污染、组成和形态不发生改变。

目前建立的分析方法多为湿法分析法，即将样品中的待测组分或全部成分溶解在水中或其他溶剂中再进行测定。液体样品适合大多数分析方法的测试，故一般不需额外处理就可以

用于测定；对于固体吸附或过滤采集的气体样品，可通过加热脱附或用适当的溶剂溶解，洗脱后用于分析，一般也不需经试样制备即可直接用于分析；对于固体样品，通常不能直接用于分析，要经过粉碎、过筛、混合和缩分等，再用适当的方法分解于溶剂中，使其成为适合湿法分析所需的试样。

1.3.2 干扰组分的分离和分析方法的选择

如果分析试液比较简单，共存组分对被测组分的测定不产生干扰，可以直接进行测定；反之则需要对共存组分进行掩蔽或分离(详见第 3 章)。

随着分析化学的发展，基于不同的分析原理、分析对象和分析要求，同一种组分可能有多种分析方法，在分析实践中需要根据实际情况选择合适的分析方法。分析方法的选择主要依赖于分析工作者对分析方法原理、应用对象和受干扰因素等的了解，如常量组分分析一般选用滴定分析法，微量和痕量组分分析一般采用检测灵敏度更高的仪器分析方法。

1.3.3 分析结果的表达和对分析结果的评价

1. 分析结果的化学表示形式

分析结果的表示包含被测物的化学形式和含量形式两个方面。试样中的组分有一定的存在形式，如氮元素在试样中可能以铵盐(NH_4^+)、硝酸盐(NO_3^-)、亚硝酸盐(NO_2^-)、蛋白质等形式存在，通常以其本来的存在形式表达氮的测定结果。有机物通常以分子式或结构式表示。但是有时检测成分在样品中的实际存在组分形式未知或存在多种形式，这时需要从分析目的出发来表达结果，如电解质溶液成分经常以离子表示；矿物和岩石分析以元素或元素氧化物表示，如表示为 Fe、Al、Cu、Pb、Zn 或 Fe_2O_3、Al_2O_3、CaO、MgO、TiO_2、P_2O_5 等；水样中有机污染物按分析方法不同表示为生化需氧量(biochemical oxygen demand，BOD)或化学需氧量(chemical oxygen demand，COD)。

2. 分析结果的含量表示方法

获得测试数据后应该根据分析试样的质量、化学反应的计量关系、仪器信号值与检测成分质量关系、稀释倍数等计算出被测组分在试样中的含量。固体样品组分含量通常表示为相对含量，最常用的是质量分数(mass fraction，$m_{组分} / m_{试样}$)w，常量组分一般用百分数(%)表示，微量组分一般表示为百万分之一(10^{-6}，即 $mg \cdot kg^{-1}$)或十亿分之一(10^{-9}，即 $\mu g \cdot kg^{-1}$)。

液体样品组分含量常用物质的量浓度(molarity，$mol \cdot L^{-1}$)或质量浓度(mass concentration，如 $g \cdot L^{-1}$、$mg \cdot L^{-1}$、$\mu g \cdot L^{-1}$等)表示。

气体样品组分含量常用体积分数(volume fraction)或质量浓度表示。

3. 分析结果的评价

在任何分析测试中，误差(error)都是不可避免的，表现为同一个人或实验室在完全相同的条件下对同一个样品进行重复测定，也不可能得到完全一致的结果。要获得准确的结果，需要对分析过程的误差来源和性质进行分析，采取有效措施降低误差，对误差的大小进行检验，对分析方法可靠性进行评价，对测定结果的准确性进行统计学检验。

最后要强调的是，分析化学必须能解释结果并对样品分析这件事需要解决的问题给出答案。

1.4 化学分析法概述

化学分析法包括滴定分析法和重量分析法。滴定分析法有酸碱滴定法、配位滴定法、氧化还原滴定法和沉淀滴定法。重量分析法包括沉淀法(precipitation method)、气化法(gasification method)和电解法(electrolytical process)等。各滴定方法和重量分析法的原理在后面章节进行叙述，以下对滴定分析法的共性进行概述。

1.4.1 滴定分析法的过程和特点

滴定分析法是将已知准确浓度的标准滴定溶液[简称标准溶液(standard solution)]滴加到一定体积的被测物质溶液中，直到被测物质与滴加试剂按照确定的计量关系定量反应完全为止，根据标准溶液浓度和滴加体积、被测物质溶液体积和化学反应计量关系计算出被测溶液浓度。

通常将已知准确浓度的溶液称为滴定剂(titrant)，将滴定剂从滴定管中加入被测物质中的操作称为滴定(titration)，滴定剂与被测物质按照确定化学计量关系反应完全的点称为化学计量点(stoichiometric point，sp)，简称计量点。化学计量点是理论上的一个概念，实际工作中通常采用指示剂(indicator)在计量点附近变色来确定反应是否发生完全，指示剂变色停止滴定的点称为滴定终点，简称终点(end point，ep)。滴定终点与化学计量点不一定吻合，由此造成的误差称为终点误差(end point error，E_t)。例如，食醋主要成分是乙酸(HAc)，还含有少量其他有机酸，用 0.10 $mol \cdot L^{-1}$ NaOH 测定食醋的总酸度，可以用酚酞作指示剂，滴定过程中如果假设被滴定溶液 HAc 的浓度与 NaOH 相当，计算可得化学计量点 pH 为 8.72。随着 NaOH 标准溶液的滴入，当酚酞由无色变为微红色时停止滴定，此时滴定到达终点，其 pH 为 9.1。该方法终点 pH 与计量点 pH 不同引起的误差称为终点误差，相对误差约为 0.02%。

滴定分析法简便、快速、准确度高，可用于多种常量元素和化合物含量的测定，是物质主成分分析的标准方法，广泛应用于生产过程控制和产品质量检测。但是滴定分析灵敏度低，选择性差，不适合微量和痕量组分分析。

1.4.2 滴定分析对化学反应的要求

滴定分析依据化学反应按照确定计量关系完全反应而建立，因此只有满足以下条件的化学反应才能应用于滴定分析。

(1) 反应必须有确定的化学计量关系，即反应按一定的化学反应方程式进行。

(2) 反应必须定量进行，反应完全程度达到 99.9%以上。

(3) 反应必须有较快的反应速率，这样在滴定剂滴入后才能瞬间建立反应平衡，判断滴定是否到达终点。对于速率慢的反应，可以通过加热或加入指示剂来提高反应速率。

(4) 必须有简便适当的方法确定滴定终点，如由指示剂和仪器确定。

(5) 共存物不干扰测定。

1.4.3 滴定分析方法和方式

滴定分析方法按反应类型可分为以下几类：

(1) 酸碱滴定法(acid-base titration)，是以质子传递反应为基础的滴定分析方法。能与强酸或强碱直接或间接完全反应的物质都可以用此法滴定。

(2) 配位滴定法(complexometry)，是以配位反应为基础的分析方法(又称络合滴定法)。常用乙二胺四乙酸的二钠盐(简称 EDTA)作为配位剂滴定金属离子。

(3) 氧化还原滴定法(redox titration)，是以氧化还原反应为基础的滴定分析方法。常用氧化剂有高锰酸钾、重铬酸钾、溴酸钾、硫酸铈等；利用单质碘的氧化性和碘离子的还原性，还原剂硫代硫酸钠滴定单质碘的方法称为碘量法。

(4) 沉淀滴定法(precipitation titration)，是以沉淀反应为基础的分析方法，主要有生成难溶银盐的银量法，可用于测定 Ag^+、Cl^-、Br^-、I^-、SCN^- 等离子。

滴定分析方法按滴定方式可分为以下几类：

(1) 直接滴定法(direct titration)，即用标准溶液直接滴定待测物质。凡是满足滴定分析对化学反应要求的反应，都可用直接滴定法。直接滴定法是滴定分析中最常用和最基本的方法。例如，用盐酸标准溶液直接滴定工业碱($Na_2CO_3 + NaHCO_3$)总碱度。

(2) 返滴定法(back titration)，即在被测物质中加入过量的标准溶液，待反应结束后，再用另一种标准溶液滴定过量部分的标准溶液。有些反应速率慢或反应物为固体或气体的反应，可采用返滴定法。例如，EDTA 与铝离子反应速率慢，需要加入过量 EDTA 标准溶液并加热，配位反应才能反应完全，当配位反应结束后用锌标准溶液滴定过量部分的 EDTA；白云石中碳酸盐的测定采用在固体粉末样品中加入过量的盐酸标准溶液，反应结束后用氢氧化钠标准溶液滴定过量部分的盐酸。

(3) 置换滴定法(replacement titration)，即通过一个置换过程定量生成一种可以与标准溶液定量反应的物质，用标准溶液滴定这种物质，从而建立起标准溶液和被测物质之间的计量关系的方法。如果标准溶液与被测物质之间的反应不具有确定的计量关系，可采用置换滴定法。例如，$K_2Cr_2O_7$ 与 $Na_2S_2O_3$ 之间的反应，酸性溶液中 $Na_2S_2O_3$ 可被氧化为 $S_4O_6^{2-}$ 及 SO_4^{2-} 等产物，反应没有确定的计量关系，但是 $Na_2S_2O_3$ 却是一种很好的滴定 I_2 的滴定剂，因此可以在 $K_2Cr_2O_7$ 溶液中加入过量的 KI 定量生成 I_2，再用 $Na_2S_2O_3$ 滴定 I_2，从而间接建立起 $K_2Cr_2O_7$ 和 $Na_2S_2O_3$ 之间的计量关系。氧化还原滴定中的间接碘量法都是利用置换滴定的方法。

(4) 间接滴定法(indirect titration)，即预先通过其他反应使被测物转变成能与标准溶液定量反应的产物，再用标准溶液滴定这种物质，从而建立起标准溶液和被测物质之间的计量关系的方法。对于不能直接与滴定剂反应的物质，可以采用间接滴定法。例如，氟硅酸钾滴定法测定硅酸盐试样中 SiO_2 的含量，硅酸盐试样经 KOH 熔融分解后，转化为可溶性硅酸盐，它在强酸介质中与 KF 生成难溶的氟硅酸钾沉淀。将沉淀过滤洗涤，加入沸水使其水解，生成的 HF 可用 NaOH 标准溶液滴定。反应方程式如下：

$$2K^+ + SiO_3^{2-} + 6F^- + 6H^+ \longrightarrow K_2SiF_6 \downarrow + 3H_2O$$

$$K_2SiF_6 + 3H_2O \longrightarrow 2KF + H_2SiO_3 + 4HF$$

间接滴定法和置换滴定法没有本质的区别，有些教材中并不加以区分。返滴定法、置换滴定法和间接滴定法大大拓展了滴定分析方法的应用范围。

滴定分析的溶液一般为水溶液，对于某些水溶性不好的物质，可采用非水溶剂。例如，食用油酸价的测定采用中性乙醇和乙醚混合溶剂溶解油样，KOH 标准溶液进行滴定。

1.4.4 滴定分析中常用的量入式和量出式量器

在滴定分析中，用来量取液体的量器较多，要注意量入式(in-quantity style，简写为 In)和量出式(ex-quantity style，简写为 Ex)的区别。量入式是指在给定温度下(通常是 20℃)，当液体(通常为水)达到标线时的液体体积。相对于量入式而言，量出式考虑了液体流出后的挂壁现象，在测量时将挂壁的体积包含在测量的刻度内，即量器内液体体积=标称体积+挂壁体积。量入式容器不考虑挂壁现象，量器内液体体积与标称体积相符。

1. 滴定管

滴定管(buret)是用于放出液体的量出式量器，主要用于准确测量滴定时标准溶液的流出体积。GB/T 12805—2011《实验室玻璃仪器　滴定管》规定，滴定管可分为无塞滴定管(下端用胶管连接尖嘴玻璃管，胶管内装有玻璃珠，习惯上称为碱式滴定管)、具塞滴定管(下端有玻璃磨口旋塞，习惯上称为酸式滴定管)、三通活塞滴定管和三通旋塞自动定零位滴定管等多种。常用的为无塞滴定管和具塞滴定管，标称容量有 5 mL、10 mL、25 mL、50 mL 和 100 mL 等。

不同标称容量的滴定管，其最小分度值并不完全相同，最常用的是 25 mL 和 50 mL 滴定管，最小分度值为 0.1 mL，可估读到 0.01 mL，测量溶液体积读数最大误差为 ±0.02 mL。

2. 容量瓶

容量瓶(volumetric flask)是用来配制标准溶液的量入式精密量器。滴定分析中用到的容量瓶主要为单标线容量瓶，GB/T 12806—2011《实验室玻璃仪器　单标线容量瓶》规定，单标线容量瓶有圆锥形容量瓶和梨形容量瓶，多带有磨口塞或塑料塞，瓶颈上有环形标线，标称容量主要有 5 mL、10 mL、20 mL、25 mL、50 mL、100 mL、200 mL、250 mL 和 500 mL 等。

3. 吸量管

吸量管(pipet)是用于准确移取一定体积溶液的量出式玻璃量器，有单标线吸量管(习惯上称为移液管)和分度吸量管(习惯上称为吸量管)两类。

单标线吸量管中间通常有一膨大部分，管颈上部刻有一环形标线。

GB/T 12807—2021《实验室玻璃仪器　分度吸量管》规定，分度吸量管有不完全流出式分度吸量管、完全流出式分度吸量管、有等待时间分度吸量管和吹出式分量吸量管，常用的为不完全流出式分量吸量管，规格有 2 mL、5 mL、10 mL、25 mL、50 mL 等。

量取较大体积的液体时，单标线吸量管标线部分管径较小，准确度较高，分度吸量管读数的刻度部分管径较大，准确度稍差。因此，当量取整数体积的溶液时，最好用相应单标线吸量管而不用分度吸量管。

4. 量筒

量筒(graduated measuring cylinder)是用来量取液体的一种量器，有无塞量筒和具塞量筒。GB/T 12804—2011《实验室玻璃仪器　量筒》规定，量筒有量入式和量出式两类，量入式量筒用符号“In”表示；量出式量筒用符号“Ex”表示，实验室常用的是量出式量筒，规格有 5 mL、10 mL、25 mL、50 mL、100 mL、250 mL、500 mL 等。不同规格的量筒其最小分度值不同，如 5 mL 的为 0.1 mL，10 mL 的为 0.2 mL，25 mL 的为 0.5 mL 等。量筒规格越大，管径越粗，由读数造成的误差也越大。实验中应根据所取溶液的体积，尽量选用能一次量取的最小规格的量筒。

1.5 基准物质和标准溶液

1.5.1 基准物质

滴定分析是一种相对测定方法，被测物质的含量通过化学反应的计量关系和消耗滴定剂的物质的量相联系，这就需要知道滴定剂的准确浓度。已知准确浓度的溶液称为标准溶液，能用于直接配制或标定标准溶液的物质称为基准物质(primary standard)。标准溶液可以通过分析天平的基准物质称量值和定容体积直接计算出其准确浓度。基准物质需要满足以下条件：

(1) 试剂的组成与化学式完全相符，这是进行浓度计算的基础。若试剂含结晶水，如 $H_2C_2O_4 \cdot 2H_2O$、$Na_2B_4O_7 \cdot 10H_2O$ 等，其结晶水的含量应符合化学式。

(2) 试剂的纯度足够高(质量分数在 99.9%以上)。

(3) 试剂稳定，不易分解，也不易与空气中的 O_2 和 CO_2 发生反应，不易吸收空气中的水分等。

(4) 试剂参与滴定反应时应满足滴定分析对反应的要求。

(5) 试剂最好有较大的摩尔质量，这样称样质量较大，称量相对误差较小。

可以通过提纯用作基准物质的有纯化合物和纯金属，如 Na_2CO_3、硼砂($Na_2B_4O_7 \cdot 10H_2O$)、草酸($H_2C_2O_4 \cdot 2H_2O$)、邻苯二甲酸氢钾($KHC_8H_4O_4$)、$K_2Cr_2O_7$、$KBrO_3$、$Na_2C_2O_4$、$CaCO_3$、NaCl、As_2O_3、Cu、Zn、Pb、Fe 等。这些物质可以将纯度提高到 99.9%以上，有些甚至可达 99.99%以上。

有些标示为超纯或光谱纯的试剂虽然纯度很高，但只是表明其中的特定杂质项含量低，其主成分含量并不一定能够达到 99.9%以上，可能含有不固定的水分和气体或试剂本身组成不恒定，因此基准物质的认定应慎重，不能只看试剂的标示纯度。

1.5.2 标准溶液

标准溶液的配制方法有直接配制法和标定法(间接配制法)。

1. 直接配制法

用分析天平准确称取一定质量的基准物质，溶解后定量转移到一定体积的容量瓶中，根据基准物质的质量和定容体积计算溶液的浓度。例如，用分析天平称取 0.2618 g $CaCO_3$，用 6 mol · L^{-1} HCl 溶解后，定量转移至 250.0 mL 容量瓶中，定容，Ca^{2+}标准溶液的浓度为 0.01047 mol · L^{-1}。

2. 标定法

很多物质不是基准试剂，其准确浓度不能根据称样质量和配制体积来计算。这些物质可以先配制为近似浓度溶液，再采用基准物质对其浓度进行标定来确定其准确浓度。酸碱滴定中的 HCl、NaOH 标准溶液，配位滴定中的 EDTA 标准溶液，氧化还原滴定中的 $KMnO_4$、$Na_2S_2O_3$ 标准溶液，沉淀滴定中的 $AgNO_3$ 标准溶液都只能采用标定法进行配制。

【例 1.1】　配制近似浓度为 0.1 mol · L^{-1} 的 1 L HCl 标准溶液。

解　在通风橱中，用量筒取约 9 mL 浓盐酸(近似浓度 12 mol · L^{-1})，倒入装有适量蒸馏水的试剂瓶中，稀释至 1 L。在分析天平上准确称取基准试剂硼砂或碳酸钠对其浓度进行标定。如果称取硼砂 0.5479 g 于锥形瓶中，加入 20～30 mL 蒸馏水溶解，以甲基红为指示剂，颜色由红色变为微红色为终点，消耗 HCl 溶液 26.48 mL，该 HCl 标准溶液的准确浓度为 0.1086 mol · L^{-1}。

【例 1.2】　配制近似浓度为 0.1 mol · L^{-1} 的 1 L NaOH 标准溶液。

解　在台秤上称取固体 NaOH 4 g 于烧杯中，加 100 mL 蒸馏水溶解，倒入试剂瓶中，稀释至 1 L。在分析天平上准确称取基准试剂邻苯二甲酸氢钾或二水合草酸对其浓度进行标定。如果称取邻苯二甲酸氢钾 0.4736 g 于锥形瓶中，加入 20～30 mL 蒸馏水溶解，以酚酞为指示剂，颜色由无色变为微红色为终点，标定中消耗 NaOH 溶液 23.52 mL，该 NaOH 标准溶液的准确浓度为 0.09871 mol · L^{-1}。

GB/T 601—2016《化学试剂　标准滴定溶液的制备》规定了氢氧化钠、盐酸、碳酸钠、重铬酸钾等常见标准溶液的配制和标定方法。

1.6　滴定分析中的有关计算

滴定分析中的计算主要是标准溶液配制和标定的浓度计算、分析结果的计算等计算问题。

1.6.1　标准溶液的浓度计算

分析化学中标准溶液最常用的浓度为物质的量浓度，生产单位在滴定分析中还经常用到滴定度(titer)。

物质的量浓度是指单位体积溶液中所含溶质 B 的物质的量 n_B，用符号 c_B(mol · L^{-1})表示：

$$c_B = n_B / V$$

滴定度是指每毫升滴定剂相当于被测物质的质量(g 或 mg)，用符号 T_{M_1/M_2} (g · mL^{-1} 或 mg · mL^{-1})表示，式中 M_1 表示被测物质的分子式，M_2 表示滴定剂中溶质的分子式。例如，$T_{Fe/K_2Cr_2O_7} = 0.005000\ g \cdot mL^{-1}$ 表示每毫升 $K_2Cr_2O_7$ 溶液恰好与 0.005000 g Fe 反应。

如果在滴定铁的过程中消耗 $K_2Cr_2O_7$ 标准溶液 21.50 mL，则被滴溶液中铁的质量为

$$m_{Fe} = 0.005000\ g \cdot mL^{-1} \times 21.50\ mL = 0.1075\ g$$

滴定度是一个与滴定反应相联系的浓度表示方式，如果要将滴定度换算成物质的量浓度或反过来将物质的量浓度换算为滴定度，需要找出滴定剂和被测物质之间的计量关系。因此，相同物质的量浓度的标准溶液用于滴定不同的物质，其滴定度是不同的。

【例 1.3】　$K_2Cr_2O_7$ 对 Fe 的滴定度 $T_{Fe/K_2Cr_2O_7} = 0.005000\ g \cdot mL^{-1}$，试将其换算为 $K_2Cr_2O_7$ 的物质的量浓度。

解　先找出 $K_2Cr_2O_7$ 与 Fe^{2+}之间的计量关系。

$$Cr_2O_7^{2-} + 6Fe^{2+} + 14H^+ \longrightarrow 2Cr^{3+} + 6Fe^{3+} + 7H_2O$$

$$Cr_2O_7^{2-} \sim 6Fe^{2+}$$

$$c_{K_2Cr_2O_7} = \frac{T \times 10^3}{M_{Fe} \times 6} = \frac{0.005000\ g \cdot mL^{-1} \times 10^3\ mL \cdot L^{-1}}{55.845\ g \cdot mol^{-1} \times 6} = 0.01492\ mol \cdot L^{-1}$$

【例 1.4】　准确称取基准物质 $K_2Cr_2O_7$ 2.4517 g，溶解后定量转移至 500.0 mL 容量瓶中：

(1) 计算该 $K_2Cr_2O_7$ 溶液的浓度；

(2) 计算用于铁矿石全铁含量测定时，铁含量分别以 Fe、Fe_2O_3、Fe_3O_4 表示时的滴定度。

解　(1)

$$c_{K_2Cr_2O_7} = \frac{m}{M_{K_2Cr_2O_7} \times V} = \frac{2.4517\ g}{294.2\ g \cdot mol^{-1} \times 500.0 \times 10^{-3}\ L} = 0.01667\ mol \cdot L^{-1}$$

(2) 铁矿石样品经前处理，所有的铁都转变为 Fe^{2+}而被滴定，根据滴定反应式：

$$Cr_2O_7^{2-} + 6Fe^{2+} + 14H^+ \longrightarrow 2Cr^{3+} + 6Fe^{3+} + 7H_2O$$

$K_2Cr_2O_7$ 与 Fe、Fe_2O_3 和 Fe_3O_4 之间的计量关系分别为

$$Cr_2O_7^{2-} \sim 6Fe^{2+} \sim \frac{6}{2}Fe_2O_3 \sim \frac{6}{3}Fe_3O_4$$

以上计量关系的意义为滴定过程中 1 mol $K_2Cr_2O_7$ 分别与 6 mol Fe 发生反应、与 3 mol Fe_2O_3 发生反应、与 2 mol Fe_3O_4 发生反应，则有

$$T_{Fe/K_2Cr_2O_7} = \frac{c_{K_2Cr_2O_7} \times M_{Fe} \times 6}{1000} = \frac{0.01667\ mol \cdot L^{-1} \times 55.845\ g \cdot mol^{-1} \times 6}{1000\ mL \cdot L^{-1}} = 0.005586\ g \cdot mL^{-1}$$

$$T_{Fe_2O_3/K_2Cr_2O_7} = \frac{c_{K_2Cr_2O_7} \times M_{Fe_2O_3} \times 3}{1000} = \frac{0.01667\ mol \cdot L^{-1} \times 159.69\ g \cdot mol^{-1} \times 3}{1000\ mL \cdot L^{-1}} = 0.007986\ g \cdot mL^{-1}$$

$$T_{Fe_3O_4/K_2Cr_2O_7} = \frac{c_{K_2Cr_2O_7} \times M_{Fe_3O_4} \times 2}{1000} = \frac{0.01667\ mol \cdot L^{-1} \times 231.54\ g \cdot mol^{-1} \times 2}{1000\ mL \cdot L^{-1}} = 0.007720\ g \cdot mL^{-1}$$

【例 1.5】　为标定近似浓度为 0.20 mol · L^{-1} 的 NaOH 标准溶液的浓度，称取适量基准物质草酸($H_2C_2O_4 \cdot 2H_2O$)，用 NaOH 标准溶液滴定。

(1) 为使 NaOH 的滴定体积控制在 20～25 mL，草酸的称样量需控制在什么范围?

(2) 如果称取了 0.2732 g 草酸，滴定至终点时消耗 NaOH 22.56 mL，计算此 NaOH 的浓度。

解　(1)

$$H_2C_2O_4 + 2NaOH \longrightarrow Na_2C_2O_4 + 2H_2O$$

$$H_2C_2O_4 \sim 2NaOH$$

$$2n_{草酸} = n_{NaOH}$$

按照 NaOH 的近似浓度计算，当消耗体积分别为 20 mL 和 25 mL 时的称样量为

$$\frac{m_{草酸} \times 2}{126.07\ g \cdot mol^{-1}} = 0.20(mol \cdot L^{-1}) \times V_{NaOH}(mL) \times 10^{-3}$$

$$m_{草酸1}=\frac{1}{2}\times0.20\times20\times10^{-3}\times126.07=0.25(\text{g})$$

$$m_{草酸2}=\frac{1}{2}\times0.20\times25\times10^{-3}\times126.07=0.32(\text{g})$$

所以为使NaOH溶液的标定体积控制在20～25 mL，称取草酸的质量应控制在0.25～0.32 g。

(2) $$c_{NaOH}=\frac{m_{草酸}\times2}{M_{草酸}V_{NaOH}}=\frac{0.2732\ \text{g}\times2}{126.07\ \text{g}\cdot\text{mol}^{-1}\times22.56\times10^{-3}\ \text{L}}=0.1921\ \text{mol}\cdot\text{L}^{-1}$$

此 NaOH 标准溶液的浓度为 0.1921 mol · L^{-1}。

1.6.2 被测组分含量的计算

滴定分析的定量依据是样品被测组分物质的量与滴定剂物质的量之间的定量关系。样品通过化学反应完全转化为某种形态后与滴定剂按确定计量关系定量反应，被测组分与滴定剂之间建立起计量关系，通过滴定消耗滴定剂的物质的量来计算被测组分物质的量，从而计算被测组分的含量。

设滴定剂 T 与被滴定物质 B 有如下反应关系：

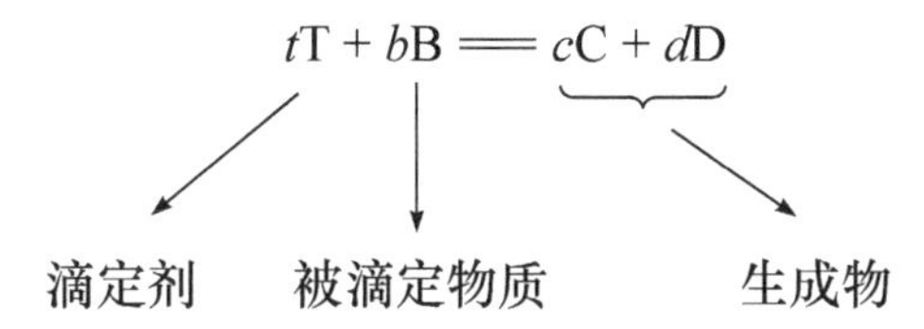

滴定剂 T 与被滴定物质 B 之间的计量关系为：tT～bB 或 T～$\frac{b}{t}$B，表示 1 mol 滴定剂与 $\frac{b}{t}$ mol 被滴定物质发生了反应。

置换滴定和间接滴定涉及两个以上的反应，应在总反应过程中找出被测组分与滴定剂之间物质的量的关系。例如，采用间接碘量法标定 $Na_2S_2O_3$ 标准溶液的浓度：

$$Cr_2O_7^{2-}+6I^-+14H^+ =\!= 2Cr^{3+}+3I_2+7H_2O$$

$$I_2+2S_2O_3^{2-} =\!= 2I^-+S_4O_6^{2-}$$

计量关系为 $$Cr_2O_7^{2-}\sim3I_2\sim6S_2O_3^{2-}$$

$$n_{Na_2S_2O_3}=6n_{K_2Cr_2O_7}$$

【例 1.6】 称取铁矿石样品 0.5000 g，用酸将其溶解，使其全部铁还原为亚铁离子，用 0.01500 mol · L^{-1} $K_2Cr_2O_7$ 标准溶液滴定至化学计量点时，用去 $K_2Cr_2O_7$ 33.45 mL。求试样中全铁含量分别以 Fe 和 Fe_2O_3 表示的质量分数。

解 滴定反应为 $$Cr_2O_7^{2-}+6Fe^{2+}+14H^+ =\!= 2Cr^{3+}+6Fe^{3+}+7H_2O$$

根据化学计量关系得

$$n_{Fe}=\frac{m_{Fe}}{M_{Fe}}=6n_{K_2Cr_2O_7}$$

$$w_{Fe}=\frac{6c_{K_2Cr_2O_7}\times V_{K_2Cr_2O_7}\times M_{Fe}}{m_s\times 1000}$$

$$=\frac{6\times 0.01500\ \text{mol}\cdot\text{L}^{-1}\times 33.45\ \text{mL}\times 55.85\ \text{g}\cdot\text{mol}^{-1}}{0.5000\ \text{g}\times 1000\ \text{mL}\cdot\text{L}^{-1}}$$

$$=0.3363$$

滴定剂 $K_2Cr_2O_7$ 与 Fe_2O_3 的物质的量之比为 1∶3，因此

$$w_{Fe_2O_3}=\frac{3c_{K_2Cr_2O_7}\times V_{K_2Cr_2O_7}\times M_{Fe_2O_3}}{m_s\times 1000}$$

$$=\frac{3\times 0.01500\ \text{mol}\cdot\text{L}^{-1}\times 33.45\ \text{mL}\times 159.69\ \text{g}\cdot\text{mol}^{-1}}{0.5000\ \text{g}\times 1000\ \text{mL}\cdot\text{L}^{-1}}$$

$$=0.4807$$

【例 1.7】 称取某有机肥料 1.000 g，加入硫酸和过硫酸钾消煮，将其中的氮全部转化为铵盐，加入过量 NaOH，加热，蒸出的 NH_3 吸收于 50.00 mL 0.2038 mol · L^{-1} 的 HCl 标准溶液中，过量的 HCl 用 0.2056 mol · L^{-1} NaOH 标准溶液返滴定，耗去 24.68 mL。计算有机肥中的氮含量。

解 根据测量过程，计量关系为

$$N\sim NH_4^+\sim NH_3\sim HCl$$

$$w_N=\frac{n_{HCl}\times M_N}{m_s}$$

$$=\frac{(0.2038\times 50.00-0.2056\times 24.68)\ \text{mmol}\times 14.01\ \text{g}\cdot\text{mol}^{-1}\times 10^{-3}\ \text{mol}\cdot\text{mmol}^{-1}}{1.000\ \text{g}}$$

$$=0.07167$$

【例 1.8】 为测定大理石的纯度，称取大理石试样 0.2356 g，溶于盐酸中。调节酸度后加入过量的$(NH_4)_2C_2O_4$溶液，使 Ca^{2+}沉淀为 CaC_2O_4，过滤并洗涤干净沉淀表面的 $C_2O_4^{2-}$。将沉淀溶于稀 H_2SO_4 中，溶解后的溶液用浓度为 0.04062 mol · L^{-1} 的 $KMnO_4$ 溶液滴定，消耗 21.36 mL。计算大理石中 $CaCO_3$ 的质量分数。

解 滴定反应为 $2MnO_4^-+5C_2O_4^{2-}+16H^+ \longrightarrow 2Mn^{2+}+10CO_2+8H_2O$

测定过程的计量关系为 $CaCO_3\sim CaC_2O_4\sim \frac{2}{5}MnO_4^-$

$$w_{CaCO_3}=\frac{\frac{5}{2}n_{MnO_4^-}\times M_{CaCO_3}}{m_s}$$

$$= \frac{\frac{5}{2} \times 0.04062\ \text{mol} \cdot \text{L}^{-1} \times 21.36\ \text{mL} \times 100.09\ \text{g} \cdot \text{mol}^{-1} \times 10^{-3}\ \text{L} \cdot \text{mL}^{-1}}{0.2356\ \text{g}}$$

$$= 0.9215$$

【拓展阅读】

分析化学的发展简史和发展趋势

分析化学是化学科学中最古老的分支，早期的分析化学以分析技术的形态存在于化学中。人们通过对物质组成元素及元素构成比例的测定推断出了物质构成元素的定比定律和倍比定律，极大地促进了原子论的提出。之后原子量的测定、燃烧热的测量又进一步推动了整个化学学科的发展，因此分析化学被称为“化学之母”。

古代人们对物质的分类是根据来源或表面物理性质划分的，如我国东汉(公元 1 世纪)的医药简牍将一百多种药物分为植物药、动物药、矿物及其他。16 世纪，德国冶金学家阿格里科拉(G. Agricola，1494—1555)将矿物分为五类：土类、石类、固化浆类(矾、盐等)、金属类与杂物类。直到 17 世纪化学成为科学，才逐渐形成了化学本身的分类。自从玻意耳(R. Boyle，1627—1691)提出“定性检出极限”的概念后，分析检验化学物质由重视物理性质发展到重视化学性质，形成了定性分析，为近代分析化学做了准备。18 世纪中期发展出定量分析。18 世纪后期，欧洲的采矿、冶金、机械等工业大发展，要求以矿物、岩石、金属等为主要对象进行化学分析。1829 年，德国化学家罗瑟(H. Rose，1795—1864)制订了系统定性分析法，从此分析化学成为系统的科学知识。

一般认为现代分析化学的发展经历了三次大的变革，第一阶段发生于 20 世纪 30 年代，物理化学溶液理论的发展为化学分析提供了理论基础，使分析化学由一种分析技术成为一门从原理到方法的完整的科学。

第二阶段发生于 20 世纪 40～60 年代，在物理学和电子学的推动下，发展了以光谱分析为代表的仪器分析，将分析化学由经典的化学分析推进到仪器分析阶段。

第三阶段发生于 20 世纪 70 年代至今，以计算机为代表的高新技术的应用，为分析化学提供了实现高灵敏度、高选择性、自动化的新手段，同时许多新技术不断渗透到分析化学中，使得分析化学方法和服务领域得到极大的拓展。同时，材料科学、环境科学、生命科学等其他学科的发展对分析化学提出了更多更高的要求，也极大地促进了传统分析化学向仪器分析的发展。例如，发展高选择性的简便、准确、灵敏的分子识别方法，痕量活性物质及自由基在动物体内原位、实时分析，单分子与单原子检测分析，多元、多维的联合分离分析及数据处理技术，表面、微区、形态和立体结构的分析研究，分析仪器的微型化、便携化，针对生物、环境等复杂体系重要化学物质的采样、分离与检测，新原理、新技术、新方法的基础研究等。

现代分析化学不仅需要解决获取化学测量数据的任务，还需要解决从大量分析数据中提取有用信息的问题，因此分析化学的另一发展方向为数学、统计学、计算机在分析化学中的应用，产生了化学计量学和化学信息学，使分析仪器向智能化方向发展，分析化学逐渐成为一门化学信息科学。

虽然仪器化、自动化及多种方法联用是分析化学的发展方向，但是化学分析仍然是整个分析化学的基础，到目前为止所建立起来的分析方法大多是以化学反应为基础的，许多仪器分析方法必须与试样分解、分离富集、干扰掩蔽等化学处理手段相结合，才能实现对痕量组分和复杂试样的分析。化学分析和仪器分析共同承担着人类社会各种需求的分析任务。我国分析化学家和教育家、中国科学院院士梁树权先生(1912—2006)曾经指出：分析化学是一个整体，化学分析和仪器分析构成分析化学的两大支柱，两部分内容相互补充，并在化学及相关专业人才培养中起着非常重要的作用。分析化学作为一门基础课，需要从化学分析学起，本课程以分析化学的基础理论知识和化学分析方法为主要内容。

【参考文献】

广田襄. 2018. 现代化学史[M]. 丁明玉，译. 北京：化学工业出版社

倪永年. 2004. 化学计量学在分析化学中的应用[M]. 北京: 科学出版社
武汉大学. 2016. 分析化学(上册) [M]. 6 版. 北京: 高等教育出版社
中国自然辩证法研究会化学化工专业组《化学哲学基础》编委会. 1986. 化学哲学基础[M]. 北京: 科学出版社
Kellner R, Mermet J M, Otto M, et al. 2001. 分析化学[M]. 李克安, 金钦汉, 等译. 北京: 北京大学出版社
Fifield F W, Kealey D. 2000. Principles and Practice of Analytical Chemistry[M]. 5th ed. London: Chapman and Hall

【思考题和习题】

1. 简述分析化学的定义和任务。
2. 分析化学的研究任务与化学的其他二级学科(如无机化学、有机化学)有什么不同?
3. 举出你了解的例子说明分析化学的应用。
4. 可以按哪些分类方法对分析化学进行分类? 分别有哪些类?
5. 简述一般分析试样的分析过程。
6. 采样和样品制备有什么基本要求?
7. 解释下列名词: 滴定分析法、化学计量点、终点、终点误差、标准溶液、基准物质。
8. 能用于滴定分析的化学反应需要满足哪些条件? 为什么?
9. 基准物质需要满足哪些条件? 为什么?
10. 指出下列物质中哪些是基准物质: HCl, NaOH, H_2SO_4, $H_2C_2O_4 \cdot 2H_2O$, $KMnO_4$, $K_2Cr_2O_7$, KIO_3, $Na_2S_2O_3 \cdot 5H_2O$, $CaCO_3$, NaCl, $AgNO_3$。
11. 下列基准物质的处理方法是否正确? 为什么?
    (1) 碳酸钠于 500℃灼烧;
    (2) 硼砂置于 110℃烘干后, 置普通干燥器中保存;
    (3) 二水合草酸置普通干燥器中保存。
12. 什么是滴定度? 滴定度与物质的量浓度之间如何换算?
13. 工业碱的总碱度采用 HCl 标准溶液滴定, 终点产物为 CO_2。0.1069 $mol \cdot L^{-1}$ HCl 对碳酸钠的滴定度($T_{Na_2CO_3/HCl}$)是多少? 测定样品时, 将 0.1974 g 试样溶于水中, 滴定至终点消耗 HCl 30.28 mL, 计算该工业碱以 Na_2CO_3 含量表示的总碱度。　(5.666 $mg \cdot mL^{-1}$, w: 0.8691)
14. 称取铜合金试样 2.0000 g, 溶解后准确稀释至 250.0 mL。移取该含 Cu^{2+}溶液 25.00 mL, 调节 pH 为 3.5～4.0, 加入 NH_4HF_2 缓冲溶液和过量 KI 溶液, 用浓度为 0.1025 $mol \cdot L^{-1}$ 的 $Na_2S_2O_3$ 标准溶液滴定, 耗去 24.89 mL。计算铜合金中的铜含量。　(w: 0.8106)
15. 计算并说明如何配制下列溶液:
    (1) 用 2.170 $mol \cdot L^{-1}$ HCl 溶液配制 500.0 mL 0.1200 $mol \cdot L^{-1}$ 溶液;
    (2) 用浓 NaOH 溶液(相对密度为 1.525 $g \cdot mL^{-1}$, 质量分数为 50%)配制 500 mL 0.10 $mol \cdot L^{-1}$ NaOH 溶液;
    (3) 用固体 NaOH 配制 500 mL 0.10 $mol \cdot L^{-1}$ NaOH 溶液;
    (4) 用基准物质 $K_2Cr_2O_7$ 配制 250.0 mL 0.01667 $mol \cdot L^{-1}$ $K_2Cr_2O_7$ 溶液。
    (27.65 mL, 2.6 mL, 2.0 g, 1.2260 g)
16. 在 500.0 mL 溶液中含有 9.21 g $K_4Fe(CN)_6$, 计算该溶液的物质的量浓度以及在下列反应中对 Zn^{2+}的滴定度。

$$3Zn^{2+} + 2[Fe(CN)_6]^{4-} + 2K^{+} = K_2Zn_3[Fe(CN)_6]_2$$

    (0.05001 $mol \cdot L^{-1}$, 4.904 $mg \cdot mL^{-1}$)
17. 取 1.000 $mg \cdot mL^{-1}$标准铅溶液 2.50 mL, 于容量瓶中稀释至 250.0 mL, 计算该铅溶液的浓度。分别取该稀释后的铅溶液 2.00 mL、4.00 mL、6.00 mL、8.00 mL、10.00 mL 于 50.0 mL 容量瓶中稀释定容, 配制系列浓度的标准溶液, 该浓度系列为多少($\mu g \cdot mL^{-1}$)?
    (10.0 $\mu g \cdot mL^{-1}$, 0.40 $\mu g \cdot mL^{-1}$、0.80 $\mu g \cdot mL^{-1}$、1.20 $\mu g \cdot mL^{-1}$、1.60 $\mu g \cdot mL^{-1}$、2.00 $\mu g \cdot mL^{-1}$)
18. 如果希望标定下列标准溶液浓度时, 滴定体积控制在 20～30 mL, 下列基准物质称量值应该控制在什么范围? 标定 HCl 和 NaOH 选择哪种基准物质更好? 为什么?

(1) 0.10 mol · L^{-1} HCl，用 Na_2CO_3(Na_2CO_3，M = 105.99 g · mol^{-1})标定；

(2) 0.10 mol · L^{-1} HCl，用硼砂($Na_2B_4O_7 \cdot 10H_2O$，M = 381.37 g · mol^{-1})标定；

(3) 0.10 mol · L^{-1} NaOH，用草酸($H_2C_2O_4 \cdot 2H_2O$，M = 126.07 g · mol^{-1})标定；

(4) 0.10 mol · L^{-1} NaOH，用邻苯二甲酸氢钾($KHC_8H_4O_4$，M = 204.23 g · mol^{-1})标定。

(0.11～0.16 g，0.38～0.57 g，0.13～0.19 g，0.41～0.61 g)

19. 移取相同体积的 Ca^{2+}溶液两份，一份用 0.02045 mol · L^{-1} EDTA 溶液滴定(1 : 1 配位)，消耗 23.46 mL。另一份沉淀为 CaC_2O_4，过滤、洗涤，溶于稀硫酸中，用 0.02016 mol · L^{-1} $KMnO_4$溶液滴定，需 $KMnO_4$溶液多少毫升？(9.52 mL)

20. 黄铜由铜、锌、铅、锡和少量其他金属构成，为了确定某黄铜的组成，将 0.328 g 黄铜试样溶于硝酸，过滤除去难溶的偏锡酸，然后将滤液和洗涤液合并，稀释至 500.0 mL。移取一定体积的试液，以 0.00250 mol · L^{-1} EDTA 溶液滴定。试确定黄铜试样的组成，其中锡的含量用差额计算得到。

(1) 移取 10.00 mL 试液，加入缓冲溶液后，滴定其中的铅、锌和铜，用去 37.5 mL EDTA；

(2) 移取 25.00 mL 试液，用硫代硫酸钠掩蔽铜后，滴定其中的铅和锌，用去 27.6 mL EDTA；

(3) 移取 100.0 mL 试液，加入氰根离子掩蔽铜和锌后，滴定铅，用去 10.8 mL EDTA。

(w：Pb 0.0852，Zn 0.248，Cu 0.641，Sn 0.0256)

21. 测定某硅酸盐试样中 SiO_2的含量，称取 0.4817 g 试样，获得 0.2630 g 不纯的 SiO_2(主要杂质为 Fe_2O_3、Al_2O_3)。将此不纯的 SiO_2 用 H_2SO_4+HF 处理，使 SiO_2 转化为 SiF_4 气体除去，残渣经灼烧后重 0.0013 g，计算试样中的 SiO_2 含量。(w：0.5433)

第 2 章　分析数据处理和分析检验的质量保证

【内容提要与学习要求】

掌握误差、偏差、准确度、精密度等基本概念及其衡量方法，掌握准确度与精密度之间的关系；了解系统误差和随机误差传递的一般规律；掌握有效数字的概念和意义，以及有效数字的修约规则和运算规则；理解随机误差正态分布特征，掌握分析结果平均值的置信区间的含义和计算方法；掌握分析结果显著性检验的 t 检验法和 F 检验法；掌握分析数据可疑值的取舍方法；理解分析测试信号值与物质量之间的相关关系，了解一元线性回归方法处理相关性数据的原理和方法；掌握提高分析结果准确度的方法；了解分析测试系统质量保证与质量控制的概念及相关措施。

分析化学中定量分析的目的是准确测定试样中各组分的含量，因此分析结果必须具有一定的准确度。由于分析方法、测量仪器、所用试剂和分析工作者主观条件等多种因素的影响，分析结果与真实值不完全一致，即使采用最可靠的分析方法，使用最精密的仪器，由技术很熟练的分析人员进行测定，也不可能得到绝对准确的结果。同一个人在相同条件下对同一种试样进行多次测定，所得结果也不会完全相同。为了提高分析结果的准确度，应该了解分析过程中误差产生的原因及其出现的规律，以便采取相应的措施减小误差。

2.1　测量值的准确度和精密度

2.1.1　准确度和误差

分析结果的准确度(accuracy)是指分析结果与真值(true value)的接近程度，分析结果与真值之间差别越小，分析结果的准确度越高。准确度的大小可用误差来衡量，是指测定结果与真值之间的差值。

由于不可能存在无限位数的测量仪器，在实际测量中无法获得真值。但真值是客观存在的，通常在以下特定情况下可以认为真值是已知的：

(1) 理论真值，如建立在原子论基础上的某化合物的理论组成，纯 NaCl 中 Cl 的含量。

(2) 计量学约定真值，如国际计量大会确定的长度、质量、物质的量单位米、千克、摩尔等。

(3) 相对真值，认定精确度高一个数量级的测定值作为低一级测量值的真值，如国家标准物质证书上给出的数值，仪器分析中经常用到的标准溶液的含量，有经验的人用可靠方法多次测定并且确认已消除了系统误差的平均值。

误差以绝对误差(absolute error)和相对误差(relative error)两种方式表示。绝对误差(E)表示测定值(x)与真值(μ)之差，即

$$E = x - \mu \tag{2.1}$$

相对误差(E_r)表示绝对误差占真值的百分数，即

$$E_r = \frac{E}{\mu} \times 100\% \tag{2.2}$$

例如，分析天平称量两物体的质量分别为 1.6380 g 和 0.1637 g，假设两物体的真值各为 1.6381 g 和 0.1638 g，则两者的绝对误差分别为

$$E_1 = 1.6380\,\text{g} - 1.6381\,\text{g} = -0.0001\,\text{g}$$

$$E_2 = 0.1637\,\text{g} - 0.1638\,\text{g} = -0.0001\,\text{g}$$

两者的相对误差分别为

$$E_{r1} = \frac{-0.0001}{1.6381} \times 100\% = -0.006\%$$

$$E_{r2} = \frac{-0.0001}{0.1638} \times 100\% = -0.06\%$$

由此可见，绝对误差相等，相对误差并不一定相等。在上面的例子中，同样是绝对误差，称量物体越重，其相对误差越小。因此，用相对误差来表示测定结果的准确度更为确切。

绝对误差和相对误差有正负之分。正值表示分析结果偏高，负值表示分析结果偏低。

2.1.2　精密度与偏差

由于随机误差是由某些因素的随机变化造成的，从单次误差来看，随机误差的出现似乎很不规律，但如果进行多次测定，则可发现随机误差的出现符合正态分布规律。在分析测试中，为了尽可能地减小随机误差，常采用在相同条件下平行多次测量取平均值的方法来估计被测组分的含量。

精密度(precision)是多次平行测定结果相互接近的程度，精密度高表示结果的重复性(repeatability)或再现性(reproducibility)好。精密度的高低用偏差(deviation)来衡量。偏差又称表观误差，用 d 表示，是指各单次测定结果与多次测定结果的算术平均值之间的差别。几个平行测定结果的偏差如果都很小，则说明分析结果的精密度比较高。

1. 平均值

对某试样进行 n 次平行测定，测定数据为 $x_1, x_2, \cdots, x_n$，则其算术平均值 $\bar{x}$ 为

$$\bar{x} = \frac{1}{n}(x_1 + x_2 + \cdots + x_n) = \frac{1}{n}\sum_{i=1}^{n} x_i \tag{2.3}$$

2. 平均偏差和相对平均偏差

单次测量值与平均值的差称为偏差，单次测定偏差只能衡量单次测定值与平均值的差别，要衡量整组数据的精密度可用平均偏差(average deviation)和相对平均偏差(relative average deviation)。

平均偏差等于单次测定值偏差绝对值的算数平均值，相对平均偏差等于平均偏差除以平均值，一般用百分数表示。

单次偏差：

$$d_i = x_i - \bar{x}\ (i = 1, 2, \cdots) \tag{2.4}$$

平均偏差：

$$\bar{d} = \frac{1}{n}\sum_{i=1}^{n}|d_i| = \frac{1}{n}\sum_{i=1}^{n}|x_i - \bar{x}| \tag{2.5}$$

相对平均偏差：
$$\bar{d}_r = \frac{\bar{d}}{\bar{x}} \times 100\% \tag{2.6}$$

3. 标准偏差和相对标准偏差

用平均偏差和相对平均偏差表示精密度比较简单，但由于在一系列的测定结果中，小偏差占多数，大偏差占少数，如果按总的测定次数计算平均偏差，所得结果会偏小，大偏差得不到应有的反映。例如，下面 A、B 两组分析数据，通过计算得各次测定值的偏差和两组数据的平均偏差分别为

d_A： +0.15、+0.39、0.00、−0.28、+0.19、−0.29、+0.20、−0.22、−0.38、+0.30

$$n = 10，\bar{d}_A = 0.24$$

d_B： −0.10、−0.19、+0.91、0.00、+0.12、+0.11、0.00、+0.10、−0.69、−0.18

$$n = 10，\bar{d}_B = 0.24$$

两组测定结果的平均偏差相同，但实际上 B 组数据中出现了两个较大偏差(+0.91、−0.69)，测定结果精密度较 A 稍差。为了反映这些差别，引入标准偏差(standard deviation)。

标准偏差又称均方根偏差，当测定次数趋于无穷大时，总体标准偏差用 σ 表示：

$$\sigma = \sqrt{\frac{\sum_{i=1}^{n}(x_i - \mu)^2}{n}} \tag{2.7}$$

式中，μ 为无限多次测定结果的平均值，称为总体平均值，即

$$\mu = \lim_{n \to \infty} \frac{1}{n} \sum_{i=1}^{n} x_i \tag{2.8}$$

显然，在没有系统误差的情况下，μ 即为真值。

在一般的分析工作中，只对样品做有限次的平行测定，这时样品标准偏差用 s 表示：

$$s = \sqrt{\frac{\sum_{i=1}^{n}(x_i - \bar{x})^2}{n-1}} = \sqrt{\frac{\sum_{i=1}^{n} d_i^2}{n-1}} \tag{2.9}$$

式中，$n-1$ 称为自由度，也就是偏差的独立变量数。

通过计算得出上述 A、B 两组数据的标准偏差分别为 $s_A = 0.28$ 和 $s_B = 0.40$，充分反映出 B 组数据中的两个较大偏差。可见，采用标准偏差表示精密度比用平均偏差更合理，能更好地反映数据的分散程度。

相对标准偏差(relative standard deviation，RSD)也称变异系数(CV)，其计算式为

$$\text{RSD} = \frac{s}{\bar{x}} \times 100\% \tag{2.10}$$

【例 2.1】 分析某铁矿石中铁的含量(%)，其结果为：37.45、37.20、37.50、37.30、37.25。计算结果的平均值、平均偏差、相对平均偏差、标准偏差及相对标准偏差。

解

$$\bar{x} = \frac{37.45 + 37.20 + 37.50 + 37.30 + 37.25}{5} = 37.34(\%)$$

单次测量值的偏差(%)分别为：$d_1=+0.11$；$d_2=-0.14$；$d_3=+0.16$；$d_4=-0.04$；$d_5=-0.09$。

$$\bar{d}=\frac{1}{n}\sum_{i=1}^{n}|d_i|=\frac{0.11+0.14+0.16+0.04+0.09}{5}=0.11(\%)$$

$$\bar{d}_{\mathrm{r}}=\frac{\bar{d}}{\bar{x}}\times 100\%=\frac{0.11}{37.34}\times 100\%=0.29\%$$

$$s=\sqrt{\frac{\sum_{i=1}^{n}d_i^2}{n-1}}=\sqrt{\frac{0.11^2+(-0.14)^2+0.16^2+(-0.04)^2+(-0.09)^2}{5-1}}=0.13(\%)$$

$$\mathrm{RSD}=\frac{s}{\bar{x}}\times 100\%=\frac{0.13}{37.34}\times 100\%=0.35\%$$

2.1.3　准确度与精密度之间的关系

准确度是分析结果与真值之间接近的程度，准确度的高低受到系统误差和随机误差的影响。精密度是在一定的测定条件下测定结果之间的一致程度，精密度的好坏受随机误差的影响。精密度反映测试系统的稳定性，是保证准确度高的前提条件之一。精密度差，测定结果不稳定，也就失去了衡量准确度的意义。然而，好的精密度不一定能保证高的准确度，如果测试中有系统误差，分析结果也不可能准确，因此准确度高需要精密度好，同时分析系统没有明显的系统误差。

例如，图 2.1 显示了甲、乙、丙、丁四人测定同一铁矿石样品的铁含量(%)时所得的结果。

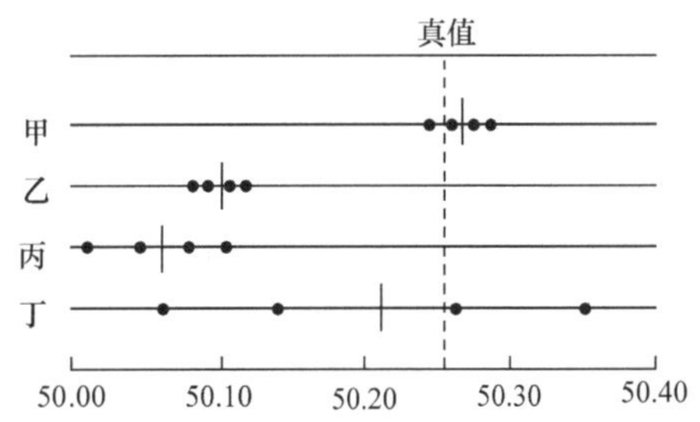

图 2.1　不同测试者测量同一试样的结果

(•表示各次测定值，│表示平均值)

由图 2.1 可见，甲所得结果的精密度好，结果平均值在真值附近，系统误差小，因此准确度高；乙所得结果的精密度好，但结果平均值偏离真值，说明系统误差大，结果准确度低；丙所得结果的精密度很差，结果平均值又偏离真值，系统误差大，结果准确度很低；丁所得结果的精密度很差，结果平均值虽然接近真值，但这是正负误差恰好相互抵消的结果，因此不能说丁的结果准确。

2.1.4　公差

公差是生产部门对分析结果误差允许的一种限量，如果误差超出允许的公差范围，该项分析工作就应重做。公差范围的确定与诸多因素有关，首先应根据实际情况对分析结果准确度的要求而定。例如，在一般工业分析中，允许的误差范围宽一些，其相对误差在百分之几到千分之几，而原子量的测定，要求相对误差小得多。其次，公差范围的规定还与试样组成、待测组分含量高低以及分析方法有关，组成越复杂，引起误差的可能性越大，组分含量越低，相对误差也会越大，允许的公差范围则宽一些。工业分析中，待测组分含量与公差范围的关系如表 2.1 所示。

表 2.1　待测组分含量与公差范围的关系

待测组分的质量分数/%	90	80	40	20	10	5	1.0	0.1	0.01	0.001
公差(相对误差)/%	±0.3	±0.4	±0.6	±1.0	±1.2	±1.6	±5.0	±20	±50	±100

2.1.5 误差的分类及减免误差的方法

误差按其来源和性质可以分为系统误差(systematic error)和随机误差(random error)。通常将错误操作造成的结果与真值间的差异称为过失误差，如试样分解不够完全、称量时试样洒落在容器外、看错读数、记错数据、加错试剂等，这些错误在实验过程中是可以避免的，应加以注意。

1. 系统误差

系统误差是指分析过程中由某些固定的原因造成的误差。系统误差的特点是具有单向性和重现性，即它对分析结果的影响比较固定，使测定结果系统地偏高或系统地偏低；当重复测定时，它会重复出现；系统误差产生的原因是固定的，它的大小、正负是可测的，理论上讲，只要找到原因，就可以消除系统误差对测定结果的影响。因此，系统误差又称为可测误差。

根据系统误差产生的原因，可将其分为以下几类。

(1) 方法误差。方法误差是由分析方法本身造成的误差，如滴定分析中指示剂的变色点与化学计量点不完全一致；重量分析中沉淀的溶解损失等。

(2) 仪器误差。仪器误差是由仪器本身不够精确造成的误差，如容量器皿刻度不准确，仪器长期使用，灵敏度、精密度和稳定性下降。

(3) 试剂误差。试剂误差是由所使用的试剂或蒸馏水不纯造成的误差，如试剂或蒸馏水中含有微量被测物质或干扰物质。

(4) 操作误差。操作误差是由分析人员所掌握的分析操作与正确的操作之间有差别或分析人员的主观原因造成的误差，如滴定分析中个人对颜色的敏感程度不同，在辨别滴定终点颜色时，有人偏深，有人偏浅；读取滴定管读数时视角习惯性偏高或偏低等。

系统误差产生的原因是固定的，找出这一原因，就可以消除系统误差。根据系统误差产生的原因，可以采取一些措施，对测定数据进行校正，使系统误差尽量消除。常用的消除系统误差的方法有下列几种。

1) 对照试验

与标准试样的标准结果进行对照：将被测试样和已知含量的标准试样在相同条件下进行测定，根据标准试样的已知含量和测定结果进行对照，可以判断是否存在系统误差。

与其他成熟的分析方法进行对照(成熟分析方法一般是指国家标准局颁布的标准方法或公认的经典分析方法)：对同一试样分别用待检测方法和成熟分析方法进行测定，根据结果即可判断是否存在系统误差。

内检和外检：由不同的分析人员用同样的分析方法对同一试样进行测定，相互对照结果(内检)；由其他单位实验室对同一试样进行分析，相互对照结果(外检)。通过内检和外检也能判断是否存在系统误差。

2) 空白试验

空白试验主要是检查试剂、蒸馏水、实验器皿和环境等带入的杂质引起的系统误差。空白试验是在不加待测组分的情况下，按照与试样分析同样的操作手续和条件做平行试验，所测定的结果为空白值，从试样测定结果中扣除空白值，从而得到比较准确的结果，但空白值不可太大。

3) 仪器校准

校准由仪器不准确引起的系统误差，即实验前对砝码、滴定管、容量瓶等进行校准。在精确的分析中，必须进行校准，并在计算结果时采用校正值。

4) 标准加入法(加入回收法)

测定某组分含量(x_1)，加入已知量的该组分(x_2)，再次测定其组分含量(x_3)，由回收试验所得数据可以计算回收率。

$$回收率 = \frac{x_3 - x_1}{x_2} \times 100\%$$

通过回收率校正分析结果。

5) 测量结果的校正

某些分析方法的系统误差可用其他分析方法直接校正。例如，用称量法测定试样中高含量的 SiO_2，硅酸盐沉淀不完全而使测定结果偏低，可在沉淀硅酸后的滤液中，用分光光度法测出少量硅，将此结果加到称量分析结果中，可使称量分析结果更加准确。

2. 随机误差

随机误差是由一些不确定的偶然因素变化造成的，因此又称为偶然误差。测量时环境的因素、主观因素的微小波动都可能产生随机误差，如环境温度、气压、湿度的微小变化，滴定管读数最后一位估计值不相同。

随机误差数值的大小、正负都是不确定的(不具单向性)，所以随机误差又称不可测误差；随机误差在分析测定过程中由一些随机偶然原因造成，是客观存在的(不可消除)；随机误差分布服从统计学规律(正态分布)；增加测定次数，求其平均值，可以减小随机误差。

2.1.6 误差的传递

定量分析中，分析结果是通过多个测量值按一定的公式运算得到的，各测量值的误差会通过计算传递到结果中，进而影响分析结果的准确性。分析过程中系统误差和随机误差传递的规律不同，测量值的运算方法不同，误差传递的规律也不同。

设测量值为 A、B、C，其测定的绝对误差分别为 E_A、E_B、E_C，相对误差分别为 $\frac{E_A}{A}$、$\frac{E_B}{B}$、$\frac{E_C}{C}$，标准偏差分别为 s_A、s_B、s_C，计算结果用 R 表示，R 的绝对误差为 E_R，相对误差为 $\frac{E_R}{R}$，标准偏差为 s_R。

1. 系统误差的传递

加减法：在加减运算中，分析结果的绝对系统误差等于各测量值的绝对系统误差的代数和。如果有关项有系数，如 $R = mA + nB - pC$，则

$$E_R = mE_A + nE_B - pE_C \tag{2.11}$$

乘除法：在乘除运算中，分析结果的相对系统误差等于各测量值相对系统误差的代数和，与系数无关。例如，$R = \frac{mA \times nB}{pC}$，则

$$\frac{E_R}{R} = \frac{E_A}{A} + \frac{E_B}{B} + \frac{E_C}{C} \tag{2.12}$$

指数运算：在指数运算中，分析结果的相对系统误差等于测量值的相对系统误差的指数倍，与系数无关。例如，$R = mA^n$，则

$$\frac{E_R}{R} = n\frac{E_A}{A} \tag{2.13}$$

对数运算：在对数运算中，分析结果的绝对系统误差等于测量值的相对系统误差的0.434m倍。例如，$R = m\lg A$，则

$$E_R = 0.434m\frac{E_A}{A} \tag{2.14}$$

2. 随机误差的传递

随机误差常用标准偏差 s 表示，因此随机误差的传递以标准偏差的传递表示。

加减法：在加减运算中，无论测量值是相加还是相减，分析结果标准偏差的平方(简称方差)等于各测量值的方差乘以系数的平方之和。例如，$R = mA + nB - pC$，则

$$s_R^2 = m^2 s_A^2 + n^2 s_B^2 + p^2 s_C^2 \tag{2.15}$$

乘除法：在乘除运算中，无论测量值是相乘还是相除，分析结果的相对标准偏差的平方等于各测量值的相对标准偏差的平方之和，与系数无关。例如，$R = \frac{mA \times nB}{pC}$，则

$$\frac{s_R^2}{R^2} = \frac{s_A^2}{A^2} + \frac{s_B^2}{B^2} + \frac{s_C^2}{C^2} \tag{2.16}$$

指数运算：在指数运算中，分析结果的相对标准偏差等于测量值相对标准偏差的 n 倍，与系数无关。例如，$R = mA^n$，则

$$\frac{s_R}{R} = n\frac{s_A}{A} \tag{2.17}$$

对数运算：在对数运算中，分析结果的标准偏差等于测量值相对标准偏差的0.434m倍。例如，$R = m\lg A$，则

$$s_R = 0.434m\frac{s_A}{A} \tag{2.18}$$

3. 极值误差

在分析化学中，如果不需要严格地定量计算，只需要通过简单的方法估计整个过程可能出现的最大误差时，可用极值误差表示。它是假设在最不利的情况下各种误差都是最大的，而且是相互累积的。在实际分析工作中不一定会出现这种最不利的情况，但作为一种粗略的估计还是比较方便的，并且保险性大。例如，在滴定操作中，滴定前调一次零点，滴定至终点时读取一次体积。若分析天平读数误差为±0.0001 g，称量时无论是间接称量还是直接称量都需要读取两次平衡点(包括零点)，两次读数最大可能误差为±0.0002 g。若滴定管读数误差为±0.01 mL，则一次滴定读取滴定体积的最大可能误差为±0.02 mL。

在加减运算中，分析结果可能的极值误差是各测量值绝对误差的绝对值之和。

$$R = A + B - C,\ E_R = |E_A| + |E_B| + |E_C| \tag{2.19}$$

在乘除运算中，分析结果的极值相对误差等于各测量值相对误差的绝对值之和。

$$R = \frac{A \times B}{C},\ \frac{E_R}{R} = \left|\frac{E_A}{A}\right| + \left|\frac{E_B}{B}\right| + \left|\frac{E_C}{C}\right| \tag{2.20}$$

应该指出，极值误差是分析结果的最大可能误差，即考虑在最不利的情况下，各步测量带来的误差相互累加在一起。但在实际工作中，个别测量误差对分析结果的影响可能是相反的，因此彼此部分地抵消，这种情况在定量分析中是经常遇到的。

2.2　有效数字及其运算规则

2.2.1　有效数字的概念和位数

有效数字(significant figure)是指测量工作中实际能够测量到的数字，它不仅反映测量值的大小，同时也反映测量的准确度。定量分析化学中，不仅要准确测量，还要正确地记录、计算及表示分析结果。

任何科学测量，其准确度都是有一定限度的，如精度为万分之一的分析天平的感量是±0.0001 g，在读出和记录质量时应该保留至小数点后面的第 4 位数字，如果称取某基准物质读数为 2.0012 g，这些数字中 2.001 是准确的，最后一位数字存在波动(也可能是 3 或 1)，称为可疑值。可疑值不是臆造的，是对真值的估计，只是由于测量仪器精度的限制不能准确读出。

完成一次称量需读数两次，每次读数误差为±0.0001 g，则两次读数误差为±0.0002 g，上述基准物质称量的相对误差为

$$E_{\mathrm{r}} = \frac{\pm 0.0002}{2.0012} \times 100\% = \pm 0.01\%$$

如果称量基准物质的质量为 0.2001 g，称量的相对误差为

$$E_{\mathrm{r}} = \frac{\pm 0.0002}{0.2001} \times 100\% = \pm 0.1\%$$

如果采用精度为千分之一的天平来称量，同样质量的基准物质，其读数分别为 2.001 g 和 0.200 g，称量的相对误差分别为

$$E_{\mathrm{r}} = \frac{\pm 0.002}{2.001} \times 100\% = \pm 0.1\%$$

$$E_{\mathrm{r}} = \frac{\pm 0.002}{0.200} \times 100\% = \pm 1.0\%$$

可见，在分析工作中应根据测量误差的要求，选择合适精度的天平称取一定质量以上的试剂和样品；量取溶液体积时也是如此。

有效数字位数的确定遵循以下规则：

(1) 一个测量值只能记录一位可疑值，并且只能有一位可疑值。

(2) 数字 0～9 都是有效数字，但数字前的 0 仅起确定小数点位置的作用时，不是有效数字。例如，20.00 mL 若改用 L 为单位时，表示成 0.02000 L，有效数字均是四位。

(3) 数字后的 0 含义不清楚时，最好用指数形式表示。例如，3600 应根据测量的实际情况，采用科学计数法将其表示为 3.6×10^3、3.60×10^3 或 3.600×10^3，则分别表示二位、三位或四

位有效数字，其位数就明确了。

(4) 自然数和常数因不是实验测定得来，可看成具有无限多位数，如倍数、分数关系，圆周率 π、自然对数的底数 e 可以看成无限位数。

(5) 对数与指数的有效数字位数按小数点后的位数确定，小数点之前的整数只代表该数的数量级。

例如，pH = 11.20，对应氢离子浓度为 6.3×10^{-12} mol · L^{-1}；pH = 11.21，对应的氢离子浓度为 6.2×10^{-12} mol · L^{-1}。在 pH = 11.20 和 pH = 11.21 中，氢离子浓度第二位就不确定，故其有效数字应为两位。pH = 5.02，对应的氢离子浓度为 9.5×10^{-6} mol · L^{-1}，有效数字也为两位。

同样，$\lg K_{CaY} = 10.69$，对应 $K_{CaY} = 4.9\times10^{10}$，有两位有效数字。

首位为 9(或 8)，有效数字位数通常可多记一位，如 9.00 和 9.83 可作为四位有效数字。

2.2.2　数字的修约规则

在实验数据处理过程中，常涉及不同位数的有效数字，需要根据有效数字的运算规则对数据进行修约。按照国家标准 GB/T 8170—2019，有效数字的修约规则可以简单概括为“四舍六入五成双”。当测量值中修约的那个数字等于或小于 4 时，该数字舍去；等于或大于 6 时，进位；等于 5 时(5 后面无数据或是 0 时)，如进位后末位数为偶数则进位，舍去后末位数为偶数则舍去；等于 5 时且 5 后面有数时，都应进位。例如，将下列数据修约为四位有效数字：

17.834 → 17.83　　(修约的数字等于或小于 4 时，该数字舍去)

17.836 → 17.84　　(修约的数字等于或大于 6 时，该数字进位)

17.82501 → 17.83　　(修约的数字等于 5 时且 5 后面有数，该数字进位)

17.835 → 17.84　　(修约的数字等于 5 时，进位后末位数为偶数则进位)

17.825 → 17.82　　(修约的数字等于 5 时，进位后末位数为奇数则舍去)

修约数字时，只允许对原测量值一次修约到所需要的位数，不能分次修约，如果分次修约，就可能得出错误的结果。例如，21.546 修约为三位有效数字，一次修约为 21.5；如分次修约，四位为 21.55，再进一步修约到三位为 21.6，得出错误的修约结果。

2.2.3　有效数字的运算规则

不同位数的有效数字进行运算时，最后结果的有效数字保留需要遵循以下规则。

(1) 加减法。当几个数据相加减时，它们的和或差的有效数字位数以小数点后位数最少的数据为标准。因为小数点后位数最少的数据的绝对误差最大。

例如：　　83.5 mL + 23.28 mL

绝对误差　　±0.1 mL ± 0.01 mL

故　　原式= 106.78 mL =106.8 mL

(2) 乘除法。当几个数据相乘除时，它们积或商的有效数字位数以有效数字位数最少的数据为标准，因为有效数字位数最少的数据的相对误差最大，根据误差传递关系，应以其为标准。

例如：　　$0.0121 \times 25.64 \times 1.05782$

0.0121 相对误差：　　$E_r = \dfrac{\pm0.0001}{0.0121}\times100\% = \pm0.8\%$

25.64 相对误差：
$$E_r = \frac{\pm 0.01}{25.64} \times 100\% = \pm 0.04\%$$

1.05782 相对误差：
$$E_r = \frac{\pm 0.00001}{1.05782} \times 100\% = \pm 0.0009\%$$

可见 0.0121 相对误差最大，最后结果取三位有效数字，故

原式=0.328

再如，根据有效数字概念，求 $0.9 \times 1.2 \times 36.100$ 相乘的结果。注意其中 0.9 为一位有效数字，应将其看成两位有效数字，因此应为 $0.9 \times 1.2 \times 36 = 39$。

(3) 乘方或开方结果有效数字位数不变。

(4) 对数运算时，对数尾数的位数与真数有效数字位数相同。例如，$[H^+] = 0.0020\ mol \cdot L^{-1}$，也可写成 $2.0 \times 10^{-3}\ mol \cdot L^{-1}$ 或 pH = 2.70，其有效数字均为两位。

(5) 最好运算前先不修约，运算结束后对结果进行一次性修约。

分析化学中的计算主要有两大类，一类是各种化学平衡中有关浓度的计算，由于平衡常数 K 一般为两位有效数字，计算结果一般为两位有效数字；另一类是计算测定结果，确定其有效数字位数与测定过程和待测组分在试样中的相对含量有关。对于高含量组分(一般大于10%)的测定，结果保留四位有效数字；对于中含量组分(1%～10%)，结果保留三位有效数字；对于微量组分(≤1%)，结果保留两位有效数字。

2.3　分析化学中数据的统计处理

在定量分析过程中，由技术娴熟的工作人员采用成熟的分析方法对样品中某一组分进行重复测定，结果都不可能完全一致，表明实验过程中误差存在是必然的，用数据表示的分析结果具有不确定性，如何表示这种不确定性，又能表达出结果的准确度；如何对可疑值或离群值进行有根据的取舍；如何判断分析结果与标准值是否一致以及不同分析工作者或不同实验室的测定结果是否一致，这些问题的解决都需要用到数理统计的方法。

数理统计是一门研究随机现象统计规律的数学分支学科，它是建立在概率论基础上的。下面先了解与分析化学相关的几个统计学的基本概念。

统计学中对于所考察对象的某特性值的全体，称为总体，或称为母体。自总体中随机抽出的一组对象称为样本或子样，样本中所含测量值的数目称为样本容量。例如，考察某地区土壤背景值，该地区所有土壤为总体，按照随机采样法布点采集到的样品称为样本。样本送达实验室后经过细碎、缩分得到一定数量(如 500 g)的试样供分析用，这是供分析用的总体。如果从中称取 8 份进行平行测定，得到 8 个分析结果，则这一组分析结果就是该分析试样总体的一个随机样本，样本容量为 8。

2.3.1　随机误差的正态分布

随机误差具有方向和大小的不确定性，但是在大量的重复测量中，随机误差符合一定的统计学规律，下面以一个具体实例介绍随机误差的分布。

采用某种分析方法对同一样品中镍元素的含量进行 90 次测定，结果如表 2.2 所示。在分析测定中，如果消除了系统误差的影响，测量误差就是由一些不可控的随机误差引起的，

表 2.2 的数据参差不齐，看不出规律，但当对它们进行整理后，就能看出它们的分布规律，也就是随机误差的分布规律。

表 2.2　某样品中镍的质量分数(%，$n = 90$)

1.60	1.67	1.67	1.64	1.58	1.64	1.67	1.62	1.57	1.60
1.59	1.64	1.74	1.65	1.64	1.61	1.65	1.69	1.64	1.63
1.65	1.70	1.63	1.62	1.70	1.65	1.68	1.66	1.69	1.70
1.70	1.63	1.67	1.70	1.70	1.63	1.57	1.59	1.62	1.60
1.53	1.56	1.58	1.60	1.58	1.59	1.61	1.62	1.55	1.52
1.49	1.56	1.57	1.61	1.61	1.61	1.57	1.56	1.53	1.59
1.66	1.63	1.55	1.66	1.64	1.64	1.64	1.62	1.62	1.65
1.60	1.63	1.62	1.61	1.65	1.61	1.64	1.63	1.54	1.61
1.60	1.64	1.65	1.59	1.58	1.59	1.60	1.67	1.68	1.69

1. 频数分布

为了解测定结果的分布规律，将 90 个数据从小到大依次排列，则

$$x_{max} = 1.74\%,\quad x_{min} = 1.49\%,\quad \bar{x} = 1.62\%$$

$$\text{极差 } R = x_{max} - x_{min} = 1.74\% - 1.49\% = 0.25\%$$

对 90 个数据进行分组，首先确定组数和组距。组数视测定次数 n 而定，组数必须是整数。如果分成 9 组，则

$$\text{组距} = \frac{\text{极差}}{\text{组数}} = \frac{0.25\%}{9} \approx 0.03\%$$

分组中，为防止数据出现骑墙被分在两个组，在组界值后加一位数据 5。例如，第一组的范围为最小值至最小值加组距，即 1.485%～1.515%(1.485% + 0.03% = 1.515%)，以此类推。统计各组测定值出现的次数，即频数，频数与测定次数的比值称为相对频数或频率。各组频数分布见表 2.3。

表 2.3　分组、频数和频率

组序	分组/%	频数	频率
1	1.485～1.515	1	0.011
2	1.515～1.545	4	0.044
3	1.545～1.575	9	0.100
4	1.575～1.605	17	0.189
5	1.605～1.635	22	0.244
6	1.635～1.665	20	0.222
7	1.665～1.695	10	0.111
8	1.695～1.725	6	0.067
9	1.725～1.755	1	0.011
	$\sum$	90	1.00

以各组分区间为横坐标、频率为纵坐标作图得频率分布直方图，如图 2.2 所示。

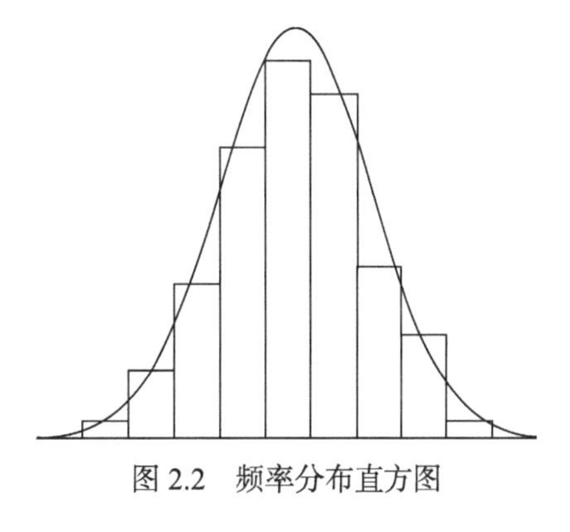

图 2.2　频率分布直方图

从频率分布直方图可以看出，分析数据具有集中和离散两种趋势。集中趋势表明，测定数据更多地集中在平均值 1.62%附近，平均值附近 3 个区间的频率达到 0.655，其余 6 个区间仅为 0.345。离散特性表明，90 个分析数据分布在平均值两边，相对于平均值，正误差和负误差出现的频率大致相等，小误差出现的频率大，大误差出现的频率小，特别大的误差出现的频率趋于零。

2. 正态分布

当测量次数趋于无穷大时，以上频率分布图的组距可以划分得更小，当组距趋于零时，各组距频率趋近于一个稳定值，频率分布的直方图逐渐趋于一条平滑的曲线，这一曲线就是反映测量误差分布的正态分布曲线。正态分布的概率密度函数为

$$y=\frac{1}{\sigma\sqrt{2\pi}}\mathrm{e}^{-\frac{1}{2}\left(\frac{x-\mu}{\sigma}\right)^2} \tag{2.21}$$

$$\sigma=\sqrt{\frac{(x_i-\mu)^2}{n}} \tag{2.22}$$

式中，y 为概率密度，它是测量值 x 的函数；μ 为 $n\to\infty$时测量值的平均值，称为总体平均值，表示测量值的集中趋势，在没有系统误差的情况下，μ 就是真值；σ 为总体标准偏差，表示数据的离散程度。

以测量值 x 或随机误差 $x-\mu$ 为横坐标，以概率密度 y 为纵坐标作图，可得正态分布或随机误差分布的概率密度曲线，如图 2.3 所示。

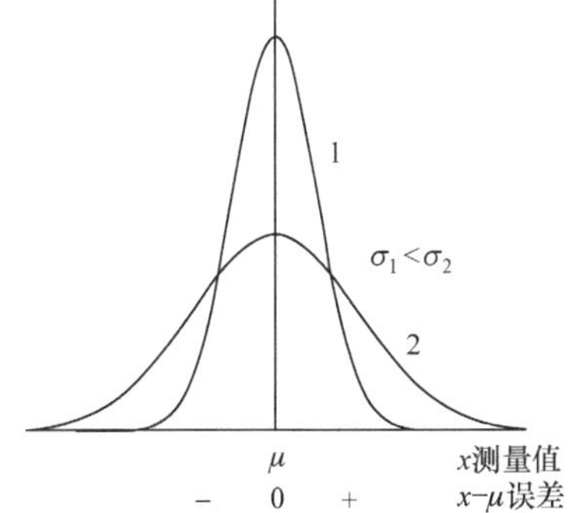

图 2.3　测量值和误差正态分布的概率密度曲线

正态分布曲线与横坐标所夹的总面积表示所有测量值出现的概率总和，其值为 1。概率密度函数对某区间(x_1, x_2)定积分就是测量值出现在此区间内的概率，即曲线下面积。正态分布曲线有以下特点：

(1) 曲线为钟形对称，在 $x=\mu$ 处有最高点，说明测量值 x 在μ附近出现的概率大，大多数的测量值都集中在算术平均值μ的附近。

(2) 曲线以 $x=\mu$ 为对称轴，说明绝对值相同的正负误差出现的概率相等。

(3) 曲线中间大，两头小，当 x 趋向于$-\infty$或$+\infty$时，曲线以 x 轴为渐近线，说明小误差出现的概率大，大误差出现的概率小，出现很大误差的概率极小。

(4) 总体标准偏差不同，曲线形状不同。σ越小，最高点概率密度 y 越大，曲线越瘦高，即测量值出现在μ附近的概率越大，测量数据越集中。反之，σ越大，最高点概率密度 y 越小，曲线越扁平，测量值出现在μ附近的概率越小，测量数据越分散。

若已知μ和σ，正态分布曲线的位置与形状即可确定下来，测量值出现在某区间的概率可

以由对概率密度函数进行区间积分得到，但是由于 x、μ 和 σ 都是变量，积分计算相当麻烦，为此在数学上经过一个变量代换，令

$$u=\frac{x-\mu}{\sigma} \tag{2.23}$$

u 是以总体标准偏差 σ 为单位的 $(x-\mu)$ 值，即以 σ 为单位的测量误差。以 u 为变量的标准正态分布函数如下：

$$\varphi(u)=\frac{1}{\sqrt{2\pi}}\mathrm{e}^{\frac{u^2}{2}} \tag{2.24}$$

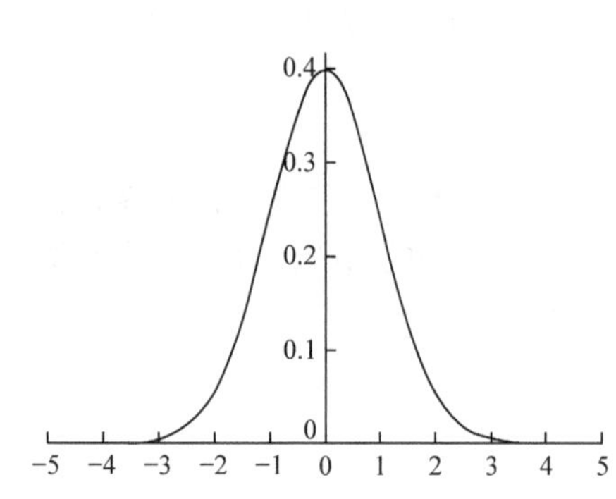

图 2.4　标准正态分布曲线

以 u 为横坐标，以概率密度为纵坐标，绘成的曲线即为标准正态分布曲线，用符号 $N(0,1)$ 表示，这样曲线的形状与 σ 大小无关，对于相同 u 值变化区间的积分也就相同(图 2.4)。同样，标准正态分布曲线下的面积，即标准正态分布函数在区间 $-\infty \leqslant u \leqslant +\infty$ 上的积分代表所有测量数据出现的概率，其值为 1，概率 P 的计算式表示为

$$P=\int_{-u_1}^{+u_2}\varphi(u)\mathrm{d}u=\int_{-u_1}^{+u_2}\frac{1}{\sqrt{2\pi}}\mathrm{e}^{\frac{u^2}{2}}\mathrm{d}u \tag{2.25}$$

为了使用方便，将不同 u 值区间的积分列表(表 2.4)表示，称为正态分布概率积分表。由于积分区间表示不同，积分值不相同，注意表头表示的积分区间和单边双边的区别，正确使用表值。

表 2.4　正态分布概率积分表(双边)

$\|u\|$	概率	$\|u\|$	概率	$\|u\|$	概率
0.0	0.0000	1.0	0.6827	2.0	0.9545
0.1	0.0797	1.1	0.7287	2.1	0.9643
0.2	0.1585	1.2	0.7699	2.2	0.9722
0.3	0.2358	1.3	0.8064	2.3	0.9786
0.4	0.3108	1.4	0.8385	2.4	0.9836
0.5	0.3829	1.5	0.8664	2.5	0.9876
0.6	0.4515	1.6	0.8904	2.6	0.9907
0.7	0.5161	1.7	0.9109	2.7	0.9931
0.8	0.5763	1.8	0.9281	2.8	0.9949
0.9	0.6319	1.9	0.9426	3.0	0.9973

从正态分布积分值，可以得出不同随机误差区间内测量数据出现的概率，如表 2.5 所示。

表 2.5　不同随机误差区间测量值出现的概率

随机误差出现的区间	测量值出现的区间	测量值出现的概率/%
$u=\pm1.0$	$x=\mu\pm1.0\sigma$	68.3
$u=\pm1.96$	$x=\mu\pm1.96\sigma$	95.0

续表

随机误差出现的区间	测量值出现的区间	测量值出现的概率/%
$u=\pm2.0$	$x=\mu\pm2.0\sigma$	95.5
$u=\pm2.58$	$x=\mu\pm2.58\sigma$	99.0
$u=\pm3.0$	$x=\mu\pm3.0\sigma$	99.7

由以上数据可知，一组测量值的测量误差超过$\pm3\sigma$的概率仅为 0.3%，所以在实际工作中如果某一测量数据的误差超过$\pm3\sigma$，则这个数据可以舍去。

3. t 分布

正态分布是无限次测量数据的分布规律，在实际工作中，测量数据都是有限的，有限次测量数据符合 t 分布。对于有限的测量数据，不能获得总体平均值μ和标准偏差σ，只能计算样本平均值$\bar{x}$和标准偏差 s，用 t 代替 u 作为统计量，t 定义为

$$t=\frac{\bar{x}-\mu}{s_{\bar{x}}}=\frac{\bar{x}-\mu}{s}\sqrt{n} \tag{2.26}$$

统计量 t 遵循自由度为 $f=n-1$ 的 t 分布，t 分布的概率密度函数为

$$\varphi(t)=\frac{\Gamma\left(\frac{f+1}{2}\right)}{\sqrt{f\pi}\,\Gamma\left(\frac{f}{2}\right)}\left(1+\frac{t^2}{f}\right)^{-\frac{f+1}{2}},\quad -\infty<t<+\infty \tag{2.27}$$

式中，$\Gamma(f)$为伽马函数。t 分布来源于正态分布，t 分布概率密度函数取决于统计量 t 值和自由度 f，不同自由度的 t 分布曲线形状不同。图 2.5 是 $f=1$、$f=5$ 和 $f=\infty$的 t 分布曲线，自由度越大的 t 分布曲线越接近正态分布曲线，$f=\infty$的分布曲线与正态分布曲线完全重合。

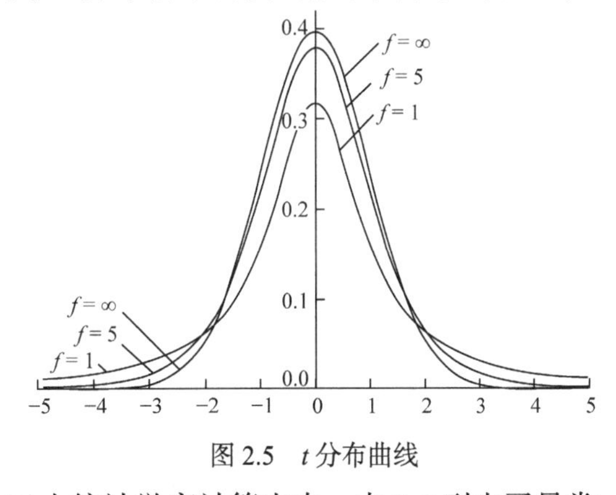

图 2.5　t 分布曲线

与正态分布曲线一样，t 分布曲线下面一定区间内的积分面积就是该区间内随机误差出现的概率。不同的是，对于正态分布曲线，只要 u 值一定，相应的概率也一定；但对于 t 分布曲线，当 t 值一定时，由于 f 值的不同，相应曲线所包括的面积也不同。不同 f 值及概率所对应的 t 值已由统计学家计算出来。表 2.6 列出了最常用的部分 t 值，表中置信度(confidence)用 P 表示，表示在某 t 值时，测定值落在$(\mu\pm ts)$范围内的概率。显然，测定值落在此范围外的概率为$(1-P)$，$(1-P)$称为显著性水平(significance level)，用 α 表示。由于 t 值与置信度及自由度有关，一般表示为 $t_{\alpha,f}$。例如，$t_{0.05,10}$ 表示置信度为 95%、自由度为 10 时的 t 值，$t_{0.01,5}$ 表示置信度为 99%、自由度为 5 时的 t 值。相同置信度下，f 值小时，t 值较大，反之 f 值大时，t 值较小。理论上，只有当 $f=\infty$时，各置信度对应的 t 值才能与相应的 u 值一致，但由表 2.6 可以看出，当 $f=20$ 时，t 值与 u 值已经很接近了。

表 2.6　不同测定次数及不同置信度下的 t 值(双边)

自由度 f	置信度，显著性水平				
	$P = 0.50(50\%)$ $\alpha = 0.50$	$P = 90\%$ $\alpha = 0.10$	$P = 95\%$ $\alpha = 0.05$	$P = 99\%$ $\alpha = 0.01$	$P = 99.5\%$ $\alpha = 0.005$
1	1.000	6.314	12.706	63.657	127.32
2	0.816	2.920	4.303	9.925	14.089
3	0.765	2.353	3.182	5.841	7.453
4	0.741	2.132	2.776	4.604	5.598
5	0.727	2.015	2.571	4.032	4.773
6	0.718	1.943	2.447	3.707	4.317
7	0.711	1.895	2.365	3.500	4.029
8	0.706	1.860	2.306	3.355	3.832
9	0.703	1.833	2.262	3.250	3.690
10	0.700	1.812	2.228	3.169	3.581
20	0.687	1.725	2.086	2.845	3.153
∞	0.674	1.645	1.960	2.576	2.807

2.3.2　平均值的置信区间

在实际工作中，通常总是将测定数据的平均值作为分析结果报出。测得的少量数据的平均值总是带有一定的不确定性，它不能明确地说明测定的可靠性。在要求准确度较高的分析工作中，出具分析报告时，应同时指出测定结果包含真值所在的区间范围，这一范围称为置信区间(confidence interval)，区间包含真值的概率称为置信度或置信水平(confidence level)，常用 P 表示。

对于有限次测量，按照 t 分布定义，可以得出真实值 μ 与平均值 $\bar{x}$ 之间的关系：

$$\mu = \bar{x} \pm \frac{ts}{\sqrt{n}} \tag{2.28}$$

式中，s 为标准偏差；n 为测定次数；t 为在选定的置信度下 t 分布的 t 值，可根据测定次数从表 2.6 中查得。式(2.28)表示在一定置信度下，以测定的平均值 $\bar{x}$ 为中心，包括总体平均值 μ 的范围，称为平均值的置信区间。总体平均值是一个客观存在的恒定值，没有随机性，因此不能说 μ 落在某一范围的概率为多少。

【例 2.2】 分析某岩石 SiO_2 的质量分数，得到下列数据(%)：28.62，28.59，28.51，28.48，28.52，28.63。求平均值、标准偏差和置信度分别为 90%和 95%时平均值的置信区间。

解

$$\bar{x} = \frac{28.62 + 28.59 + 28.51 + 28.48 + 28.52 + 28.63}{6} = 28.56(\%)$$

$$s = \sqrt{\frac{0.06^2 + 0.03^2 + (-0.05)^2 + (-0.08)^2 + (-0.04)^2 + 0.07^2}{6-1}} = 0.06(\%)$$

查表 2.6，置信度为 90%时，$f = n-1 = 5$，$t = 2.015$，则

$$\mu = \left(28.56 \pm \frac{2.015 \times 0.06}{\sqrt{6}}\right)\% = (28.56 \pm 0.05)\%$$

同理，置信度为 95%时，$f = n-1 = 5$，$t = 2.571$，则

$$\mu = \left(28.56 \pm \frac{2.571 \times 0.06}{\sqrt{6}}\right)\% = (28.56 \pm 0.07)\%$$

上述计算说明，随着置信度的增加，置信区间同时增大。对于同一测定体系，置信区间越大，包含真值的概率越高，测定结果的不确定性越大；反之，置信区间越窄，包含真值的概率越低，测定结果的不确定性越小。置信区间过宽，对总体平均值的估计失去意义，过窄包含总体平均值的置信度又太低。分析化学中一般选择置信度为 95%或 90%。

2.3.3　显著性检验

显著性检验(significance test)就是事先对总体(随机变量)的参数或总体分布形式做出一个假设，然后利用样本信息来判断这个假设是否合理，或者判断总体的真实情况与原假设是否有显著性差异。显著性检验就是要判断样本与所做的假设之间的差异是因随机误差引起的，还是系统误差引起的。其原理就是以“小概率事件实际不可能性原理”来接受或否定假设。

显著性检验是利用统计学的方法，检验被处理的问题是否存在统计上的显著性差异，即确定某种方法是否可用，判断实验室测定结果是否准确。分析化学常用的显著性检验方法有 t 检验法和 F 检验法。

1. t 检验法

1) 平均值与标准值的比较

为了检查分析方法是否存在较大的系统误差，可对标准试样进行若干次分析，再利用 t 检验法比较分析结果的平均值与标准试样的标准值之间是否存在显著性差异。进行 t 检验时，首先按式(2.29)计算出 t 值：

$$t = \frac{|\bar{x} - \mu|}{s}\sqrt{n} \tag{2.29}$$

查 t 分布表中一定置信度下的 $t_{\alpha,f}$ 值，若 $t_{计算} > t_{\alpha,f}$，分析方法存在显著性差异，存在系统误差，被检验方法需要改进；否则不存在显著性差异，被检验方法可以采用。通常以 95%的置信度为检验标准。

【例 2.3】　采用某种新方法测定基准明矾中铝的质量分数，得到下列 9 个分析结果：10.74%，10.77%，10.77%，10.77%，10.81%，10.82%，10.73%，10.86%，10.81%。已知明矾中铝含量的标准值(以理论值代替)为 10.77%。采用新方法后，是否引起测定结果的系统误差(置信度 95%)?

解

$$n = 9,\ f = 9-1 = 8$$

$$\bar{x} = 10.79\%,\quad s = 0.042\%$$

$$t = \frac{|\bar{x} - \mu|}{s}\sqrt{n} = \frac{|10.79\% - 10.77\%|}{0.042\%}\sqrt{9} = 1.43$$

查表 2.6，$P = 0.95$，$f = 8$ 时，$t_{0.05,8} = 2.306$。$t < t_{0.05,8}$，故测量值与标准值属于同一个总体，x 与 μ 之间不存在显著性差异，即采用新方法后，没有引起测定结果明显的系统误差。

---

2) 两组平均值的比较

分析工作中，经常需要比较两种分析方法、两个实验室、两位实验人员对同一样品测定结果是否相同，也就是分析结果的不同是由于随机误差引起还是系统误差导致。设两组分析数据为 $n_1, s_1, \bar{x}_1$ 和 $n_2, s_2, \bar{x}_2$。如果 s_1 与 s_2 之间没有显著性差异，可以认为它们相等，合并标准偏差，计算统计量 t。

$$\bar{s} = \sqrt{\frac{\text{偏差平方和}}{\text{总自由度}}} = \sqrt{\frac{\sum(x_{1i} - \bar{x}_1)^2 + \sum(x_{2i} - \bar{x}_2)^2}{(n_1 - 1) + (n_2 - 1)}}$$

$$s = \sqrt{\frac{s_1^2(n_1 - 1) + s_2^2(n_2 - 1)}{(n_1 - 1) + (n_2 - 1)}} \tag{2.30}$$

$$t = \frac{\bar{x}_1 - \bar{x}_2}{s}\sqrt{\frac{n_1 n_2}{n_1 + n_2}} \tag{2.31}$$

在一定置信度下，查出表值(总自由度 $f = n_1 + n_2 - 2$)，若 $t > t_{表}$，则两组平均值存在显著性差异；若 $t < t_{表}$，则不存在显著性差异。

2. *F* 检验法

标准偏差或方差反映测试精密度，样本不同时得到的方差也不相同，方差本身是随机变量。方差的变化符合 F 分布，通过 F 检验可以确定两组数据的方差是否存在显著性差异。

统计量 F 定义为两组数据的方差的比值：

$$F = \frac{s_{大}^2}{s_{小}^2} \tag{2.32}$$

两组数据的精密度相差不大，则 F 值趋近于 1；若两者之间存在显著性差异，F 值就较大。在一定的 P(置信度 95%)及 f 时，$F_{计算} > F_{表}$，存在显著性差异；否则，不存在显著性差异。

对于两组数据精密度的判断，有时只需要判断是否有差别，而有时需要判断哪一组更好或更差，这就涉及双边检验和单边检验的问题。双边检验时，显著性水平为单侧显著性水平的 2 倍。表 2.7 列出了单边置信度 95%的 F 值。

表 2.7 置信度 95%的 *F* 值(单边)

$f_{小}$	$f_{大}$									
	2	3	4	5	6	7	8	9	10	∞
2	19.00	19.16	19.25	19.30	19.33	19.36	19.37	19.38	19.39	19.50
3	9.55	9.28	9.12	9.01	8.94	8.88	8.84	8.81	8.78	8.53
4	6.94	6.59	6.39	6.26	6.16	6.09	6.04	6.00	5.96	5.63
5	5.79	5.41	5.19	5.05	4.95	4.88	4.82	4.78	4.74	4.36
6	5.14	4.76	4.53	4.39	4.28	4.21	4.15	4.10	4.06	3.67
7	4.74	4.35	4.12	3.97	3.87	3.79	3.73	3.68	3.63	3.23

续表

$f_{小}$	$f_{大}$									
	2	3	4	5	6	7	8	9	10	∞
8	4.46	4.07	3.84	3.69	3.58	3.50	3.44	3.39	3.34	2.93
9	4.26	3.86	3.63	3.48	3.37	3.29	3.23	3.18	3.13	2.71
10	4.10	3.71	3.48	3.33	3.22	3.14	3.07	3.02	2.97	2.54
∞	3.00	2.60	2.37	2.21	2.10	2.01	1.94	1.88	1.83	1.00

【例 2.4】 为验证一台旧的分光光度计的稳定性是否发生变化，用一台同样型号的新的分光光度计同时测量高锰酸钾溶液的吸光度。旧仪器重复测定 6 次的标准偏差为 $s_1 = 0.078$，新仪器测定 5 次的标准偏差 $s_2 = 0.023$，旧仪器的稳定性是否低于新仪器(置信度 95%)?

解　判断旧仪器的稳定性是否不如新仪器，属于单边检验问题。

$$F_{计算} = \frac{s_{大}^2}{s_{小}^2} = \frac{0.078^2}{0.023^2} = 11.5$$

查表 2.7，单边置信度 95%，$F_{表} = 6.26$。

$F_{计算} > F_{表}$，可以判断旧仪器测定结果的精密度比新仪器差，其稳定性可能已降低，应该维修或更换。

此题目中，如果只是判断旧仪器的稳定性与新仪器是否有差别，属于双边检验问题。

【例 2.5】 分别用分光光度法和配位滴定法测定合金中铝的质量分数，所得结果如下：

第一种方法　1.26%　1.25%　1.22%

第二种方法　1.35%　1.31%　1.32%　1.34%

两种方法之间是否有显著性差异(置信度 90%)?

解

$$n_1 = 3,\ s_1 = 0.021\%,\ \bar{x}_1 = 1.24\%$$

$$n_2 = 4,\ s_2 = 0.016\%,\ \bar{x}_2 = 1.33\%$$

$$f_{大} = 2,\ f_{小} = 3,\ F_{表} = 9.55$$

$$F_{计算} = \frac{s_{大}^2}{s_{小}^2} = \frac{0.021^2}{0.016^2} = 1.72$$

置信度 90%，双边检验 $F_{表} = 9.55$，$F_{计算} < F_{表}$，两组数据的标准偏差没有显著性差异。合并标准偏差：

$$\bar{s} = \sqrt{\frac{偏差平方和}{总自由度}} = \sqrt{\frac{\sum(x_{1i} - \bar{x}_1)^2 + \sum(x_{2i} - \bar{x}_2)^2}{(n_1 - 1) + (n_2 - 1)}} = 0.019\%$$

$$t=\frac{\overline{x}_1-\overline{x}_2}{s}\sqrt{\frac{n_1n_2}{n_1+n_2}}=\frac{|1.24\%-1.33\%|}{0.019\%}\times\sqrt{\frac{3\times4}{3+4}}=6.20$$

当 $P=0.90$，$f=n_1+n_2-2=5$ 时，$t_{0.10,5}=2.02$。$t>t_{0.10,5}$，故两种分析方法之间存在显著性差异。

2.4 可疑值取舍

在一组平行测定的数据中，有时会出现一个甚至多个离群的数据，这些数据称为可疑值或离群值。若这些数据是由实验过失造成的，则应该将该数据坚决舍弃，否则就不能随便舍弃，必须用统计方法判断是否取舍。数据取舍的方法很多，常用的有四倍法($4\overline{d}$ 法)、Q 检验法和格鲁布斯(Grubbs)法等，其中 Q 检验法比较严格且使用较为方便。

2.4.1 四倍法

根据正态分布规律，偏差超过 3σ 的个别测定值出现的概率小于 0.3%，故这一测量值通常可以舍去。总体平均偏差 δ 约等于 0.80 倍总体标准偏差($\delta\approx0.80\sigma$，$3\sigma\approx4\delta$)，即偏差超过 4δ 的个别测定值可以舍去。对于少量实验数据的处理，可以近似地以 s 代替 σ，以平均偏差 $\overline{d}$ 代替总体平均偏差 δ。四倍法具体计算步骤如下：首先求出除异常值以外数据的平均值 $\overline{x}$ 和平均偏差 $\overline{d}$，然后将异常值与平均值进行比较，如绝对差值大于 $4\overline{d}$，则将可疑值舍去，否则保留。

四倍法简单，但误差大。当四倍法与其他检验法矛盾时，以其他方法为准。

2.4.2 *Q* 检验法

在一定置信度下，Q 检验法可按下列步骤判断可疑数据是否舍去：

(1) 先将数据从小到大排列为：x_1，x_2，…，x_{n-1}，x_n。

(2) 计算出统计量 Q：

$$Q=\frac{|\text{可疑值}-\text{邻近值}|}{\text{最大值}-\text{最小值}} \tag{2.33}$$

也就是说，若 x_1 为可疑值，则统计量 Q 为

$$Q=\frac{x_2-x_1}{x_n-x_1} \tag{2.34}$$

若 x_n 为可疑值，则统计量 Q 为

$$Q=\frac{x_n-x_{n-1}}{x_n-x_1} \tag{2.35}$$

式中的分子为可疑值与相邻值的差值，分母为整组数据的最大值与最小值的差值，也称为极值。Q 越大，说明 x_1 或 x_n 离群越远。

(3) 根据测定次数和要求的置信度由表 2.8 查得 $Q_{表}$。

表 2.8　不同置信度下舍弃可疑数据的 Q 值

置信度	测定次数(n)							
	3	4	5	6	7	8	9	10
90%	0.94	0.76	0.64	0.56	0.51	0.47	0.44	0.41
95%	0.98	0.85	0.73	0.64	0.59	0.54	0.51	0.48
99%	0.99	0.93	0.82	0.74	0.68	0.63	0.60	0.57

(4) 将 Q 计算值与 $Q_{表}$ 进行比较，判断可疑数据的取舍。若 $Q>Q_{表}$，则可疑值应该舍去，否则应该保留。

【例 2.6】 某矿石中钒的含量(%)，4 次测定结果为 20.39、20.41、20.40 和 20.16，用 Q 检验法判断 20.16 是否应该舍弃(置信度为 90%)。

解　将测定值由小到大排列：20.16、20.39、20.40、20.41。

$$Q=\frac{20.39-20.16}{20.41-20.16}=\frac{0.23}{0.25}=0.92$$

查表 2.8，在 90%的置信度时，当 $n=4$ 时，$Q_{0.90}=0.76$，$Q>Q_{表}$，因此该数据应舍弃。

【例 2.7】 用基准物质 Na_2CO_3 标定 HCl 溶液，测得其浓度为：0.1033 mol · L^{-1}，0.1060 mol · L^{-1}，0.1035 mol · L^{-1}，0.1031 mol · L^{-1}，0.1022 mol · L^{-1}，0.1037 mol · L^{-1}。上述 6 次测定值中是否有数据要舍去(置信度为 95%)？求实验结果的平均值、标准偏差、置信度为 95%时平均值的置信区间。

解　(1) 将 6 个数据从小到大排序，用 Q 检验法分别检验最小和最大的数据是否应舍去。

0.1022，0.1031，0.1033，0.1035，0.1037，0.1060

$$Q_1=\frac{0.1031-0.1022}{0.1060-0.1022}=\frac{0.0009}{0.0038}=0.24$$

$$Q_2=\frac{0.1060-0.1037}{0.1060-0.1022}=\frac{0.0023}{0.0038}=0.61$$

由表 2.8 查得，当测定次数 $n=6$ 时，若置信度 $P=95\%$，则 $Q_{表}=0.64$，所以 $Q<Q_{表}$，则 0.1022 和 0.1060 不应该舍去，6 次测定值没有数据应舍去。

(2) 根据所有保留值，平均值 $\bar{x}$ 为

$$\bar{x}=\frac{0.1033+0.1060+0.1035+0.1031+0.1022+0.1037}{6}=0.1036$$

(3) 标准偏差 s 为

$$s=\sqrt{\frac{(-0.0003)^2+0.0024^2+(-0.0001)^2+(-0.0005)^2+0.0001^2+(-0.0014)^2}{6-1}}=0.0013$$

(4) 求出置信度为 95%、$n=6$ 时，平均值的置信区间。

查表 2.6 得 $t=2.571$，则

$$\mu = 0.1036 \pm \frac{2.571 \times 0.0013}{\sqrt{6}} = 0.1036 \pm 0.0014$$

2.4.3　格鲁布斯法

在一定置信度下，格鲁布斯法可按下列步骤判断可疑数据是否舍去：

(1) 数据由小到大排列：$x_1, x_2, \cdots, x_n$，其中 x_1 或 x_n 可能是异常值。

(2) 求出所有数据的 $\bar{x}$ 和 s。

(3) 求统计量 T：$T = \frac{\bar{x} - x_1}{s}$ (x_1 为可疑值)，$T = \frac{x_n - \bar{x}}{s}$ (x_n 为可疑值)。

(4) 将 T 与表值 $T_{\alpha,n}$(表 2.9)比较。如果 $T > T_{\alpha,n}$，则舍去；否则保留。

表 2.9　$T_{\alpha,n}$ 值表

n	显著性水平 α			n	显著性水平 α		
	0.05	0.025	0.01		0.05	0.025	0.01
3	1.15	1.15	1.15	10	2.18	2.29	2.41
4	1.46	1.48	1.49	11	2.23	2.36	2.48
5	1.67	1.71	1.75	12	2.29	2.41	2.55
6	1.82	1.89	1.94	13	2.33	2.46	2.61
7	1.94	2.02	2.10	14	2.37	2.51	2.63
8	2.03	2.13	2.22	15	2.41	2.55	2.71
9	2.11	2.21	2.32	20	2.56	2.71	2.88

【例 2.8】　采用格鲁布斯法判断【例 2.7】中 6 个测定值中是否有数据需要舍去。

解　将 6 个数据从小到大排序，用格鲁布斯法分别检验最小和最大的数据是否应舍去。

0.1022，0.1031，0.1033，0.1035，0.1037，0.1060

$$\bar{x} = 0.1036 \qquad s = 0.0013$$

$$T_1 = \frac{0.1036 - 0.1022}{0.0013} = \frac{0.0014}{0.0013} = 1.08$$

$$T_2 = \frac{0.1060 - 0.1036}{0.0013} = \frac{0.0024}{0.0013} = 1.85$$

由表 2.9 查得，当测定次数 $n = 6$ 时，若置信度 $P = 95\%$，则 $T_{表} = 1.82$，所以对于 0.1022 这个数据 $T < T_{表}$，则不应该舍去，对于 0.1060 这个数据 $T > T_{表}$，应舍去。

2.5　一元线性回归

科学实验中借助仪器所获得的数据之间的关系属于非确定性的依赖关系，称为变量之间的相关关系。定量分析中分析仪器获得的仪器信号与物质含量之间的关系也属于相关关系。如何找出相关变量之间的数学表达式，回归分析(regression analysis)提供了一条可行的途径。

回归分析是研究相关关系的数学工具之一，分析化学中应用的通常是最小二乘法进行的单变量线性回归。

设仪器信号，如分光光度法中的吸光度(因变量 y)，与一个自变量(物质浓度 x)之间满足线性关系，仪器信号与物质浓度之间的线性关系可以认为由两部分构成：一是由浓度变化引起的部分，表示为 $a+bx_i$，a、b 称为回归参数；二是由不确定的随机因素引起的，称为误差项，记为 e_i。这种线性关系表示为

$$y_i = a + bx_i + e_i \tag{2.36}$$

回归分析就是要找出合适的 a 和 b，得到线性方程 $y_i = a + bx_i$，由线性方程计算得到的 y 值称为拟合值，用 $\hat{y}$ 表示，$e = y - \hat{y}$，用 Q_e 表示变差 $e = y - \hat{y}$ 的平方和，它表征各测量值 y_i 偏离回归方程拟合值 $\hat{y}_i$ 的程度，则

$$Q_e = \sum_{i=1}^{n} e_i^2 = \sum_{i=1}^{n} (y_i - \hat{y}_i)^2 = \sum_{i=1}^{n} (y_i - a - bx_i)^2$$

Q_e 随不同的 a、b 值而变化，为使 Q_e 最小，最小二乘法就是要求得合适的回归参数 a、b 使 Q_e 最小。满足 Q_e 最小的条件是

$$\frac{\partial Q_e}{\partial a} = -2\sum_{i=1}^{n} (y_i - a - bx_i) = 0$$

$$\frac{\partial Q_e}{\partial b} = -2\sum_{i=1}^{n} (y_i - a - bx_i)x_i = 0$$

求解方程组得

$$a = \frac{\sum_{i=1}^{n} y_i - b\sum_{i=1}^{n} x_i}{n} = \bar{y} - b\bar{x} \tag{2.37}$$

$$b = \frac{\sum_{i=1}^{n} (x_i - \bar{x})(y_i - \bar{y})}{\sum_{i=1}^{n} (x_i - \bar{x})^2} \tag{2.38}$$

式中，$\bar{x}$ 、$\bar{y}$ 分别为实验点 x_i 和 y_i 的平均值。

采用上面的方法，数据之间不存在线性关系也可以获得回归方程，但是回归方程是否具有线性意义需要做出判断，为此定义相关系数 r，r 定义为

$$r = b\sqrt{\frac{\sum_{i=1}^{n} (x_i - \bar{x})}{\sum_{i=1}^{n} (y_i - \bar{y})}} = \frac{\sum_{i=1}^{n} (x_i - \bar{x})(y_i - \bar{y})}{\sqrt{\sum_{i=1}^{n} (x_i - \bar{x})^2 \sum_{i=1}^{n} (y_i - \bar{y})^2}} \tag{2.39}$$

相关系数的物理意义是：当所有的 y 都在回归线上时，$r = 1$；当 y 与 x 之间完全不存在线性关系时，$r = 0$；当 r 值为 0～1 时，表示 y 与 x 之间存在相关关系。r 值越接近 1，线性相关性越好。用于定量分析的回归直线，一般要求由 5 个实验点数据得到，相关系数要求为 0.999 以上。

【例 2.9】 用吸光光度法测定钢中磷的含量，称取 0.2000 g 钢样，经过硫酸铵、硫酸、硝酸氧化将磷转化为磷酸，转移至 100 mL 容量瓶，定容。准确吸取 10.00 mL 试液于 100 mL 容量瓶中加入钼酸铵和其他试剂显色，生成磷钼杂多酸配合物进行光度法测定。称取含磷的标准钢样，经过同样的试样处理，得到系列标准磷溶液，在波长 680 nm 处测定吸光度，其吸光度与浓度之间有下列关系：

磷的浓度/($\mu g \cdot mL^{-1}$)	0.000	0.040	0.080	0.120	0.160	0.200	未知样
吸光度 A	0.000	0.087	0.170	0.246	0.335	0.411	0.242

试列出标准曲线的回归方程并计算未知试样中磷的含量。

解 设磷标准溶液的浓度为 x，吸光度为 y，则

$$\bar{x} = 0.12, \quad \bar{y} = 0.25$$

由式(2.37)和式(2.38)分别计算回归系数 a、b，得

$$a = 0.0059 \qquad b = 2.03$$

标准曲线的回归方程为 $y = 2.03x + 0.0059$，由式(2.39)计算相关系数

$$r = 0.9997$$

标准曲线具有很好的线性关系。

将未知试样的吸光度代入回归方程可得测定的磷溶液浓度为 0.116 $\mu g \cdot mL^{-1}$。钢样中磷含量为

$$w = \frac{0.116\,\mu g \cdot mL^{-1} \times 100\,mL \times 100\,mL \times 10^{-6}}{10\,mL \times 0.2000\,g} \times 100\% = 0.058\%$$

2.6 提高分析结果准确度的方法

在定量分析中误差是不可避免的，为了获得准确的分析结果，必须尽可能地减少分析过程中的误差。特别要避免操作者粗心大意、违反操作规程或不正确使用分析仪器的情况出现。针对分析测试的具体要求，可以采取多种措施减小分析过程中各种误差的影响，提高分析结果的准确度。

1. 选择合适的分析方法

各种分析方法的准确度和灵敏度是不相同的，根据试样中待测组分的含量选择分析方法。高含量组分用滴定分析或重量分析法，低含量组分用仪器分析法。滴定分析和重量分析法的灵敏度虽然不高，但对于高含量组分的测定能获得比较准确的结果。例如，对于铁的质量分数为 60.00%的试样，用重铬酸钾法测定，方法的相对误差为 0.2%，则测定结果的含量范围是 59.88%～60.12%。如果用分光光度法进行测定，由于该方法的相对误差约 3%，测得铁的质量分数范围为 52.8%～61.8%，误差显然大得多。若试样中铁的质量分数为 0.1%，则用重铬酸钾法无法测定，这是由于方法的灵敏度达不到。若用分光光度法进行测定，可能测得铁的含量范围为 0.097%～0.103%，结果完全符合要求。

此外，还要充分考虑试样中共存组分对测定的干扰，采用适当的掩蔽或分离方法。对于

痕量组分，分析方法的灵敏度不能满足分析的要求，可先定量富集后再进行测定。

2. 减小测量误差

为保证分析结果的准确度，必须尽量减小测量误差。

滴定分析通常要求相对误差小于 0.1%，滴定管读数常有±0.01 mL 的误差，在一次滴定中需读数两次，可能造成±0.02 mL 的误差，为使测量时的相对误差小于 0.1%，最小滴定体积计算为

$$E_r = \frac{2\times 0.01}{V}\times 100\% \leqslant 0.1\%;\ V \geqslant 20\ \text{mL}$$

消耗滴定剂的体积必须在 20 mL 以上，一般控制在 20～30 mL，最佳体积为 25 mL 左右。

同理，在用分析天平称量时，实验室常用电子类的万分之一分析天平灵敏度为 0.1 mg，完成一次称量，称量误差为 ±0.0002 g。为了使称量时的相对误差小于 0.1%，单次滴定称样量必须在 0.2 g 以上。

分析天平称样量越大，相对误差越小；称样量越小，相对误差越大。如果单次滴定称样相对误差大于 0.1%，可以考虑称量时放大称样量，配制较大试样溶液体积，每次滴定时取适量进行分析，这种方法常称为“称大样”。如果单次称量相对误差不超过滴定分析要求，就不需要放大称样量，称为“称小样”。

例如，标定 25 mL 左右 0.1 mol · L^{-1} NaOH 溶液，如果用 $H_2C_2O_4\cdot 2H_2O$ 作基准物质，约需 0.15 g，这时称样的相对误差为±0.13%，超过了滴定分析的要求，可考虑“称大样”的方法，如称取 1.5 g 左右的 $H_2C_2O_4\cdot 2H_2O$，用容量瓶配成 250.0 mL 溶液，标定 NaOH 时每次用移液管量取 25.00 mL。如果同样操作改为邻苯二甲酸氢钾作基准物质，约需 0.5 g，这时称量相对误差为±0.04%，满足滴定分析的要求，可直接分别称取 3～4 份不同质量的邻苯二甲酸氢钾于锥形瓶中，用 NaOH 标准溶液标定。

从误差概率方面来看，在误差允许的范围内，能“称小样”则尽量“称小样”。如果“称小样”时称量相对误差较大，就应考虑采用“称大样”的方式。

3. 减小随机误差

随机误差是由偶然的不确定原因造成的，在分析过程中始终存在，不可消除。但是多次平行实验的随机误差符合统计学上的正态分布，即正误差和负误差出现的概率相等，因此多次实验取平均值能有效减小随机误差。在一般化学分析中，对于同一试样，通常要求平行测定 2～4 次。对测定结果的准确度要求较高时，可增加测定次数至 10 次左右。

教学实验采用的是较为成熟的分析方法，可认为不存在方法误差；实验若采用符合纯度要求的试剂和蒸馏水，可认为不存在试剂误差；若仪器的各项指标也调试到符合实验要求，可认为无仪器误差，那么实验结果误差的来源就是随机误差。若出现非常可疑的离群值，基本可以判断存在操作误差或者过失错误。

4. 检查和消除系统误差

如前所述，系统误差是由一些确定的原因引起的，对分析结果的影响也是固定的，在分析工作中，必须十分重视系统误差的消除，以提高分析结果的准确度。

2.7　分析质量保证与控制

产品质量检验、生产过程控制、环境监测、科学研究等过程中，对物质系统信息的了解都是通过对样品进行分析检测获得数据得以实现的，因此有“错误的数据比没有数据更可怕，因为它会导致一系列错误的结论”一说。为获得准确可靠的分析结果，世界各国都积极制定和推行质量保证与质量控制计划。

分析检测的质量靠有效的测量系统保证，有效测量系统由测量单位、标准方法、标准物质、方法应用范围和长期的质量保证五方面组成，有效测量系统能产生准确的、专一的、避免系统误差的检测结果。质量保证由样本的质量保证和检测的质量保证共同实现。样本的质量保证包括样本的取样和样本的质量评价，样本质量主要有样本的均匀性和样本的稳定性。检测质量保证由质量控制和质量评价两部分组成。

质量控制通过建立必要的实验室管理制度，完备的与分析任务相适应的实验室和仪器设备、分析人员的数量和素质，完善可溯源的有效检测体系以及与检测任务相适应的各项技术规范来进行。分析质量评价包括对分析结果的可靠性评价和分析方法的可靠性评价。

2.7.1　分析结果的可靠性

检测质量保证要求分析数据具有代表性、准确性、精密性、可比性和完整性，能够准确地反映研究对象的实际情况。

1. 代表性

分析结果的代表性在很大程度上取决于试样的代表性，试样的代表性要求其平均值能代表总体的平均值，各样品间的差异能反映总体各部分的差异。因此，在整个取样过程中应使获得的分析试样能反映实际情况，即具有时间、地点和环境影响等的代表性。只有这样，分析结果才有意义。

2. 准确性

准确性是反映分析方法或测量系统存在的系统误差和随机误差的综合指标，它决定分析结果的可靠性。分析数据的准确性将受到从试样的采集、保存、运输到实验室分析等环节的影响。

检测准确性的评价方法有标准物质分析、加标回收率测定、不同方法比较等几种方法。采用相同条件下测定标准物质和采用不同分析方法对同一样品进行重复测定时，对得到的结果进行统计检验，如果没有显著性差异，可以认为实验获得的样品分析结果准确。在样品中加入标准物质进行分析测定，计算加入标准物质组分的回收率，回收率符合要求也可以认为样品分析结果准确。

3. 精密性

分析结果的精密性表示测定值有无良好的重现性和再现性，它反映分析方法或测量系统的稳定性。其中，表示精密度的重现性可称为“室内精密度”，通常用样本标准偏差和相对标准偏差表示，室内精密度主要用于实验室内部的质量控制；再现性可称为“室间精密度”，为多个实验室测定同一试样的精密度，主要用于实验室间的质控考核或实验室间的相互检验。

4. 可比性

可比性指用不同分析方法测定同一试样时，所得结果的吻合程度。在标准试样的定值时，使用不同标准分析方法得出的数据应具有良好的可比性。可比性不仅要求各实验室之间对同一试样的分析结果应相互可比，也要求每个实验室对同一试样的分析结果应达到相关项目之间的数据可比，相同项目在没有特殊情况时，历年同期的数据也是可比的。在此基础上，还应通过标准物质的量值传递与溯源，以实现国际上、行业间的数据一致和可比，以及大的环境区域之间、不同时间之间分析数据的可比。

5. 完整性

完整性强调总体规划的切实完成，即保证按预期计划取得有系统性和连续性的有效试样的测定，并且无缺漏地获得这些试样的分析结果及有关信息。

分析结果的准确性、精密性主要取决于实验室内的分析测试，而代表性、完整性则体现在现场调查、设计布点和采样保存等过程中，可比性则是全过程的综合反映。分析数据只有具备以上方面的要求才是真正可靠的，也才能在使用中具有权威性和法律性。

2.7.2　分析方法的可靠性

分析方法的可靠性决定样品测定结果的准确性，分析方法的可靠性用灵敏度、检出限、空白值、测定限、最佳测定范围、校准曲线、加标回收率、干扰试验等实验指标和实验结果来评价。

1. 灵敏度

灵敏度(sensitivity)是指测量系统的示值变化除以相应的被测量值变化所得的商，反映待测物的量发生单位量变化时引起测试系统响应值变化的大小。分析仪器的灵敏度经常用仪器响应量变化与测定物质浓度变化之比来描述，如分光光度法常以校准曲线的斜率度量灵敏度。分析方法的灵敏度可因实验条件的变化而改变，在一定的实验条件下，灵敏度具有相对的稳定性。

2. 检出限

检出限(detection limit)是评价分析方法的重要指标，国际纯粹与应用化学联合会(International Union of Pure and Applied Chemistry，IUPAC)规定为特定的分析步骤能够合理地检测出的最小分析信号求得的最低浓度或质量。所谓“检出”是指定性检出，即判定试样中存在浓度高于空白的待测物质。由于测量值是以概率取值的随机变量，符合一定的统计分布，因此国家计量技术规范 JJF 1001—2011《通用计量术语及定义》将检出限定义为：由给定测量程序获得的测得值，其声称的物质成分不存在的误判概率为β，声称物质成分存在的误判概率为α。检出限除了与仪器的稳定性及噪声水平有关外，还与分析过程中所用试剂、水、器皿、环境等引入的污染和干扰有关。检出限有仪器检出限和方法检出限两类。

(1) 仪器检出限。仪器检出限一般是指相对于溶剂，仪器检测到的最小可靠信号，通常用信噪比表示为信号值大于仪器噪声标准偏差的 3 倍对应物质的浓度，但不同仪器检出限定义有所差别。

(2) 方法检出限。方法检出限指当用一个完整的方法(从试样分解到成分检测)，在一定置信度下，检测到的信号不同于空白对应被测物质的浓度。通常以实验方法的试剂空白标准偏差的 3 倍对应物质的浓度或质量作为方法检出限。

3. 空白值

空白值(blank value)指在不加试样的情况下，按照试样分析同样的操作方式和条件进行分析测定时所得的结果，空白值需经过多次试验后取平均值。当试样中待测组分含量与空白值处于同一数量级时，空白值的大小及其波动对试样中待测组分测定准确度的影响很大，空白值直接关系到报出测定下限的可信程度。以引入杂质为主的空白值，其大小与波动无直接关系；以污染为主的空白值，其大小与波动的关系密切。

4. 测定限

测定限为分析方法定量范围的两端，分别为测定上限和测定下限。在测定误差能满足预定要求的前提下，用特定方法能准确地定量测定待测组分的最小浓度或量，称为该方法的测定下限。一般采用分析方法试剂空白标准偏差的 10 倍对应浓度或质量作为测定下限。在测定误差能满足预定要求的前提下，用特定方法能够准确地定量测量待测物质的最大浓度或量，称为该方法的测定上限。

5. 最佳测定范围

最佳测定范围也称有效测定范围，指在测定误差能满足预定要求的前提下，特定方法的测定下限至测定上限之间的浓度范围。在此范围内能够准确地定量测定待测物质的浓度或量。最佳测定范围应小于方法的适用范围。对测量结果的精密度要求越高，相应最佳测定范围越小。

6. 校准曲线

校准曲线(calibration curve)是描述待测物质浓度或含量与相应的测量仪器响应或其他指示量之间的定量关系曲线。校准曲线包括标准曲线和工作曲线，前者用标准溶液系列直接测量，没有经过试样的预处理过程，应用于基体复杂的试样，测定往往造成较大误差；后者所使用的标准溶液经过了与试样相同的消解净化等测量的全过程处理，应用于样品，测定误差较小。凡应用校准曲线的分析方法，都是在样品测得信号值后，将信号值代入校准曲线方程计算其含量或浓度。因此，校准曲线方程直接影响到试样分析结果的准确性。此外，校准曲线也确定了方法的测定范围，测定上限不能超出校准曲线的最大值。

7. 加标回收率

在测定试样的同时，于同一试样的子样中加入一定量的标准物质进行试样分解和测定，将其测定结果扣除试样的测定值，计算回收率。加标回收率(recovery)的测定可以反映分析结果的准确度。当按照平行加标进行回收率测定时，所得结果既可以反映分析结果的准确度，也可以判断其精密度。

在实际测定过程中，有的将标准溶液加入到经过处理后的待测试样溶液中，这是不对的，它不能反映预处理过程中的沾污或损失情况，虽然回收率较好，但不能反映分析方法全过程的准确性。

进行加标回收率测定时，还应注意：加标物的形态应该与待测物的形态相同；同时，加标量应与试样中所含待测物的含量控制在相同的范围内。通常还须考虑如下几点：①加标量应尽量与试样中待测物含量相等或相近，并应注意对试样容积、环境的影响；②当试样中待测物含量接近方法检出限时，加标量应控制在校准曲线的低浓度范围；③在任何情况下加标量均不得大于待测物含量的 3 倍；④加标后的测定值不应超出分析方法测量上限的 90%；⑤当试样中待测物浓度高于校准曲线中间浓度时，加标量应控制在待测物浓度的半量。

由于加标样和试样的分析条件完全相同，其中干扰物质和不正确操作等因素所导致的效果相等。当以其测定结果的差计算回收率时，通常不能准确反映试样测定结果的实际差错。

8. 干扰试验

针对实际试样中可能存在的共存物，检验其是否对测定产生干扰，并了解共存物的最大允许浓度而开展的试验称为干扰试验。干扰可能导致正或负的系统误差，与待测物浓度和共存物浓度大小有关。因此，干扰试验应选择多个待测物浓度值和不同水平的共存物浓度的溶液进行试验测定。

2.7.3　分析质量控制

分析测试过程是一个比较复杂的过程，测试过程受到人员专业素质和工作责任心、仪器设备的性能、样品代表性和状态、分析方法选择、试剂质量、实验室环境等因素的影响。分析质量控制包括实验室内部质量控制和实验室外部质量控制两个层面。

实验室需要通过管理使分析测试的各个过程和环节处于控制状态中，以保证分析结果的变化处于某一范围内，并且能够及时发现引起变化的原因并加以改进。分析系统中影响分析结果的基本要素和质量控制如下。

1. 分析测试人员的素质和能力

具有良好职业道德、系统理论知识和熟练实验技术的工作人员是分析质量保证的最基本因素。分析测试技术人员需要有系统的数学、物理和化学的基本知识，掌握测试过程的误差理论、正确使用有效数字，并且经过各项分析测试工作培训，掌握样品采集、样品制备、样品前处理、杂质掩蔽分离、检测等分析过程的方法原理和实验技术、工作流程和标准，经考核合格后持证上岗。分析技术人员需要在工作中持续学习，实验室内部和外部要对人员定期进行考核评定。

2. 完备的仪器和设备

现代分析实验室需要配备从样品前处理到分析检测的各种小型、大型分析仪器，配备分析天平、移液管、滴定管、容量瓶等准确称量质量和量取体积的仪器，配备纯水系统设备、电力设施。这些仪器和设备除了按操作规程正确使用外，还需要自我校正和定期由计量部分进行校正和检定，只有经计量检定符合标准的定量仪器获得的数据才具有公正性和法律性。

3. 合格的试剂和材料

分析测试过程从采样开始的全过程中都会使用各种化学试剂和分析用水、使用各种器皿，正确选择合适纯度等级的化学试剂、合适的器皿是分析质量保证的重要内容。按照国家标准(GB/T 37885—2019)化学试剂按纯度分为优级纯、分析纯、化学纯和实验试剂，另外根据使用范围还有生化试剂、光谱纯试剂、电子级试剂等。常量组分分析中，一般选择分析纯级别的试剂，色谱分析流动相选择色谱级，电子行业高纯度材料分析使用电子级纯度试剂。分析实验室用水规格和实验方法国家标准(GB/T 6682—2008)将实验用水分为一级水、二级水和三级水，一级水用于有严格要求的分析实验，包括对颗粒有要求的试验，如高效液相色谱用水；一级水可用二级水经过石英设备蒸馏或离子交换混合床处理后再经过 0.2 μm 微孔滤膜过滤来制备。二级水用于无机痕量分析，如原子吸收光谱分析，可用多次蒸馏或离子交换方法制取。三级水用于一般化学分析实验，可用蒸馏或离子交换制取。标准对三级用水的 pH 范围、电导率、可氧化物质、吸光度、蒸发残渣和可溶性硅做出规定。试剂和用水中的某些杂质会增加实验空白并引起空白的波动，影响测定方法的检出限。

处理样品、存放试剂和标准溶液会用到各种材料的器皿，如玻璃、聚氯乙烯塑料、聚四氟乙烯塑料、陶瓷、金属、玛瑙等材质。如果选择不当，可能引起被测组分的吸附或污染，应该正确选择并配合正确的清洗方式。

4. 可靠的分析方法

应该根据被测组分的相对含量、基体、准确度要求选择分析测试的方法，一般选择国际标准、国家标准或行业标准分析方法，需要使用非标准方法时，应该经过验证。在产品质量检验中如果使用非标准方法应该与用户达成协议并形成文件。

5. 符合要求的实验环境和设施

分析化学实验要求合适的环境，如空气中的灰尘可能增加空白值，对痕量分析结果产生影响，湿度和气压的变化对精密分析仪器信号产生影响。超痕量分析需要在超净实验室进行。分析实验室需要保持地面、墙壁、天花板、实验台面和所有使用仪器、器皿的清洁。另外要保证实验室的供水和供电，配置停电、停水、防火、急救等应急安全设施。

6. 保证量值的溯源性

量值溯源性是通过一条具有规定不确定度的不间断的比较链，使测定结果或计量标准值能够与规定的参考标准联系起来，通常采用国家计量基(标)准或国际计量基(标)准。为获得测量结果在时间和空间上的可比性和一致性，量值必须要有溯源性，溯源性是一切有效、可靠的计量标准和测量结果的根本属性。从国际基(标)准量器、方法、基准标准物质到国家基(标)准再到检测实验室称为自上而下的测量传递，反过来自下而上的量值依据称为溯源。在准确、一致的测量系统中，量值的传递和溯源是两个相反而又相关的过程。分析测试中通常使用可溯源的标准校准的测量仪器、纯物质和标准物质或合适的有证标准物质、基准测量方法或国家标准方法，以此来建立所得测量结果的溯源性。

实验室外部质量控制由实验室外部有工作经验和技术水平的第三方或技术组织，对各实验室及其分析工作者进行定期或不定期的分析质量考查的过程。每个实验室都有能力估计自己的测量结果的精密度，但内部评价系统误差却是困难的，用外部质量评定技术则可以达到评价系统误差的目的。这项工作常由政府管理机构、行业中心实验室每年一次或两次发放标准试样在所属实验室之间进行对比分析，也可用质控样以随机考核的方式进行实际试样的考核，以检测各实验室之间数据的可比性和是否存在系统误差。考核对象包括人员、仪器、方法等在内的整个测量系统，最常用的方式是盲样分析，盲样分析又分为单盲和双盲两种。单盲分析是指考核这件事通知被考核的单位或操作人员，但是不告知考核样的组分含量；双盲分析指被考核实验室和人员根本不知道有考核这件事而进行考核样品分析。

实验室内部管理对于精密度的控制是有效的，但是因为没有合适的或足够量的标准物质来检验系统误差的存在，评定系统误差就显得比较困难。通过外部质量评定技术既能评价实验室的精密度，又能对是否存在系统误差做出独立判断。外部质量评定包括实验室会测、与其他实验室交换样本及分析从外部得到的标准物质或控制样品。

2.7.4　分析质量评价技术

现代分析实验室质量控制手段和措施建立的重要依据是分析质量的评价，分析质量的评价依据是分析数据的统计结果，分析质量评价的实验方法和数据统计方法称为分析质量评价技术，包括分析质量的内部评定技术和分析质量的外部评定技术。

1. 分析质量内部评定技术

平行样分析：在一批试样中，随机抽取 10%～20%的试样进行双平行样测定，如果试样数量较少，也要保证至少有一个平行样。平行样要以密码方式分散在整批试样中，不得集中分析平行样。平行双样测定结果的精密度应符合方法给定的偏差的要求，或按方法允许偏差判断，也可按下述原则进行数据取舍：

试样平行双样的相对偏差应不大于 10%，每批试样平行样合格率在 90%以上时，分析结果有效。

平行双样合格率在 70%～90%时，应随机抽取 30%的试样进行复查，复查结果与原结果总合格率在 90%以上时，分析结果有效。

平行双样合格率在 50%～70%时，应复查 50%的试样，累积合格率达 90%时，分析结果有效，否则需查清原因后加以纠正或重新采样。

平行双样合格率小于 50%时，该批分析结果不能接受，需要重新采样分析。

加标回收分析：在随机抽取的 10%～20%的试样中加入标准物质，如按照平行样加标，可同时获得结果准确度和精密度。

标准物对比分析：将权威部门制备和分发的标准物质或实验室自己的管理样以密码方式编入一批试样中进行分析，将分析结果与标准值进行对比。

质量控制图：质量控制图是一种将代表过程状态的样本信息与根据过程固有变异建立的控制限进行比较，以评估生产管理过程是否处于“统计控制状态”。控制图理论认为过程中存在两种变异，一种是过程中由于随机因素引起的变异，其变异是不可避免的，另一种是由非过程所固有的、可识别的，并至少在理论上可以加以消除的系统因素导致的变异。分析测试的质量控制图建立在测定数据分布接近于正态分布的基础上，把分析数据用图表示出来。在理想的条件下，一组连续测定结果从概率上来讲，有 99.7%的概率落在 $\bar{x}\pm 3s$ 内，有 95.4%的概率应在 $\bar{x}\pm 2s$ 内，有 68.3%的概率应在 $\bar{x}\pm s$ 内。最常用的控制图有 x 控制图或 $\bar{x}$ 控制图、R(极差)控制图或 s 控制图。

【例 2.10】　用某种标准方法分析含铜 0.250 mg · L^{-1} 的水质标准物质，得到如下 20 个数据：0.251、0.250、0.250、0.263、0.235、0.240、0.260、0.290、0.262、0.234、0.229、0.250、0.283、0.300、0.262、0.270、0.225、0.250、0.256、0.250。计算得到：

$$\bar{x}=0.256 \qquad s=0.0195$$

分别计算出上下辅助线($\bar{x}\pm s$)，上下警告限($\bar{x}\pm 2s$)，上下控制限($\bar{x}\pm 3s$)，画出质量控制图(图 2.6)。本例中平均值与标准值有差异，但是$|\bar{x}-\mu|<s$，所以是正常的。

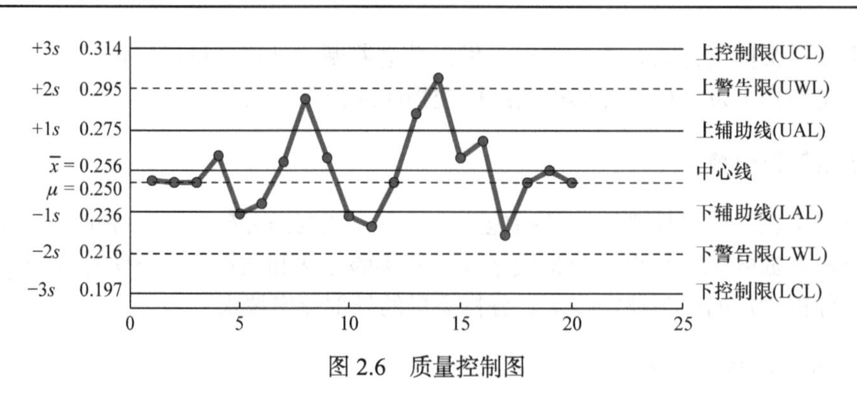

图 2.6 质量控制图

质量控制图绘制选择分析标准物质或管理样或质量可靠的标准溶液，经过一段时间的累积，达到一定的数据之后再绘制。绘制质量控制图的数据不能在一天或几天之内获得，累积的数据应该尽可能覆盖各种实验条件，一般每天测定一个数据，当累积到 20～40 个数据后可以按照质量控制图的需要计算各项统计量进行绘制。将绘制数据按照顺序点入图中，如果有点超出控制限，要剔除该数据，重新补做，重新计算统计量，重新绘制。质量控制图在使用过程中，随着标准物质或质量控制样测定次数的增加，应该在原来数据的基础上加入新的数据重新计算并绘制控制图。随着测定次数的增加，平均值变化不大，但将越接近真值μ，样本标准偏差 s 逐渐向总体标准偏差σ靠拢，所以警告限和控制限将逐渐变得狭窄。这样确定的控制限不仅根据过去的数据，也根据目前的测量情况，能真正反映测量系统的特性，确定测量系统的置信限。质量控制图数据点在辅助线和警告限之间的点数分布应该符合正态分布的 68.3%和 95.4%。

常规分析中将标准物质或质控样与试样在相同条件下进行分析，如果标准物质或质控样的结果落在上下警告限内，表示分析质量正常，同批分析试验的结果可信。如果落在警告限和控制限之间，这种情况是可能发生的，20 次测定中允许有一次超出警告限，分析结果可以接受。但是有这种情况发生表示分析结果有失控的趋势，应给予注意。如果标准物质或质控样的分析数据落在控制限以外，表明测定过程失控，测定结果不可信，此时应该查找分析过程中可能存在的原因，纠正错误后重新测定，直到测定结果落在控制限以内才能重新进行未知样的测定。

2. 分析质量外部评定技术

外部质量评定包括实验室会测、与其他实验室交换样本及分析从外部得到的标准物质或控制样品。如果是用标准物质或控制样品考核各实验室，在评定各实验室所得结果时，可依据标准物质或控制样品的标准值及其不确定度通过统计检验来判断，也可以建立起实验室之间的质量控制图来进行评价。某些分析项目缺乏合适的标准物质或控制样品，也可以采用将实际样品分发给各考核实验室会测的方法，结果评价方法采用实验室的定秩检验和尤登图法。这两种方法可参阅分析质量保证专著。

【拓展阅读】

实验室认证与认可

为了规范检验机构行为、整顿检验秩序、提高检验工作质量、促使检验机构建立完整的质量保证体系，我国建立了完整的实验室资质认定制度；为了国家之间检测实验室结果的互认，满足国际贸易发展需要，国家或地区之间成立了国际合作组织，签署实验室认可的相互承认协议，建立实验室认可制度。

1. 实验室资质认定

2006 年 2 月 21 日，国家质量监督检验检疫总局发布了《实验室和检查机构资质认定管理办法》质检总局第 86 号令。在中华人民共和国境内，从事向社会出具具有证明作用的数据和结果的实验室和检查机构，对其实施的资质认定活动应当遵守该管理方法。涉及机构包括：为行政、司法、仲裁机构和社会公益活动，经济或贸易关系人提供具有证明作用的数据和结果的实验室和检查机构，以及其他法定需要通过资质认定的机构。

国家认证认可监督管理委员会 2006 年 7 月 27 日发布《实验室资质认定评审准则》明确了以下概念：

实验室资质：是向社会出具具有证明作用的数据和结果的实验室应当具有的基本条件和能力。

资质认定：是指国家认证认可监督管理委员会和各省、自治区、直辖市人民政府质量技术监督部门对实验室和检查机构的基本条件和能力是否符合法律、行政法规规定以及相关技术规范或者标准实施的评价和承认的活动。

实验室的基本条件：是指实验室应当满足的法律地位、独立性和公正性、安全、环境、人力资源、设施、设备、程序和方法、质量管理体系和财务等方面的要求。

实验室能力：是指实验室运用其基本条件以保证其出具的具有证明作用的数据和结果的准确性、可靠性、稳定性的相关经验和水平。

2. 实验室认可

认可是指权威机构对检测/校准实验室及其人员有能力进行特定类型的检测/校正做出正式承认的程序。我国实验室认可由中国合格评定国家认可委员会(China National Accreditation Service For Conformity Assessment，CNAS)实施。

实验室认可程序分为申请、评审准备、现场评审、评定和批准发证四个阶段。

【参考文献】

曹宏燕. 2017. 分析测试统计方法和质量控制[M]. 北京：化学工业出版社

国家认证认可监督管理委员会，北京国实检测技术研究院. 2018. 检验检测机构资质认定评审员教程[M]. 北京：中国质检出版社，中国标准出版社

蒋子刚，顾雪梅. 1998. 分析检验的质量保证和计量认证[M]. 上海：华东理工大学出版社

武汉大学. 2016. 分析化学[M]. 6 版. 北京：高等教育出版社

【思考题和习题】

1. 准确度与精密度之间有什么区别与联系？
2. 系统误差与随机误差的区别是什么？
3. u 分布曲线与 t 分布曲线的区别与联系是什么？
4. 用标准偏差和算术平均偏差表示结果，哪一种更合理？
5. 下列有关置信区间的定义中，正确的是(　　)。

   A. 以真值为中心的某一区间包括测定结果的平均值的概率

   B. 在一定置信度时，以测量值的平均值为中心的包括总体平均值的范围

   C. 真值落在某一可靠区间的概率

   D. 在一定置信度时，以真值为中心的可靠范围

6. 某试样含 Cl^- 的质量分数的平均值的置信区间为 36.45% ± 0.10%(置信度 90%)，对此结果应理解为(　　)。

   A. 有 90%的测量结果落在 36.45% ± 0.10%范围内

   B. 总体平均值 μ 落在此区间的概率为 90%

   C. 若再做一次测定，落在此区间的概率为 90%

D. 在此区间内，包括总体平均值 μ 的把握为 90%

7. 下列各数据的有效数字位数为几位？

(1) 4600.0　　(2) 28.4650　　(3) 0.0386　　(4) pH = 3.10　　(5) 3.78×10^{-5}

8. 按有效数字运算规则，计算下列各式：

(1) $(14.28-10.2)\times0.280=$　　(2) $\sqrt{\dfrac{6.1\times10^{-6}\times1.5\times10^{-6}}{3.3\times10^{-2}}}=$

(3) $\dfrac{51.38}{8.709\times0.09460}=$　　(4) pH = 3.27，$[H^+]$=

9. 甲、乙两人分别对含铁 37.06%的同一铁矿石进行分析。甲的分析结果为 37.02%、37.08%和 37.05%，乙的分析结果为 37.18%、37.14%和 37.09%。评价甲、乙两人分析结果的准确度和精密度。

10. 分析某固体废物中铁含量得到如下结果：$\bar{x}=15.78\%$，$s=0.03\%$，$n=4$，求：

(1) 置信度为 95%时平均值的置信区间；

(2) 置信度为 99%时平均值的置信区间。

根据计算结果说明置信度与置信区间之间的关系以及对置信度的合理选择意义。

11. 测定试样中 CaO 质量分数(%)的数据如下：8.44，8.32，8.45，8.52，8.69，8.38。分别用格鲁布斯法和 Q 检验法判断是否有可疑数据需要舍去。

12. 用两种方法测定样品中 P 的质量分数(%)得到下列结果：

方法Ⅰ：4.03，3.99，3.96，4.08，3.90，3.94

方法Ⅱ：3.97，3.92，3.98，3.90，3.94

(1) 判断两种方法的精密度是否有显著差别；

(2) 其中一种方法的精密度是否比另一种更好？

第 3 章　分析样品的采集与处理

【内容提要与学习要求】

本章要求学生对样品采集与处理的重要性有清楚的了解，了解不同样品的采样原则和方法，掌握样品处理过程及缩分中的四分法，掌握溶解法、熔融法、干式灰化法、湿法消化法和微波辅助消解法的样品分解方法，了解根据样品的组成特征、待测组分的性质及分析目的，选择合适的取样和分解方法。

分析的目的是通过样品来推断总体，从而得出合理的判断，提出解决方案，样品的采集在其中具有十分重要的作用。在样品分析过程中，由于大多数样品组成复杂，各种干扰组分的存在，无法直接分离和分析测试，必须通过预处理和分离过程，将被分析组分与干扰组分分离。物料有成千上万种，样品的采集、分解和试样的制备也各不相同，不同物料根据其相关特性有其各自的标准，这里仅就一些固体样品、液体样品、气体样品和生物样品的采集方法，以及样品分解、试样制备和测定前的预处理等一些原则性问题做一简单介绍。

3.1　样 品 采 集

典型的分析测试流程如图 3.1 所示，样品采集是整个样品分析过程的初始步骤。在大量产品(总体，分析对象)中抽取有一定代表性的样品，供分析化验用的工作称为样品的采集，通常称为采样。

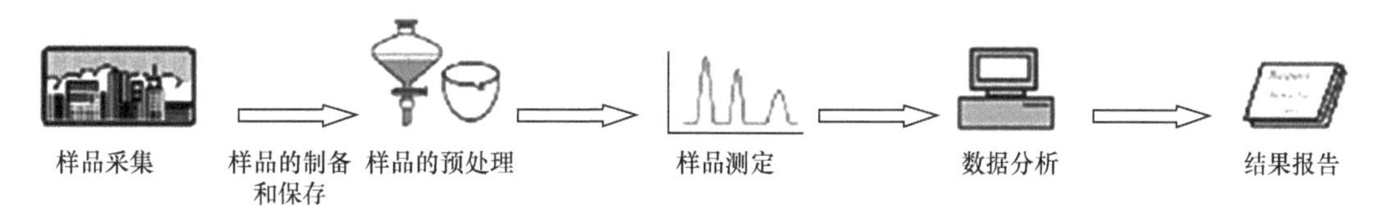

图 3.1　分析测试中的典型流程

采样的基本目的是从被检的总体物料中取得有代表性的样品，得到在容许误差内的数据，从而求得被检物料的某一或某些特性的平均值及其变异性。

分析样品结论的误差主要来源于三个方面：一是采样误差，二是样品制备误差，三是分析误差。实际工作中，如煤质分析包括煤样的采集、制备和分析。在正确地进行采样、制样和分析的情况下，采样、制样和分析所引起的误差占检验总方差的比例大约是：采样占 80%，制样占 16%，分析占 4%。实验证明，由于样品的差异性较大，样品采集和处理所产生的误差通常大于分析测试过程所产生的误差，尤其对于组成不均匀的物料。改进样品采集方法来降低采样误差比改进分析方法的效果更显著。如果采样方法不正确，采集的样品不足以代表全部物料的组成，尽管一系列检验工作非常精密、准确，其检验工作也将毫无价值，甚至得出错误结论，造成重大经济损失甚至造成人员伤亡或酿成大祸。因此，要充分认识样品采集工作的重要性，根据不同的研究目的、不同的研究对象，采用正确的采样方法，是保证分析结果准确可靠的首要前提。

物料品种繁多、形态各异，物料的性质和均匀程度差别较大，因其特性值的不同，应采用不同的采样方法。例如，对于化工产品，可按 GB/T 6678—2003《化工产品采样总则》规定，将物料分类，并根据不同的类型采取不同的采样方法。化工产品将物料按特性值的变异性类型分为两大类，即均匀物料和不均匀物料，不均匀物料可再细分，如下：

- 物料
  - 均匀物料
  - 不均匀物料
    - 随机不均匀物料
    - 非随机不均匀物料
      - 定向非随机不均匀物料
      - 周期非随机不均匀物料
      - 混合非随机不均匀物料

均匀物料采样：原则上可以在物料的任意部位进行。

不均匀物料采样：一般采取随机物料采样，对所得样品分别进行测定，再汇总所有样品的测定结果，可以得到总体物料的特性平均值和变异性的估计量。

随机不均匀物料采样：随机不均匀物料是指总体物料中的任一部分特性平均值与相邻的特性平均值无关的物料。对其采样可以随机采样，也可以非随机采样。

定向非随机不均匀物料采样：定向非随机不均匀物料是指总体物料的特性值沿着一定方向改变的物料。例如，固体颗粒物料在输送时，由于颗粒大小、轻重的不同而引起的垂直和水平方向分离的物料要分层采样，并尽可能在不同特性值的各层中采出代表该层物料的样品。

周期非随机不均匀物料采样：周期非随机不均匀物料是指在连续的物料流中物料的特性值呈现出周期性变化的物料，其变化周期有一定的频率和幅度。对于这类物料，最好在物料流动线上采样，采样的频率应高于物料特性值的变化频率，切忌两者同步。增加采样单元数有利于减小采样偏差。

混合非随机不均匀物料采样：混合非随机不均匀物料是指由两种以上特性值变化性类型或两种以上特性平均值组成的混合物料，如由几个生产批次合并的物料。对于这类物料，首先尽可能使各组成部分分开，然后按照上述各种物料类型(均匀或不均匀)的采样方法进行采样。

为使样品的分析结果准确可靠，采样必须遵循以下基本原则。

(1) 代表性原则：样品的平均组成与整批物料的平均组成一致。

(2) 适量性原则：根据样品的性质和测定要求确定采样数量。

(3) 程序性原则：根据给定的准确度，采取有次序的或随机的取样，使取样费用尽可能低。

(4) 适时性原则：根据样品储存和运输方式差异性，合理选择取样时间，避免被测组分存在形态或含量发生变化的情况。

(5) 典型性原则：尽可能准确地反映出样品的特定性质。

3.1.1　固体样品

总的来说，固体物料的均匀性比液态和气态的物料差很多，采样也更加严格和困难。由于固体物料存在形态、硬度和组成差异，样品采集的数量、份数就要有所增加，应从物料的不同部位、不同深度分别采样，对处于不同状态位置的都要采集到。如果物料是包装成桶、袋、箱、捆等，则首先应从一批包装中选取若干件，然后用适当的取样器从每件中取出若干份。

对于固体样品的采样数，因为是有限次采样，根据 t 分布进行统计处理，这样真值的范围为

$$\mu = \bar{x} \pm t_{\alpha,f} s \bar{\chi} = \bar{x} \pm t_{\alpha,f} \frac{s}{\sqrt{n}} \tag{3.1}$$

设 E 为分析试样中某组分含量和整批物料中该组分平均含量的差，即 $E = \bar{x} - \mu$，从而推导出采样单元数为

$$n = \left(\frac{ts}{E}\right)^2 \tag{3.2}$$

它表示在一定置信度下，标准偏差为 s(为验前值，从以往的数据积累中来)，样本平均值 $\bar{x}$ 与物料总体平均值 μ 之差为 E 时的采样单元数，如果计算结果为小数，则 n 取其整数部分+1。可见，对分析结果的准确度要求越高，即 E 越小，采样单元数就要求越大；物料越不均匀，即 s 越大，采样单元数也要增大。

注意：由于 n 与 t 互为关联，查 t 值表需要 f，即 $f = n-1$，而 n 恰恰是要计算的数值，因此采用迭代方法，先假设采样单元数 n 为∞，$n \to \infty$ 时，$t = u$，$s = \sigma$，此时公式 $n = \left(\frac{t\sigma}{E}\right)^2$ 才成立。

【例 3.1】 已知某堆矿石中各大块矿石含铁量的标准偏差约为 0.20%，若要求在置信度为 95% 时所采样与整堆矿石中铁平均含量的误差不大于 0.15%，则采样单元数 n 至少应为多少？

解

$$n \to \infty \quad P = 0.95 \quad t = 1.96 \quad n = \left(\frac{1.96 \times 0.20}{0.15}\right)^2 = 6.8 \approx 7$$

$$n = 7 \quad P = 0.95 \quad t = 2.45 \quad n = \left(\frac{2.45 \times 0.20}{0.15}\right)^2 = 10.67 \approx 11$$

$$n = 11 \quad P = 0.95 \quad t = 2.23 \quad n = \left(\frac{2.23 \times 0.20}{0.15}\right)^2 = 8.84 \approx 9$$

$$n = 9 \quad P = 0.95 \quad t = 2.31 \quad n = \left(\frac{2.31 \times 0.20}{0.15}\right)^2 = 9.48 \approx 10$$

$$n = 10 \quad P = 0.95 \quad t = 2.26 \quad n = \left(\frac{2.26 \times 0.20}{0.15}\right)^2 = 9.08 \approx 10$$

可见，通过反复迭代，当 $n = 10$ 时不再变化，表示需从 10 个采样点分别采取一份样品，试样混合后经适当处理再进行分析，也可不经混合，分别处理后进行分析。前者只能得到总体物料的特性平均值信息，后者可以得到总体物料的特性平均值和变异性的信息。

不同部门根据其自身实际情况，对采样单元数和采样量大多制定有相关标准，可根据待分析样品的对象查阅相关标准。例如，GB/T 6679—2003《固体化工产品采样通则》中对固体化工产品的散装物料采样单元数有如下规定：

批量少于 2.5t，采样为 7 个单元(或点)；

批量为 2.5t～80t，采样为 $\sqrt{批量(t)\times 20}$ 个单元(或点)；

批量大于 80t，采样为 40 个单元(或点)。

平均样品采集量与物料的均匀性、粒径大小、破碎难易程度有关，通常样品的取样量可按下面的切乔特公式(Qeqott formula)计算：

$$m = Kd^{\alpha} \tag{3.3}$$

式中，m 为采取样品的最低质量(kg)；d 为样品中最大颗粒的直径(mm)；K 为样品加工系数，取决于矿石的性质和矿化的均匀程度，经试验一般介于 0.05～1.0，由各部门根据实际情况拟定；α 为经验常数，为 1.8～2.5。

式(3.3)说明，样品的可靠质量与其中的最大颗粒直径的平方成正比。矿化越不均匀，样品的颗粒越粗，要求的可靠质量越大。该公式在地质工作中被广泛采用，并规定α值为 2，则式(3.3)变为

$$m = Kd^{2} \tag{3.4}$$

【例 3.2】 某矿石的最大直径为 30 mm，若采样时的 $K = 0.05$，$\alpha = 2$，应取样多少？

解
$$m = Kd^2 = 0.05\times 30^2 = 45\ (\text{kg})$$

所以需取样 45 kg。

3.1.2　液体样品

液体物料组成一般比较均匀，采样比较容易，采样数量可以较少，但对于可能的不均匀液体样品，应根据具体情况采用不同的方法。

对于液体化工产品具体采样点和方法，可参见 GB/T 6680—2003《液体化工产品采样通则》。

当采集水管中或有泵水井中的水样时，取样前需将水龙头或泵打开，先放水 10～15 min，然后再用干净的瓶子收集水样至满瓶即可。

对河流、湖泊和海洋等水质进行监测时，采样位置应根据水的种类，充分考虑可能的不均匀性，应从不同的位置和深度分别采样，混合均匀后作为分析试样，以保证其具有代表性。例如，河水——上、中、下(大河：左右两岸和中心线；中小河：三等分距岸 1/3 处)；湖水——从四周入口、湖心和出口采样；海水——粗分为近岸和远岸。

此外，生活污水采样与作息时间和季节性食物种类有关，工业废水采样与产品和工艺过程及排放时间有关。

常用聚乙烯容器保存测定金属和无机物的液体样品，玻璃容器用于保存测定有机物和生物组分的液体样品，石英和聚四氟乙烯容器保存特殊测定项目的液体样品。

样品采集后，送往实验室的过程中应该采取必要的措施保护样品不受污染，组成和形态不发生改变。依据液体样品的性质，在规定的日期内妥善保存样品，如一般清洁水样存放时间不应超过 72 h，轻度污染水样不超过 48 h，严重污染水样存放时间不超过 12 h。此外，还需注意：

(1) 对易挥发物质，样品容器必须有预留空间，需密封，并定期检查是否泄漏，如乙醇、

乙醚、丙酮、浓盐酸、浓氨水等。

(2) 对光敏物质，样品应装入棕色玻璃瓶中并置于避光处，如硝酸、硫代硫酸钠溶液、硝酸银溶液等。

(3) 对温度敏感物质，样品应储存在规定的温度下，如不饱和烃及其衍生物在室温下易发生聚合，过氧化氢易发生分解等，应保存在 10℃以下的环境中。

(4) 对易与周围环境发生作用的物质，应隔绝空气。例如，硫酸亚铁、硫化氢等还原性物质易被空气中的氧气氧化，氢氧化钠、碳酸钠等碱性溶液易与空气中的二氧化碳反应等。

(5) 对有腐蚀作用的试剂，要注意进行有针对性的防蚀。例如，氢氟酸不能存放在玻璃瓶中，碱液不能用带玻璃塞试剂瓶存放，强氧化剂、有机溶剂等不能用带橡胶塞的试剂瓶存放。

(6) 某些比较特殊的液态样品，保存前还需控制样品的 pH，或加入化学稳定试剂等。如测定金属离子的水样常用硝酸酸化至 pH 为 1～2，以防止重金属的水解沉淀和器壁表面的吸附，同时抑制水样中的生物活动。环境水样测汞时，规定需在采集水样中加入 HNO_3 和 $K_2Cr_2O_7$，以保持酸度(pH＜1)和防止汞离子被还原而挥发及减少容器壁表面对汞离子的吸附。在测氨氮、亚硝酸盐氮、硝酸盐氮和 COD 的水样中，加氯化汞或三氯甲烷、甲苯作防护剂以抑制生物对亚硝酸盐、硝酸盐、铵盐的氧化还原作用。

(7) 对高纯物质应防止受潮和灰尘进入。

3.1.3　气体样品

气体样品有工业废气、大气、汽车尾气和气体化工产品等。

气体样品的特点是其容易通过扩散和湍流而混合均匀，成分上的不均匀性一般都是暂时的，因而要取得具有代表性的气体样品，主要不在于物料的均匀性，而在于样品气体的压力、静态还是流动态、取样点如何选择，以及如何防止取样时杂质进入。

气体的采样设备包括采样器、导管、样品容器、预处理装置、调节压力或流量的装置、吸气器和抽气泵等。采样装置有时还需备有流量计和简单的抽样装置等。同时要求采样设备材料对样品气不渗透、不吸收，在采样温度下无化学活性，不起催化作用，机械性能良好，容易加工连接等。

大气污染物样品应在监测区同时进行多点布设，人口、工业、交通密集地区多布点，研究大气污染对人体的影响，通常选择距地面 50～180 cm 的高度采样，使与人的呼吸空气相同，用注射器、塑料袋和采样管等采样。对于烟道气、废气中某些有毒污染物的分析，可将气体样品采入空瓶或大型注射器中。对于气体中浓度较低的组分分析，也常用活性炭采样管和硅胶采样管对气体进行采集。活性炭采样管可用来吸收并浓缩有机气体和蒸气。

气体采样也常采用吸气瓶，使用时先用样品气将封闭液饱和，以封闭液充满样品容器，然后用样品气将封闭液置换出去，从而在样品容器中充满了样品气，完成采样操作。由于气体组成改变、温度改变和振荡的影响，原来饱和的封闭液可能变成不饱和或过饱和，这就会再溶解一部分气体或释放一部分气体，从而导致样品气组成改变。常用水、稀酸或盐的水溶液作封闭液。应仔细选择以避免微分溶解效应。

为了使气体符合某些分析仪器或分析方法的要求，需将气体加以处理。处理包括过滤、脱水和改变温度等。

1. 过滤

装一个过滤器或阱，可分离灰、湿气或其他有害物，但应以试验证实所用的干燥剂或吸收剂不会改变被测成分的组成。

2. 脱水

脱水方法的选择一般随给定的样品而定，主要有以下四类：

(1) 使用化学干燥剂，常用的有氯化钙、硫酸、五氧化二磷、过氯酸镁、无水碳酸钾和无水硫酸钙等。

(2) 使用吸附剂，比表面积大，通常为物理吸附。常用的有硅胶、活性氧化铝及分子筛。吸附剂可能吸附气体的其他成分。该成分在以后的步骤中可能被气体的其他成分脱附或置换影响气体样品的组成。

(3) 冷阱：对难凝样品，可缓慢通过 0℃以上几摄氏度的冷凝器脱去水分。其缺点是某些成分溶解于形成的冷凝液中。

(4) 渗透：用半透膜让水分由一个高分压的表面移至分压非常低的表面。此膜形成一组管子，待干燥的气体在其中通过，干吹洗气在外夹套中通过。

3. 改变温度

气体温度高的需加以冷却，以防止发生化学反应；为了不使某些成分凝聚，有时也需加热。

气体化工产品采集较复杂，具体可参见 GB/T 6681—2003《气体化工产品采样通则》，需注意的是：

(1) 对高压气体的采样，应先减压(装调压器、针阀或节流毛细管等)至略高于大气压，再将清洁、干燥的采样器连到采样管路，打开采样阀，用相当于采样管路和容器体积 10 倍以上的气体清洗，然后关上出口采样阀，再关上进口采样阀，移去采样器。

(2) 对高纯气体的采样，高纯气体应每瓶采样。需用 15 倍以上体积的样品气置换分析导管。

(3) 对极低温液化气体的采样，如液氢、液氦，应用特殊采样器。

3.1.4 生物样品

生物样品通常是指植物的花、叶、茎、根和种子等，动物(包括人)的体液(如尿液、血液、唾液、胆汁、胃液、淋巴液以及生物体的其他分泌液等)、毛发、肌肉和一些组织器官(如胸腺、胰腺、肝、肺、脑、胃、肾等)以及各种微生物。

欲分析的组分常有植物体内的营养成分、农药残留，动物体内的药物及代谢产物，糖类及有关化合物，脂类及长链脂肪酸化合物，维生素及辅酶类化合物，核苷、核苷酸及其衍生物，磷酸酯类化合物，固醇类化合物，胺、酰胺、氨基酸、多肽、蛋白质及其衍生物和某些生物大分子。

由于生物样品一般来自于动、植物活体，故生物样品与自然界中的其他样品有所不同，采集样品的方法也有所不同，可采用注射器吸取、用手术器械切割等方法采集。

1. 植物样品的采集

采样点的布设常采用梅花形布点法和平行交叉布点法。采样量干重通常取 1 kg，湿重取 5 kg。采好后捣碎或剪碎，风干或 40～60℃烘干，过 40～60 目筛，于广口瓶中保存。植物生长在不同的季节其成分可能不同，要注意采样季节。

2. 动物样品的采集

(1) 动物样品可采用注射器吸取或手术器械切割等方法采集。

(2) 动物样品的采集有时是在活体上采样，故采样量不可能很大。例如，体液有时只能采集几微升或几毫升，器官组织有时也只能采集几毫克。由于样品量很少，因此特别要注意样品的代表性。

(3) 由于动物活体总在新陈代谢，要注意采样时机。

(4) 要注意采样部位的准确，特别是动物的器官组织，一定要认准。

(5) 动物样品一般都有一定的生物活性，样品采集后要立即处理，如取好血样后要立即加抗血凝剂，取好某些器官组织后要立即加入一些防腐剂，或者立即进行速冻处理(动物样品常用)或脱水处理(植物样品常用)。

(6) 生物样品的采集大部分可在实验室内进行，采集工具要经过消毒，最好在无菌的条件下采样。

在具体采样时，应让受试者脱离现场，并清除身体外部(手、手臂、头脸部和衣服等)可能存在的被测化学物的污染，然后在远离生产环境的适当场所进行采样。

3.2 样品制备

3.2.1 固体样品的前处理

在实际分析中，首先需从大批物料中或大面积的矿山中等选取少量有代表性的样品，称为实验室样品(laboratory sample)，即为供实验室检验或测试用而制备的样品，也称原始平均试样。由实验室样品进一步制得用于分析测定的样品称为试样(test sample)。从实验室样品到分析试样的这一处理过程称为试样的制备。

液体样品适合用大多数分析方法测试，故一般不需额外处理就可以用于测定。对于固体吸附或过滤采集的气体样品，可通过加热脱附或用适当的溶剂溶解，洗脱后用于分析。对其他方法采集的气体试样，一般也不需经样品制备即可直接用于分析。

一般来说，采集的固体样品数量多，粒度不均匀，不能直接用于分析，要将其制备成符合分析要求的试样，必须对样品适当处理，使其数量缩减，并成为组成十分均匀而又粉碎得很细的微小颗粒。

固体样品前处理过程一般包括破碎、过筛、混合和缩分四步，反复进行，如图 3.2 所示。

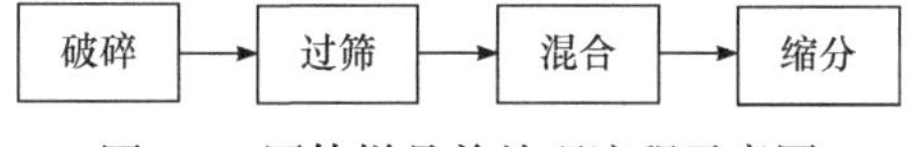

图 3.2　固体样品前处理流程示意图

1. 破碎

试样破碎可以采用各种破碎机，也可以采用人工研磨。对橡胶类质地柔软的样品，可以采用液氮冷冻后，迅速破碎的方法。破碎过程可能导致试样组成发生如下改变。

(1) 样品中水分含量的改变。

(2) 破碎机表面的磨损，会将杂质引入样品，如果这些杂质恰巧是要分析测定的某种微量组分，问题就更严重。

(3) 破碎、研磨试样过程中，常会发热，使样品温度升高，引起某些挥发性组分的逸去，由于样品粉碎后表面积大大增加，某些组分易被空气氧化。

(4) 样品中质地坚硬的组分难以破碎，锤击时容易飞溅逸出，较软的组分容易破碎成粉末而损失，这些都会引起样品组成的改变。

破碎不是越细越好，只要磨细到组成均匀，容易被试剂分解即可。

2. 过筛

样品破碎后，应使全部样品通过同一口径的筛网，切不可将难以破碎的粗粒试样丢弃。硬度不同的颗粒往往组成不同，丢弃后将引起组成的改变。《中华人民共和国药典》规定标准筛分 1～9 号九种规格，其筛号、筛孔内径及目号关系见表 3.1。

表 3.1　筛号、筛孔内径及目号关系表

筛号	筛孔内径(平均值)/ μm	目号
一号筛	2000 ± 70	10 目
二号筛	850 ± 29	24 目
三号筛	355 ± 13	50 目
四号筛	250 ± 9.9	65 目
五号筛	180 ± 7.6	80 目
六号筛	150 ± 6.6	100 目
七号筛	125 ± 5.8	120 目
八号筛	90 ± 4.6	150 目
九号筛	75 ± 4.1	200 目

3. 混合

对破碎、过筛后的试样，还要进行充分混合，使其组成更均匀。对于机械破碎的样品，样品组成比较均匀，但人工粉碎的样品还需充分混合；对于较大量的样品，可用锹将样品堆成一个圆锥，堆时每一锹都应倒在圆锥顶上，反复进行，直至混合均匀；对于较少量的样品可将样品放在光滑的纸上，依次提起纸张的一角，使样品不断地在纸上来回滚动，以达到混合的目的。

4. 缩分

缩分的目的是使破碎后的样品质量减少，并保证缩分后样品中的组分含量与原样品的组成相同。

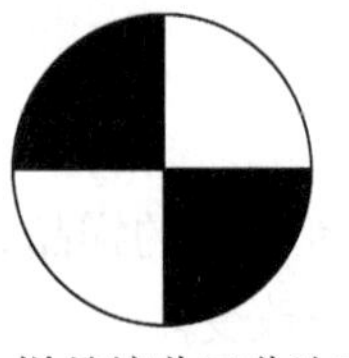

图 3.3　样品缩分四分法示意图

常用的缩分方法是四分法，就是将样品堆成圆锥形，将其压平，成扁圆堆，然后用相互垂直的两直径将样品堆平分为四等份(图 3.3)。弃去对角的两份，而将其余的两份收集混合。如此便将样品量缩减一半，反复用此法缩分，最后得到数百克均匀、粉碎的样品，密封于瓶中，贴上标签，送分析室。对于量大的样品，可用电动缩分机缩分。

【例 3.3】 有样品 20 kg，粗碎后最大颗粒粒径为 6 mm 左右，设 K 值为 0.2，$\alpha=2$，采用四分法可缩分几次？如缩分后，再破碎至全部通过 10 目筛(筛孔直径：2.00 mm)，可再缩分几次？

解 $d=6$ mm，$K=0.2$ 时，

最少样品量为　$m=Kd^2=0.2\times6^2=7.2(\text{kg})$

缩分一次后余下的量为　$m=\dfrac{1}{2}\times20=10(\text{kg})$

缩分两次后余下的量为　$m=\dfrac{1}{2}\times10=5\,(\text{kg})$

可见，只能缩分一次，留下的样品量为 10 kg。

再破碎至全部通过 10 号筛后，$d=2$ mm，

最少样品量为　$m=Kd^2=0.2\times2^2=0.8(\text{kg})$

继续缩分一次后余下的量为　$m=\dfrac{1}{2}\times10=5(\text{kg})$

缩分两次后余下的量为　$m=\dfrac{1}{2}\times5=2.5\,(\text{kg})$

缩分三次后余下的量为　$m=\dfrac{1}{2}\times2.5=1.25\,(\text{kg})$

缩分四次后余下的量为　$m=\dfrac{1}{2}\times1.25=0.625\,(\text{kg})$

可见，还需缩分三次，留下的样品量为 1.25 kg。

3.2.2　分析测定用样品的处理

将实验室样品进一步处理成可用于分析测定的样品，通常涉及样品的分解、溶解等，是样品分析测试过程中最费时、最容易产生误差和劳动强度最大的环节之一，需要具备一定的化学和分析方面的专业知识与经验。

1. 固体样品的分解

对于直接采用固体样品进行测定的分析方法，样品制备过程比较简单，即首先对样品进行切割，然后对表面进行抛光，或对粉末状的样品进行压片(无需溶解，如 XRD 分析等)。而大多数分析方法测定工作是在水溶液中进行的，因此将样品分解，使被测组分转变为水溶性的物质，溶解成试液。对于一些难溶的样品，单一的溶解可能无法使样品完全转变成溶液，这时就要考虑采用溶解与熔融技术相结合的方法处理样品。在样品的分解过程中，必须注意以下几点：①被测组分完全进入溶液，不应损失或引入其他杂质。若有不溶性物质，需进一步采取其他方法，如熔融法使其溶解。②样品分解必须完全，处理后的溶液中不得残留原样品的细屑或粉末。③样品分解过程中待测组分不应挥发。④不应引入被测组分和干扰物质。

由于样品的性质不同，分解的方法也有所不同，主要方法有溶解法和熔融法两种。

1) 溶解法

采用适当的溶剂将样品溶解制成溶液，这种方法比较简单、快速。常用的溶剂有水、酸

和碱等。可溶性盐类，如硝酸盐、乙酸盐、铵盐、绝大部分的碱金属化合物和大部分的氯化物、硫酸盐等可用水溶解样品。对于不溶于水的样品，则采用酸或碱作溶剂的酸溶法或碱溶法进行溶解，以制备分析试液。

(1) 酸溶法：用酸作为溶解溶剂的方法。

酸作为溶解试剂的主要作用是酸的氢离子效应、氧化还原作用或配位作用等。为了提高溶解效率，经常同时使用几种酸或加入盐类使样品溶解。

酸溶法操作简便，使用温度低，对容器腐蚀小，便于成批操作。钢铁、合金、部分氧化物、硫化物、碳酸盐矿物和磷酸盐矿物等常采用此法溶解。常用的酸溶剂为盐酸、硫酸、硝酸、高氯酸、氢氟酸、磷酸；混酸有王水、硝酸+高氯酸、氢氟酸+硫酸、氢氟酸+硝酸等。

盐酸：市售盐酸相对密度一般为 1.19，含量为 38%，浓度为 12 mol · L^{-1}，主要用于金属氧化物、硫化物、碳酸盐、电动序位于氢以前的金属或合金分解。盐酸中的 Cl^-可以与许多金属离子生成较稳定的配离子(如$[FeCl_4]^-$、$[SbCl_4]^-$等)，因此盐酸可溶解这些金属矿石。盐酸中的 Cl^-还有一定的还原性，是溶解一些氧化性试样如氧化钴(Co_3O_4、Co_2O_3)、软锰矿(MnO_2)等的好溶剂。单独用盐酸分解砷、磷、硫时，会生成相应的氢化物。

盐酸还常与 H_2O_2、$KClO_3$、HNO_3、Br_2 等氧化剂联合分解样品。例如，金属 Cu 不溶于盐酸，但能溶于盐酸+H_2O_2 中。

$$Cu + 2HCl + H_2O_2 \longrightarrow CuCl_2 + 2H_2O$$

盐酸沸点为 108℃，溶解温度最好低于 80℃。在盐酸中不溶的氯化物有 AgCl、Hg_2Cl_2、$PbCl_2$。

硝酸：市售浓硝酸相对密度一般为 1.42，含量为 70%，浓度为 16 mol · L^{-1}。硝酸是强酸，又具有强氧化性，除铂、金和某些稀有金属外，能分解几乎所有的金属、合金、硫化物，大多数金属氧化物、氢氧化物。几乎所有硝酸盐均能溶于水。

金和铂在硝酸溶液中难溶；纯硝酸不能单独溶解铝、铬、铁，因为在这些金属表面易生成氧化膜；硝酸也不能单独溶解钨、锡、锑样品，会生成相应的钨酸(H_2WO_4，$m WO_3 \cdot n H_2O$)、偏锡酸(H_2SnO_3)、偏锑酸(H_3SbO_4)沉淀；也不能单独溶解硫矿，应先加少量盐酸或用其他方法处理。

用硝酸溶解试样后，溶液中往往含有亚硝酸和其他氮的低价化合物，容易破坏某些有机试剂，可加入高沸点的酸(如高氯酸或硫酸)煮沸将它们除去。

硫酸：市售浓硫酸相对密度一般为 1.84，沸点为 340℃，含量为 98%，浓度为 18 mol · L^{-1}。除钙、锶、钡、铅和一价汞的硫酸盐难溶于水外，其他金属的硫酸盐一般易溶于水。

常利用热浓硫酸的强氧化性和脱水性破坏样品中的有机物质。利用硫酸的高沸点除去低沸点挥发性酸，如 HNO_3、HCl、HF 等，但时间不宜过长，否则生成难溶性的焦硫酸盐。

磷酸：市售磷酸相对密度通常为 1.69，含量为 85%，浓度为 15 mol · L^{-1}，沸点为 158℃。磷酸根具有较强的配位能力，含钨、钼、铁的合金样品常用硫酸和磷酸分解，即利用了硫酸的氧化性和磷酸的配位性。

磷酸虽然有很强的分解能力，但通常只用于单项测定，这是因为磷酸能与许多金属离子在酸性条件下生成难溶盐，而且磷酸对矿物的分解往往不够彻底；另外，磷酸溶液若加热温度过高，时间过长，将析出难溶性的焦磷酸盐，还会严重腐蚀玻璃，生成聚硅磷酸盐(常温下腐蚀很少)。

高氯酸：市售高氯酸相对密度通常为 1.67，含量为 70%，浓度为 12 mol · L^{-1}，沸点为 203℃。室温时仅为强酸，没有氧化性，能与活泼金属铝、镁、锌、镉等作用放出氢气；浓热时是一种强氧化剂和脱水剂。

高氯酸与金属离子 K^+、Rb^+、Cs^+形成的盐微溶于水，与 NH_4^+ 形成的盐溶解度也较低[7 g · (100 g 水)$^{-1}$/20℃]，其他金属的高氯酸盐都是可溶性的。

铬、钨、钒、硫等可被热浓高氯酸溶解：

$$Cr \rightarrow Cr_2O_7^{2-};\ W \rightarrow WO_4^{2-};\ V \rightarrow VO^{3-};\ S \rightarrow SO_4^{2-}$$

故可常用来分解不锈钢、铁合金、钨铁矿、铬矿石等。

高氯酸沸点为 203℃，用它赶低沸点酸后，残渣加水容易溶解，H_2SO_4则不然，易生成难溶性的焦硫酸盐。

浓热高氯酸与有机物质或其他还原性物质一起加热时，有剧烈爆炸的风险，使用时需特别小心。对于有机物质或其他还原性试样，应先用硝酸在加热条件下将其破坏，然后再加高氯酸分解，或直接加硝酸和高氯酸混合液分解。注意在加热分解过程中，硝酸容易挥发，应随时补加，待全部分解完后，才能停止补加硝酸，这样才较安全。

氢氟酸：市售氢氟酸相对密度为 1.13，含量为 40%，浓度为 22 mol · L^{-1}。氢氟酸是一种弱酸，对一些高价元素具有很强的配位能力，能腐蚀玻璃、陶瓷器皿。常用来分解含硅矿物、硅酸盐等样品。

F^-能与 Si 形成挥发性的 SiF_4，还能与砷、硼、钼、锇、碲生成挥发性的氟化物。HF 与 Si 形成 H_2SiF_6，在有过量的 K^+时，K^+与 H_2SiF_6形成 K_2SiF_6沉淀。HF 是硅酸盐分析中的重要试剂。

Al、Ti、Zr、W、Nb、Ta、U 等高氧化态的阳离子容易与 F 形成稳定的配离子，如六氟合铝酸根离子(AlF_6^{3-})；金属锂、碱土金属和镧系元素的氟化物难溶于水。

氢氟酸对玻璃器皿有腐蚀作用，用氢氟酸分解试样时，需在铂金或聚四氟乙烯容器中处理，后者在 250℃以下是稳定的。聚四氟乙烯高温裂解会产生剧毒的副产物氟光气和全氟异丁烯等，所以要特别注意使用温度和防止聚四氟乙烯与明火接触。

HF 对人体有毒且有腐蚀性，使用时应格外小心。

混合溶剂：王水(HNO_3 + 3HCl)，反应生成新生态氯和 NOCl，具有强烈的氧化性，同时 Cl^-具有配位能力，从而使王水可用于 Au、Pt 等贵金属和 HgS 等难溶化合物的溶解；逆王水($3HNO_3$ + HCl)，氧化能力较王水稍弱，可用于汞、钼、锑等的溶解。

(2) 碱溶法：用碱作为溶解溶剂的方法。

碱溶法的溶剂主要为 NaOH 和 KOH。碱溶法常用来溶解两性金属铝、锌及其合金，以及它们的氧化物、氢氧化物等。溶解常在银、铂或聚四氟乙烯器皿内进行，不能用玻璃器皿。

$$2Al + 2NaOH(20\%\sim30\%) + 2H_2O = 2NaAlO_2 + 3H_2\uparrow$$

用碱溶法处理的试样，其中的 Al、Pb、Zn、Si 等生成相应的含氧酸根离子；Fe、Mn、Cu、Ni、Mg 等生成相应的金属沉淀析出。

应用举例：

GB/T 13747.1—2017《锆及锆合金化学分析方法　第 1 部分：锡量的测定　碘酸钾滴定法和苯基荧光酮-聚乙二醇辛基苯基醚分光光度法》方法一中规定，试料用硫酸-硫酸铵分解，在盐酸介质中，用氟离子掩蔽杂质元素。用铝片将锡(Ⅳ)还原为锡(Ⅱ)，以淀粉溶液为指示剂，用碘酸钾标准滴定溶液滴定至溶液呈现蓝色为终点，可计算出其中的锡量。

GB/T 32784—2016《含镍生铁　铬含量的测定　过硫酸铵-硫酸亚铁铵滴定法》规定，试料用盐酸、硝酸和氢氟酸溶解，在硫酸-磷酸介质中，以硝酸银为催化剂，用过硫酸铵将铬氧化成六价，用硫酸亚铁铵标准溶液滴定，测得铬含量。

GB/T 33948.1—2017《铜-钢复合金属化学分析方法　第 1 部分：铜含量的测定　碘量法》规定，试料用硝酸溶解，控制溶液的 pH 为 3～4，用氟化氢铵掩蔽铁。加入碘化钾与二价铜作用，析出的碘以淀粉作指示剂，用硫代硫酸钠标准滴定溶液滴定至溶液淡蓝色消失即为终点。根据消耗硫代硫酸钠标准溶液体积计算铜含量。

GB/T 20975.5—2020《铝及铝合金化学分析方法　第 5 部分：硅含量的测定》方法二中规定，试料以氢氧化钠溶解，用高氯酸酸化并脱水。过滤、烘干、灼烧并称量二氧化硅。用氢氟酸挥发硅，称量残渣。根据两者称量之差测定硅量。

2) 熔融法

熔融法是利用酸性或碱性熔剂，在马弗炉中高温下与样品发生复分解反应(一般在坩埚中进行)，从而生成易于溶解的反应产物的一种方法。例如，某些矿石、天然氧化物、合金等，单用酸作溶剂很难使它们溶解或完全溶解，可采用熔融法。熔融法有酸熔法和碱熔法。

(1) 酸熔法：对于碱性样品，常用酸性熔剂，称为酸熔法。常用的酸性熔剂有焦硫酸钾($K_2S_2O_7$，熔点 419℃)和硫酸氢钾($KHSO_4$，熔点 219℃)，后者经灼烧后也生成 $K_2S_2O_7$，所以两者的作用是一样的。

这类熔剂在 300℃以上可与钛、铁、铝、锆、铌、铜等的碱性或中性氧化物作用，生成可溶性的硫酸盐。例如，分解金红石(TiO_2)的反应：

$$TiO_2 + 2K_2S_2O_7 = Ti(SO_4)_2 + 2K_2SO_4$$

$K_2S_2O_7$ 作熔剂时，温度高于 370℃就会分解产生 SO_2，为防止熔剂过早消耗，熔融温度不能过高。熔融物冷却后用水溶解时，应加入少量酸，以防有些产物发生水解而产生氢氧化物沉淀。

(2) 碱熔法：对于酸性样品，宜采用碱性熔剂，称为碱熔法。例如，酸性矿渣、酸性炉渣和酸不溶样品均可采用碱熔法，使它们转化为易溶于酸的氧化物或碳酸盐等。常用的碱性熔剂有 Na_2CO_3(熔点 853℃)、K_2CO_3(熔点 891℃)、NaOH(熔点 318℃)、KOH(熔点 380℃)、Na_2O_2(熔点 460℃)和它们的混合熔剂等。这些熔剂除具碱性外，在高温下均可起氧化作用(本身的氧化性或空气氧化)，可以把一些元素氧化成高价[如 Cr^{3+}、Mn^{2+}可以氧化成 Cr(Ⅵ)、Mn(Ⅶ)]，从而增强了样品的分解作用。有时为了增强氧化作用还加入 KNO_3 或 $KClO_3$，使氧化作用更完全。

例如，碱性熔剂的一些熔融分解反应，

长石：$$NaAlSi_3O_8 + 3Na_2CO_3 = NaAlO_2 + 3Na_2SiO_3 + 3CO_2\uparrow$$

重晶石：$$BaSO_4 + Na_2CO_3 = BaCO_3 + Na_2SO_4$$

二氧化硅：$$SiO_2 + 2NaOH = Na_2SiO_3 + H_2O$$

铬铁矿：$$2FeO\cdot Cr_2O_3 + 7Na_2O_2 = 2NaFeO_2 + 4Na_2CrO_4 + 2Na_2O$$

使用熔融法时应注意：①熔融时常需要大量的熔剂(一般熔剂质量约为样品质量的 10 倍)，因而可能引入较多的杂质；②由于应用了大量的熔剂，在以后所得的试液中盐类浓度较高，可能会给分析测定带来困难；③熔融时需要加热到高温，使某些组分挥发损失增加；④熔融时所用的容器通常会受到熔剂不同程度的侵蚀，从而使试液中杂质含量增加。

因此，对于大部分组分可溶于酸(或碱)的物料，最好先用溶剂溶解。然后过滤，再用较少量的熔剂熔融。熔块冷却、溶解后，将所得溶液合并，进行分析测定。

应用举例：

GB/T 14506.3—2010《硅酸盐岩石化学分析方法　第 3 部分：二氧化硅量测定》聚环氧乙烷重量法中规定，将无水碳酸钠置于铂坩埚中与试料混匀，加热至 1000℃熔融，盐酸浸取，蒸发至小体积，加聚环氧乙烷凝聚硅酸，过滤，灼烧，称量。加氢氟酸、硫酸处理，使硅以四氟化硅的形式除去，再灼烧称量。处理前后质量之差即为沉淀中的二氧化硅量。残渣用焦硫酸钾熔融，水提取并入二氧化硅滤液中。经解聚后用钼蓝光度法测定滤液中的残余二氧化硅，两者之和即为试料中二氧化硅的量。

GB/T 1511—2016《锰矿石　钙和镁含量的测定　EDTA 滴定法》规定，试料用酸分解，残渣于铂坩埚中与碳酸钠混合均匀后于 900～1000℃熔融，盐酸溶解熔块，用六次甲基四胺和铜试剂通过沉淀分离法分离出其中的锰、铁、铝、钛、铜、镍、钒、铬等干扰元素。分取部分试液在 pH≥12 溶液中，在钙黄绿素指示剂存在下，用 EDTA 标准溶液滴定钙含量，另取部分溶液在 pH = 10 的溶液中，以铬黑 T 为指示剂，用 EDTA 标准滴定溶液滴定钙、镁含量。

GB/T 24230—2009《铬矿石和铬精矿　铬含量的测定　滴定法》中规定，将过氧化钠置于刚玉坩埚中与试料混匀，加热至 800～850℃熔融，用水浸出熔融物，硫酸酸化并煮沸除去过氧化氢。在硝酸银催化作用下，用过硫酸铵氧化铬(Ⅲ)离子为铬酸盐。用硫酸亚铁铵滴定铬(Ⅵ)，再用高锰酸钾标准溶液返滴定至终点，或用电位滴定法直接滴定铬(Ⅵ)。

3) 半熔法(烧结法)

半熔法又称为烧结法，是使样品与固体试剂在低于熔点温度下进行反应的一种方法。特点是温度相对较低，时间较长，但不易损坏坩埚。

例如，GB/T 214—2007《煤中全硫的测定方法》中艾士卡法规定，将煤样与艾士卡试剂(2 份轻质氧化镁与 1 份无水碳酸钠)置于瓷坩埚内混合，800～850℃灼烧，空气中的氧将煤中硫氧化为硫酸盐，然后使硫酸根离子生成硫酸钡沉淀，根据硫酸钡的质量计算煤中全硫的含量。

艾士卡试剂中 Na_2CO_3 主要起熔剂作用，MgO 除将硫氧化物转变为硫酸镁外，更主要是防止硫酸钠在较低温度下熔化，使反应物保持疏松状态，增加煤与空气接触的机会。

例如，李宁等将试料与熔剂 $CaCO_3$-NH_4Cl 置于瓷坩埚中混匀，700℃灼烧，热水脱埚，最后用火焰光度计测定了水泥熟料中 K_2O、Na_2O 含量。其中 $CaCO_3$ 起熔剂作用，NH_4Cl 起疏松和通气作用。

2. 有机样品的分解和溶解

有机样品的处理包括有机样品的分解和溶解。分解的目的是测定有机样品中所含有的常量或痕量元素，这时所需测定的元素应能定量回收，且使之转变为易于测定的形态，同时又不引入干扰组分。溶解的目的通常是测定有机样品中某些组分的含量，或测定样品的物理性质，以及鉴定或测定其官能团。

有机样品的分解主要有干法灰化法、湿法消化法和溶解法三种。几种方法均可以借助微波、超声波技术等加快处理过程。

1) 干法灰化法

干法灰化法(燃烧法或高温分解法)是指通过高温灼烧、燃烧等方式，将样品中有机物氧化分解成 CO_2、H_2O 和其他气体而挥发，留下无机物供测定的方法。干法灰化法有坩埚灰化法、氧瓶燃烧法、燃烧法和低温灰化法四种。

坩埚灰化法可以置样品于坩埚中，用火焰直接加热，也可于炉子中在控制的温度下加热灰化。砷、硼、镉、铬、铜、铁等元素常挥发损失，因此对于痕量组分的测定，应用此法的不多。

氧瓶燃烧法可以在普通氧瓶中进行，也可在氧瓶燃烧仪中进行。图 3.4 所示为一种氧瓶燃烧仪装置，氧瓶中充满氧气并放置少许吸收溶液。通电使样品在氧瓶中点燃，在高温下分解，分解完毕后摇动氧瓶，使燃烧产物完全被吸收，从吸收液中分析测定硫、磷、卤素和痕量金属。这种方法适用于热不稳定样品的分解，也可用来测定磷、卤素和硫。对难以分解的样品，可用氢氧焰燃烧。

图 3.4　氧瓶燃烧仪

例如，二氯酚(5,5′-二氯-2,2′-二羟基二苯甲烷)可通过氧瓶燃烧法破坏有机氯，使有机氯以 Cl^-的形式进入溶液中，以 NaOH 和 H_2O_2 的混合液为吸收液，用银量法测定。

燃烧法与氧瓶燃烧法类似，对于易燃且不需要氧气助燃的试样，可直接燃烧得到其中无机物供分析测定。

低温灰化法是借助高频激发的氧气对样品进行灰化，灰化温度低于 100℃，用于食品、石墨、滤纸、离子交换树脂等样品中的易挥发损失的某些元素的分析测试。

2) 湿法消化法

湿法消化法，又称湿灰化法或湿氧化法，在样品中加入强氧化剂，在一定温度下加热消煮，破坏样品中的有机物，为加速氧化进行，可同时加入各种催化剂，使待测的无机成分呈离子状态保存在溶液中。

对于痕量元素的测定，用湿法消化法分解有机样品较好，但所用试剂纯度要高。

硫酸可用作湿法消化剂，但氧化能力不够强，可加入 K_2SO_4，提高硫酸的沸点，以加速分解。

硝酸是较强的氧化剂，但挥发性大，因此可采用 H_2SO_4-HNO_3 混合酸，可同时加，也可先加入硫酸，待样品焦化后再加入硝酸。加热直至样品完全氧化，溶液变清并蒸发至干，以除去亚硝基硫酸。此时所得残渣应溶于水，除非有不溶性氧化物和不溶性硫酸盐存在。特别值得注意的是：氯、砷、硼、汞、锑等会被挥发逸出，磷也可能挥发逸出。

对难以氧化的有机样品，用高氯酸-硝酸或高氯酸-硝酸-硫酸混合酸小心处理，可使分解作用快速进行。这种消化法，除汞以外，其余各元素不会挥发损失。如果安装回流装置，可防止汞挥发，而且可以防止硝酸挥发，以减小爆炸的可能性。但若操作不当，也可能发生爆炸，因此必须由有经验的操作者来做。

$H_2SO_4 + H_2O_2$ 混合物可溶解含有 Hg、As、Sb、Bi、Au、Ag 或 Ge 的金属有机物，但使用时需注意，卤素会挥发损失。$H_2SO_4 + H_2O_2$ 是强氧化剂，对未知性能的样品不要随便使用。

用铬酸加硫酸的混合物分解有机样品，分解产物可用来测定卤素。

$H_2SO_4 + K_2SO_4$，$CuSO_4$ 催化[凯氏定氮法(Kjeldahl method)]，加热分解，使样品中的氮还

原为$(NH_4)_2SO_4$，用于测定总氮含量。

3) 溶解法

为了能准确地对水不溶或难溶的有机物含量进行测定，通常也会将其溶解在适当的有机溶剂中，再采用高效液相色谱、紫外光谱或非水滴定等方法加以测定。通常根据溶解度“相似相溶”原理，选择适当溶剂对样品进行溶解。为了寻找某种有机物更好的萃取溶剂，常将有机物溶解在不同的有机溶剂中，测定其溶解度参数，以选择最优的萃取溶剂。常用的有机溶剂有各种醇类、丙酮、丁酮、乙醚、甲乙醚、乙二醇、二氯甲烷、三氯甲烷、四氯化碳、氯苯、乙酸乙酯、乙酸、乙酸酐、吡啶、乙二胺、二甲基甲酰胺等。混合溶剂有甲苯+苯、乙二醇+醚等。

3. 生物样品的制备

生物样品的制备方法与测定对象有关。根据待测组分的性质，可以采用溶剂萃取法，也可以采用消化法等。例如，中草药中的化学成分十分复杂，对其有效成分进行萃取和分析十分重要。

萃取溶剂可分为水、亲水性有机溶剂和亲脂性有机溶剂等三类。无机盐、生物碱盐、糖类、鞣质、氨基酸、蛋白质、小分子有机酸、有机酸盐、生物碱盐及苷类等都能被水溶出；亲水性有机溶剂以乙醇最为常见，除蛋白质、黏液质、果胶、淀粉和部分多糖等外，大多能在乙醇中溶解；游离生物碱、苷元、油脂、挥发油、蜡等，常用亲脂性有机溶剂萃取。使用萃取法时要保证被萃取组分是以游离态形式存在的，否则要采取一定的方式使非游离态的组分游离出来。

消化法是除去生物样品中有机基体，使待测组分如中药材中的微量元素、重金属等以离子态形式存在，然后加以测量。如果测定的是非离子状态的分子态物质，就不能采用消化方法处理样品。

待测组分存在于生物体细胞内及多细胞生物组织中，需再将这些待测组分释放到溶液中。不同的生物体或同一生物体的不同组织，其细胞破碎的难易程度不同，使用的方法也不完全相同。按照是否存在外加作用力可分为机械法和非机械法两大类。机械法有珠磨法、压榨法、高压匀浆法和超声波破碎法；非机械法有酶溶法、化学法和物理法等。

3.2.3　微波在样品处理中的应用

微波是指频率为 0.3～300 GHz 的电磁波，是无线电波中一个有限频带的简称，即波长为 1 mm～1 m 的电磁波，是分米波、厘米波、毫米波和亚毫米波的统称。我国使用的微波辅助消化设备使用的是 2.45 GHz 的微波。

微波的吸收特性：

(1) 金属材料不吸收微波，只能反射微波，如铜、铁、铝等。

(2) 绝缘体可以透过微波，它几乎不吸收微波的能量，如玻璃、陶瓷、塑料等，它们对微波是透明的，微波可以穿透它们向前传播。

(3) 极性分子的物质会吸收微波，如水、酸等。其在微波场中随着微波的频率而快速变换取向，来回转动，使分子间相互碰撞摩擦，吸收微波的能量使温度升高。

微波辅助消解法是在普通消解法的基础上，以微波辅助，利用试样和适当的介质吸收微波能量，产生热量加热试样，同时微波产生的交流磁场使介质分子极化，极化分子在高频磁场中随着微波频率而快速变换方向，高速振荡使分子获得能量，温度升高。由于这两种作用，试样表层不断被搅动和破裂，产生新的表面与介质作用，能在较快时间内完成样品分解。

典型的微波辅助消解法过程如下：取适量样品置于消解罐中，加入一定量水，加入适量酸，通常选用 HNO_3、HCl、HF、H_2O_2 等，把罐盖好，放入炉中。微波通入样品时，使极性分子每秒钟变换方向 2.45×10^9 次，分子来回转动，与周围分子相互碰撞摩擦，总能量增加，样品温度急剧上升。同时，试液中的带电粒子(离子、水合离子等)在交变的电磁场中，受电场力的作用来回迁移运动，也会与邻近分子撞击，使样品温度升高，加速样品分解。

微波辅助消解法主要优点：

(1) 加热速度快、升温高，能大大缩短溶样时间和节省电耗。微波辅助消解法消解各类样品可在几分钟至二十几分钟内完成，比电热板消解速度快 10～100 倍。

(2) 消解能力强，消耗溶剂少，空白位低。微波辅助消解一个样品一般只需 5～15 mL 酸溶液，是传统方法用酸量的数分之一。另外，因为密闭消解，酸不会挥发损失，不必为保持酸的体积而持续加酸，节省了试剂，也大大降低了由试剂带来的分析空白值。

(3) 改善了工作环境，降低了劳动强度。由于微波辅助消解能有效避免酸的挥发，消解样品的速度又快，改善了分析人员的工作环境，降低了分析人员的劳动强度，提高了工作效率。

微波消解处理样品在地质冶金分析、环境试样分析、生物医学及药物分析、食品及化妆品分析等领域均得到了较广泛的应用。

3.3　测定前的预处理

样品经分解或溶解后，由于受到各种条件的限制，有时还不能直接进行测定，需要根据被测物的性质和测定方法规定的条件，对试样再进行预处理，如将被测物从基体样品中分离出来，或浓缩或稀释。不同的分析方法和分析项目对试样的要求不一样。

常见的预处理一般应考虑以下几方面。

1. 试样状态

根据分析方法和分析项目的要求，可将试样转化成固态、水溶液、非水溶液、气态等形式，以适应待测目的和要求。例如，X 射线衍射光谱、红外光谱等表征需要试样为固态，高压液相色谱仪、紫外-可见分光光度计等表征需要试样为液态，化学分析需要试样为液态，气相色谱可以以气态进样分析等。试样状态的改变可以采用蒸馏、挥发、萃取、过滤、离心、离子交换、吸附等方式。

2. 被测组分的存在形式

被测试样通常含有多种组分，每一种组分又可能含有多种存在形式，不同分析方法要求被测组分的形式不同，测定前可根据拟采用的测定方法，将被测组分转变成适于分析方法测定的最佳化学形式。

如用酸溶解铁矿石后，试样中除铁以外，通常还含有铜、钒等元素，其中铁会以 Fe^{2+} 和 Fe^{3+} 的形式存在，如采用重铬酸钾法测定铁含量，就需事先预处理试样，将其中的 Fe^{3+} 还原为 Fe^{2+}。

3. 被测组分的浓度或含量

各种分析方法均有一定的适用范围，在保证相同精密度和准确度的前提下，能分析横跨三个数量级浓度范围样品的分析方法尚少见，一般只能跨越两个数量级。因此，如果被测组分含量低于方法的检出限，需要对被测组分进行浓缩、分离、富集等，使其含量提高，同时消除基体物质对测定的干扰。对于含量很高的组分，宜采用稀释的方法，使被分析物质的浓度落在分析方法的最佳浓度范围内。

根据待测组分含量高低，对分离回收率的要求不同，一般情况下对质量分数大于 1%的常量组分，要求回收率大于 99.9%；对质量分数为 0.01%～1%的微量组分，要求回收率大于 99%；质量分数小于 0.01%的痕量组分，要求回收率为 90%～95%或者更低一些。

4. 共存物的干扰

选择分析方法时，尽量选用受被分析物以外的其他组分干扰较小的分析方法，这被认为是具有选择性的分析方法。不可避免时，根据共存物的干扰情况，测定前采取适当的方法消除，如采用掩蔽、分离、萃取、离子交换等分离方法消除干扰组分的影响。

常用掩蔽方法有配位掩蔽法、沉淀掩蔽法、氧化还原掩蔽法。如果掩蔽的方法不能消除干扰就需要分离干扰组分，常用分离方法包括气态分离、沉淀分离、溶剂萃取分离、离子交换分离、膜分离、色谱分离、电泳分离等方法。有些分离方法和检测方法结合在一起形成兼具分离与检测的分析方法，如气相色谱、液相色谱、毛细管电泳等。

在样品的预处理过程中，有时还会加入一些辅助试剂，如 pH 调节剂、增敏剂、催化剂等。要对所加试剂有清楚的了解，不能带入新的干扰物。

试样的预处理方法很多，针对具体的试样应根据实验或参考相关的标准或参考资料采取相适应的方法。

3.4 测定方法选择

随着分析化学的发展，基于不同的分析原理、分析对象、分析要求，同一种组分可能有多种分析方法，在分析实践中需要根据实际情况选择合适的分析方法。分析方法选择主要依赖于分析工作者对分析方法原理、应用对象和受干扰因素的了解，一般根据以下几个方面进行选择。

1. 被测组分含量

常量组分分析一般选用滴定分析法，方法准确、快速、简便。如果对准确度要求很高，可以采用重量分析法，但方法烦琐、耗时。微量和痕量组分分析一般采用检测灵敏度更高的仪器分析方法。

2. 被测组分的性质

分析方法建立的最重要原理是物质的化学或物理化学性质，被分析物本身有酸碱性或易发生氧化还原反应，可选择酸碱滴定法或氧化还原滴定法；被分析物为金属离子，尤其是过渡金属离子，可利用其形成配位化合物的性质选择配位滴定法，或利用其原子发射或吸收光谱性质选择原子吸收光谱或原子发射光谱进行分析。对于农药、植物成分、环境有机污染物等复杂样品可选用分离能力强、检出灵敏度高的色谱分析方法。

3. 共存组分的影响

在现有的分析方法中不存在完美的方法，每一种分析方法应用于实际样品测试时都可能受到共存组分的干扰和方法自身缺陷的影响，因此要了解共存组分的种类，尽量采用选择性高的方法。如果共存组分干扰不能通过控制测定条件消除，就应该采用分离的方法消除。例如，铁矿石中全铁含量的测定，由于铁含量较高、基体复杂，国家标准方法是将铁矿石试样溶解以后，以氯化亚锡还原 Fe^{3+}为 Fe^{2+}，过量的氯化亚锡用氯化汞氧化除去，最后使用重铬酸钾标准溶液进行滴定。溶液中 Fe^{3+}还可采用水杨酸作指示剂，乙二胺四乙酸(EDTA)标准溶液配位滴定，但是 Fe^{3+}-EDTA 配合物本身显黄色，终点颜色从磺基水杨酸铁的红色变为黄色不容易判断，并且铁矿石中共存金属离子与 EDTA 配位会影响滴定，因此铁矿石中全铁含量测定不能采用配位滴定法。但是，岩石中铁含量较低，共存离子种类较少，可以采用配位滴定方法测定铁含量。

4. 测定的具体要求

如果测定对准确度要求很高，就要选择相对准确度更高的方法，如原子量测定、标准物质成分测定；对于微量、痕量成分测定要选择灵敏度高的方法，如植物中多种微量元素同时测定可采用电感耦合等离子体质谱法；生产过程控制、环境在线监测、突发公共事件检测要选择快速、简便的分析方法，如滴定分析法、比色分析法、分子生物学检验法等，采用气体检测管、便携式气相色谱仪、便携式红外光谱仪、便携式分光光度计、便携式多参数水质分析仪等。

【拓展阅读】

超声波辅助萃取

人耳朵能听到的声波频率为 20 Hz～20 kHz，人们将频率高于 20 kHz 的声波称为超声波。常见超声波辅助萃取仪的频率为 25 kHz、40 kHz 等，大多频率可调。

超声波辅助萃取是使用超声波萃取机，利用超声波辐射压强产生的强烈空化效应、机械振动、扰动效应、高的加速度、乳化、扩散、击碎和搅拌作用等多级效应，增大物质分子运动频率和速度，增加溶剂穿透力，从而加速目标成分进入溶剂，促进提取进行的成熟萃取技术。

超声波在介质中传播能引起介质分子间的剧烈摩擦和热量耗散，传递强大的能量，给予介质如固体小颗粒极大的加速度。在液体中，膨胀过程形成负压。如果超声波能量足够强，膨胀过程就会在液体中生成气泡或将液体撕裂成很小的空穴，这些空穴瞬间即闭合，闭合时产生高达 3000 MPa 的瞬间压力，称为空化作用。这种空化作用可细化各种物质以及制造乳液，加速目标成分进入溶剂，极大地提高了提取率。

施加超声波，在有机溶剂(或水)和固体基体接触面上产生高温(增大溶解度和扩散系数)、高压(提高渗透率和传输率)，加之超声波分解产生的自由基的氧化能等，从而提供了萃取能。

在某些电位，气泡不再有效吸收超声波能量，于是产生内爆。气泡或空穴中的气体和蒸气快速绝热压缩产生极高的温度和压力，由于气泡体积相对液体总体积来说极微，因此产生的热量瞬间消失，对环境条件不会产生明显影响。超声空穴提供能量和物质间独特的相互作用，产生的高温、高压能导致自由基和其他组分的形成。

与常规萃取技术相比，超声波辅助萃取具有以下主要优点：

(1) 成穴作用增加了系统的极性，包括萃取剂和基体，这些都会提高萃取效率。

(2) 超声萃取允许添加共萃取剂，以进一步增大液相的极性。

(3) 适合不耐热的目标成分的萃取，这些成分在常规萃取的工作条件下要改变状态。

(4) 超声波辅助萃取快速、价廉、高效，操作时间比索氏萃取短。

【参考文献】

李宁. 1996. 采用 $CaCO_3$-NH_4Cl 熔样法测定水泥熟料中 K_2O、Na_2O 含量[J]. 水泥, 6: 20-21

杨铁金. 2018. 分析样品预处理及分离技术[M]. 2 版. 北京: 化学工业出版社

【思考题和习题】

1. 镍币中含有少量铜、银。欲测定其中铜、银的含量，有人将镍币的表层擦净后，直接用稀 HNO_3 溶解部分镍币制备试液。根据称量镍币在溶解前后的质量差，确定试样的质量。然后用不同的方法测定试液中铜、银的含量。这样做对不对？为什么？
2. 从大量的分析对象中采取少量分析试样，必须保证所取的试样具有(　　)。
   A. 一定的时间性　　B. 广泛性
   C. 稳定性　　D. 代表性
3. 对较大的金属铸件，正确的取样方法是(　　)。
   A. 在铸件表面锉些金属屑作试样
   B. 在铸件表面各个部位都要锉些金属屑，混合后作试样
   C. 用锤砸一块作试样
   D. 在铸件的不同部位钻孔穿过整个物体或厚度的一半，收集钻屑混合作试样
4. 试样粉碎到一定程度时，需要过筛，过筛的正确方法是(　　)。
   A. 根据分析试样的粒度选择合适的筛子
   B. 先用较粗的筛子，随着试样粒度逐渐减小，筛孔目数相应地增加
   C. 不能通过筛子的少量试样，为了节省时间和劳力，可以作缩分处理
   D. 对不能通过筛子的试样，要反复破碎，直至全部通过为止
   E. 只要通过筛子的试样量够分析用，其余部分可全部不要
5. 下列有关选择分解方法的说法，不妥的是(　　)。
   A. 溶(熔)剂的分解能力越强越好
   B. 溶(熔)剂应不影响被测组分的测定
   C. 最好用溶解法，如试样不溶于溶剂，再用熔融法
   D. 应能使试样全部分解转入溶液
   E. 选择分解方法要与测定方法相适应
6. 使用氢氟酸时要注意的是(　　)。
   A. 在稀释时极易溅出
   B. 有腐蚀性
   C. 氟极活泼，遇水激烈反应
   D. 分解试样时，要在铂皿或聚四氟乙烯容器中进行
7. 分解无机试样和有机试样的主要区别有哪些？
8. 微波辅助消解法有哪些优点？
9. 分析新采的土壤试样，得结果如下：H_2O 5.23%，烧失量 16.35%，SiO_2 37.92%，Al_2O_3 25.91%，Fe_2O_3 9.12%，CaO 3.24%，MgO 1.21%，$K_2O + Na_2O$ 1.02%。将样品烘干，除去水分，计算各成分在烘干土中的质量分数。
10. 某批铁矿石，其各个采样单元间标准偏差的估计值为 0.61%，允许的误差为 0.48%，测定 8 次，置信水平选定为 90%，采样单元数应为多少？
11. 某物料取得 8 份试样，经分别处理后测得其中硫酸钙量的标准偏差为 0.23%，如果允许的误差为 0.20%，置信水平选定为 95%，在分析同样的物料时，应选取多少个采样单元？

12. 已知铅锌矿的 K 值为 0.1，若矿石的最大颗粒直径为 30 mm，最少应采取试样多少千克才有代表性？
13. 采取锰矿试样 15 kg，经粉碎后矿石的最大颗粒直径为 2 mm，设 K 值为 0.3，需缩分几次？
14. 某矿石的原始试样为 30 kg，已知 $K = 0.2$，当粉碎至颗粒直径为 0.83 mm 时，需缩分几次？
15. GB/T 33948.1—2017《铜-钢复合金属化学分析方法　第 1 部分：铜含量的测定　碘量法》规定：试料加入硝酸，控制溶液的 pH 为 3～4，加氟化氢铵。再加入碘化钾，最后以淀粉为指示剂，用硫代硫酸钠标准滴定溶液滴定至溶液淡蓝色消失即为终点。根据消耗硫代硫酸钠标准溶液体积计算铜含量。试说明每步加入试剂的作用，并写出相应反应方程式。
16. GB/T 21933.2—2008《镍铁硅含量的测定　重量法》规定试样用硝酸溶解，加入高氯酸蒸发冒烟后，过滤，称灼烧过的沉淀物的质量。再加入氢氟酸和硫酸，灼烧，称残渣的质量。用差减法即可确定二氧化硅量和硅含量。试说明每步加入试剂的作用，并写出相应反应方程式。

第 4 章　酸碱滴定法

【内容提要与学习要求】

本章要求学生掌握弱酸弱碱的解离平衡；了解常见酸碱体系，掌握分布系数、缓冲容量等概念，能计算常见酸碱体系及缓冲溶液的 pH；熟悉滴定过程中溶液的组成及 pH 的计算；能够根据滴定曲线选择合适的指示剂，进行混合碱的测定、极弱酸碱如硼酸、铵盐的测定等；了解滴定误差的计算，了解酸碱滴定的应用，了解非水滴定法。

酸碱滴定法在工农业生产和医药卫生等领域都有非常重要的意义。例如，硫酸、硝酸、盐酸、氢氧化钠、碳酸钠等重要化工原料，合成肥料碳酸氢铵，医药产品硼酸软膏、阿司匹林肠溶片以及动植物油脂酸值和酸度等的测定都用到酸碱滴定法。

4.1　溶液中离子的活度和活度系数

4.1.1　活度和活度系数

溶液中由于阴阳离子间存在较强的静电吸引，离子在自由运动和反应性等方面受到影响。为了表示这一影响，路易斯(Lewis)1907 年就提出了活度(activity)的概念。离子活度是指在电解质溶液中实际上可起作用的离子浓度，或称离子的有效浓度。设溶液中 i 离子的平衡浓度为 c_i，比例系数为γ_i，则其活度 a_i 可表示为

$$a_i = \gamma_i c_i \tag{4.1}$$

式中，γ_i 称为 i 离子的活度系数(activity coefficient)，反映了溶液中离子之间相互牵制作用的大小，一般小于 1。

活度系数大，表示离子之间牵制作用弱，离子活动的自由程度大；活度系数小，表示离子之间牵制作用强，离子活动的自由程度小。溶液越稀，活度系数越接近于 1。当溶液无限稀释时，活度系数约等于 1，这时可看成离子的运动完全自由，离子活度等于离子浓度。

4.1.2　影响离子活度系数的因素

影响离子活度系数的因素主要有溶液的离子强度(ionic strength)、离子电荷、温度和离子的种类等。其中，离子强度 I 是衡量溶液中存在离子所产生电场强度的量度。溶液中离子的浓度越大，离子所带的电荷数目越多，粒子与它的离子氛之间的作用越强，离子强度就越大。离子强度的计算公式如下：

$$I = \frac{1}{2}(c_1 Z_1^2 + c_2 Z_2^2 + c_3 Z_3^2 + \cdots) = \frac{1}{2}\sum_{i=1}^{n} c_i Z_i^2 \tag{4.2}$$

式中，Z_i 为 i 离子所带电荷数；c_i 为 i 离子在溶液中的平衡浓度。

例如，对于 $0.1\ \text{mol}\cdot\text{L}^{-1}$ 的 $Ca_3(PO_4)_2$ 溶液，其离子强度 I 为

$$I=\frac{1}{2}[c(Ca^{2+})Z_1^2+c(PO_4^{3-})Z_2^2]=\frac{1}{2}[3\times0.1\times(+2)^2+2\times0.1\times(-3)^2]=1.5$$

对于高浓度电解质溶液中的离子活度系数，由于情况复杂，还没有较好的定量计算关系。但对于稀溶液(＜0.1 mol · L^{-1})，可以采用德拜-休克尔(Debye-Hückel)校正公式计算γ_i：

$$-\lg\gamma_i=0.512Z_i^2\frac{\sqrt{I}}{1+B\mathring{a}} \tag{4.3}$$

式中，Z_i为第 i 种离子的电荷数；B 为常数，25℃时为 0.00328；$\mathring{a}$ 为离子体积参数，以 pm 计；I 为溶液的离子强度。

如果溶液中离子浓度更小，离子强度较小时，不考虑离子的大小和水合离子的形成，这时假定离子是点电荷，可用如下德拜-休克尔极限稀释公式计算γ_i：

$$-\lg\gamma_i=0.5Z_i^2\sqrt{I} \tag{4.4}$$

当溶液无限稀释时，离子强度接近于零，$\gamma_i\approx1$；对于中性分子，由于其电荷为零，其活度系数随溶液中离子强度的变化很小，$\gamma_i\approx1$。

4.2 溶液中的酸碱反应和酸碱解离平衡

4.2.1 酸碱质子理论

根据布朗斯特(Brønsted)酸碱质子理论，凡是能给出质子的物质为酸，凡是能接受质子的物质为碱。由于一个质子的得失而相互转变的一对酸碱称为共轭酸碱对(conjugate acid-base pair)，如

$$HA \rightleftharpoons H^+ + A^-$$

HA 为酸，A^-为 HA 的共轭碱；反之，也可称 A^-为碱，称 HA 为 A^-的共轭酸。

某些物质，如HCO_3^-既能给出质子显酸性，又能接受质子显碱性，这样的物质称为两性物质(amphoteric substance)。HCO_3^-作为酸，其共轭碱为CO_3^{2-}；作为碱，其共轭酸为H_2CO_3。再如，HPO_4^{2-}作为酸，其共轭碱为PO_4^{3-}；作为碱，其共轭酸为$H_2PO_4^-$。共轭酸碱始终是一个质子的得失关系，酸比其共轭碱多一个质子。

由于质子的半径极小，电荷密度很高，它不能在水溶液中独立存在(或者说只能瞬间存在)，因此当一种酸给出质子时，溶液中必定有一种碱来接受质子。酸给出质子必须以另一种相对碱性的物质接受质子为条件。例如，HAc 在水溶液中解离时，溶剂水就是接受质子的碱：

$$HAc + H_2O \rightleftharpoons H_3O^+ + Ac^-$$

同样地，碱(如 NH_3)在水溶液中接受质子的过程，也必须有溶剂水分子的参与：

$$NH_3 + H_2O \rightleftharpoons NH_4^+ + OH^-$$

水既可以给出质子，又可以接受质子，是一种两性溶剂。水分子之间存在质子的传递作用，称为水的质子自递反应(autoprolysis reaction)。

$$H_2O + H_2O \rightleftharpoons H_3O^+ + OH^-$$

根据酸碱质子理论，酸碱中和反应、盐的水解等实质上也是质子的转移过程，如

$$NH_3 + HCl \rightleftharpoons NH_4^+ + Cl^-$$

$$CO_3^{2-} + H_2O \rightleftharpoons HCO_3^- + OH^-$$

因此，运用酸碱质子理论可以找出酸碱反应的共同基本特征。

4.2.2　酸碱解离平衡

1. 活度常数 $K^{\ominus}$ 和浓度常数 K_c

对于一个化学平衡，由于活度和浓度存在一定的差别，因此其平衡常数以活度或浓度表示就可能带来不同，如

$$HAc + H_2O \rightleftharpoons H_3O^+ + Ac^-$$

当反应物和生成物均以活度表示时，其平衡常数可表示为

$$K^{\ominus} = \frac{a_{H_3O^+} a_{Ac^-}}{a_{HAc}} \tag{4.5}$$

$K^{\ominus}$ 称为活度常数，它的大小与温度有关，与浓度无关。若各组分以平衡浓度表示，此时平衡常数 K_c 称为浓度常数，两者之间的关系为

$$K^{\ominus} = \frac{a_{H_3O^+} a_{Ac^-}}{a_{HAc}} = \frac{\gamma_{H_3O^+}[H_3O^+]\gamma_{Ac^-}[Ac^-]}{\gamma_{HAc}[HAc]} \approx \gamma_{H_3O^+}\gamma_{Ac^-} K_c \tag{4.6}$$

可见，浓度常数不仅与温度有关，也与溶液中的离子强度有关，而离子强度又与离子的浓度和电荷有关。在有关分析化学处理中，因溶液浓度一般较小，故不考虑离子强度的影响，查表值一般为 $K^{\ominus}$，但如果需精确计算或溶液中离子浓度较大时，则应该考虑离子强度对化学平衡的影响。

2. 水的质子自递常数

$$H_2O + H_2O \rightleftharpoons H_3O^+ + OH^-$$

$$K_w^{\ominus} = \frac{a_{H_3O^+} a_{OH^-}}{a_{H_2O}} = a_{H_3O^+} a_{OH^-} \approx [H_3O^+][OH^-] = K_w \tag{4.7}$$

这个反应的平衡常数通常不考虑离子强度的影响，用 K_w 表示，称为水的质子自递常数(autoprotolysis constant)，简称水的离子积(ion product of water)。水合质子 H_3O^+ 通常简写为 H^+，因此水的质子自递常数可写为 $K_w = [H^+][OH^-]$。K_w 与温度有关，温度升高，K_w 增大。25℃时，$K_w = 1.0 \times 10^{-14}$，$pK_w = 14$。

3. 酸碱的强弱

酸碱的强弱取决于物质给出质子或接受质子能力的强弱。物质给出质子的能力越强，酸

性越强；物质接受质子的能力越强，碱性越强。给出质子或接受质子的能力大小可分别用酸碱解离常数评价。例如，弱酸 HAc 的水溶液中存在如下平衡：

$$HAc + H_2O \rightleftharpoons H_3O^+ + Ac^-$$

$$K_a = \frac{[Ac^-][H^+]}{[HAc]} \tag{4.8}$$

式中，K_a 为弱酸的解离常数，又称酸度常数(acidity constant)。K_a 越大，表示酸越容易给出质子，酸性越强。比较弱酸 K_a 的大小，可判断它们的酸性相对强度。例如，HCOOH 的 $K_a = 1.8 \times 10^{-4}$，NH_4^+ 的 $K_a = 5.6 \times 10^{-10}$，所以 HCOOH 的酸性大于 NH_4^+ 的酸性。

又如，弱碱 Ac^- 的水溶液中存在如下平衡：

$$Ac^- + H_2O \rightleftharpoons HAc + OH^-$$

$$K_b = \frac{[HAc][OH^-]}{[Ac^-]} \tag{4.9}$$

式中，K_b 为弱碱的解离常数，又称碱度常数(basic constant)。K_b 越大，表示碱越容易接受质子，碱性越强。同理，比较弱碱的 K_b，可判断它们碱性的相对强度。例如，$HCOO^-$ 的 $K_b = 5.6 \times 10^{-11}$，$NH_3$ 的 $K_b = 1.8 \times 10^{-5}$，所以 NH_3 的碱性大于 $HCOO^-$ 的碱性。

对于共轭酸碱对，如上述 HAc 和 Ac^-，如果将其酸度常数和碱度常数相乘，可得

$$K_a \times K_b = \frac{[Ac^-][H^+]}{[HAc]} \times \frac{[HAc][OH^-]}{[Ac^-]} = [H^+][OH^-] = K_w \tag{4.10}$$

可见，在共轭酸碱对中，如果 K_a 越大，酸性越强，则其共轭碱的 K_b 越小，碱性越弱。反之，如果 K_a 越小，酸性越弱，其共轭碱的 K_b 越大，碱性越强。例如，HCl、HNO_3 是强酸，它们的共轭碱 Cl^-、NO_3^- 是弱碱；NH_4^+、HS^- 是弱酸，它们的共轭碱 NH_3 是较强的碱，S^{2-} 是强碱。常见弱酸弱碱的解离常数分别见附录 2 和附录 3。

4. 酸碱反应的实质

根据布朗斯特酸碱质子理论，溶液中的酸碱反应实质是质子的转移。例如，HCl 和 NH_3 的反应，质子由 HCl 转移给 NH_3，转移过程通过两个半反应完成：

半反应 1　　$HCl(酸_1) \longrightarrow Cl^-(碱_1) + H^+$

半反应 2　　$NH_3(碱_2) + H^+ \longrightarrow NH_4^+(酸_2)$

半反应 1+半反应 2，得

$$HCl(酸_1) + NH_3(碱_2) \longrightarrow Cl^-(碱_1) + NH_4^+(酸_2)$$

4.3　酸碱组分的平衡浓度及分布系数

从酸(或碱)的解离平衡可知，在酸碱平衡体系中，存在多种酸碱型体，这时溶液中各型体物质的量浓度称为平衡浓度，常用[ ]表示。各型体平衡浓度之和称为总浓度，常用 c 表示。

某型体的平衡浓度占总浓度的分数称为分布系数(distribution fraction)，用 δ 表示。当溶液的 pH 发生变化时，平衡随之移动，各型体的分布情况也会随之变化。

4.3.1　一元酸溶液的分布系数及分布曲线

一元弱酸 HAc，设其总浓度为 c，在溶液中以 HAc 和 Ac^-两种型体存在，平衡浓度分别为[HAc]和[Ac^-]。根据物料平衡，$[HAc] + [Ac^-] = c$。设 HAc 的分布系数为 δ_1，Ac^-的分布系数为 δ_0，则

$$\delta_1 = \frac{[HAc]}{c} = \frac{[HAc]}{[HAc]+[Ac^-]} = \frac{1}{1+\dfrac{[Ac^-]}{[HAc]}} = \frac{1}{1+\dfrac{K_a}{[H^+]}} = \frac{[H^+]}{[H^+]+K_a}$$

$$\delta_0 = \frac{[Ac^-]}{c} = \frac{[Ac^-]}{[HAc]+[Ac^-]} = \frac{1}{\dfrac{[HAc]}{[Ac^-]}+1} = \frac{1}{\dfrac{[H^+]}{[K_a]}+1} = \frac{K_a}{[H^+]+K_a}$$

$$\delta_1 = \frac{[H^+]}{[H^+]+K_a} \qquad \delta_0 = \frac{K_a}{[H^+]+K_a} \tag{4.11}$$

$$\delta_0 + \delta_1 = 1$$

从各型体分布系数 δ 的表达式可以看出：δ 能定量说明溶液中各型体的分布情况；δ 只与溶液 pH 和酸的 K_a 有关，与总浓度无关，或者说 δ 是 pH 和 pK_a 的函数；如果知道总浓度及某型体的 δ，δ 和总浓度的乘积即为该型体的平衡浓度；各种型体分布分数的和等于 1。

以 pH 为横坐标，各型体的分布系数为纵坐标，得到的关系曲线称为分布曲线(distribution curve)。分布曲线有助于深入了解 pH 对分布系数的影响，理解酸碱滴定的过程、终点误差及分步滴定的可能性，在讨论沉淀反应条件及配位滴定时也涉及分布系数。图 4.1 为 HAc 与 Ac^-的分布曲线。

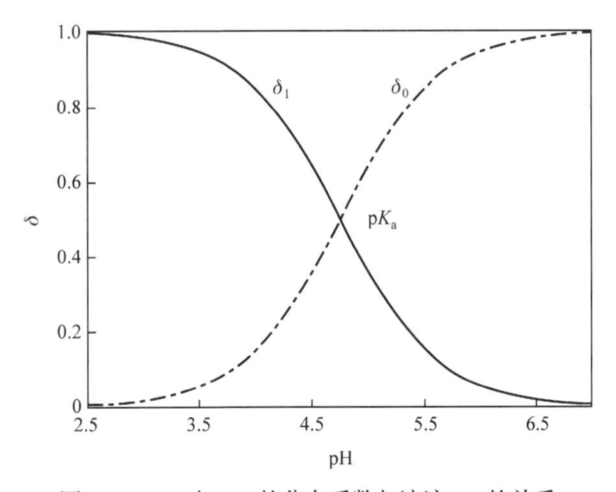

图 4.1　HAc 与 Ac^-的分布系数与溶液 pH 的关系

从图 4.1 可以看出：当 pH = pK_a时，$\delta_1 = \delta_0 = 0.5$，溶液中 HAc 和 Ac^-两种型体各占 50%；当 pH ≪ pK_a时，溶液中 HAc 为主要型体，该区域称为 HAc 的优势区域；当 pH ≫ pK_a时，溶液中 Ac^-为主要型体，该区域称为 Ac^-的优势区域；当 pK_a−1＜pH＜pK_a+1 时，HAc 和 Ac^-两

种型体以显著量存在，称为缓冲区域。

【例 4.1】 总浓度为 0.100 mol · L^{-1} 的 HAc 溶液，调节 pH = 4.00，计算 HAc 和 Ac$^-$的分布系数及平衡浓度。已知 HAc 的 $K_a = 1.75\times10^{-5}$。

解 pH = 4.00，[H$^+$] = 1.00×10^{-4} mol · L^{-1}，根据分布系数的表达式，得

$$\delta_{HAc}=\frac{[H^+]}{[H^+]+K_a}=\frac{1.00\times10^{-4}}{1.00\times10^{-4}+1.75\times10^{-5}}=0.85$$

$$\delta_{Ac^-}=1-0.85=0.15$$

$$[HAc]=c\cdot\delta_{HAc}=0.100\times0.85=0.085(mol\cdot L^{-1})$$

$$[Ac^-]=c\cdot\delta_{Ac^-}=0.100\times0.15=0.015(mol\cdot L^{-1})$$

4.3.2 二元酸溶液的分布系数及分布曲线

以 $H_2C_2O_4$ 为例，$H_2C_2O_4$ 在溶液中有 $H_2C_2O_4$、$HC_2O_4^-$和$C_2O_4^{2-}$ 三种存在型体，其总浓度 $c=[H_2C_2O_4]+[HC_2O_4^-]+[C_2O_4^{2-}]$。分别以 δ_2、δ_1 和 δ_0 代表 $H_2C_2O_4$、$HC_2O_4^-$和$C_2O_4^{2-}$ 的分布系数，可求得

$$\delta_2=\frac{[H_2C_2O_4]}{c}=\frac{[H^+]^2}{[H^+]^2+K_{a_1}[H^+]+K_{a_1}K_{a_2}}$$

$$\delta_1=\frac{[HC_2O_4^-]}{c}=\frac{K_{a_1}[H^+]}{[H^+]^2+K_{a_1}[H^+]+K_{a_1}K_{a_2}}$$

$$\delta_0=\frac{[C_2O_4^{2-}]}{c}=\frac{K_{a_1}K_{a_2}}{[H^+]^2+K_{a_1}[H^+]+K_{a_1}K_{a_2}} \tag{4.12}$$

式中，K_{a_1}、K_{a_2} 为 $H_2C_2O_4$ 的逐级解离常数，显然 $\delta_2+\delta_1+\delta_0=1$。类似地，以 pH 为横坐标，$H_2C_2O_4$ 各存在型体的分布系数为纵坐标，可得到 $H_2C_2O_4$ 的分布曲线，如图 4.2 所示。

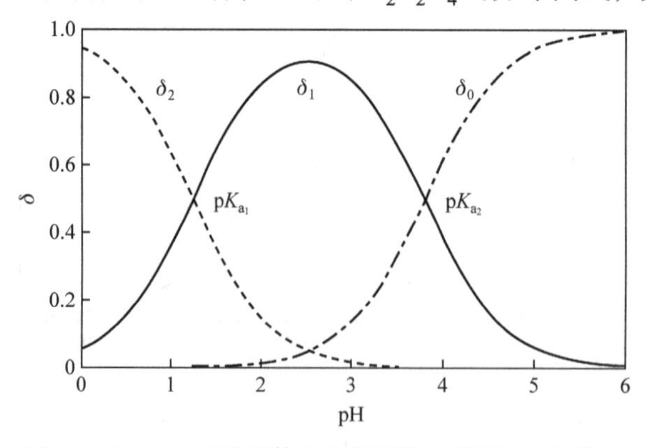

图 4.2 $H_2C_2O_4$ 三种型体的分布系数与溶液 pH 的关系

由图 4.2 可知，当 pH ≪ pK_{a_1} 时，溶液中 $H_2C_2O_4$ 为主要的存在形式；当 pH ≫ pK_{a_2} 时，溶液中 $C_2O_4^{2-}$ 为主要的存在形式；当 pK_{a_1}＜pH＜pK_{a_2} 时，溶液中 $HC_2O_4^-$ 为主要的存在形式。

4.3.3　三元酸溶液的分布系数及分布曲线

以 H_3PO_4 为例，在溶液中有 H_3PO_4、$H_2PO_4^-$、HPO_4^{2-}和PO_4^{3-}四种存在形式，其分布系数分别以 δ_3、δ_2、δ_1 和 δ_0 表示，可推导出各型体的分布系数如下：

$$\delta_3=\frac{[H_3PO_4]}{c}=\frac{[H^+]^3}{[H^+]^3+K_{a_1}[H^+]^2+K_{a_1}K_{a_2}[H^+]+K_{a_1}K_{a_2}K_{a_3}}$$

$$\delta_2=\frac{[H_2PO_4^-]}{c}=\frac{K_{a_1}[H^+]^2}{[H^+]^3+K_{a_1}[H^+]^2+K_{a_1}K_{a_2}[H^+]+K_{a_1}K_{a_2}K_{a_3}}$$

$$\delta_1=\frac{[HPO_4^{2-}]}{c}=\frac{K_{a_1}K_{a_2}[H^+]}{[H^+]^3+K_{a_1}[H^+]^2+K_{a_1}K_{a_2}[H^+]+K_{a_1}K_{a_2}K_{a_3}}$$

$$\delta_0=\frac{[PO_4^{3-}]}{c}=\frac{K_{a_1}K_{a_2}K_{a_3}}{[H^+]^3+K_{a_1}[H^+]^2+K_{a_1}K_{a_2}[H^+]+K_{a_1}K_{a_2}K_{a_3}} \tag{4.13}$$

式中，K_{a_1}、K_{a_2}、K_{a_3} 为 H_3PO_4 的逐级解离常数。显然 $\delta_3+\delta_2+\delta_1+\delta_0=1$。

图 4.3 给出了 H_3PO_4 溶液中各存在形式的分布曲线。当 $pH \ll pK_{a_1}$ 时，溶液中 H_3PO_4 为主要的存在形式；当 $pK_{a_1}<pH<pK_{a_2}$ 时，溶液中 $H_2PO_4^-$ 为主要的存在形式；当 $pK_{a_2}<pH<pK_{a_3}$ 时，溶液中 HPO_4^{2-} 为主要的存在形式；当 $pH \gg pK_{a_3}$ 时，溶液中 PO_4^{3-} 为主要的存在形式。

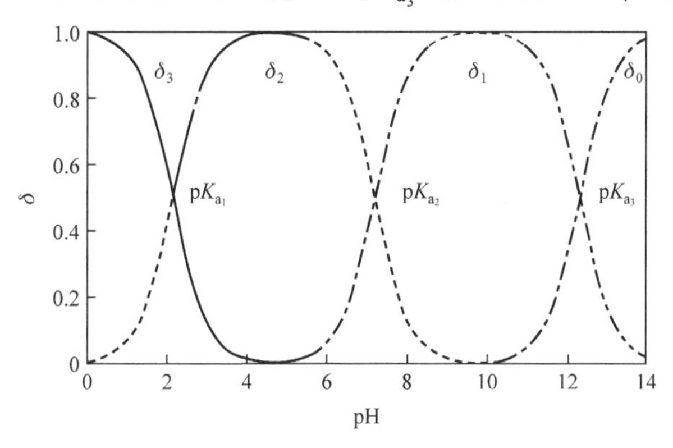

图 4.3　H_3PO_4 各型体的分布系数与溶液 pH 的关系

4.4　酸(碱)溶液中 H^+浓度的计算

许多化学反应都与介质的 pH 有关，酸碱滴定过程中也需要了解溶液 pH 的变化情况，因此在学习酸碱滴定之前，先讨论各种酸碱溶液 pH 的计算方法，而要进行溶液的 H^+浓度的计算，溶液中的物料平衡、质子条件等相关平衡方程又是其基础。

4.4.1　溶液中的相关平衡方程

1. 物料平衡方程

物料平衡是指在一化学平衡体系中，某一组分的总浓度等于该组分各种型体的平衡浓度之和。其数学表达式称为物料平衡方程(material balance equation，MBE)。例如，浓度为 $c\ \text{mol}\cdot\text{L}^{-1}$ 的 HAc 溶液，物料平衡方程为

$$[HAc]+[Ac^-]=c$$

浓度为 $c\ \text{mol}\cdot\text{L}^{-1}$ 的 Na_2SO_3 溶液中，可列出与 Na^+ 和 SO_3^{2-} 有关的两个物料平衡方程：

$$[Na^+]=2c\ ,\quad [H_2SO_3]+[HSO_3^-]+[SO_3^{2-}]=c$$

书写物料平衡方程时，一定要注意给定组分和它的各种存在型体之间的计量关系。

2. 电荷平衡方程

电荷平衡方程(charge balance equation，CBE)是电中性规则的数学表达式。电中性规则是指电解质溶于水生成带正、负电荷的离子，达到平衡时溶液应保持电中性，即溶液中阳离子所带正电荷的量应等于阴离子所带负电荷的量。例如，浓度为 $c\ \text{mol}\cdot\text{L}^{-1}$ 的 NaCN 溶液，溶液中存在下列平衡：

$$NaCN = Na^+ + CN^-$$

$$H_2O \rightleftharpoons H^+ + OH^-$$

$$[H^+]+[Na^+]=[CN^-]+[OH^-]$$

注意电荷平衡方程中要包括水解离生成的 H^+ 和 OH^-。如果溶液中有 $n(n\geqslant 2)$ 价离子存在，其离子浓度前需要乘以系数 n。例如，浓度为 $c\ \text{mol}\cdot\text{L}^{-1}$ 的 Na_2CO_3 溶液，其电荷平衡方程为

$$[Na^+]+[H^+]=[OH^-]+[HCO_3^-]+2[CO_3^{2-}]$$

3. 质子平衡方程

质子平衡方程(proton balance equation，PBE)简称质子平衡或质子条件。按照酸碱质子理论，酸碱反应的本质是质子的转移，故反应达到平衡时，碱所获得的质子和酸所失去的质子必然相等。质子平衡方程是处理酸碱平衡计算问题的基本关系式，质子平衡的写法为：先选择溶液中大量存在并参与质子转移的物质作为质子参考水准(也称零水准)，所选择的参考水准通常是原始酸碱组分和 H_2O，与质子转移无关的型体不予考虑；然后根据溶液中得失质子的关系可直接列出质子平衡方程。

例如，浓度为 $c\ \text{mol}\cdot\text{L}^{-1}$ 的 $NaHCO_3$ 溶液，参考水准为 H_2O 和 HCO_3^-。H_2O 可以获得质子形成 H_3O^+，失去质子形成 OH^-；HCO_3^- 获得质子形成 H_2CO_3，失去质子形成 CO_3^{2-}。根据质子平衡，可直接列出其质子平衡方程：

$$[H^+]+[H_2CO_3]=[OH^-]+[CO_3^{2-}]$$

【例 4.2】 写出 Na_2HPO_4 水溶液的质子条件。

解 选择 H_2O 和 HPO_4^{2-} 作为参考水准：

参考水准	得 H^+	失 H^+
H_2O	$H_3O^+(H^+)$	OH^-
HPO_4^{2-}	$H_2PO_4^-$	PO_4^{3-}
	H_3PO_4(得 $2H^+$)	

质子平衡方程：　$[H^+]+[H_2PO_4^-]+2[H_3PO_4]=[OH^-]+[PO_4^{3-}]$

注意：HPO_4^{2-} 得到两个质子才生成 H_3PO_4，所以应在$[H_3PO_4]$前乘以 2。

【例 4.3】 写出 NH_4HCO_3 水溶液的质子条件。

解 选择 H_2O、NH_4^+ 和 HCO_3^- 作为参考水准。

参考水准	得 H^+	失 H^+
H_2O	$H_3O^+(H^+)$	OH^-
NH_4^+		NH_3
HCO_3^-	H_2CO_3	CO_3^{2-}

质子平衡方程：　$[H_3O^+]+[H_2CO_3]=[OH^-]+[NH_3]+[CO_3^{2-}]$

【例 4.4】 写出 HCl + HAc 混合酸溶液和 NaOH + NaAc 混合碱溶液的质子条件。

解 对于 HCl + HAc 混合酸溶液，可考虑以 HAc 和 H_2O 作参考水准，这时 H_2O 得质子后产生的 H_3O^+，应为溶液中的 H_3O^+减去由 HCl 贡献的 H_3O^+(其值等于 c_{HCl})，HAc 和 H_2O 失质子后生成 Ac^-和 OH^-，故

$$[H_3O^+]-c_{HCl}=[OH^-]+[Ac^-]$$

质子平衡方程：　$[H_3O^+]=[OH^-]+[Ac^-]+c_{HCl}$

对于 NaOH + NaAc 混合碱溶液，可考虑以 NaAc 和 H_2O 作参考水准，同理可得

$$[OH^-]-c_{NaOH}=[H_3O^+]+[HAc]$$

质子平衡方程：　$[OH^-]=[H_3O^+]+[HAc]+c_{NaOH}$

4.4.2 强酸(碱)溶液中 H^+浓度的计算

以 c_a mol · L^{-1} 的 HCl 为例，其质子条件为

$$[H^+]=[Cl^-]+[OH^-] \qquad [H^+]=c_a+\frac{K_w}{[H^+]}$$

若 $c_a \geqslant 10^{-6}$ mol · L^{-1}，可以忽略$[OH^-]$的影响，则$[H^+]=c_a$。若 $c_a<10^{-6}$ mol · L^{-1}，$[OH^-]$不可忽略，解$[H^+]=c_a+\dfrac{K_w}{[H^+]}$，可求得

$$[H^+]=\frac{c_a+\sqrt{c_a^2+4K_w}}{2} \tag{4.14}$$

同理，对于 c_b mol · L^{-1} 的 NaOH，其质子条件为

$$[OH^-]=[Na^+]+[H^+] \qquad [OH^-]=c_b+\frac{K_w}{[OH^-]}$$

若 $c_b \geqslant 10^{-6}\ \text{mol}\cdot\text{L}^{-1}$，可以忽略$[H^+]$的影响，$[OH^-]=c_b$。若 $c_b < 10^{-6}\ \text{mol}\cdot\text{L}^{-1}$，$[H^+]$不可忽略，解 $[OH^-]=c_b+\dfrac{K_w}{[OH^-]}$，可求得

$$[OH^-]=\frac{c_b+\sqrt{c_b^2+4K_w}}{2} \tag{4.15}$$

一般情况下，强酸强碱的浓度低于 $10^{-6}\ \text{mol}\cdot\text{L}^{-1}$ 属于极端的情况，比较少见，通常强酸 H^+浓度或强碱 OH^-浓度可直接由其浓度求得。

4.4.3　一元弱酸(碱)溶液中 H^+浓度的计算

对于 $c\ \text{mol}\cdot\text{L}^{-1}$ 的一元弱酸 HA，其质子条件为

$$[H^+]=[A^-]+[OH^-]$$

即

$$[H^+]=\frac{[HA]K_a}{[H^+]}+\frac{K_w}{[H^+]}$$

整理得

$$[H^+]=\sqrt{[HA]K_a+K_w} \tag{4.16}$$

式(4.16)为一元弱酸溶液中计算$[H^+]$的精确式。式中[HA]为 HA 的平衡浓度，可利用分布系数表示：$[HA]=c\delta_{HA}$ (c 为 HA 的总浓度)，代入上式，即可推导出关于$[H^+]$的一元三次方程：

$$[H^+]^3+K_a[H^+]^2-(cK_a+K_w)[H^+]-K_aK_w=0$$

显然，上述方程的求解相当麻烦。考虑到计算中所用的常数，一般也存在百分之几的误差，而且在计算中使用浓度而未使用活度，因此在分析化学中这类计算通常允许$[H^+]$有±5%的误差，所以可作近似处理，简化计算。

若弱酸的浓度不是很小，K_a 不是太大，可略去弱酸本身的解离，即满足 $c/K_a \geqslant 100$，按±5%的允许误差，平衡浓度[HA]可以近似等于总浓度 c，式(4.16)可简化为

$$[H^+]=\sqrt{cK_a+K_w} \tag{4.17}$$

进一步，在满足 $c/K_a \geqslant 100$ 的同时，若 $cK_a \geqslant 10K_w$，即酸解离产生的$[H^+]$远大于由水解离产生的$[H^+]$。按±5%的允许误差，式(4-16)中的 K_w 项忽略，得到如下最简式：

$$[H^+]=\sqrt{cK_a} \tag{4.18}$$

对于较强的弱酸，通常能满足 $cK_a \geqslant 10K_w$，但不能满足 $c/K_a \geqslant 100$，即 $c/K_a < 100$，则式(4.16)可简化为

$$[H^+]=\sqrt{K_a[HAc]}$$

$$[H^+]=\sqrt{(c-[H^+])K_a}$$

解得

$$[H^+]=\frac{-K_a+\sqrt{K_a^2+4cK_a}}{2} \tag{4.19}$$

对于一元弱碱(A^-)，同理可得

$$[OH^-]=\sqrt{[A^-]K_b+K_w} \tag{4.20}$$

$$[OH^-]=\sqrt{cK_b+K_w} \quad c/K_b \geqslant 100 \quad cK_b \leqslant 10K_w \tag{4.21}$$

$$[OH^-]=\frac{-K_b+\sqrt{K_b^2+4cK_b}}{2} \quad cK_b \geqslant 10K_w \quad c/K_b<100 \tag{4.22}$$

$$[OH^-]=\sqrt{cK_b} \quad c/K_b \geqslant 100 \quad cK_b \geqslant 10K_w \tag{4.23}$$

【例 4.5】 计算 $10^{-3}\ mol \cdot L^{-1}$ 的 H_3BO_3 溶液的 pH，已知 H_3BO_3 的 $pK_a = 9.27$。

解 因为 $cK_a = 10^{-12.27} > 10K_w$，$c/K_a = 10^{6.27} > 100$，故可用最简式计算 H^+浓度：

$$[H^+]=\sqrt{cK_a}=\sqrt{10^{-3}\times 10^{-9.27}}=10^{-6.14}(mol\cdot L^{-1}) \qquad pH = 6.14$$

【例 4.6】 计算 $0.010\ mol \cdot L^{-1}$ NaCN 溶液的 pH，已知 HCN 的 $K_a = 6.2\times 10^{-10}$。

解 CN^-为一元弱碱，$K_{b,CN^-}=\dfrac{K_w}{K_{a,HCN}}=\dfrac{1.0\times 10^{-14}}{6.2\times 10^{-10}}=1.6\times 10^{-5}$，又因 $c/K_b > 100$，$cK_b > 10K_w$，可按最简式计算：

$$[OH^-]=\sqrt{cK_b}=\sqrt{0.010\times 1.6\times 10^{-5}}=4\times 10^{-4}(mol\cdot L^{-1})$$

$$pOH = -\lg(4\times 10^{-4}) = 3.40，pH = 14.00 - 3.40 = 10.60$$

【例 4.7】 计算 25℃时 $0.1\ mol \cdot L^{-1}$ 一氯乙酸($CH_3ClCOOH$)溶液的 pH。已知一氯乙酸的 $K_a = 1.4\times 10^{-3}$。

解 因为 $cK_a \gg 10K_w$，$c/K_a = 0.1/1.4\times 10^{-3} = 71 < 100$，故可用近似式(4.19)计算：

$$[H^+]=\frac{-K_a+\sqrt{K_a^2+4cK_a}}{2}=1.12\times 10^{-2}(mol\cdot L^{-1}) \qquad pH = 1.96$$

4.4.4 多元弱酸(碱)溶液中 H^+浓度的计算

对于多元弱酸，如对于 $c\ mol \cdot L^{-1}$ 的二元弱酸 H_2A，其质子条件为

$$[H^+]=[HA^-]+2[A^{2-}]+[OH^-]$$

代入相关的平衡常数式，得

$$[H^+]=\frac{K_{a_1}[H_2A]}{[H^+]}+\frac{2K_{a_1}K_{a_2}[H_2A]}{[H^+]^2}+\frac{K_w}{[H^+]}$$

$$[H^+]=\sqrt{K_{a_1}[H_2A]\left(1+2\frac{K_{a_2}}{[H^+]}\right)+K_w} \tag{4.24}$$

式(4.24)即为二元弱酸计算[H^+]的精确式。若以式(4.24)计算，非常烦琐，也无必要，可做近似

处理。

若二元弱酸满足 $cK_{a_1} \geqslant 10K_w$，可忽略水解离产生的 H^+，则式(4.24)为

$$[H^+] = \sqrt{K_{a_1}[H_2A]\left(1 + 2\frac{K_{a_2}}{[H^+]}\right)}$$

进一步，若 $\frac{K_{a_2}}{[H^+]} \approx \frac{K_{a_2}}{\sqrt{cK_{a_1}}} < 0.05$，可忽略二元弱酸第二级解离产生的 H^+，上式中 $1+\frac{2K_{a_2}}{[H^+]} \approx 1$，则

$$[H^+] = \sqrt{K_{a_1}[H_2A]}$$

若 $cK_{a_1} \geqslant 10K_w$，$\frac{K_{a_2}}{[H^+]} \approx \frac{K_{a_2}}{\sqrt{cK_{a_1}}} < 0.05$，$c/K_{a_1} \geqslant 100$，可进一步忽略 H_2A 的解离，用 c 代替平衡时的$[H_2A]$，得到$[H^+]$的最简式：

$$[H^+] = \sqrt{cK_{a_1}} \tag{4.25}$$

若 $cK_{a_1} \geqslant 10K_w$，$\frac{K_{a_2}}{[H^+]} \approx \frac{K_{a_2}}{\sqrt{cK_{a_1}}} < 0.05$，$c/K_{a_1} < 100$，则不能用 c 代替平衡时的$[H_2A]$，计算$[H^+]$的近似式为

$$[H^+] = \sqrt{K_{a_1}[H_2A]} = \sqrt{K_{a_1}(c - [H^+])}$$

$$[H^+] = \frac{-K_{a_1} + \sqrt{K_{a_1}^2 + 4cK_{a_1}}}{2} \tag{4.26}$$

从上面的讨论可以看到，对于多元弱酸，由于第一步 H^+的解离抑制了后面 H^+的解离，故常忽略第二步及以后各步的解离，作为一元弱酸处理。

同理可得，对于二元弱碱溶液，若满足 $cK_{b_1} \geqslant 10K_w$，$c/K_{b_1} \geqslant 100$，$\frac{K_{b_2}}{[OH^-]} \approx \frac{K_{b_2}}{\sqrt{cK_{b_1}}} < 0.05$，$[OH^-]$可用最简式计算：

$$[OH^-] = \sqrt{cK_{b_1}} \tag{4.27}$$

【例 4.8】 计算 $0.10\ mol \cdot L^{-1}\ Na_2CO_3$ 溶液的 pH。已知 H_2CO_3 的 $K_{a_1} = 4.5\times10^{-7}$，$K_{a_2} = 4.7\times10^{-11}$。

解 CO_3^{2-} 为二元弱碱，其 K_{b_1} 和 K_{b_2} 分别为

$$K_{b_1} = K_w / K_{a_2} = 2.1\times10^{-4},\quad K_{b_2} = K_w / K_{a_1} = 2.2\times10^{-8}$$

因 $cK_{b_1} > 10K_w$，$c/K_{b_1} = 0.10/(2.1\times10^{-4}) > 100$，$\frac{K_{b_2}}{\sqrt{cK_{b_1}}} = 4.8\times10^{-6} < 0.05$，可用最简式计算$[OH^-]$：

$$[OH^-] = \sqrt{cK_{b_1}} = \sqrt{0.10\times2.1\times10^{-4}} = 4.6\times10^{-3}(mol \cdot L^{-1})$$

$$pOH = 2.34,\ pH = 14.00 - 2.34 = 11.66$$

【例 4.9】 计算 0.050 $mol \cdot L^{-1}$ 邻苯二甲酸溶液的 pH。已知邻苯二甲酸的 $K_{a_1} = 1.14\times10^{-3}$，$K_{a_2} = 3.70\times10^{-6}$。

解 因 $cK_{a_1} > 10K_w$，$\dfrac{K_{a_2}}{\sqrt{cK_{a_1}}} = 4.9\times10^{-4} < 0.05$，$c/K_{a_1} = 0.050/(1.14\times10^{-3}) < 100$，用近似式(4.26)计算 H^+浓度：

$$[H^+] = \frac{-K_{a_1} + \sqrt{K_{a_1}^2 + 4cK_{a_1}}}{2}$$

解得 $[H^+] = 0.0069\ mol \cdot L^{-1}$　$pH = 2.16$

4.4.5 混合溶液中 H^+浓度的计算

1. *强酸和弱酸或强碱和弱碱混合*

假设混合酸由一元强酸 HA 及一元弱酸 HB 组成，其浓度分别为 c_1 和 c_2，弱酸 HB 的解离常数为 K_{HB}。

水溶液中的质子条件为

$$[H^+] = [A^-] + [B^-] + [OH^-]$$

物料平衡：$[A^-] = c_1$

溶液为酸性，可忽略$[OH^-]$：

$$[H^+] = c_1 + [B^-] = c_1 + \frac{c_2 K_{HB}}{[H^+] + K_{HB}}$$

整理得

$$[H^+] = \frac{(c_1 - K_{HB}) + \sqrt{(c_1 - K_{HB})^2 + 4K_{HB}(c_1 + c_2)}}{2} \tag{4.28}$$

如果 $c_1 > 10[B^-]$，可得到计算一元强酸 HA 和一元弱酸 HB 混合酸$[H^+]$的最简式：

$$[H^+] = c_1$$

可先以最简式计算 H^+近似浓度，再根据此$[H^+]$值计算$[B^-]$值。若$[H^+] > 10[B^-]$，则可采用最简式，结果相对误差<±5%，否则按近似式(4.28)计算。

【例 4.10】 计算 0.100 $mol \cdot L^{-1}$ HAc 与 0.001 $mol \cdot L^{-1}$ HCl 混合溶液的 H^+浓度(已知 $K_{HAc} = 1.8\times10^{-5}$)。

解 先以最简式计算混合溶液的 H^+浓度，$[H^+] = 0.001\ mol \cdot L^{-1}$，故

$$[Ac^-] = \frac{c_{HAc} K_{HAc}}{[H^+] + K_{HAc}} = \frac{0.100\times1.8\times10^{-5}}{0.001 + 1.8\times10^{-5}} = 1.8\times10^{-3}(mol \cdot L^{-1})$$

$[H^+]<10[Ac^-]$，故应采用近似式计算：

$$[H^+]=\frac{(0.001-1.8\times10^{-5})+\sqrt{(0.001-1.8\times10^{-5})^2+4\times1.8\times10^{-5}\times(0.001+0.100)}}{2}$$

$$=1.9\times10^{-3}(\mathrm{mol\cdot L^{-1}})$$

同理，假设混合碱由一元强碱 AOH 和一元弱碱 BOH 组成，其浓度分别以 c_1 和 c_2 表示，弱碱 BOH 的解离常数为 K_{BOH}，类似得近似式为

$$[OH^-]=\frac{(c_1-K_{BOH})+\sqrt{(c_1-K_{BOH})^2+4K_{BOH}(c_1+c_2)}}{2} \tag{4.29}$$

如果 $c_1>10[B^+]$，可得到一元强碱 AOH 和一元弱碱 BOH 混合碱的最简式：

$$[OH^-]=c_1$$

2. 两种弱酸或弱碱混合

假设混合酸由一元弱酸 HA 和一元弱酸 HB 混合溶液组成，其浓度分别为 c_{HA} 和 c_{HB}，解离常数分别为 K_{HA} 和 K_{HB}。

水溶液中的质子条件为

$$[H^+]=[A^-]+[B^-]+[OH^-]$$

$$[H^+]=\frac{K_{HA}[HA]}{[H^+]}+\frac{K_{HB}[HB]}{[H^+]}+\frac{K_w}{[H^+]}$$

如果 $c_{HA}/K_{HA}\geqslant100$，$c_{HA}K_{HA}\geqslant10K_w$，则

$$[H^+]=\sqrt{K_{HA}[HA]+K_{HB}[HB]+K_w}\approx\sqrt{c_{HA}K_{HA}+c_{HB}K_{HB}} \tag{4.30}$$

进一步，如果 $c_{HA}K_{HA}\geqslant10c_{HB}K_{HB}$，则

$$[H^+]=\sqrt{c_{HA}K_{HA}}$$

【例 4.11】 计算 0.40 $\mathrm{mol\cdot L^{-1}}$ HF 和 0.20 $\mathrm{mol\cdot L^{-1}}$ HAc 混合溶液的 H^+浓度(已知 $K_{HF}=6.3\times10^{-4}$，$K_{HAc}=1.75\times10^{-5}$)。

解 因为 $c_{HF}/K_{HF}\geqslant100$，$c_{HF}K_{HF}\geqslant10K_w$，$c_{HF}K_{HF}\geqslant10c_{HAc}K_{HAc}$，故

$$[H^+]=\sqrt{c_{HF}K_{HF}}=\sqrt{0.40\times6.3\times10^{-4}}=1.6\times10^{-2}(\mathrm{mol\cdot L^{-1}})$$

同理，如果混合液由 AOH 和 BOH 两种弱碱组成：①如果 $c_{AOH}/K_{AOH}\geqslant100$，$c_{AOH}K_{AOH}\geqslant10K_w$，则

$$[OH^-]=\sqrt{K_{AOH}[A^+]+K_{BOH}[B^+]+K_w}\approx\sqrt{c_{AOH}K_{AOH}+c_{BOH}K_{BOH}} \tag{4.31}$$

②进一步，如果 $c_{AOH}K_{AOH}\geqslant10c_{BOH}K_{BOH}$，则

$$[OH^-]=\sqrt{c_{AOH}K_{AOH}}$$

其他还可能存在酸与碱的混合溶液等，可以视情况进行推导计算。

4.4.6　两性物质溶液中 H^+浓度的计算

既能给出质子又能接受质子的物质称为两性物质，如 $NaHCO_3$、NaH_2PO_4、Na_2HPO_4 等。两性物质体系的酸碱平衡较为复杂，在计算其$[H^+]$时仍可从具体情况出发，做合理的简化。

如酸式盐，以 c mol · L^{-1} NaHA 为例，其质子条件为

$$[H^+]+[H_2A]=[A^{2-}]+[OH^-]$$

将相应的平衡常数式代入，得

$$[H^+]+\frac{[H^+][HA^-]}{K_{a1}}=\frac{[HA^-]K_{a_2}}{[H^+]}+\frac{K_w}{[H^+]}$$

$$[H^+]=\sqrt{\frac{K_{a_2}[HA^-]+K_w}{1+[HA^-]/K_{a_1}}}=\sqrt{\frac{K_{a_1}(K_{a_2}[HA^-]+K_w)}{K_{a_1}+[HA^-]}} \tag{4.32}$$

式(4.32)为两性物质溶液计算$[H^+]$的精确式。一般情况下，HA^-的酸式解离和碱式解离的倾向都很小，溶液中 HA^-的消耗很小，$[HA^-]\approx c$。若 $cK_{a_2}>10K_w$，HA^-解离产生的$[H^+]$比水提供的$[H^+]$大得多，可略去 K_w 项，得到近似式：

$$[H^+]=\sqrt{cK_{a_1}K_{a_2}/(c+K_{a_1})}$$

若 $c/K_{a_1}\geqslant 10$，分母中的 K_{a_1} 可略去，

$$[H^+]=\sqrt{K_{a_1}K_{a_2}} \tag{4.33}$$

式(4.33)即为计算两性物质$[H^+]$的最简式。只有在两性物质的浓度不是很稀，且水的解离可以忽略的情况下才能使用。

4.4.7　弱酸弱碱盐溶液中 H^+浓度的计算

例如，c mol · L^{-1} NH_4Ac，其中 NH_4^+ 可以给出氢离子，起酸的作用；Ac^-可以接受氢离子，起碱的作用，其质子平衡方程为

$$[H^+]+[HAc]=[OH^-]+[NH_3]$$

代入相关的平衡常数式得

$$[H^+]+\frac{[H^+][Ac^-]}{K_{a,HAc}}=\frac{K_w}{[H^+]}+\frac{K_{a,NH_4^+}[NH_4^+]}{[H^+]}$$

$$[H^+]=\sqrt{\frac{K_w+K_{a,NH_4^+}[NH_4^+]}{1+\dfrac{[Ac^-]}{K_{a,HAc}}}}$$

平衡时，$[NH_4^+]\approx[Ac^-]\approx c$。若 $cK_{a,NH_4^+}>10K_w$，$c/K_{a,HAc}>10$，得到计算弱酸弱碱盐溶液中$[H^+]$的最简式：

$$[H^+]=\sqrt{K_{a,HAc}K_{a,NH_4^+}} \tag{4.34}$$

氨基酸如氨基乙酸(NH_2CH_2COOH)具有氨基和羧基，在溶液中以双极离子(内盐)$^+$

$NH_3CH_2COO^-$的形式存在，类似酸式盐，既能起酸的作用，又能起碱的作用。

$$^+NH_3CH_2COO^- + H_2O \rightleftharpoons NH_2CH_2COO^- + H_3O^+ \qquad K_{a_2} = 2.5\times10^{-10}$$

$$^+NH_3CH_2COO^- + H_2O \rightleftharpoons {}^+NH_3CH_2COOH + OH^- \qquad K_{b_2} = K_w / K_{a_1} = 2.2\times10^{-12}$$

若$cK_{a_2} > 10K_w$，$c/K_{a_1} > 10$，可推导出计算[H⁺]的最简式：

$$[H^+] = \sqrt{K_{a_1}K_{a_2}}$$

【例 4.12】　计算 0.10 mol · L⁻¹ NaH_2PO_4和 0.10 mol · L⁻¹ Na_2HPO_4溶液的 pH。

解　已知 H_3PO_4的$K_{a_1} = 6.9\times10^{-3}$，$K_{a_2} = 6.2\times10^{-8}$，$K_{a_3} = 4.8\times10^{-13}$。

对于 NaH_2PO_4：$cK_{a_2} > 10K_w$，$c/K_{a_1} > 10$，可采用最简式计算[H⁺]，得

$$[H^+] = \sqrt{K_{a_1}K_{a_2}} = 2.07\times10^{-5}\ (mol \cdot L^{-1})$$

$$pH = 4.68$$

对于 Na_2HPO_4：注意这时的两性物质是HPO_4^{2-}，这时 H^+浓度可由以下公式求得

$$[H^+] = \sqrt{\frac{K_{a_2}(cK_{a_3} + K_w)}{K_{a_2} + c}}$$

因为$c/K_{a_2} > 10$，$cK_{a_3} < 10K_w$，故 H^+浓度为

$$[H^+] = \sqrt{\frac{K_{a_2}(K_{a_3}c + K_w)}{c}} = \sqrt{\frac{6.2\times10^{-8}\times(4.8\times10^{-13}\times0.10 + 10^{-14})}{0.10}} = 1.9\times10^{-10}(mol\cdot L^{-1})$$

$$pH = 9.72$$

【例 4.13】　计算 0.10 mol · L⁻¹ 氨基乙酸溶液的 pH。已知氨基乙酸的$K_{a_1} = 4.5\times10^{-3}$，$K_{a_2} = 2.5\times10^{-10}$。

解　由于$cK_{a_2} > 10K_w$，$c/K_{a_1} > 10$，可采用最简式计算[H⁺]，得

$$[H^+] = \sqrt{K_{a_1}K_{a_2}} = 1.06\times10^{-6}\ (mol \cdot L^{-1})$$

$$pH = 5.98$$

对于酸碱水溶液中 H^+浓度的计算，需记住公式(尤其是最简式)及其使用条件，理解公式的推导及简化过程。

4.5　酸碱缓冲溶液

4.5.1　缓冲溶液的定义及类型

酸碱缓冲溶液(buffer solution)是一种能够对溶液的酸度起稳定作用的溶液，如果向这类溶液中加入少量的酸或碱，或溶液中的化学变化产生了少量的 H^+或 OH^-，或将溶液稍加稀释，溶液的酸度基本不变。

常见的缓冲溶液有三种类型：①由浓度较大的弱酸及其共轭碱(如 HAc-NaAc、NH_4Cl-NH_3)组成的缓冲溶液；②高浓度的强酸或强碱溶液，它们是高酸度(pH＜2)和高碱度(pH＞12)的缓冲溶液，由于 H^+ 或 OH^- 的浓度高，因此外加少量酸或碱不会对溶液的酸度产生太大的影响，但这类缓冲溶液对稀释不具有缓冲作用；③两性物质溶液(如 $NaHCO_3$、KH_2PO_4 和 Na_2HPO_4 等)，这种类型的缓冲溶液通常在测定 pH 时作为标准缓冲溶液，用来校正 pH 计。表 4.1 列出了几种常用的标准缓冲溶液。这三种类型的缓冲溶液中，第一类用得较多。一些常用的缓冲溶液见附录 4。

表 4.1 几种常用的标准缓冲溶液(298 K)

标准缓冲溶液	pH
饱和酒石酸氢钾(0.034 mol · L^{-1})	3.56
0.05 mol · L^{-1} 邻苯二甲酸氢钾	4.01
0.025 mol · L^{-1} KH_2PO_4-0.025 mol · L^{-1} Na_2HPO_4	6.86
0.01 mol · L^{-1} 硼砂	9.18
饱和氢氧化钙	12.45

4.5.2 缓冲溶液中 H^+浓度的计算

前面已经讨论过两性物质溶液 pH 的有关计算，这里仅讨论弱酸及其共轭碱组成的缓冲溶液 pH 的计算。对于由弱酸 HA 及其共轭碱 NaA 组成的缓冲溶液，物料平衡方程为

$$[Na^+] = c_{A^-}, \quad [HA]+[A^-]=c_{HA}+c_{A^-}$$

电荷平衡方程为

$$[H^+]+[Na^+]=[OH^-]+[A^-]$$

整理后可得

$$[A^-] = c_{A^-}+[H^+]-[OH^-], \quad [HA]=c_{HA}-[H^+]+[OH^-]$$

根据 HA 的酸式解离平衡，有

$$[H^+]=K_a\frac{[HA]}{[A^-]}=K_a\frac{c_{HA}-[H^+]+[OH^-]}{c_{A^-}+[H^+]-[OH^-]} \tag{4.35}$$

式(4.35)是计算弱酸及其共轭碱组成的缓冲溶液中$[H^+]$的精确式。用精确式进行计算时，数学处理复杂，通常根据具体情况进行简化处理。

当溶液 pH＜6 时，可以忽略$[OH^-]$：

$$[H^+]=K_a\frac{c_{HA}-[H^+]}{c_{A^-}+[H^+]}$$

当溶液 pH＞8 时，可以忽略$[H^+]$：

$$[H^+]=K_a\frac{c_{HA}+[OH^-]}{c_{A^-}-[OH^-]}$$

当弱酸及其共轭碱的浓度不是太低时，$[H^+]$和$[OH^-]$均可忽略，则

$$[H^+] = K_a \frac{c_{HA}}{c_{A^-}},\ pH = pK_a + \lg \frac{c_{A^-}}{c_{HA}} \tag{4.36}$$

式(4.36)为计算缓冲溶液$[H^+]$的最简式。一般情况下，因缓冲溶液本身浓度较大，能满足条件，所以常用最简式进行计算。

式(4.36)中，由于酸及其共轭碱处于同一溶液体系中，酸及其共轭碱浓度之比即为其物质的量之比，所以式(4.36)也可写成

$$[H^+] = K_a \frac{n_{HA}}{n_{A^-}},\ pH = pK_a + \lg \frac{n_{A^-}}{n_{HA}} \tag{4.37}$$

【例 4.14】 计算 50.0 mL 0.20 $mol \cdot L^{-1}$ HAc 与 50.0 mL 0.20 $mol \cdot L^{-1}$ NaAc 混合溶液的 pH。若向混合溶液中加入 3.0 mL 0.20 $mol \cdot L^{-1}$ HCl 溶液，pH 改变多少？已知 HAc 的 $K_a = 1.75 \times 10^{-5}$。

解 50.0 mL 0.20 $mol \cdot L^{-1}$ HAc 与 50.0 mL 0.20 $mol \cdot L^{-1}$ NaAc 混合溶液的 pH 计算如下：

$$pH = pK_a + \lg \frac{n_{Ac^-}}{n_{HAc}} = -\lg(1.75 \times 10^{-5}) + \lg \frac{50.0 \times 0.20}{50.0 \times 0.20} = 4.76$$

向混合溶液中加入 3.0 mL 0.20 $mol \cdot L^{-1}$ HCl 溶液后，

$$n_{HAc} = 50.0 \times 0.20 + 3.0 \times 0.20 = 10.6(\text{mmol}),\quad n_{Ac^-} = 50.0 \times 0.20 - 3.0 \times 0.20 = 9.4(\text{mmol})$$

$$pH = pK_a + \lg \frac{n_{Ac^-}}{n_{HAc}} = -\lg(1.75 \times 10^{-5}) + \lg \frac{9.4}{10.6} = 4.71$$

$$\Delta pH = 0.05$$

类似地，向上述混合溶液中加入 3.0 mL 0.20 $mol \cdot L^{-1}$ NaOH 溶液，可算出此时溶液 pH 为 4.81，$\Delta pH = 0.05$。上述计算说明，向缓冲溶液中加少量酸或碱，其 pH 变化甚微。如果向 100 mL 纯水中加入 3.0 mL 0.20 $mol \cdot L^{-1}$ HCl 溶液，pH 改变多少？读者可自行演算。

【例 4.15】 现需配制 200 mL pH = 5.00 的缓冲溶液，可选择哪种酸及其共轭碱，并计算所需等浓度的酸及其共轭碱的体积各为多少毫升。

解 在选择缓冲溶液时，应使希望控制的 pH 与缓冲体系中弱酸的 pK_a 接近。按照这一原则，要配制 pH = 5.00 的缓冲溶液，可选择 HAc-NaAc 体系。设 HAc 和 NaAc 初始浓度为 c $mol \cdot L^{-1}$，需 HAc x mL，则需 NaAc$(200 - x)$mL。

$$pH = pK_a + \lg \frac{n_{Ac^-}}{n_{HAc}} = -\lg(1.75 \times 10^{-5}) + \lg \frac{c(200 - x)}{cx} = 5.00$$

解得 $x = 73$ mL，即需 HAc 73 mL，需 NaAc 127 mL。

4.5.3 缓冲溶液的缓冲容量

缓冲溶液的缓冲能力是有一定限度的。如果加入的酸或碱的量太大或稀释的倍数太大，

溶液的 pH 会发生较大的变化，缓冲溶液会失去缓冲能力。1922 年，范斯莱克(van Slyke)提出用缓冲容量(buffer capacity)β 作为衡量缓冲能力大小的尺度。其物理意义是：1 L 缓冲溶液的 pH 改变 dpH 个单位时，所需加入强酸 da 或强碱 db 的量。用公式表示为

$$\beta=\frac{\mathrm{d}b}{\mathrm{dpH}}=-\frac{\mathrm{d}a}{\mathrm{dpH}} \tag{4.38}$$

式中，dpH 为 1 L 缓冲溶液中 pH 变化的单位；db(mol)为加入的强碱量；da(mol)为加入的强酸量。

如果$[H^+]$、$[OH^-]$较小和总浓度不低时，对于总浓度为 c $mol \cdot L^{-1}$ 的 HA-A^-缓冲溶液，可以求得

$$\beta=2.3c\delta_{HA}\delta_{A^-}=2.3\delta_{HA}(1-\delta_{HA})$$

当 $\delta_{HA}=0.5$ 时，$pH=pK_a$，这时缓冲容量最大，$\beta_{max}=0.575c$。

缓冲容量与缓冲组分的总浓度及弱酸(c_{HA})和共轭碱(c_{A^-})浓度的比值有关。缓冲组分的总浓度越大，c_{HA} 和 c_{A^-}的比值越接近 1，缓冲容量越大；当总浓度一定，c_{HA} 与 c_{A^-}的比值等于 1 时($pH=pK_a$)，缓冲容量最大。

缓冲溶液的总浓度常采用 0.01～1 $mol \cdot L^{-1}$，$c_{HA}:c_{A^-}$通常为 1∶10～10∶1，这时 $pH=pK_a\pm1$，被认为是缓冲溶液能起缓冲作用的 pH 区间，也称为理论缓冲范围。

在实际工作中，有时需要 pH 缓冲范围更广的缓冲溶液，这时可采用多种酸和碱构成的缓冲体系。例如，将柠檬酸($pK_{a_1}=3.13$，$pK_{a_2}=4.76$，$pK_{a_3}=6.40$)与磷酸氢二钠(H_3PO_4 的 $pK_{a_1}=2.16$，$pK_{a_2}=7.21$，$pK_{a_3}=12.32$)按照不同比例混合，可得到 pH 为 2～8 的一系列缓冲溶液。

缓冲溶液在工农业生产和科学实验中都有重要用途，特别是在化学、生物学及临床医学等领域。许多化学反应需要在一定酸度范围内才能进行，化工生产中为了控制反应的进行，常使用缓冲溶液来控制一定的 pH。例如，电镀工业中常用缓冲溶液控制电镀液的酸度。采用配位滴定法测定水泥熟料中 Fe_2O_3、Al_2O_3 和 CaO 的含量也可以通过控制酸度实现。

4.6　酸碱指示剂

4.6.1　指示剂的作用原理

在酸碱滴定过程中，由于被滴定的溶液在外观上通常没有任何变化，需借助酸碱指示剂(indicator)指示滴定终点。酸碱指示剂一般是弱的有机酸或有机碱，它们在滴定过程中也参与质子转移反应，且其酸式与其共轭碱式具有明显不同的色调，随着滴定的进行，溶液的 pH 发生改变，指示剂由酸式转化为碱式或由碱式转化为酸式，从而引起颜色的变化。

例如，酚酞(phenolphthalein，PP)为无色的二元弱酸，属酸型指示剂。当溶液的 pH 逐渐升高时，酚酞先给出一个质子，形成无色的离子；然后再给出第二个质子并发生结构的改变，成为具有共轭体系醌式结构的红色离子。类似酚酞，在酸式或碱式型体中仅有一种型体具有颜色的指示剂，称为单色指示剂。酚酞的颜色变化可表示如下：

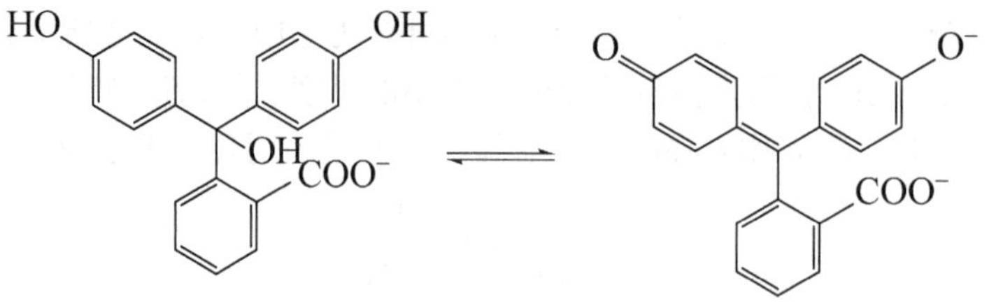

pH=8.0无色　　pH=9.0粉红　　pH=9.6红色

又如，甲基橙(methyl orange，MO)是一种有机弱碱，属碱型指示剂。黄色的甲基橙分子在酸性溶液中获得一个质子，转变成红色阳离子。甲基红的变色情况与甲基橙类似。类似甲基橙，酸式和碱式两种型体均有颜色，称为双色指示剂。它在溶液中的解离过程及颜色变化如下：

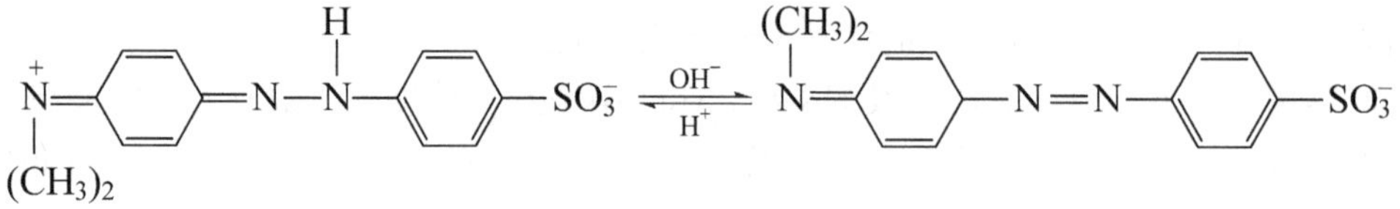

pH≤3.1，酸色(红色，类醌式)　　pH≥4.4，碱色(黄色，偶氮式)

4.6.2　指示剂的 pH 变色范围

由于各种指示剂的解离常数不同，其变色范围也不相同。有的在酸性溶液中变色，如甲基橙、甲基红等；有的在中性附近变色，如中性红、苯酚红等；有的则在碱性溶液中变色，如酚酞、百里酚酞等。

指示剂具有的变色范围，可由指示剂在溶液中的平衡移动过程解释。现以弱酸型指示剂 HIn 为例进行讨论，HIn 在溶液中存在如下解离平衡：

$$\text{HIn(酸色)} \rightleftharpoons \text{H}^+ + \text{In}^-\text{(碱色)}$$

$$\text{pH} = \text{p}K_{\text{a,HIn}} + \lg\frac{[\text{In}^-]}{[\text{HIn}]} \tag{4.39}$$

式中，$K_{\text{a,HIn}}$ 为指示剂的酸式解离常数。对于某一指示剂，在一定条件下 $K_{\text{a,HIn}}$ 为常数，溶液的颜色由$[\text{In}^-]/[\text{HIn}]$ 的比值确定。人眼分辨颜色变化的能力是有限度的，一般认为，当甲颜色浓度是乙颜色浓度的 10 倍时，人眼才主要观察到甲颜色；反之，如乙颜色浓度是甲颜色浓度的 10 倍时，人眼主要观察到乙颜色。因此对于酸碱指示剂，有：

$[\text{In}^-]/[\text{HIn}] \leqslant 1/10$ 时，$\text{pH} \leqslant \text{p}K_{\text{a,HIn}} - 1$，主要观察到酸色；

$[\text{In}^-]/[\text{HIn}] \geqslant 10/1$ 时，$\text{pH} \geqslant \text{p}K_{\text{a,HIn}} + 1$，主要观察到碱色；

$[\text{In}^-]/[\text{HIn}] = 1$ 时，$\text{pH} = \text{p}K_{\text{a,HIn}}$，观察混合色，此时的 pH 称为理论变色点。

溶液的 pH 由 $\text{p}K_{\text{a,HIn}} - 1$ 变化到 $\text{p}K_{\text{a,HIn}} + 1$，可以观察到指示剂由酸色经混合色变化到碱色的过程；或者 pH 由 $\text{p}K_{\text{a,HIn}} + 1$ 变化到 $\text{p}K_{\text{a,HIn}} - 1$，可以观察到由碱色经混合色变化到酸色的过程。这一颜色变化的 pH 范围，即 $\text{pH} = \text{p}K_{\text{a,HIn}} \pm 1$，即为指示剂的理论变色范围。

由于人眼对不同色调的敏感度不一样，指示剂的实际变色范围与理论上的变色范围不完全一致。例如，甲基橙的 $\text{p}K_{\text{a,HIn}}$ 值为 3.4，理论变色范围应在 2.4～4.4，但由于人眼对红色更敏感，实际上的变色范围是 3.1～4.4。常用的指示剂及变色范围见附录 5。

4.6.3　混合指示剂

显然，指示剂的变色范围越窄越好，这样当溶液的 pH 稍有变化，就能引起指示剂的颜色变化。如需要将滴定终点限制在较窄 pH 范围内，可采用混合指示剂(mixed indicator)，有利于提高滴定分析的准确度。混合指示剂是利用颜色之间的互补，使变色范围更窄，通常有两类做法，一类是同时使用两种指示剂，利用彼此颜色之间的互补作用，使变色更加敏锐，如二甲基黄和溴甲酚绿；另一类是由指示剂与惰性染料（如亚甲基蓝、靛蓝二磺酸钠）组成，利用颜色的互补作用提高变色敏锐度。

将更多的指示剂混合，如将甲基红、溴百里酚蓝、百里酚蓝、酚酞按照一定比例混合，溶于乙醇，配制的混合指示剂，可随 pH 的不同而逐渐变色。实验室中常用的 pH 试纸，就是基于混合指示剂的原理配制而成的。一些常用的混合指示剂见附录 6。

4.6.4　指示剂用量对变色的影响

对于双色指示剂，根据式(4.39)，变色点 pH 取决于指示剂酸碱组分平衡浓度比例，与总浓度 c_{HIn} 无关，故对双色指示剂，用量的多少对变色影响不大。

对于单色指示剂，如酚酞，它的酸式无色，碱式为红色。设人眼能观察到红色时酚酞的最低浓度为 a，a 是确定的。现假设指示剂的总浓度为 c，可得

$$\mathrm{pH}=\mathrm{p}K_{\mathrm{a,HIn}}+\lg\frac{[\mathrm{In}^-]}{[\mathrm{HIn}]}=\mathrm{p}K_{\mathrm{a,HIn}}+\lg\frac{a}{c-a}$$

由于 a 和 $K_{\mathrm{a,HIn}}$ 是定值，增加 c，pH 就会变小。例如，50～100 mL 溶液中加入 0.1%的酚酞 2～3 滴，pH = 9 时变色；10～15 滴时，pH = 8 时变色。故对单色指示剂，用量的多少对变色的影响较大。

另外，需要注意的是，指示剂加入量的多少会影响变色的敏锐程度，浓度太高时影响人眼观察。一般情况下，指示剂应适当少加，变色会更明显。由于指示剂是弱酸或弱碱，会消耗滴定剂，加得过多会引入误差。

4.7　酸碱滴定法的基本原理

为了正确地选择指示剂以确定滴定终点，必须了解酸碱滴定过程中溶液 pH 随滴定剂的加入而逐渐变化的情况。因此，本节主要介绍滴定突跃、影响滴定突跃的因素、指示剂的选择、滴定分析可行性及终点误差的计算等内容。

4.7.1　强酸强碱之间的滴定

强碱与强酸的滴定反应，实质为 $\mathrm{H^+ + OH^- \rlap{=}{=\!=} H_2O}$。滴定反应常数 $K = 1/K_{\mathrm{w}} = 1.0\times10^{14}$ (25℃)。K 很大，说明该反应进行得很完全。

在滴定过程中，通常以滴定分数来表示滴定进行的程度，滴定分数(α)的定义为

$$\alpha=\frac{\text{加入滴定剂的量}}{\text{被滴定物质起始的量}} \tag{4.40}$$

在滴定过程中，以溶液 pH 为纵坐标，所滴入的滴定剂的滴定分数(α)或加入量为横坐标作图，得到的曲线称为滴定曲线。通过滴定曲线，可了解滴定过程中 pH 变化情况和较方便地找出合适的指示剂。

1. 强碱滴定强酸

现以 $0.1000\ mol \cdot L^{-1}$ NaOH 溶液滴定 20.00 mL (V_0)等浓度的 HCl 溶液为例，讨论一元强酸强碱之间相互滴定时的滴定曲线和指示剂的选择问题。

1) 滴定前

滴定前，溶液中仅含有 HCl，pH 取决于 HCl 溶液的原始浓度。这时 $[H^+] = c_{HCl} = 0.1000\ mol \cdot L^{-1}$，pH = 1.00。

2) 滴定开始至化学计量点前

随着 NaOH 的滴入，部分 HCl 被中和，溶液中 pH 取决于剩余的 HCl 的量。例如，当滴入 18.00 mL NaOH 溶液时，这时剩余的 HCl 为 2.00 mL。

$$\alpha = \frac{18.00 \times 0.1000}{20.00 \times 0.1000} = 0.90\ ,\quad [H^+] = \frac{2.00 \times 0.1000}{20.00 + 18.00} = 5.26 \times 10^{-3}(mol \cdot L^{-1})$$

$$pH = 2.28$$

同理，当滴入 19.98 mL NaOH 溶液时，可求得 $\alpha = 0.999$，pH = 4.30。

3) 化学计量点时

当加入 20.00 mL NaOH 时，HCl 被完全中和，溶液呈中性，H^+来自于水的解离，这时 $\alpha = 1.00$，即 pH = 7.00。

4) 计量点后

化学计量点以后，再滴入 NaOH，溶液的 pH 由过量的 NaOH 的量确定。例如，加入 20.02 mL NaOH 溶液时，这时 $\alpha = 1.001$，NaOH 过量 0.02 mL，$[OH^-]$为

$$[OH^-] = \frac{0.02 \times 0.1000}{20.00 + 20.02} = 5.00 \times 10^{-5}(mol \cdot L^{-1})$$

$$pOH = 4.30,\quad pH = 14.00 - pOH = 9.70$$

同理，化学计量点后都可按这种方法计算。

按照上述方法逐一计算出滴定过程中各阶段溶液的 pH，列入表 4.2 中。同时以滴定分数为横坐标，溶液 pH 为纵坐标作图，得到 NaOH 滴定 HCl 的滴定曲线，如图 4.4 所示。

表 4.2　用 $0.1000\ mol \cdot L^{-1}$ NaOH 溶液滴定 20.00 mL $0.1000\ mol \cdot L^{-1}$ HCl 溶液

加入 NaOH 体积/mL	滴定分数 α	剩余 HCl 体积/mL	过量 NaOH 体积/mL	pH	
0.00	0.000	20.00		1.00	
18.00	0.900	2.00		2.28	
19.80	0.990	0.20		3.30	
19.96	0.998	0.04		4.00	
19.98	0.999	0.02		4.30	滴定突跃
20.00	1.000	0.00		7.00	滴定突跃
20.02	1.001		0.02	9.70	滴定突跃
20.04	1.002		0.04	10.00	
20.20	1.010		0.20	10.70	
22.00	1.100		2.00	11.70	
40.00	2.000		20.00	12.50	

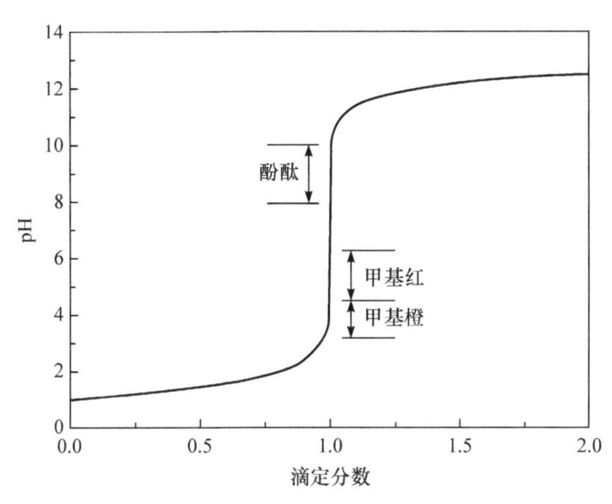

图 4.4　0.1000 mol · L^{-1} NaOH 溶液滴定 20.00 mL 0.1000 mol · L^{-1} HCl 溶液的滴定曲线

由表 4.2 和图 4.4 可知，在滴定过程的不同阶段，加入单位体积的 NaOH 时，溶液 pH 的变化幅度不同。在滴定开始时，溶液中存在较多的 HCl，由于强酸具有一定的缓冲作用，溶液 pH 增加缓慢，滴定曲线平坦。例如，从滴定开始至滴入 18.00 mL NaOH(此时 HCl 被中和了 90%)，pH 从 1.00 升高至 2.28，仅增加 1.28 个单位。随着滴定的不断进行，溶液中 HCl 浓度减小，pH 的升高逐渐加快。特别是当滴定接近化学计量点时，溶液中剩余的 HCl 已很少，缓冲作用减弱，溶液 pH 较快增加。如图 4.4 所示，继续滴入 1.98 mL NaOH(共滴入 19.98 mL NaOH)，溶液 pH 达到 4.30，增加 2 个 pH 单位。NaOH 滴入体积从 19.98 mL(比化学计量点时应加入的 NaOH 体积少 0.02 mL，相当于滴定分数 99.9%)增加到 20.02 mL(超过化学计量点 0.02 mL，相当于滴定分数 100.1%)，总共增加 0.04 mL NaOH(约 1 滴的量)，溶液的 pH 从 4.30 迅速增加至 9.70，pH 增加了 5.4 个单位，在滴定曲线上出现了近乎垂直的一段。经过 pH 巨大变化之后，溶液已由酸性变成了碱性，溶液的性质发生了由量变到质变的转折。在此之后，继续滴入 NaOH，溶液中 OH^-浓度增加，由于强碱的缓冲作用，溶液 pH 增加缓慢，滴定曲线又趋于平缓。

这种在计量点前后±0.1%(滴定分数 $\alpha = 0.999$～1.001)范围内，溶液 pH 发生急剧变化的现象称为滴定突跃，突跃所在的 pH 范围称为突跃范围。

突跃范围是选择指示剂的依据。如果所选指示剂指示的滴定终点落在突跃范围以内，其误差就在±0.1%之内，选择是正确的，否则就是错误的。理论上，指示剂的变色范围全部或部分落在突跃范围内，都可以正确指示终点。但实际上，由于人眼对颜色的敏感度不同，对于部分落入突跃范围内的指示剂，要根据实际情况加以分析、选择和判断。

例如，用 0.1000 mol · L^{-1} NaOH 滴定同浓度的 HCl，pH 突跃范围为 4.3～9.7。例如，以甲基红为指示剂，其变色范围为 4.4～6.2，完全落在突跃范围内，符合滴定分析对误差的要求。又如，以甲基橙作为指示剂，其 pH 变色范围为 3.1～4.4，在滴定终点附近，溶液由红色到黄色，中间经历橙色，如果在橙色时停止滴定，极易造成滴定终点在突跃范围前，使测定结果不准确，但若溶液在黄色时停止滴定，可控制滴定终点在突跃范围内，误差不大于−0.1%，符合滴定分析对误差的要求。再如，用酚酞作指示剂，其 pH 变色范围为 8.0～9.8，在滴定终点附近，溶液由无色到红色，当溶液出现微红色时就停止滴定，可控制滴定在突跃范围内，终点误差不大于+0.1%，符合滴定分析对误差的要求。

滴定突跃的大小还与滴定剂和被滴定物的浓度有关。可以算出，如用 1.000 mol · L^{-1} NaOH 滴定同浓度的 HCl 时，pH 突跃为 3.3～10.7。而 0.0100 mol · L^{-1} NaOH 滴定同浓度的 HCl 时，pH 突跃范围为 5.3～8.7，仅 3.4 个 pH 单位，此时已不能选择甲基橙作为指示剂。可见，酸碱浓度越大，突跃范围越大；酸碱浓度越小，突跃范围越小。当酸碱浓度均增大 10 倍时，滴定突跃增加两个 pH 单位；当酸碱浓度单边增大 10 倍时，滴定突跃变化相应的单边增加一个单位。图 4.5 给出了不同浓度的 NaOH 滴定等浓度 HCl 的滴定曲线。

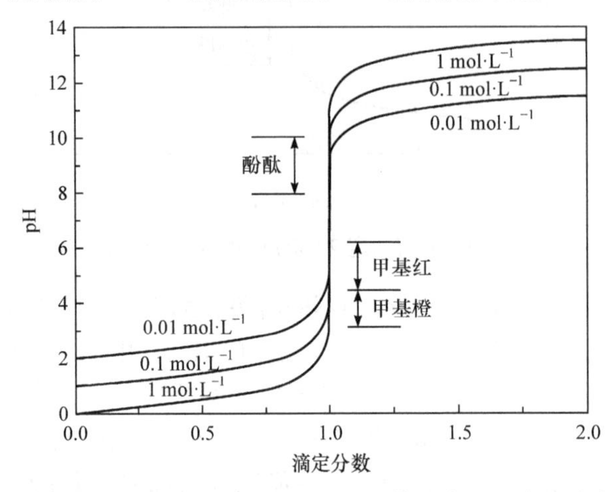

图 4.5　不同浓度 NaOH 溶液滴定 20.00 mL 等浓度 HCl 溶液的滴定曲线

2. 强酸滴定强碱

例如，用 0.1000 mol · L^{-1} HCl 溶液滴定等浓度的 NaOH 溶液，同样可逐一计算出滴定过程中各阶段溶液的 pH，以加入 HCl 的滴定分数为横坐标，溶液 pH 为纵坐标作图，得到 HCl 滴定 NaOH 的滴定曲线，如图 4.6 所示。

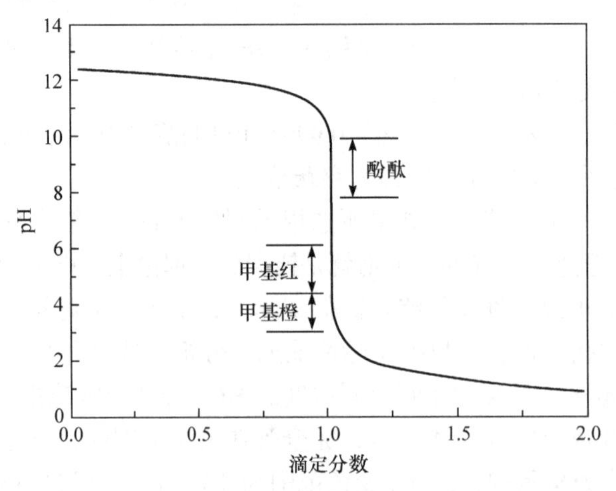

图 4.6　0.1000 mol · L^{-1} HCl 溶液滴定 20.00 mL 0.1000 mol · L^{-1} NaOH 溶液的滴定曲线

滴定突跃 pH 由 9.70 降至 4.30，同样以甲基红为指示剂，其变色范围为 6.2～4.4，溶液由黄色到红色，完全落在突跃范围内，符合滴定分析对误差的要求。例如，以甲基橙作为指示剂，在滴定终点附近，溶液由黄色到红色(4.40→3.1)，中间经历橙色，即使在橙色时就停止滴定，也很难控制滴定终点的 pH＞4.30，超出突跃范围，使测定结果不准确，如果在红色时停止滴定，此时 pH 更在突跃范围以外。又如，以酚酞为指示剂，在滴定终点附近，溶液由红色到无色，中间经历微红，当溶液出现微红色或无色时停止滴定，可控制滴定终点在突跃范围内，误差不大于±0.1%，符合滴定分析对误差的要求。故当用 0.1000 $mol \cdot L^{-1}$ HCl 溶液滴定同浓度的 NaOH 溶液时，选择酚酞和甲基红较为适宜。

4.7.2　一元弱酸和弱碱的滴定

1. 强碱滴定一元弱酸

这一类型的滴定反应为：$OH^- + HA \rightleftharpoons A^- + H_2O$。滴定反应常数 $K = 1/K_b = K_a/K_w$。可见，比强碱滴定强酸的 K 小，即滴定反应的完全程度要低。

现以 0.1000 $mol \cdot L^{-1}$ NaOH 溶液滴定 20.00 mL 等浓度的 HAc 溶液为例，讨论滴定过程中各阶段的 pH。

1) 滴定前

溶液为 0.1000 $mol \cdot L^{-1}$ HAc，根据一元弱酸计算$[H^+]$的最简式，有

$$[H^+] = \sqrt{cK_a} = \sqrt{0.1000 \times 1.75 \times 10^{-5}} = 1.32 \times 10^{-3}(mol \cdot L^{-1})$$

$$pH = 2.88$$

2) 滴定开始至化学计量点前

随着 NaOH 的滴入，部分 HAc 被中和生成 Ac^-，溶液由剩余的 HAc 和反应生成的 Ac^- 构成缓冲溶液。例如，当滴入 18.00 mL NaOH 溶液时，剩余 HAc 溶液为 2.00 mL，反应生成的 Ac^-为 18.00 mL，$\alpha = 0.900$，pH 由最简式求出：

$$pH = pK_a + \lg\frac{n_{Ac^-}}{n_{HAc}} = -\lg(1.75 \times 10^{-5}) + \lg\frac{0.1000 \times 18.00}{0.1000 \times 2.00} = 5.71$$

同理，当滴入 19.98 mL NaOH 溶液时，可求得 $\alpha = 0.999$，pH = 7.76。

3) 化学计量点时

当加入 20.00 mL NaOH 时，NaOH 与 HAc 完全反应生成 NaAc，这时 $\alpha = 1.00$，$c_{NaAc} =$ 0.0500 $mol \cdot L^{-1}$ 溶液按 NaAc 一元弱碱计算其$[OH^-]$浓度：

$$[OH^-] = \sqrt{c_{Ac^-} K_{Ac^-}} = \sqrt{c_{Ac^-} \frac{K_w}{K_{HAc}}} = \sqrt{0.0500 \times \frac{1.00 \times 10^{-14}}{1.75 \times 10^{-5}}} = 5.34 \times 10^{-6}(mol \cdot L^{-1})$$

$$pOH = 5.27, \quad pH = 14.00 - pOH = 8.73$$

4) 计量点后

化学计量点以后，再滴入 NaOH，溶液的 pH 由过量的 NaOH 的量确定。例如，加入 20.02 mL NaOH 溶液时，这时 $\alpha = 1.001$，NaOH 过量 0.02 mL，$[OH^-]$为

$$[OH^-] = \frac{0.02 \times 0.1000}{20.00 + 20.02} = 5.00 \times 10^{-5}(mol \cdot L^{-1})$$

，

$$pOH = 4.30, \ pH = 14.00 - pOH = 9.70$$

如上所述逐一计算，结果列于表 4.3。

表 4.3 用 0.1000 mol · L^{-1} NaOH 溶液滴定 20.00 mL 0.1000 mol · L^{-1} HAc 溶液

加入 NaOH 体积/mL	滴定分数 α	剩余 HAc 体积/mL	过量 NaOH 体积/mL	pH
0.00	0.000	20.00		2.88
10.00	0.500	10.00		4.76
18.00	0.900	2.00		5.71
19.80	0.990	0.20		6.75
19.98	0.999	0.02		7.76
20.00	1.000	0.00		8.73
20.02	1.001		0.02	9.70
20.20	1.010		0.20	10.70
22.00	1.100		2.00	11.70
40.00	2.000		20.00	12.50

利用表 4.3 的数据可绘制滴定曲线，如图 4.7 所示。为便于比较，图 4.7 中给出了 NaOH 滴定 HCl 的滴定曲线。比较两条滴定曲线可以看出，由于 HAc 是弱酸，滴定开始前溶液中 H^+浓度低，pH 较 NaOH 滴定 HCl 时高。另外，还可以看出，滴定开始时，滴定 HAc 的上升幅度比滴定 HCl 要高，这是因为一旦滴入 NaOH 时，部分 HAc 被中和生成 NaAc，Ac^-限制了 HAc 的解离，使 H^+浓度迅速降低，故开始时溶液 pH 增加较快。随着 NaOH 的继续滴入，Ac^-不断生成，与溶液中剩余的 HAc 形成缓冲体系，pH 增加缓慢，这一段滴定曲线较为平坦。接近化学计量点时，由于溶液中剩余的 HAc 浓度已很低，溶液的缓冲能力减弱，随 NaOH 的滴入，溶液 pH 增加变快。到达计量点时，NaOH 与 HAc 完全反应生成 NaAc，溶液显碱性，pH 为 8.73。计量点后溶液的 pH 由过量的 NaOH 确定，与 NaOH 滴定 HCl 的滴定曲线基本一致。

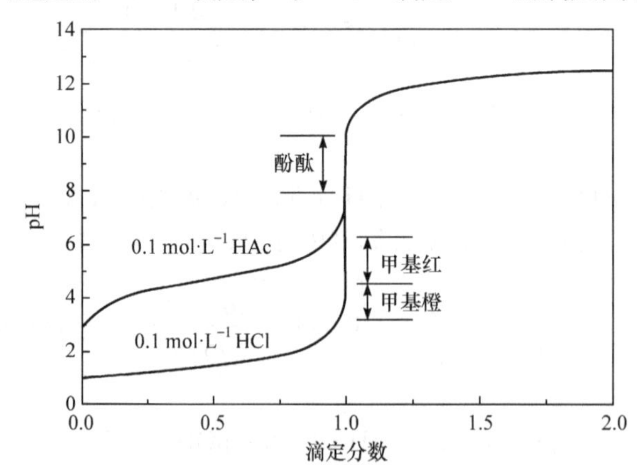

图 4.7 0.1000 mol · L^{-1} NaOH 分别滴定 20.00 mL 等浓度的 HCl 和 HAc 的滴定曲线

滴定突跃范围为 7.76～9.70，约 2 个 pH 单位，处于碱性范围，此时只能选择碱性范围变色的指示剂，如酚酞、百里酚酞等。甲基橙、甲基红等在酸性条件下变色的指示剂不能适用。

图 4.8 为用 0.1000 mol · L^{-1} NaOH 溶液分别滴定相同浓度不同强度弱酸的滴定曲线。从图 4.8 中可以看出，K_a越小时，突跃范围越小，当 $K_a \leqslant 10^{-9}$时，已没有明显的突跃了，故这时不能用酸碱指示剂来确定终点。另外，当 K_a一定时，滴定突跃的大小也与酸碱的浓度有关，浓度越小，滴定突跃越小。若用指示剂来确定终点，即使指示剂的变色点与化学计量点完全一致，但由于人眼判断终点时仍有± 0.2pH～±0.3pH 单位的不确定性，故滴定突跃范围不能

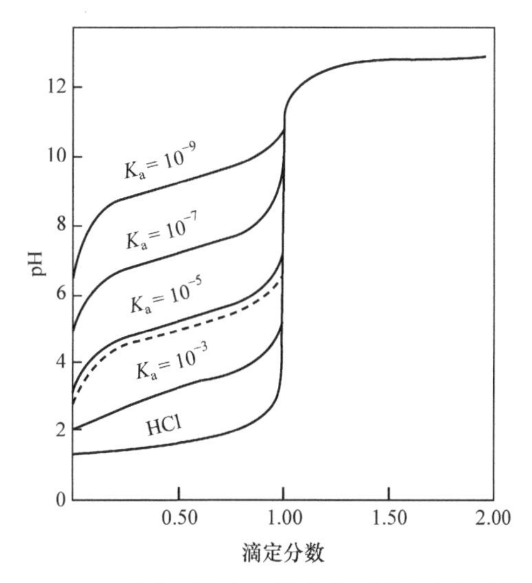

图 4.8　0.1000 mol · L^{-1} NaOH 溶液分别滴定相同浓度不同强度弱酸的滴定曲线(虚线为 HAc)

太小。若以$\Delta pH = \pm 0.3$ 作为指示剂指示终点的极限，滴定突跃范围应大于 0.6pH，等浓度强碱滴定弱酸时，若假设$\Delta pH = 0.3$，代入终点误差计算公式[式(4.49)]，可得

$$c^{ep}K_a = \left(\frac{1.49\times10^{-7}}{E_r}\right)^2 \tag{4.41}$$

式中，c^{ep} 为滴定终点时弱酸的总浓度。

从理论上可以推导出不同终点误差时需要满足的必要条件，如：

$$E_r \leqslant \pm 0.2\% \quad c^{ep}K_a \geqslant 5.5\times10^{-9}$$

$$E_r \leqslant \pm 0.5\% \quad c^{ep}K_a \geqslant 8.9\times10^{-10}$$

等浓度滴定时，将上述公式中的滴定终点总浓度换算为初始浓度(以 c_a 表示)，得

$$E_r \leqslant \pm 0.2\% \quad c_aK_a \geqslant 1.1\times10^{-8} \approx 10^{-8} \tag{4.42}$$

$$E_r \leqslant \pm 0.5\% \quad c_aK_a \geqslant 1.8\times10^{-9} \approx 2\times10^{-9} \tag{4.43}$$

日常工作中，常以 $E_r \leqslant \pm 0.2\%$、$cK_a \geqslant 10^{-8}$ 和 $E_r \leqslant \pm 0.5\%$、$cK_a \geqslant 2\times10^{-9}$ 为判据标准。

2. 强酸滴定一元弱碱

关于强酸滴定弱碱，如 HCl 溶液滴定 NH_3 溶液，滴定反应为

$$H^+ + NH_3 \longrightarrow NH_4^+ \qquad K = 1/K_a = K_b/K_w$$

K_b 为 NH_3 的碱度常数。这类滴定与强碱滴定弱酸的情况类似，同样可以根据滴定过程中四个阶段的特点计算滴定过程中溶液的 pH，选择指示剂。

如以 0.1000 mol · L^{-1} HCl 溶液滴定等浓度的 NH_3 溶液。滴定开始前，溶液 pH 由弱碱 NH_3 的浓度决定；滴定开始至计量点前，溶液为由生成的 NH_4^+ 和剩余的 NH_3 组成的缓冲溶液；计量点时溶液组成为 NH_4Cl，显酸性；计量点后为强酸(HCl)和弱酸(NH_4^+)组成的混合溶液，溶液 pH 取决于过量的 HCl 的量。可以算出化学计量点的 pH 为 5.28，突跃范围为 6.25～4.30，在碱性条件下变色的酚酞已不适用，可选用甲基红、溴甲酚绿、溴酚蓝等酸性条件下变色的

指示剂。酸性条件下变色的甲基橙一般也不选用。其滴定曲线见图 4.9。

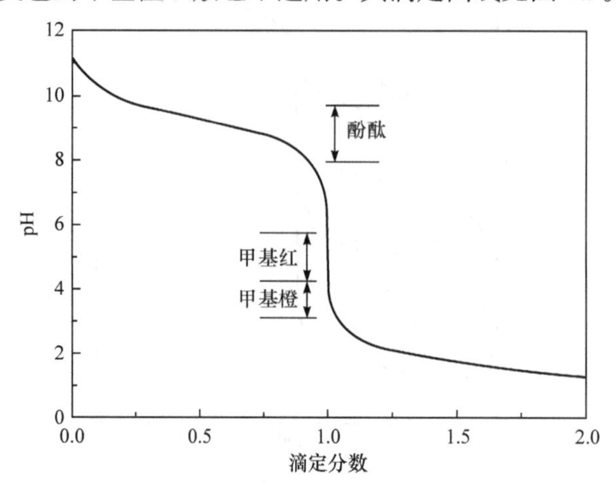

图 4.9　0.1000 mol · L^{-1} HCl 溶液滴定 20.00 mL 0.1000 mol · L^{-1} NH_3 溶液的滴定曲线

采用指示剂颜色变化指示终点，终点误差控制在±0.2%以内，强酸直接滴定一元弱碱的可行性判据为 $cK_b \geqslant 10^{-8}$。

4.7.3　多元酸、混合酸、多元碱的滴定

多元酸、碱通常为弱酸或弱碱，在水溶液中存在多步解离平衡，在多元酸、碱的滴定中首先需要明确滴定能否分步进行、是否每一级或者哪一级解离的 H^+或 OH^-能够被准确滴定、如何选择指示剂等。多元酸、碱的滴定比一元酸、碱的滴定复杂得多。

1. 多元酸的滴定

例如，草酸 $H_2C_2O_4$，其 $K_{a_1} = 5.6\times10^{-2}$、$K_{a_2} = 1.6\times10^{-4}$，$K_{a_1}$ 与 K_{a_2} 相差不大。当滴定到第 1 个化学计量点时，$[H^+]=\sqrt{K_{a_1}K_{a_2}}$ (pH = 2.53) 时，$HC_2O_4^-$ 的分布系数为 93.8%，另两种存在形式 $H_2C_2O_4$ 和 $C_2O_4^{2-}$ 各占 3.1%。这说明当 3.1%的 $H_2C_2O_4$ 尚未被中和成 $HC_2O_4^-$ 时，已有 3.1%的 $HC_2O_4^-$ 被中和成 $C_2O_4^{2-}$，即两步中和反应有较大的交叉，故不能分步滴定。

显然，对于 H_2A 二元酸，K_{a_1} 与 K_{a_2} 相差足够大时，两步中和交叉反应就少。K_{a_1} 与 K_{a_2} 究竟相差多大二元酸才能被分步滴定与滴定要求的准确度和终点检测的准确度有关，如允许±0.5%的误差，要求 $K_{a_1}/K_{a_2} \geqslant 10^5$，此时 cK_{a_1} 要求大于或等于 2×10^{-9}，第一个计量点就能被准确滴定；进一步，如果 $cK_{a_2} \geqslant 2\times10^{-9}$(忽略体积变化对浓度的影响)，第二个计量点也能被准确滴定，其余类推。

例如，以 0.1000 mol · L^{-1} NaOH 溶液滴定 0.1000 mol · L^{-1} H_3PO_4 溶液为例。因为：

$cK_{a_1} > 2\times10^{-9}$，$K_{a_1}/K_{a_2} < 10^5$，所以第一个计量点可以准确滴定。

$cK_{a_2} > 2\times10^{-9}$，$K_{a_2}/K_{a_3} > 10^5$，所以第二个计量点也可以准确滴定。

$cK_{a_3} \ll 2\times10^{-9}$，所以第三个计量点不能被准确滴定。

第一计量点时，H_3PO_4 反应生成 NaH_2PO_4，浓度为 0.05000 mol · L^{-1}，因为 $cK_{a_2} \geqslant 10K_w$，$c < 10K_{a_1}$，故有

$$[H^+]=\sqrt{\frac{K_{a_1}K_{a_2}c}{K_{a_1}+c}}=\sqrt{\frac{6.9\times10^{-3}\times6.2\times10^{-8}\times0.05000}{6.9\times10^{-3}+0.05000}}=1.9\times10^{-5}(\mathrm{mol\cdot L^{-1}})$$

$$\mathrm{pH}=4.70$$

第二计量点时，NaH_2PO_4进一步反应生成Na_2HPO_4，浓度为 0.03333 mol · L^{-1}，因为$cK_{a_3}<10K_w$，$c>10K_{a_2}$，故有

$$[H^+]=\sqrt{\frac{K_{a_2}(K_{a_3}c+K_w)}{c}}=\sqrt{\frac{6.2\times10^{-8}\times(4.8\times10^{-13}\times0.03333+1.0\times10^{-14})}{0.03333}}=2.2\times10^{-10}(\mathrm{mol\cdot L^{-1}})$$

$$\mathrm{pH}=9.66$$

第三个计量点，滴定Na_2HPO_4，因为$cK_{a_3}\ll2\times10^{-9}$，故不能准确滴定。

滴定曲线见图 4.10。对于第一个质子点，可分别采用溴甲酚绿+甲基橙混合指示剂(变色点 pH 约为 4.3)，对于第二个质子点，可采用酚酞+百里酚酞混合指示剂(变色点 pH 为 9.9)。

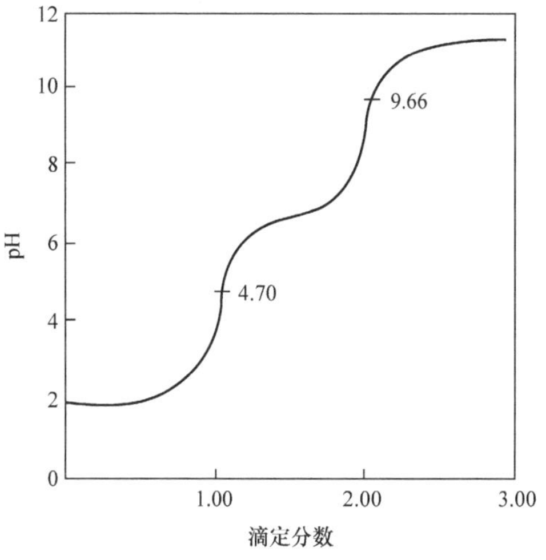

图 4.10　0.1000 mol · L^{-1} NaOH 滴定同浓度 H_3PO_4 的滴定曲线

2. 混合酸的滴定

混合酸有两种情况，一是强酸与弱酸的混合，二是两种弱酸的混合。对于强酸与弱酸的混合，弱酸的酸性越弱，强酸滴定的准确度越高。同样如允许± 0.5%的误差，当弱酸的$cK_a<2\times10^{-9}$，弱酸不能被滴定，此时相当于单独滴定强酸。相反，弱酸的酸性越强，对滴定酸的总量越有利。若弱酸的$K_a>10^{-4}$，就无法准确分步滴定混合酸中的强酸了。

由弱酸组成的混合酸的滴定与多元酸的滴定类似。设有两种一元弱酸 HA 和 HB 组成的混合酸，允许±0.5%的误差，若$c_{HA}K_{HA}/c_{HB}K_{HB}\geqslant10^5$，同时$c_{HA}K_{HA}\geqslant2\times10^{-9}$，$c_{HB}K_{HB}\geqslant2\times10^{-9}$，滴定过程中可形成两个突跃，HA 和 HB 可被分步滴定；若$c_{HA}K_{HA}/c_{HB}K_{HB}\geqslant10^5$，$c_{HA}K_{HA}\geqslant2\times10^{-9}$，但$c_{HB}K_{HB}<2\times10^{-9}$，则只能准确滴定 HA，滴定过程中只能形成一个突跃；若$c_{HA}K_{HA}\geqslant2\times10^{-9}$，$c_{HB}K_{HB}\geqslant2\times10^{-9}$，但$c_{HA}K_{HA}/c_{HB}K_{HB}<10^5$，则 HA 和 HB 不能被分步滴定，只能滴定总量。

3. 多元碱的滴定

多元碱的滴定与多元酸的滴定情况类似，有关多元酸分步滴定的判断也适用于多元碱的滴定，这时只需将K_a换成K_b。

以 0.1000 mol · L^{-1} HCl 溶液滴定 0.1000 mol · L^{-1} Na_2CO_3溶液为例讨论多元碱的滴定。已知CO_3^{2-}的$K_{b_1}=2.1\times10^{-4}$，$K_{b_2}=2.2\times10^{-8}$。

第一个计量点，生成$NaHCO_3$，$cK_{b_1}\gg2\times10^{-9}$，$K_{b_1}/K_{b_2}=9.5\times10^3<10^5$，可见用 HCl 溶液滴定$Na_2CO_3$溶液时，$HCO_3^-$也容易被滴定，即发生交叉中和滴定，这时

$$[H^+] = \sqrt{K_{a_1}K_{a_2}} = \sqrt{\frac{K_w}{K_{b_2}} \times \frac{K_w}{K_{b_1}}} = \sqrt{\frac{(1.0\times10^{-14})^2}{(2.1\times10^{-4})\times(2.2\times10^{-8})}} = 4.6\times10^{-9}(\text{mol}\cdot\text{L}^{-1})$$

$$\text{pH} = 8.34$$

第二计量点时，生成的HCO_3^-浓度为 0.05000 mol · L^{-1}，所以$c_{HCO_3^-}K_{b_2} = 0.05\times2.2\times10^{-8} = 1.1\times10^{-9}$，接近 2×10^{-9}，故可较准确滴定。滴定生成的 H_2CO_3(CO_2 的饱和溶液)其浓度约为 0.04 mol · L^{-1}，这时

$$[H^+] = \sqrt{c_{H_2CO_3}K_{a_1}} = \sqrt{0.04\times\frac{1.0\times10^{-14}}{2.2\times10^{-8}}} = 1.3\times10^{-4}(\text{mol}\cdot\text{L}^{-1})$$

$$\text{pH} = 3.9$$

图 4.11 为用 0.1000 mol · L^{-1} HCl 溶液滴定同浓度 Na_2CO_3 溶液的滴定曲线。从图 4.11 可以看出，在第一个计量点时，pH 突跃不明显，在第二个计量点时(pH = 3.9)，有一个稍好的 pH 突跃。标定 HCl 溶液的浓度时，采用 Na_2CO_3 作为基准物质，应滴定到第二个计量点，可用甲基橙作指示剂。

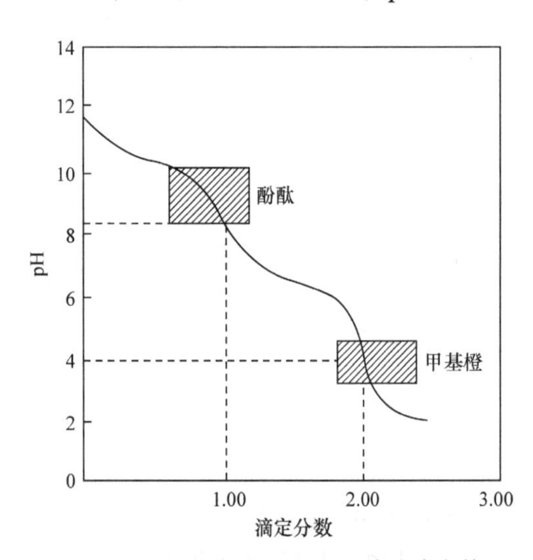

图 4.11　0.1000 mol · L^{-1} HCl 溶液滴定等浓度 Na_2CO_3 溶液的滴定曲线

国标 GB/T 601—2016《化学试剂　标准滴定溶液的制备》中规定的盐酸标准溶液标定，采用的是无水碳酸钠作为基准物质，加溴甲酚绿-甲基红指示液，用配制的盐酸溶液滴定至溶液由绿色变为暗红色，煮沸 2 min，加盖具钠石灰管的橡胶塞，冷却，继续滴定至溶液再呈暗红色，以提高滴定准确度。

4.7.4　终点误差

滴定终点(ep)与化学计量点(sp)不一致产生的误差，称为终点误差(用 E_r 表示)，常用百分数表示，不包括滴定操作本身引起的误差。规定终点在计量点前，终点误差为负；终点在计量点后，终点误差为正。

$$E_r = \frac{\text{多加或少加滴定剂的量相当于被滴定物的量(mol)}}{\text{被滴定物的量(mol)}}\times100\%$$

1. 滴定强酸或强碱的终点误差

以 NaOH 滴定 HCl 为例，$E_r = \frac{n_{NaOH} - n_{HCl}}{n_{HCl}}\times100\%$，可推出

$$E_r = \frac{[OH^-]_{ep} - [H^+]_{ep}}{c_{HCl}^{ep}}\times100\% \tag{4.44}$$

假设滴定终点与化学计量点的 pH 差为ΔpH，即ΔpH = $pH_{ep}-pH_{sp}$，式(4.44)可转换成林邦(Ringbom)误差公式：

$$E_r = \frac{\sqrt{K_w}(10^{\Delta pH} - 10^{-\Delta pH})}{c_{HCl}^{ep}} \times 100\% \tag{4.45}$$

同样地，以强酸滴定强碱，如 HCl 滴定 NaOH，可推出

$$E_r = \frac{[H^+]_{ep} - [OH^-]_{ep}}{c_{NaOH}^{ep}} \times 100\% \tag{4.46}$$

相应的林邦误差公式为

$$E_r = \frac{\sqrt{K_w}(10^{-\Delta pH} - 10^{\Delta pH})}{c_{NaOH}^{ep}} \times 100\% \tag{4.47}$$

【例 4.16】 用 0.1000 mol · L^{-1} NaOH 滴定等浓度的 HCl，以酚酞作指示剂，(1)若滴定至溶液微红(pH 8.00)，(2)若滴定至溶液变红(pH 9.20)，计算滴定的终点误差。

解 (1) 若滴定至溶液微红(pH 8.00)，$pH_{ep} = 8.00$，则$[H^+]_{ep} = 10^{-8}$ mol · L^{-1}，$[OH^-]_{ep} = 10^{-6}$ mol · L^{-1}，$c_{HCl}^{ep} = 0.0500$ mol·L^{-1}，代入式(4.44)计算得

$$E_r = \frac{[OH^-]_{ep} - [H^+]_{ep}}{c_{HCl}^{ep}} \times 100\% = \frac{10^{-6} - 10^{-8}}{0.05000} \times 100\% = 0.002\%$$

(2) 若滴定至溶液变红(pH 9.20)，$\Delta pH = pH_{ep} - pH_{sp} = 9.20 - 7.00 = 2.20$，代入式(4.45)林邦误差公式，得

$$E_r = \frac{\sqrt{K_w}(10^{\Delta pH} - 10^{-\Delta pH})}{c_{HCl}^{ep}} \times 100\% = \frac{\sqrt{1.0 \times 10^{-14}} \times (10^{2.20} - 10^{-2.20})}{0.05000} \times 100\% = 0.032\%$$

---

2. *滴定弱酸或弱碱的终点误差*

采用类似的推导可以得到强碱滴定一元弱酸和强酸滴定一元弱碱的终点误差公式。

(1) 强碱滴定一元弱酸，以 NaOH 滴定 HAc 为例，

$$E_r = \left(\frac{[OH^-]_{ep} - [H^+]_{ep}}{c_{HAc}^{ep}} - \frac{[H^+]_{ep}}{K_{HAc} + [H^+]_{ep}} \right) \times 100\% \tag{4.48}$$

$$E_r = \frac{10^{\Delta pH} - 10^{-\Delta pH}}{\sqrt{\frac{K_{HAc}}{K_w} c_{HAc}^{ep}}} \times 100\% \tag{4.49}$$

(2) 强酸滴定一元弱碱，以 HCl 滴定 NH_3 为例，

$$E_r = \left(\frac{[H^+]_{ep} - [OH^-]_{ep}}{c_{NH_3}^{ep}} - \frac{[OH^-]_{ep}}{K_{NH_3} + [OH^-]_{ep}} \right) \times 100\% \tag{4.50}$$

$$E_r = \frac{10^{-\Delta pH} - 10^{\Delta pH}}{\sqrt{\frac{K_{NH_3}}{K_w} c_{NH_3}^{ep}}} \times 100\% \tag{4.51}$$

【例 4.17】 用 0.1000 mol · L^{-1} NaOH 溶液滴定等浓度的 HAc 溶液，若滴至酚酞微红(pH 9.00)，

计算滴定的终点误差。已知 HAc 的 K_a 为 1.75×10^{-5}。

解
$$E_r=\left(\frac{[OH^-]_{ep}-[H^+]_{ep}}{c_{HAc}^{ep}}-\frac{[H^+]_{ep}}{K_{HAc}+[H^+]_{ep}}\right)\times100\%$$
$$=\left(\frac{10^{-5}-10^{-9}}{0.05000}-\frac{10^{-9}}{1.75\times10^{-5}+10^{-9}}\right)\times100\%=0.014\%$$

如用林邦误差公式，因为化学计量点时生成 NaAc，

$$[OH^-]_{sp}=\sqrt{K_b c_{sp}}=\sqrt{\frac{K_w}{K_a}c_{sp}}=\sqrt{\frac{1.0\times10^{-14}}{1.75\times10^{-5}}\times0.05000}=5.34\times10^{-6}(mol\cdot L^{-1})$$
$$pOH_{sp}=5.27,\quad pH_{sp}=14.00-pOH_{sp}=8.72$$

故 $\Delta pH=pH_{ep}-pH_{sp}=0.28$，代入式(4.49)得

$$E_r=\frac{10^{\Delta pH}-10^{-\Delta pH}}{\sqrt{\frac{K_{HAc}}{K_w}c_{HAc}^{ep}}}\times100\%=\frac{10^{0.28}-10^{-0.28}}{\sqrt{\frac{1.75\times10^{-5}}{1.0\times10^{-14}}\times0.05000}}\times100\%=0.014\%$$

【例 4.18】 用 0.1000 mol · L^{-1} HCl 溶液滴定等浓度的 NH_3 至甲基橙变红(pH = 4.00)，计算滴定的终点误差。

解
$$E_r=\left(\frac{[H^+]_{ep}-[OH^-]_{ep}}{c_{NH_3}^{ep}}-\frac{[OH^-]_{ep}}{K_{NH_3}+[OH^-]_{ep}}\right)\times100\%$$
$$=\left(\frac{10^{-4}-10^{-10}}{0.05000}-\frac{10^{-10}}{1.8\times10^{-5}+10^{-10}}\right)\times100\%=0.2\%$$

如用林邦误差公式，因为化学计量点时生成 NH_4^+，

$$[H^+]_{sp}=\sqrt{K_a c_{sp}}=\sqrt{\frac{K_w}{K_b}c_{sp}}=\sqrt{\frac{1.0\times10^{-14}}{1.8\times10^{-5}}\times0.05000}=5.27\times10^{-6}(mol\cdot L^{-1})$$
$$pH_{sp}=5.28,\quad \Delta pH=pH_{ep}-pH_{sp}=4.00-5.28=-1.28$$
$$E_r=\frac{10^{-\Delta pH}-10^{\Delta pH}}{\sqrt{\frac{K_{NH_3}}{K_w}c_{NH_3}^{ep}}}\times100\%=\frac{10^{1.28}-10^{-1.28}}{\sqrt{\frac{1.8\times10^{-5}}{1.0\times10^{-14}}\times0.0500}}\times100\%=0.2\%$$

已知 0.1000 mol · L^{-1} HCl 溶液滴定等浓度的 NH_3 溶液计量点时 pH 为 5.28，突跃范围为 6.25～4.30，滴至甲基橙变红(pH=4.00)时，已超过了突跃范围，达不到滴定分析的要求(±0.1%)。误差计算结果表明此时的 E_t= 0.2%，为正误差，说明 HCl 过量。

4.8 酸碱滴定法的应用

4.8.1 酸碱标准溶液的配制和标定

在酸碱滴定中，滴定剂一般都是强酸或强碱，如 HCl、NaOH 等。滴定前，滴定剂的浓

度必须准确得到。但是一些滴定剂如浓盐酸易挥发，氢氧化钠容易吸收空气中的水分和CO_2，因此不能直接配制得到准确浓度的标准溶液，只能采用间接配制方法，即先配制成近似的浓度，然后用基准物质来标定获得其准确浓度。GB/T 601—2016《化学试剂　标准滴定溶液的制备》中规定了 NaOH 和 HCl 标准溶液的配制和标定方法。

1. 氢氧化钠标准溶液的配制和标定

按 GB/T 601—2016 规定，氢氧化钠标准溶液的配制采用的是其饱和溶液(约 19 $mol \cdot L^{-1}$)，用除去二氧化碳的水稀释。采用基准物质邻苯二甲酸氢钾(105～110℃电烘箱中干燥至恒量)标定，用酚酞作指示剂，反应如下：

$$C_6H_4(COOK)(COOH) + NaOH = C_6H_4(COOK)(COONa) + H_2O$$

另外，草酸($H_2C_2O_4 \cdot 2H_2O$)也常作为标定氢氧化钠的基准物质。草酸在相对湿度为 5%～95%时不会风化而失水，固体状态稳定，将其保存在磨口试剂瓶中即可。需要注意的是，草酸溶液稳定性较差，空气、光线及 Mn^{2+}的存在都能使其氧化，久置会自动分解放出 CO_2 和 CO，故不能长期保存。草酸是二元酸，且两个解离常数接近，不能分步滴定，只能一步滴定至第二个质子点，用酚酞为指示剂，同时做空白试验，反应方程式如下：

$$H_2C_2O_4 \cdot 2H_2O + 2NaOH = Na_2C_2O_4 + 4H_2O$$

氢氧化钠溶液一旦被标定，即可作为标准滴定溶液用来标定盐酸溶液。

2. 盐酸标准溶液的配制和标定

按 GB/T 601—2016 规定，盐酸标准溶液的配制采用的是浓盐酸(约 12 $mol \cdot L^{-1}$)，用无水碳酸钠(270～300℃高温炉中灼烧至恒量)为基准物质进行标定，以溴甲酚绿-甲基红混合指示剂(变色范围 pH = 5.0～5.2)指示终点，同时做空白试验，反应如下：

$$Na_2CO_3 + 2HCl = 2NaCl + H_2CO_3(CO_2 + H_2O)$$

硼砂($Na_2B_4O_7 \cdot 10H_2O$)也可作为标定盐酸的基准物质。硼砂由于含有结晶水，当空气的温度小于 39%时，有明显的风化和失水现象，常在 60%的相对湿度下保存，用甲基红作指示剂，标定反应如下：

$$Na_2B_4O_7 + 2HCl + 5H_2O = 4H_3BO_3 + 2NaCl$$

盐酸溶液一旦被标定，即可作为标准滴定溶液用来标定氢氧化钠。

4.8.2　氢氧化钠和碳酸钠混合碱的测定

工业用氢氧化钠(俗称烧碱)，在生产和储存过程中会吸收空气中的 CO_2 而部分转变为 Na_2CO_3。对于工业用氢氧化钠中 NaOH 和 Na_2CO_3 含量的测定，国家标准 GB/T 4348.1—2013《工业用氢氧化钠　氢氧化钠和碳酸钠含量的测定》规定的方法为氯化钡法。

1. 氯化钡法

(1) 氢氧化钠含量的测定：试样溶液中加入氯化钡，将碳酸钠转化为碳酸钡沉淀，然后以酚酞为指示剂，用盐酸标准滴定溶液滴定至终点。滴定反应如下：

$$Na_2CO_3 + BaCl_2 = BaCO_3\downarrow + 2NaCl$$

$$NaOH + HCl = NaCl + H_2O$$

需要指出的是，本滴定不能用酸性指示剂(如甲基橙指示剂)，否则将导致部分 $BaCO_3$ 溶解，使测定结果不准确。

(2) 碳酸钠含量的测定：试样溶液以溴甲酚绿-甲基红混合指示液为指示剂，用盐酸标准溶液滴定至终点，测得氢氧化钠和碳酸钠总和，再减去氢氧化钠含量，可测得碳酸钠含量。滴定反应如下：

$$Na_2CO_3 + 2HCl = 2NaCl + CO_2 + H_2O$$

$$NaOH + HCl = NaCl + H_2O$$

2. 双指示剂法

双指示剂法，即首先在混合碱试液中加入酚酞指示剂，用 HCl 标准溶液滴定至红色刚好消失，此时 NaOH 被完全中和，Na_2CO_3 被中和到 $NaHCO_3$；再加入甲基橙指示剂，继续滴定至溶液为橙红色，这时 $NaHCO_3$ 进一步被中和到 $H_2CO_3(CO_2 + H_2O)$。

酚酞作指示剂，相关反应式为

$$NaOH + HCl = NaCl + H_2O$$

$$Na_2CO_3 + HCl = NaCl + NaHCO_3$$

加入甲基橙指示剂时，继续滴定到终点：

$$NaHCO_3 + HCl = NaCl + H_2CO_3(CO_2 + H_2O)$$

当用酚酞指示第一化学计量点时(pH 约 8.3)，酚酞从红色到无色的变化不敏锐，观察这种颜色变化的灵敏性较差，因此也常选用甲酚红-百里酚蓝混合指示剂。该混合指示剂酸色为黄色，碱色为紫色，变色点 pH 约 8.3。pH = 8.2 时为玫红色，pH = 8.4 为清晰的紫色，滴定时溶液由紫色变为浅玫红色即为终点，变化敏锐。

4.8.3 碳酸钠和碳酸氢钠混合碱的测定

碳酸钠(俗称纯碱)和碳酸氢钠含量的测定，也可以采用氯化钡法和双指示剂法。原理以测定氢氧化钠和碳酸钠相仿。

1. 氯化钡法

首先在混合碱试液中加入一定量的过量的 NaOH，将 $NaHCO_3$ 完全转变为 Na_2CO_3，然后用 $BaCl_2$ 溶液将 Na_2CO_3 沉淀，以酚酞为指示剂，用 HCl 标准溶液滴定剩余的 NaOH。滴定反应如下：

$$NaHCO_3 + NaOH = Na_2CO_3 + H_2O$$

$$Na_2CO_3 + BaCl_2 = BaCO_3\downarrow + 2NaCl$$

$$NaOH_{剩余} + HCl = NaCl + H_2O$$

另取等体积的混合碱试液溶液，以甲基橙为指示剂，HCl 标准溶液滴定至终点，滴定反应如下：

$$Na_2CO_3 + 2HCl = 2NaCl + H_2CO_3(CO_2 + H_2O)$$
$$NaHCO_3 + HCl = NaCl + H_2CO_3(CO_2 + H_2O)$$

根据氢氧化钠和盐酸标准溶液的浓度和相关用量，可以计算出碳酸钠和碳酸氢钠的含量。

2. 双指示剂法

首先在混合碱试液中加入酚酞指示剂，用 HCl 标准溶液滴定至红色刚好消失，此时 Na_2CO_3 被中和到 $NaHCO_3$，$NaHCO_3$ 不被中和；再加入甲基橙指示剂，继续滴定至溶液为橙红色，这时原 $NaHCO_3$ 和反应生成的 $NaHCO_3$ 进一步被中和到 $H_2CO_3(CO_2 + H_2O)$。

酚酞作指示剂，相关反应式为

$$Na_2CO_3 + HCl = NaHCO_3 + NaCl$$

加入甲基橙指示剂时，继续滴定到终点：

$$NaHCO_3 + HCl = NaCl + H_2CO_3(CO_2 + H_2O)$$

【例 4.19】 已知某固体试样可能含有 NaOH、Na_2CO_3、$NaHCO_3$，或这些物质的混合物。称取一定量该试样，溶解，用 20.00 mL 0.1000 $mol \cdot L^{-1}$ HCl 标准溶液，以酚酞为指示剂滴定至终点。在下列情况下，继续以甲基橙作指示剂滴定至终点，还需加入多少毫升 HCl 标准溶液？第三种情况下固体试样的组成如何？

(1) 固体试样中所含 NaOH 和 Na_2CO_3 物质的量之比为 3∶1；

(2) 固体试样中所含 NaOH 和 $NaHCO_3$ 物质的量之比为 2∶1；

(3) 加入甲基橙后滴加半滴 HCl 标准溶液，即达到终点。

解 (1) 滴定至酚酞变色时，NaOH 被全部中和，Na_2CO_3 被中和至 $NaHCO_3$；继续以甲基橙指示滴定至终点时，$NaHCO_3$ 被中和至 $H_2CO_3(CO_2 + H_2O)$。滴定过程图示如下：

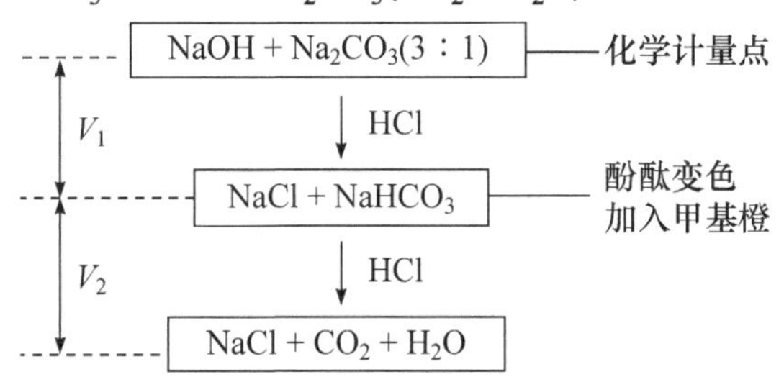

已知 NaOH 和 Na_2CO_3 物质的量之比为 3∶1，$V_1 = 20.00$ mL。根据反应的计量关系，可知固体试样中 NaOH 消耗 HCl 标准溶液 15.00 mL，Na_2CO_3 消耗 HCl 标准溶液 5.00 mL，所以 $V_2 = 5.00$ mL，即继续以甲基橙指示滴定至终点，还需加入 HCl 标准溶液 5.00 mL。

(2) 当试样中 NaOH 和 $NaHCO_3$ 物质的量之比为 2∶1 时，根据(1)中的滴定过程图示可知，滴定至酚酞变色时所用去的 20.00 mL HCl 标准溶液为 NaOH 所消耗，根据反应的计量关系及 NaOH 和 $NaHCO_3$ 物质的量之比可知，$V_2 = 10.00$ mL，即继续以甲基橙指示滴定至终点，还需加入 HCl 标准溶液 10.00 mL。

(3) 加入甲基橙后滴加半滴 HCl 标准溶液，即达到终点，说明原固体试样中不含 $NaHCO_3$，且第一步滴定(酚酞变色)也不会产生 $NaHCO_3$，说明原固体试样中也不含 Na_2CO_3，此时固体试样只含有 NaOH。

可见，双指示剂法不仅可以用于混合碱的定量分析，还可用于未知碱试样的定性分析。

4.8.4　极弱酸碱的测定

1. 硼酸的测定

H_3BO_3 的 $pK_a = 9.24$，不满足弱酸直接滴定的条件，不能用标准碱溶液直接滴定。但是 H_3BO_3 可以与乙二醇、丙三醇、甘露醇等多羟基化合物反应，生成配位酸，使其酸性增强，如下式所示：

$$2\begin{array}{c} H \\ | \\ R-C-OH \\ | \\ R-C-OH \\ | \\ H \end{array} + H_3BO_3 \rightleftharpoons H\left[\begin{array}{ccc} \begin{array}{c} H \\ | \\ R-C-O \\ | \\ R-C-O \\ | \\ H \end{array} & B & \begin{array}{c} H \\ | \\ O-C-R \\ | \\ O-C-R \\ | \\ H \end{array} \end{array}\right] + 3H_2O$$

生成的配位酸解离常数在 10^{-6} 左右，用 NaOH 标准溶液直接滴定，计量点时溶液 pH 在 9 左右。国家标准 GB/T 12684—2018《工业硼化物　分析方法》中规定工业硼酸的测定是用甘露醇(或转化糖)强化硼酸，以酚酞作指示剂，用氢氧化钠标准溶液滴定。

2. 铵盐的测定

类似于 H_3BO_3，NH_4^+ 的 $pK_a = 9.26$，不能用标准碱溶液直接滴定。在国家标准 GB/T 2946—2018《氯化铵》中氯化铵(氮含量)的测定规定了一种蒸馏后滴定法。即将氯化铵置于蒸馏瓶中，加入过量 NaOH 溶液，加热煮沸，蒸馏出的 NH_3 用已知量过量的 H_2SO_4 标准溶液吸收，过量的 H_2SO_4 标准溶液用 NaOH 标准溶液返滴定，甲基红-亚甲基蓝混合指示剂指示终点。过程中所涉及的反应方程式为

$$\begin{aligned} NH_4Cl + NaOH &= NH_3\uparrow + H_2O + NaCl \\ NH_3 + H_2SO_4 &= NH_4HSO_4 \\ 2NH_4HSO_4 + 2NaOH &= (NH_4)_2SO_4 + Na_2SO_4 + 2H_2O \\ H_2SO_4(\text{剩余}) + 2NaOH &= Na_2SO_4 + 2H_2O \end{aligned}$$

根据 H_2SO_4 和 NaOH 标准溶液的浓度和相关用量，可以计算出样品中氯化铵或氮的含量。

另外，在国家标准 GB/T 2946—2018《氯化铵》中氯化铵(氮含量)的测定，同时还规定了一种甲醛法。其具体测定方法是：首先将精确称取的试样置于锥形瓶中，用水溶解，再加 1 滴甲基红指示剂，用 NaOH 标准溶液调节至呈橙色(中和试样中可能存在的游离酸)。再加入甲醛溶液和 3 滴酚酞指示剂，放置 5 min，用 NaOH 标准溶液滴定至参比溶液(1 滴甲基红+3 滴酚酞)所呈颜色，经 1 min 不褪色即为终点。其原理是：在中性溶液中，铵盐与甲醛作用生成等物质的量的酸。

$$4NH_4^+ + 6HCHO = (CH_2)_6N_4H^+ + 3H^+ + 6H_2O$$

即 4 mol NH_4^+ 反应后生成 4 mol 可与碱作用的 H^+(3 mol II^+和 1 mol 质子化的六次甲基四胺)，可用 NaOH 标准溶液滴定，终点产物六次甲基四胺为极弱的有机碱($pK_b = 8.85$)。

另外，也可用硼酸溶液吸收蒸馏出的 NH_3，生成的 $H_2BO_3^-$ 为较强的碱($pK_b = 4.74$)，可用 HCl 标准溶液滴定，甲基红和溴甲酚绿混合指示剂指示终点。过程中所涉及的反应方程式为

$$NH_3 + H_3BO_3 \longrightarrow NH_4^+ + H_2BO_3^-$$

$$H_2BO_3^- + HCl \longrightarrow H_3BO_3 + Cl^-$$

该方法的优点是仅需配制一种标准溶液(HCl)，H_3BO_3 在整个过程中不被滴定，其浓度不需很准确，只需过量即可。

4.8.5 非水滴定法

1. 概述

在水以外的溶剂中进行滴定的方法称为非水滴定法，非水滴定主要应用于非水酸碱滴定。对一些在水溶液中极弱的酸碱，或在水中溶解度很小的酸碱，在水溶液中不能进行滴定，可以考虑在非水溶液中进行。非水酸碱滴定的原理仍是以质子理论为基础，通过溶剂化质子的转移实现酸碱中和反应。

例如，某一弱碱 B，在水溶液中 $cK_b < 10^{-8}$，故不能被准确滴定。若将弱碱 B 溶于冰醋酸中，则

$$B + HAc \longrightarrow BH^+ + Ac^-$$

通过 HAc(溶剂)传递质子，K_b 值增大，因而可用强酸($HClO_4$)进行滴定，反应如下：

$$\begin{aligned} HClO_4 + HAc &\longrightarrow H_2Ac^+ + ClO_4^- \\ B + HAc &\longrightarrow BH^+ + Ac^- \\ H_2Ac^+ + Ac^- &\longrightarrow 2HAc \\ \hline HClO_4 + B &\longrightarrow BH^+ + ClO_4^- \end{aligned}$$

(1) 非水滴定的特点：①增大有机化合物的溶解度，使由于在水中溶解度低而难以滴定的有机物可以滴定；②由于区分效应，使弱碱或弱酸可分别在酸性溶剂或碱性溶剂中进行滴定；③本身与水反应的某些物质可用适宜的非水溶剂进行滴定；④扩大了滴定分析的应用范围。

(2) 非水滴定的终点指示：①水溶液中酸碱滴定所用的指示剂大多数可用于非水滴定；②在非水溶液中，指示剂终点变色平衡的影响因素比较复杂，除溶剂的酸碱性外，还须考虑极性等的影响。

2. 非水溶剂的分类

1) 质子性溶剂

质子性溶剂有酸性质子性溶剂、碱性质子性溶剂和两性质子性溶剂。有机弱碱在酸性质子性溶剂中可显著地增强其相对碱性，常用的酸性溶剂为冰醋酸；有机弱酸在碱性质子性溶剂中可显著地增强其相对酸性，最常用的碱性溶剂为二甲基甲酰胺；兼具酸碱两性的溶剂为两性质子性溶剂，最常用的为甲醇。

2) 非质子性溶剂(惰性溶剂)

这类溶剂没有酸碱性，如苯、三氯甲烷。

3. 示例——非水滴定法测定硫酸奎宁的含量

硫酸奎宁属于一种生物碱，在水中碱性很弱，不能在水溶液中用酸直接进行准确滴定，但在非水酸性介质(如冰醋酸或乙酸酐)中，碱性显著增强，可用高氯酸直接滴定。

在水溶液中，硫酸盐可用酸滴定至 H_2SO_4，但是在冰醋酸中，硫酸盐只能滴定至硫酸氢盐。滴定反应如下：

$$(C_{20}H_{24}N_2O_2H^+)_2SO_4 + 3HClO_4 \longrightarrow (C_{20}H_{24}N_2O_2 \cdot 2H^+) \cdot 2ClO_4^- + (C_{20}H_{24}N_2O_2 \cdot 2H^+) \cdot HSO_4^- \cdot ClO_4^-$$

滴定前的准备：

溶剂——用冰醋酸作为滴定溶剂。常用的冰醋酸都含有少量的水分，而水的存在常影响滴定突跃，使指示剂变色不敏锐。除去水的方法是加入计算量的乙酸酐，使之与水反应转变为乙酸。

高氯酸标准溶液的配制和标定——常用间接法配制，以邻苯二甲酸氢钾为基准物质进行标定，结晶紫指示液指示终点。标定后的高氯酸标准溶液需置于棕色玻璃瓶中，密闭保存。

滴定——精确称取适量的硫酸奎宁样品，加冰醋酸使其全部溶解后，再加适量乙酸酐和结晶紫指示液 1～2 滴，用高氯酸滴定液滴定至溶液呈蓝绿色，并将滴定结果用空白试验校正。即可测定出样品中硫酸奎宁的含量。

【拓展阅读】

凯氏定氮法

许多有机物如蛋白质、肉类、饲料、肥料及合成药物等都含有氮，可通过凯氏定氮法测定其中的氮含量，测定过程如下：

样品与浓硫酸共热，浓硫酸使有机物脱水，其中的 C、H 被氧化为 CO_2 和 H_2O，而有机物中分解出的氨进一步与硫酸作用生成硫酸铵。

$$\text{有机物}(C,H,O,N,P,S) + H_2SO_4(\text{浓}) \longrightarrow (NH_4)_2SO_4 + CO_2 + H_2O + SO_2 + H_3PO_4 + \cdots$$

加入硫酸钾或硫酸钠以提高反应的沸点，加入硫酸铜作为催化剂，加速有机物分解。样品消化后，加入浓碱使消化液中硫酸铵分解，游离出氨，借助水蒸气将产生的氨蒸馏到定量的硼酸溶液中，使硼酸溶液中 pH 升高；然后用酸标准溶液滴定，直至恢复到原硼酸溶液中 pH 为止，根据所用酸标准溶液的浓度和用量，算出待测样品中的氮含量。

$$(NH_4)_2SO_4 + 2NaOH \longrightarrow Na_2SO_4 + 2H_2O + 2NH_3\uparrow$$
$$2NH_3 + 4H_3BO_3 \longrightarrow (NH_4)_2B_4O_7 + 5H_2O$$
$$(NH_4)_2B_4O_7 + 2HCl \longrightarrow 2NH_4Cl + 4H_3BO_3$$

该方法测定出的为试样中的总氮量，但不能区分蛋白质中氨基态氮和其他添加化合物中的氮的区别，如在牛奶中加入三聚氰胺，测定出的为牛奶中蛋白质中的氮和三聚氰胺中氮的总量，使用时需加以注意。

【参考文献】

四川大学. 2014. 近代化学基础[M]. 3 版. 北京：高等教育出版社
武汉大学. 2016. 分析化学(上册)[M]. 6 版. 北京：高等教育出版社
徐慧，徐强. 2010. 酸碱指示剂的发展方向[J]. 化学教育, 9: 3-5
许家胜，张杰，钱建华. 2010. 酸碱理论的发展[J]. 化学世界, 6: 381-384

【思考题和习题】

1. 按照酸碱质子理论，判断下列物质在水溶液中是酸，还是碱，还是两性物质。

   H_2O，HF，H_2S，SO_4^{2-}，CO_3^{2-}，HCO_3^-，PO_4^{3-}，$H_2PO_4^-$

2. 写出下列酸(或碱)的共轭碱(或共轭酸)：

   H_2O，HF，H_2S，SO_4^{2-}，CO_3^{2-}，HCO_3^-，PO_4^{3-}，$H_2PO_4^-$

3. 写出下列组分的物料平衡和电荷平衡：

(1) NaHS　(2) NH_4CN　(3) NH_4HCO_3　(4) $NaNH_4HPO_4$

4. 写出下列物质在水溶液中的质子条件：

(1) NaHS　(2) NH_4CN　(3) NH_4HCO_3　(4) $NaNH_4HPO_4$

5. 根据质子条件推导一元弱碱溶液[OH^-]的精确式并进行合理近似得到近似式和最简式。

6. 欲配制 pH = 3.5 和 pH = 9.1 左右的缓冲溶液，应选下列何种酸及其共轭碱(括号内为 pK_a值)?

二氯乙酸(1.35)，一氯乙酸(2.87)，甲酸(3.75)，HAc(4.756)，苯酚(9.99)，H_3BO_3(9.27)

7. 有三种缓冲溶液，它们的组成如下：

(1) 1.0 mol · L^{-1} NH_3 + 1.0 mol · L^{-1} NH_4Cl；

(2) 1.0 mol · L^{-1} NH_3 + 0.01 mol · L^{-1} NH_4Cl；

(3) 0.01 mol · L^{-1} NH_3 + 1.0 mol · L^{-1} NH_4Cl。

这三种缓冲溶液的缓冲能力有什么不同？加入一定量的酸或碱时，哪种溶液的 pH 将发生较大的变化？哪种溶液仍具有较好的缓冲作用?

8. 选择指示剂的原则是什么?

9. 氯化钡法中测定碳酸钠含量时如果用甲基橙作指示剂会产生较大的误差，为什么?

10. 比较 0.1000 mol · L^{-1} NaOH 溶液滴定 pK_a = 5.0 和 pK_a = 6.0 的弱酸溶液的突跃范围。

11. 甲醛法中用 NaOH 标准溶液滴定生成的质子化六次甲基四胺和 H^+时，为什么不能用甲基橙或甲基红作指示剂?

12. 写出下列物质与水反应的方程式：

HCO_3^- ，$C_2O_4^{2-}$ ，NH_4^+ ，CN^- ，HCOOH，HS^-，$H_2PO_4^-$

13. 计算下列溶液的 pH。

(1) 0.050 mol · L^{-1} Na_2CO_3　(2) 3×10^{-8} mol · L^{-1} HCl

(3) 0.050 mol · L^{-1} NH_4Cl　(4) 0.1 mol · L^{-1} H_3BO_3

(5) 0.01 mol · L^{-1} 苯甲酸　(6) 0.050 mol · L^{-1} 苯酚钠

(7) 3×10^{-8} mol · L^{-1} NaOH　(8) 0.10 mol · L^{-1} NaAc

14. 已知某 HF 溶液的解离度α = 4.5%，计算该 HF 溶液的浓度。若将此溶液稀释 10 倍，解离度为多少?

15. 在 20 mL 0.10 mol · L^{-1} HCl 溶液中加入 20 mL 0.10 mol · L^{-1} $NH_3 \cdot H_2O$，求溶液的 pH。

16. 将 0.10 mol · L^{-1} HCl 溶液与 0.10 mol · L^{-1} 一氯乙酸钠溶液等体积混合，计算混合溶液的 pH。

17. 已知室温下 H_2CO_3 饱和溶液的浓度为 0.034 mol · L^{-1},求此溶液的 pH 及 CO_3^{2-} 的浓度。假定 CO_2 在 0.010 mol · L^{-1} HCl 溶液中的溶解度近似于纯水中的溶解度，此时 H_2CO_3 溶液的 CO_3^{2-} 浓度降低了多少?

18. 计算柠檬酸(以 H_3A 表示)在 pH = 5.00 时，H_3A、H_2A^-、HA^{2-} 和 A^{3-} 的分布系数 δ_3、δ_2、δ_1 和 δ_0；若该酸的总浓度为 0.10 mol · L^{-1}，求四种型体的平衡浓度。

19. HCl 与 H_2S 混合溶液 pH 为 1.00(设此时 H_2S 已饱和)，计算 HS^- 和 S^{2-} 的平衡浓度。已知饱和 H_2S 水溶液的浓度为 0.10 mol · L^{-1}。

20. 计算 H_2SO_3 在 pH 分别为 3.00 和 6.00 时溶液中 H_2SO_3、HSO_3^- 和 SO_3^{2-} 三种型体的分布系数。

21. 计算下列三种缓冲溶液的 pH。若各加入 1 mL 3 mol · L^{-1} HCl 溶液，溶液的 pH 改变多少?

(1) 100 mL 浓度均为 1.0 mol · L^{-1} 的 HAc 和 NaAc 溶液；

(2) 100 mL 0.050 mol · L^{-1} HAc 和 1.0 mol · L^{-1} NaAc 溶液；

(3) 100 mL 浓度均为 0.070 mol · L^{-1} 的 HAc 和 NaAc 溶液。

22. 已知乙酸的 $K_a = 1.75\times10^{-5}$，现有 1.0 L 0.2 mol · L^{-1} 乙酸溶液，需加入多少克乙酸钠才能维持氢离子浓度为 5.0×10^{-5} mol · L^{-1}?

23. 取 50 mL 0.10 mol · L^{-1} 某一元酸溶液与 20 mL 0.10 mol · L^{-1} KOH 溶液混合，将混合溶液稀释到 100 mL，测得此溶液的 pH 为 5.25，此一元酸的解离常数是多少?

24. 某同学将 16.35 g 三氯乙酸和 2.0 g NaOH 溶解后稀释至 1 L 以配制 pH = 0.64 的缓冲溶液。

(1) 此缓冲溶液的 pH 实际为多少?

(2) 要使此缓冲溶液的 pH 达到 0.64，需加入多少摩尔的 HCl?

25. 在 10 mL 0.30 mol · L^{-1} $NaHCO_3$溶液中，需加入多少毫升 0.20 mol · L^{-1}的 Na_2CO_3溶液才能使溶液的 pH 等于 10?

26. 某一元弱酸与 28.50 mL 0.100 mol · L^{-1}的 NaOH 溶液恰好完全反应。此时再加入 14.25 mL 0.100 mol · L^{-1}的 HCl 溶液，测得溶液的 pH 为 5.13。计算该弱酸的解离常数。

27. 用 0.100 mol · L^{-1} 的 NaOH 标准溶液滴定 20.00 mL 等浓度的甲酸(HCOOH)，计算计量点时溶液的 pH 及滴定突跃范围并选择合适的指示剂。

28. 以 0.100 mol · L^{-1} 的 NaOH 标准溶液滴定 20.00 mL 等浓度的甲酸(HCOOH)，若以甲基橙作指示剂滴定至溶液为橙色(pH = 4.0)，终点误差是多少？若以酚酞作指示剂滴定至酚酞微红(pH = 8.0)，终点误差是多少？

29. 某二元弱酸 H_2A，已知 pH = 1.92 时，H_2A 与 HA^-分布系数相等；pH = 6.22 时，HA^-与 A^{2-}分布系数相等。计算：

(1) H_2A 的 pK_{a_1}和pK_{a_2}；

(2) 用 0.1000 mol · L^{-1} NaOH 滴定等浓度的该二元弱酸 H_2A，计算滴定至第一计量点和第二计量点时溶液的 pH 各为多少？应选哪种指示剂？

30. 用 0.1000 mol · L^{-1} 的 HCl 标准溶液滴定等浓度的某一元弱碱溶液，当滴入 20.00 mL 时测得溶液的 pH 为 8.90。继续滴定至化学计量点，共消耗 HCl 标准溶液 25.00 mL。计算此一元弱碱的 K_b。

31. 称取一混合碱试样 0.3000 g，加水溶解完全，以酚酞指示用 0.1020 mol · L^{-1} HCl 标准溶液滴定，消耗 20.45 mL，然后用甲基橙指示继续滴定，又消耗 HCl 标准溶液 23.45 mL。根据以上数据判断该混合碱的组成并计算各组分的质量分数。

32. 称取含磷试样 1.0000 g，经处理将其中的磷沉淀为磷钼酸铵，用 20.00 mL 0.1000 mol · L^{-1} NaOH 标准溶液溶解该沉淀，过量的 NaOH 标准溶液用等浓度的 HCl 标准溶液滴定至酚酞刚好褪色，消耗 HCl 标准溶液 5.00 mL。计算试样中磷的质量分数。

33. 称取某品牌奶粉试样 0.7500 g，经 H_2SO_4 消化然后加入过量 NaOH 溶液处理，蒸馏出来的 NH_3 用过量的 H_3BO_3 溶液吸收。以溴甲酚绿作指示剂滴定硼酸吸收液至终点，消耗 0.1000 mol · L^{-1} HCl 标准溶液 20.12 mL，计算该试样中氮的质量分数。

第 5 章　配位滴定法

【内容提要与学习要求】

本章要求学生掌握逐级稳定常数、累积稳定常数的概念和相互关系，能使用累积稳定常数处理配位平衡；掌握稳定常数、条件稳定常数、副反应系数之间的相互关系；能计算直接配位滴定过程中 pM 或 pM′随滴定分数的变化。要求学生掌握化学计量点 pM_{sp} 或 pM'_{sp} 的计算方法；掌握金属指示剂的变色原理，金属指示剂理论变色点 pM_{ep} 或 pM'_{ep} 的理论计算；理解金属离子和指示剂的副反应对 pM'_{ep} 的影响；利用终点误差公式判断误差大小、适宜滴定酸度范围，最高允许酸度和最低允许酸度，掌握提高配位反应选择性和消除干扰的方法；了解配位滴定法的应用。

配位滴定法是建立在配位反应基础上的滴定分析方法。虽然很多金属离子与合适的配位剂可形成配合物，但并非所有的配位反应都可以用作配位滴定，只有那些反应完全、快速、可逆，且反应的化学计量比恒定的配位反应在滴定分析中才更具应用价值。多数无机配合物稳定性差，易形成多级配合物 ML_n(M 表示金属离子，L 表示配位剂)，溶液中多种配合物型体同时存在且比例随条件而变，致使 M 与 L 之间不具有确定的化学计量关系，因而不满足滴定分析的基本条件。在滴定分析中，无机配位剂的配位反应主要用于消除干扰。迄今，配位滴定中应用最广泛的是氨羧类多齿配位剂[螯合剂(chelating agent)]，其中最典型的是乙二胺四乙酸(ethylenediaminetetraacetic acid，EDTA)，可直接或间接用于几十种金属离子的配位滴定。本章主要讨论以 EDTA 为滴定剂滴定金属离子的过程中化学平衡的处理方法、滴定的过程变化和基本原理、滴定条件控制，以及配位滴定的应用。

配位滴定法应用广泛，如水中总硬度的测定、硅酸盐矿物中铝、钙含量的测定、锌精矿中锌含量的测定、抗酸药复方铝酸铋片中铝和铋的含量测定、洗涤剂中乙二胺四乙酸含量的测定，以及合金中常量组分的测定等都可采用配位滴定法。

5.1　配 位 平 衡

5.1.1　稳定常数

金属离子和配位剂的配位反应可表示为

$$M + nL \rightleftharpoons ML_n$$

反应式中符号均略去电荷数(在配位反应中，配位数主要与中心原子和配体的结构有关，与电荷关系不大，故常略去电荷)，n 为 1,2,3⋯反应的平衡常数，称为稳定常数(stability constant，$K_{稳}$)或形成常数(formation constant，K_f)。$K_{稳}$ 值越大，该配位反应进行得越完全，形成的配合物也越稳定。

$$K_{稳} = \frac{[ML_n]}{[M][L]^n} \tag{5.1}$$

对于单齿配位剂，如 NH_3、OH^-、Cl^-、F^-等，一个配位剂分子只能提供一对配位所需的孤对电子，形成的配合物中，每一个配位剂与中心离子只形成一个配位键。这种单齿配位剂与金属离子的配位反应往往形成 ML_n 型多级配合物，如 Al^{3+} 与 F^- 可形成 AlF^{2+}、AlF_2^+、AlF_3、AlF_4^-、AlF_5^{2-}、AlF_6^{3-}。

ML_n 型配合物是逐级反应形成的，各级反应的稳定常数称为逐级稳定常数(stepwise stability constant，K_i)。使用逐级稳定常数描述各级配位反应，表达式中涉及一系列中间产物的平衡浓度，处理起来较复杂。将各逐级反应方程式累加，得到形成各级反应产物的总反应(表观反应)方程式。总反应方程式对应的平衡常数称为累积稳定常数(cumulative/overall stability constant，β_i)。逐级稳定常数 K_i 与累积稳定常数 β_i 的联系为

逐级反应	逐级稳定常数	总反应	累积稳定常数
$M + L \rightleftharpoons ML$	$K_1 = \dfrac{[ML]}{[M][L]}$	$M + L \rightleftharpoons ML$	$\beta_1 = \dfrac{[ML]}{[M][L]} = K_1$
$ML + L \rightleftharpoons ML_2$	$K_2 = \dfrac{[ML_2]}{[ML][L]}$	$M + 2L \rightleftharpoons ML_2$	$\beta_2 = \dfrac{[ML_2]}{[M][L]^2} = K_1 K_2$
⋮	⋮	⋮	⋮
$ML_{n-1} + L \rightleftharpoons ML_n$	$K_n = \dfrac{[ML_n]}{[ML_{n-1}][L]}$	$M + nL \rightleftharpoons ML_n$	$\beta_2 = \dfrac{[ML_n]}{[M][L]^n} = K_1 K_2 \cdots K_n$

$$\lg \beta_i = \lg K_1 + \lg K_2 + \cdots + \lg K_i \tag{5.2}$$

使用 β_i(累积稳定常数)处理多级配位平衡的好处是，过程将大大简化，表达某一型体的平衡浓度时，计算式更简练，如

$$[ML_i] = \beta_i [M][L]^i \tag{5.3}$$

一些常见配位剂与金属离子形成的配合物 β_i 见附录 7。

【例 5.1】 含 Al^{3+}和 F^-的溶液，其中游离$[Al^{3+}] = 1.0\times10^{-12}\ mol\cdot L^{-1}$，$[F^-] = 1.0\times10^{-2}\ mol\cdot L^{-1}$，计算溶液中各级配合物的平衡浓度以及 Al^{3+}所有型体的总浓度(c_{Al})。已知铝氟配合物的 $\lg\beta_1$～$\lg\beta_6$分别为 6.16、11.2、15.1、17.8、19.2、19.24。

解

$$[AlF^{2+}] = 10^{6.16} \times 10^{-12} \times (1.0\times10^{-2}) = 10^{-7.84}\ (mol\cdot L^{-1})$$

$$[AlF_2^+] = 10^{11.2} \times 10^{-12} \times (1.0\times10^{-2})^2 = 10^{-4.8}\ (mol\cdot L^{-1})$$

$$[AlF_3] = 10^{15.1} \times 10^{-12} \times (1.0\times10^{-2})^3 = 10^{-2.9}(mol\cdot L^{-1})$$

$$[AlF_4^-] = 10^{17.8} \times 10^{-12} \times (1.0\times10^{-2})^4 = 10^{-2.2}(mol\cdot L^{-1})$$

$$[AlF_5^{2-}] = 10^{19.2} \times 10^{-12} \times (1.0\times10^{-2})^5 = 10^{-2.8}(mol\cdot L^{-1})$$

$$[AlF_6^{3-}] = 10^{19.24} \times 10^{-12} \times (1.0\times10^{-2})^6 = 10^{-4.76}(mol\cdot L^{-1})$$

$$c_{Al} = 1.0\times10^{-12} + 10^{-7.84} + 10^{-4.8} + 10^{-2.9} + 10^{-2.2} + 10^{-2.8} + 10^{-4.76}$$

$$\approx 10^{-2.9} + 10^{-2.2} + 10^{-2.8} = 10^{-2}(mol\cdot L^{-1})$$

5.1.2　分布系数

对于给定物料的某存在型体，其平衡浓度占该物料总浓度的比例即该型体的分布系数(δ)。对于 M 与 L 的多级配位平衡，如果不考虑 M 的其他反应(如与 OH^-的反应)，则 M 的总浓度为

$$c_M = [M]+[ML]+[ML_2]+\cdots+[ML_n] = [M](1+\beta_1^L[L]+\beta_2^L[L]^2+\cdots+\beta_n^L[L]^n)$$

$$\delta_{ML_i} = \frac{[ML_i]}{c_M} = \frac{\beta_i^L[L]^i}{1+\beta_1^L[L]+\beta_2^L[L]^2+\cdots+\beta_i^L[L]^i} \tag{5.4}$$

可见，金属离子某型体的分布系数与 L 的浓度及 β 有关，与金属离子平衡浓度[M]无关。如果 M 同时还存在其他反应，如与 OH^-的 m 级配位反应，c_M 为

$$c_M = [M]+[ML]+[ML_2]+\cdots+[ML_n]+[M(OH)]+[M(OH)_2]+\cdots+[M(OH)_m]$$

$$c_M = [M]\left(1+\sum_{i=1}^{n}\beta_i^L[L]^i\right)+[M]\left(1+\sum_{i=1}^{n}\beta_i^{OH}[L]^i\right)-[M] \tag{5.5}$$

【例 5.2】 铜氨溶液中，平衡时游离 NH_3 浓度为 10^{-3} mol · L^{-1}。不考虑其他反应，计算铜离子各型体的分布系数，判断存在的主要型体。已知铜氨配合物的 $\lg\beta_1\sim\lg\beta_5$ 分别为 4.31、7.98、11.02、13.32、12.86。

解

$$c_{Cu} = \left[Cu^{2+}\right]\times\left[1+10^{4.31}\times10^{-3}+10^{7.98}\times(10^{-3})^2+\cdots+10^{12.86}\times(10^{-3})^5\right]$$
$$= \left[Cu^{2+}\right]\times 242.5$$

$$\delta_{Cu^{2+}} = \frac{\left[Cu^{2+}\right]}{c_{Cu}} = 0.0041 \qquad \delta_{[Cu(NH_3)]^{2+}} = \frac{\left[Cu(NH_3)^{2+}\right]}{c_{Cu}} = 0.084$$

$$\delta_{[Cu(NH_3)_2]^{2+}} = \frac{\left[Cu(NH_3)_2^{2+}\right]}{c_{Cu}} = 0.39 \qquad \delta_{[Cu(NH_3)_3]^{2+}} = \frac{\left[Cu(NH_3)_3^{2+}\right]}{c_{Cu}} = 0.43$$

$$\delta_{[Cu(NH_3)_4]^{2+}} = \frac{\left[Cu(NH_3)_4^{2+}\right]}{c_{Cu}} = 0.086 \qquad \delta_{[Cu(NH_3)_5]^{2+}} = \frac{\left[Cu(NH_3)_5^{2+}\right]}{c_{Cu}} = 3.0\times10^{-5}$$

计算不同氨浓度时各型体的分布系数，以 pNH_3($pNH_3 = -\lg[NH_3]$)为横坐标，δ 为纵坐标，可得各型体的分布系数图(图 5.1)。根据图 5.1，可以设想用 NH_3 作为滴定剂滴定 Cu^{2+}的过程中各型体分布系数的变化情况。随着 NH_3 的加入，$[NH_3]$增加。由于相邻两级配合物的逐级稳定常数差别不大($\lg K_1\sim\lg K_5$ 分别为 4.31、3.67、3.04、2.3、−0.46)，即使$[NH_3]$达到一个很高的数值，也没有一种型体的分布系数接近于 1。而且在加入 NH_3 的过程中，Cu^{2+}与 NH_3 反应的计量比也是随着 NH_3 浓度而变化的。因此，NH_3 不能用作滴定剂滴定 Cu^{2+}。

5.1.3　累积质子化常数

一些配位剂同时也是弱酸或弱碱。形式上，酸根逐级结合质子和 M 逐级结合 L 的过程类似，采用累积常数同样可以更简洁地处理酸碱平衡。例如，PO_4^{3-} 结合 H^+的过程可采用累积质子化常数(β_n^{H})来处理(将 H^+看作 ML_n 中的 L)。

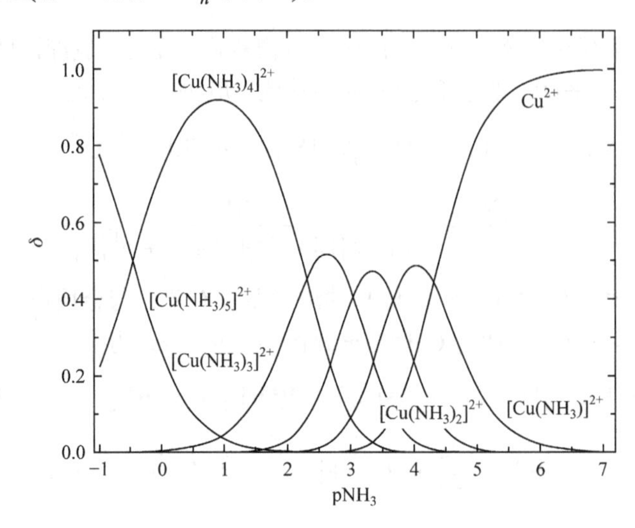

图 5.1　铜氨配合物的分布系数图

$$PO_4^{3-} + H^+ \rightleftharpoons HPO_4^{2-} \quad K_1^{\mathrm{H}} = \frac{1}{K_{a_3}} \quad PO_4^{3-} + H^+ \rightleftharpoons HPO_4^{2-} \quad \beta_1^{\mathrm{H}} = \frac{1}{K_{a_3}}$$

$$HPO_4^{2-} + H^+ \rightleftharpoons H_2PO_4^- \quad K_2^{\mathrm{H}} = \frac{1}{K_{a_2}} \quad PO_4^{3-} + 2H^+ \rightleftharpoons H_2PO_4^- \quad \beta_2^{\mathrm{H}} = \frac{1}{K_{a_3}K_{a_2}}$$

$$H_2PO_4^- + H^+ \rightleftharpoons H_3PO_4 \quad K_3^{\mathrm{H}} = \frac{1}{K_{a_1}} \quad PO_4^{3-} + 3H^+ \rightleftharpoons H_3PO_4 \quad \beta_3^{\mathrm{H}} = \frac{1}{K_{a_3}K_{a_2}K_{a_1}}$$

K_n^{H} 称为逐级质子化常数。可按照 ML_n 型配合物各型体分布系数的方法计算多元酸各型体的分布系数。

【例 5.3】 铬黑 T 是一种三元酸(H_3In)，其 pK_{a_1}、pK_{a_2}、pK_{a_3} 分别为 3.9、6.4、11.5。在溶液中 H_3A、H_2A^-呈紫红色，HA^{2-}呈蓝色，A^{3-}呈橙红色。其 $\lg\beta_1^{\mathrm{H}}$、$\lg\beta_2^{\mathrm{H}}$、$\lg\beta_3^{\mathrm{H}}$ 分别为多少？在 pH = 10 的溶液中，其存在的主要型体是哪种？溶液呈现什么颜色？

解

$$\lg\beta_1^{\mathrm{H}} = \lg\frac{1}{K_{a_3}} = pK_{a_3} = 11.5$$

$$\lg\beta_2^{\mathrm{H}} = \lg\frac{1}{K_{a_3}K_{a_2}} = pK_{a_3} + pK_{a_2} = 11.5 + 6.4 = 17.9$$

$$\lg\beta_3^{\mathrm{H}} = \lg\frac{1}{K_{a_3}K_{a_2}K_{a_1}} = pK_{a_3} + pK_{a_2} + pK_{a_1} = 11.5 + 6.4 + 3.9 = 21.8$$

$$\delta_{HA^{2-}} = \frac{c_{HA^{2-}}}{c} = \frac{\beta_1^{\mathrm{H}}\left[H^+\right]}{1+\beta_1^{\mathrm{H}}\left[H^+\right]+\beta_2^{\mathrm{H}}\left[H^+\right]^2+\beta_3^{\mathrm{H}}\left[H^+\right]^3}$$

$$=\frac{10^{11.5}\times10^{-10}}{1+10^{11.5}\times10^{-10}+10^{17.9}\times10^{-20}+10^{21.8}\times10^{-30}}$$

$$=\frac{10^{1.5}}{1+10^{1.5}+10^{-2.1}+10^{-8.2}}\approx0.97$$

主要存在型体为 HA^{2-}，溶液应为蓝色。

5.2 EDTA 及其配位反应

单齿配位剂与金属离子的配位反应往往存在多级配位，形成的配合物大多不稳定，相邻两级稳定常数差别小，几种配合物型体同时存在且比例随条件而变，致使反应不具有确定的计量比。除个别反应(如 Ag^+和 CN^-、Hg^{2+}和 Cl^-等)外，绝大多数单齿配位剂不能用作配位滴定的滴定剂。在分析化学中单齿配合物主要用作掩蔽剂和辅助配位剂。

配位剂中含有两个及两个以上可键合原子的多齿配体与金属离子反应，形成配位比更简单、具有环状结构、更稳定的螯合物。配位滴定中使用最广泛的滴定剂是氨羧类多齿螯合配体，以 EDTA 最为典型，其结构式如图 5.2 所示。

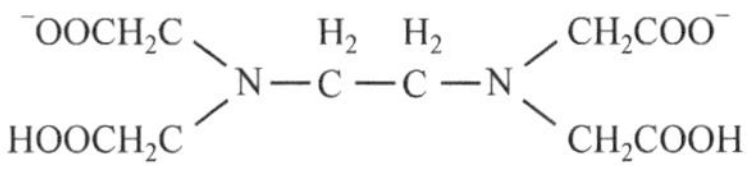

$$\begin{matrix} ^{-}OOCH_2C \diagdown & & H_2 & & H_2 & & \diagup CH_2COO^{-} \\ & N - & C & - & C & - N & \\ HOOCH_2C \diagup & & & & & & \diagdown CH_2COOH \end{matrix}$$

图 5.2 EDTA 的化学结构式

5.2.1 EDTA 在溶液中的酸碱平衡

在水溶液中，EDTA 分子中两个羧基上的 H^+转移到 N 原子上，形成双偶极离子，剩余的两个羧基具有较强酸性，而 N 上结合的 H^+较难释放，酸性弱。在强酸性溶液中，余下的两个羧酸根还可以再结合两个 H^+，形成一个六元酸(表示为 H_6Y^{2+})。EDTA 在水溶液中的酸碱平衡可按照六元酸处理。在水溶液中，EDTA 以 7 种型体存在，分别是 H_6Y^{2+}、H_5Y^+、H_4Y、H_3Y^-、H_2Y^{2-}、HY^{3-}、Y^{4-}，其 $pK_{a_1}\sim pK_{a_6}$ 分别为 0.9、1.6、2.0、2.67、6.16、10.26(20℃，0.1 mol · L^{-1} KCl)。

$$H_6Y^{2+}\underset{K_6^H}{\overset{K_{a_1}}{\rightleftharpoons}}H_5Y^+\underset{K_5^H}{\overset{K_{a_2}}{\rightleftharpoons}}H_4Y\underset{K_4^H}{\overset{K_{a_3}}{\rightleftharpoons}}H_3Y^-\underset{K_3^H}{\overset{K_{a_4}}{\rightleftharpoons}}H_2Y^{2-}\underset{K_2^H}{\overset{K_{a_5}}{\rightleftharpoons}}HY^{3-}\underset{K_1^H}{\overset{K_{a_6}}{\rightleftharpoons}}Y^{4-}$$

特定 pH 下某一型体的分布系数可表示为(以 $\delta_{HY^{3-}}$ 为例，β_i^H 为累积质子化常数)：

$$\delta_{HY^{3-}}=\frac{\left[HY^{3-}\right]}{\left[Y^{4-}\right]+\left[HY^{3-}\right]+\cdots+\left[H_6Y^{2+}\right]}=\frac{\beta_1^H\left[H^+\right]}{1+\beta_1^H\left[H^+\right]+\beta_2^H\left[H^+\right]^2+\cdots+\beta_5^H\left[H^+\right]^5+\beta_6^H\left[H^+\right]^6}$$

在溶液中，EDTA 各型体的分布系数随 pH 变化而变化，如图 5.3 所示。无论 EDTA 的初始型体是什么，pH 增加，去质子化型体比例增加，pH 降低，质子化型体比例增加。在 pH＞10.26 的溶液中，EDTA 主要以 Y^{4-}型体存在，在 pH＞12 甚至更高的条件下，几乎全部以 Y^{4-}型体存在。

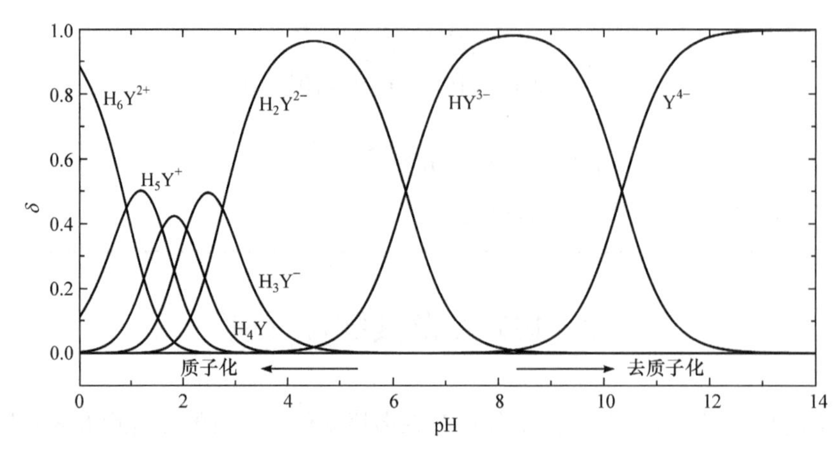

图 5.3　EDTA 各型体的分布系数图

5.2.2　EDTA 与金属离子的配位平衡

一个 EDTA 分子中含有氨氮和羧基氧两种共 6 个配位原子，几乎能与所有的金属离子配位。EDTA 与大多数金属离子形成 1∶1 的配合物 MY。

$$Ca^{2+}+Y^{4-}\rightleftharpoons CaY^{2-}\qquad K_{CaY}=\frac{[CaY^{2-}]}{[Ca^{2+}][Y^{4-}]}\qquad \lg K_{CaY}=10.67$$

$$Zn^{2+}+Y^{4-}\rightleftharpoons ZnY^{2-}\qquad K_{ZnY}=\frac{[ZnY^{2-}]}{[Zn^{2+}][Y^{4-}]}\qquad \lg K_{ZnY}=16.5$$

$$Fe^{3+}+Y^{4-}\rightleftharpoons FeY^{-}\qquad K_{FeY}=\frac{[FeY^{-}]}{[Fe^{3+}][Y^{4-}]}\qquad \lg K_{Fe(III)Y}=25.1$$

EDTA 能与大多数金属离子迅速反应，形成具有环状结构(图 5.4)、稳定、水中可溶的螯合物。附录 8 中列出一些金属离子与 EDTA 配合物的 $\lg K_{稳}$ 值，可以看到大多数配合物相当稳定。EDTA 与三价、四价金属离子和 Hg^{2+}形成的配合物特别稳定，$\lg K_{稳}>20$；EDTA 与二价过渡金属离子、稀土金属离子及 Al^{3+}形成配合物的 $\lg K_{稳}$ 为 14～18；碱土金属离子与其他配体形成配合物的倾向较小，但它们与 EDTA 的配合物比较稳定，$\lg K_{稳}$ 为 8～11，也可用于滴定分析；一价金属离子的 EDTA 配合物不稳定。

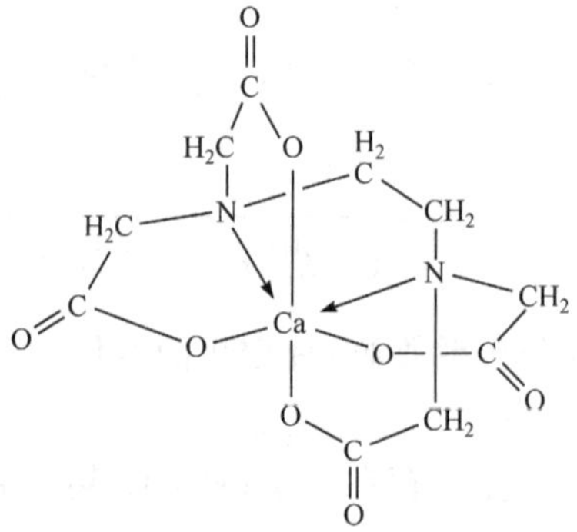

图 5.4　EDTA 与 Ca^{2+}的配合物结构示意图

溶液的酸度或碱度较高时，一些离子与 EDTA 可形成酸式配合物 MHY 或碱式配合物 M(OH)Y。酸式和碱式配合物多数不稳定，加之它们的形成不会影响 M 与 Y 之间 1∶1 的计量关系，在配位滴定中一般不予考虑。

有极少数高价离子，如 Mo(Ⅴ)与 EDTA 形成 2∶1 配合物$(MoO_2)_2Y^{2-}$，在中性或碱性溶液中 Zr(Ⅳ)也形成 2∶1 配合物$(ZrO)_2Y$；Th(Ⅳ)在 EDTA 过量很多时形成 1∶2 配合物 ThY_2。金属离子与 EDTA 的配位实质上是金属离子与完全去质子化的 Y^{4-}中 N 和 O 形成配位键的过程。

【例 5.4】 Ca^{2+}在 pH = 10 时不发生水解。将 10.00 mL 0.020 mol · L^{-1} EDTA 加入到 10.00 mL 0.020 mol · L^{-1} Ca^{2+}溶液中，控制溶液 pH = 10，估算游离 Ca^{2+}的浓度。已知 $\lg K_{CaY} = 10.7$。

解

$$Ca^{2+} + Y^{4-} \rightleftharpoons CaY^{2-}$$

由于 K_{CaY} 较大，反应进行完全，可认为$[CaY^{2-}] \approx 0.010 \text{ mol} \cdot L^{-1}$。反应前 Ca^{2+}与 Y^{4-}的摩尔比为 1∶1，反应按照 1∶1 的计量比进行，反应达到平衡后，未反应的 Ca^{2+}与 Y^{4-}的摩尔比也为 1∶1。

$$K_{CaY} = \frac{[CaY^{2-}]}{[Ca^{2+}]c_Y} \approx \frac{0.010}{[Ca^{2+}]^2} \approx 10^{10.7}$$

$$[Ca^{2+}] = \sqrt{\frac{0.010}{10^{10.7}}} = 10^{-6.35}(\text{mol} \cdot L^{-1})$$

$$\frac{[Ca^{2+}]}{c_{Ca}} = \frac{10^{-6.35}}{0.010} \times 100\% = 0.004\%$$

计算结果表明，该条件下 Ca^{2+}与 EDTA 反应是比较完全的。

EDTA 与无色金属离子形成无色配合物，如 CaY^{2-} 和 AlY^{-} 均无色，这有利于用指示剂检测终点。EDTA 与有色金属离子生成比金属离子溶液颜色更深的配合物，如 CuY^{2-} 为蓝色，Fe(Ⅲ)Y^{-}为黄色。滴定这些离子时，要控制金属离子的浓度，否则配合物的颜色将干扰终点颜色的观察。如果配合物的颜色太深，可用其他方法(如电位法、光度法)来检测终点，如 Cr^{3+} 测定。

由于 EDTA 具有广泛的配位性能，这会引起溶液中共存金属离子的相互干扰。在实际滴定分析中需要控制滴定条件，提高滴定反应的选择性。实际应用中，还需要考虑 Y^{4-}与 H^{+}的逐级质子化反应及共存的其他配位剂对滴定反应的影响。

5.3　副反应系数及条件稳定常数

EDTA 与金属离子的配位反应绝大多数为 1∶1 型反应，反应方程式可写为

$$M + Y \rightleftharpoons MY \qquad K_{稳} = \frac{[MY]}{[M][Y]} \tag{5.6}$$

在溶液中，除了该方程式表示的平衡外，往往还存在其他与之相关联的反应。图 5.5 汇

总了可能同时存在的一些关联反应。

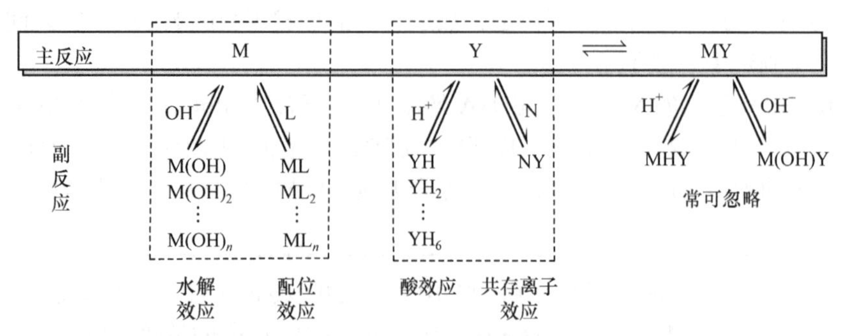

图 5.5　金属离子与 EDTA 的反应及关联反应(L 为其他配位剂，N 为可能存在的干扰离子)

M 除了与 Y 反应外，可能还存在与 OH^-的配位反应(水解效应)，也可能还存在与其他配位剂(L)的配位反应(配位效应)。对 Y 来说，还存在 Y 的逐级质子化反应(酸效应)，也可能还存在干扰离子 N 与 Y 的反应(共存离子效应)。产物 MY 也可能会进一步形成酸式或碱式配位产物。一般 MY 非常稳定时，MHY 和 M(OH)Y 比例极小，可以忽略。可以看出，配位滴定中所涉及的化学平衡是比较复杂的。

在处理这种复杂的化学平衡时，可将欲考察的核心反应看作主反应，将其他与之关联的反应视为副反应。如果忽略 MY 的进一步反应，明显地，副反应和主反应之间是一种竞争关系。副反应进行的程度越大，主反应进行得越不完全。在配位滴定中，如欲通过消耗 Y 的量计算 M 的量(反之亦然)，要求 M 与 Y 的主反应要进行完全，这就需要对副反应进行的程度加以控制。为此，需要解决以下两个问题：副反应进行的程度、有副反应时主反应进行的程度。

5.3.1　金属离子的副反应系数

金属离子可能存在两种副反应：水解效应(由于水解效应的普遍存在，这里单独作为一类)和配位效应。例如，用 EDTA 滴定 Zn^{2+}，使用 NH_3-NH_4Cl 缓冲溶液控制 pH，Zn^{2+}存在水解效应，同时还存在 NH_3 与 Zn^{2+}的配位反应。

M 的副反应越严重，副反应产物越多，更多的 M 进入副反应产物而不是形成 MY，主反应进行程度就越不完全。体系中，将没有参与主反应的 M(包括游离的 M 和各副反应产物)的总浓度用[M′]表示，可用副反应系数(α_M)评价副反应进行的程度。

$$\alpha_M = \frac{[M']}{[M]} \tag{5.7}$$

这种表达的好处是：①表达式比较简单；②理论上完全不存在副反应时，副反应系数为 1。如果 M 只存在一种副反应，如与 OH^-的水解效应，则 M 的副反应系数记为 $\alpha_{M(OH)}$。

$$\alpha_M = \frac{[M']}{[M]} = \frac{[M] + \left[M(OH^-)\right] + \left[M(OH^-)_2\right] + \cdots + \left[M(OH^-)_n\right]}{[M]}$$

$$\alpha_{M(OH)} = 1 + \beta_1^{OH}[OH^-] + \beta_2^{OH}[OH^-]^2 + \cdots + \beta_n^{OH}[OH^-]^n \tag{5.8}$$

可见，$\alpha_{M(OH)}$ 的大小与[OH^-]及相应的 β_i^{OH} 有关。[OH^-]、β_i^{OH} 越大，形成的水解反应产物越多，水解效应越严重，$\alpha_{M(OH)}$ 值越大，对主反应的影响越大。如果不存在水解效应，水解反应产物的浓度为 0，$\alpha_{M(OH)}=1$。

【例 5.5】 计算 pH = 2 和 pH = 10.0 时，反应 $Zn^{2+}+Y^{4-} \rightleftharpoons ZnY^{2-}$ 中 Zn^{2+}的 $\alpha_{Zn(OH)}$。已知 Zn^{2+}—OH^-的 $\lg\beta_1^{OH}\sim\lg\beta_4^{OH}$ 分别为 4.4、10.1、14.2、15.5。

解 计算副反应系数时，首先要分析存在的副反应。这里，Zn^{2+}的副反应只有水解效应。

pH = 2 时，　$\alpha_{Zn(OH)}=1+10^{4.4}\times10^{-12}+10^{10.1}\times10^{-24}+10^{14.2}\times10^{-36}+10^{15.5}\times10^{-48}\approx1$

pH = 10 时，$\alpha_{Zn(OH)}=1+10^{4.4}\times10^{-4}+10^{10.1}\times10^{-8}+10^{14.2}\times10^{-12}+10^{15.5}\times10^{-16}=10^{2.5}\gg1$

计算结果说明 pH = 2 时 Zn^{2+}的水解可忽略，而 pH = 10 时 Zn^{2+}水解效应较严重。

对金属离子来说，酸度越小(pH 越大)，水解效应越严重。金属离子在某一酸度下的 $\alpha_{M(OH)}$ 可参考附录 9。

如果体系中 M 还同时存在其他副反应，如与另外一种配体 L 发生配位反应，则 M 的总副反应系数为

$$\alpha_M=\frac{[M']}{[M]}=\frac{[M]+\left[M(OH^-)\right]+\left[M(OH^-)_2\right]+\cdots+\left[M(OH^-)_n\right]+[ML]+[ML_2]+\cdots+[ML_m]}{[M]}$$

$$\alpha_M=\frac{[M']}{[M]}=\frac{[M]+\left[M(OH^-)\right]+\left[M(OH^-)_2\right]+\cdots+\left[M(OH^-)_n\right]}{[M]}+\frac{[M]+[ML]+[ML_2]+\cdots+[ML_m]}{[M]}-\frac{[M]}{[M]}$$

$$\alpha_M=\alpha_{M(OH)}+\alpha_{M(L)}-1 \tag{5.9}$$

其中，$\alpha_{M(L)}$ 为配位效应的副反应系数，$\alpha_{M(L)}=1+\beta_1^L[L]+\beta_2^L[L]^2+\cdots+\beta_m^L[L]^m$；$\alpha_M$ 称为 M 的总副反应系数。

【例 5.6】 在 pH = 10 的锌氨溶液中，游离氨的浓度为 0.1 mol · L^{-1}，计算反应 $Zn^{2+}+Y^{4-} \rightleftharpoons ZnY^{2-}$ 中 Zn^{2+}的总副反应系数。Zn^{2+}—OH^-的 $\lg\beta_1\sim\lg\beta_4$ 分别为 4.4、10.1、14.2、15.5，$[Zn(NH_3)]^{2+}$的 $\lg\beta_1\sim\lg\beta_4$ 分别为 2.37、4.81、7.31、9.46。

解 该条件下 Zn^{2+}有两种副反应：水解效应、与 NH_3 的配位效应。

$$\alpha_{Zn}=\alpha_{Zn(OH)}+\alpha_{Zn(NH_3)}-1 \qquad \alpha_{Zn(OH)}=10^{2.5}$$

$$\alpha_{Zn(NH_3)}=1+10^{2.37}\times10^{-1}+10^{4.81}\times10^{-2}+10^{7.31}\times10^{-3}+10^{9.46}\times10^{-4}\approx10^{5.5}$$

$$\alpha_{Zn}=10^{2.5}+10^{5.5}-1\approx10^{5.5}$$

计算中，如果加和项中各项大小差别悬殊，可忽略较小项。本例题的计算说明，该条件下 $\alpha_{Zn(NH_3)}\gg\alpha_{Zn(OH)}$，$Zn^{2+}$的副反应以与 NH_3 的配位效应为主，水解效应可忽略。如果有多个副反应，忽略次要的副反应，只考虑其中最主要的即可。

5.3.2 EDTA 的副反应系数

对于 EDTA 的副反应，处理方法与处理 M 副反应的方法相似，可用 EDTA 的副反应系数表示副反应进行的程度。

$$\alpha_{Y}=\frac{[Y']}{[Y]} \tag{5.10}$$

EDTA 可能的副反应包括两类：酸效应(由于其广泛存在，单独作为一类)和共存金属离子效应，对应的副反应系数记为$\alpha_{Y(H)}$和$\alpha_{Y(N)}$。

如果体系中 EDTA 只存在酸效应，不存在干扰离子 N，则

$$\alpha_{Y(H)}=\frac{[Y']}{[Y]}=\frac{\left[Y^{4-}\right]+\left[HY^{3-}\right]+\cdots+\left[H_6Y^{2+}\right]}{\left[Y^{4-}\right]} \tag{5.11}$$

$$=1+\beta_1^H\left[H^+\right]+\beta_2^H\left[H^+\right]^2+\cdots+\beta_6^H\left[H^+\right]^6 \tag{5.12}$$

可见，溶液酸度越大，Y^{4-}的质子化越严重，酸效应系数越大。对于 EDTA 或其他一些配体来说，$[H^+]$一定时的酸效应系数是确定的。为避免重复计算，附录 10 列出了不同 pH 时的 $\lg\alpha_{Y(H)}$。将 $\lg\alpha_{Y(H)}$ 对 pH 作图，得到的曲线称为 EDTA 的酸效应曲线(图 5.6)。

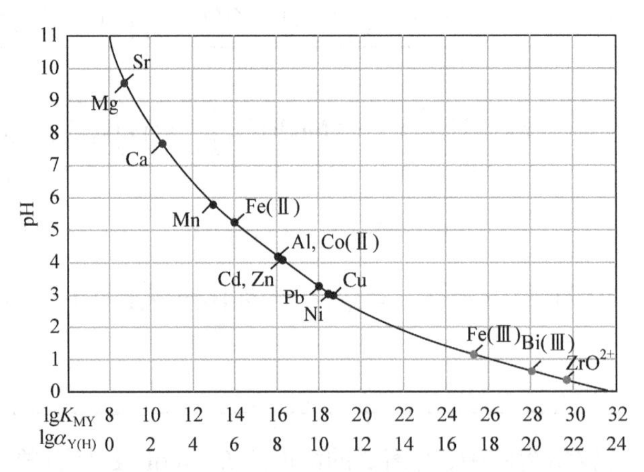

图 5.6　EDTA 的酸效应曲线及金属离子滴定的最高酸度

($[M]_{sp}=0.01\ mol\cdot L^{-1}$，$E_r=\pm0.1\%$)

【例 5.7】　比较 EDTA 在 pH = 2 和 pH = 10 时的 $\lg\alpha_{Y(H)}$。

解　查阅附录 10。pH = 2 时，$\alpha_{Y(H)}=10^{13.51}$；pH = 10 时，$\alpha_{Y(H)}=10^{0.45}$。

可见，pH 越低，EDTA 的酸效应越严重。

当溶液中只存在共存离子 N 与 EDTA 配位时，共存离子引起的副反应称为共存离子效应。副反应系数用$\alpha_{Y(N)}$表示

$$Y+N \rightleftharpoons NY \quad K_{NY}=\frac{[NY]}{[Y][N]}$$

$$\alpha_{Y(N)}=\frac{[Y']}{[Y]}=\frac{[Y]+[NY]}{[Y]}=1+K_{NY}[N]$$

可见，$K_{NY}[N]$越大，N 引起的副反应越严重。

当体系中既有共存离子 N，又有酸效应时，Y 的总副反应系数为

$$\alpha_Y=\frac{[Y']}{[Y]}=\frac{\left[Y^{4-}\right]+\left[HY^{3-}\right]+\left[H_2Y^{2-}\right]+\cdots+\left[H_6Y^{2+}\right]+[NY]}{\left[Y^{4-}\right]}$$

$$\alpha_Y=\frac{[Y']}{[Y]}=\frac{\left[Y^{4-}\right]+\left[HY^{3-}\right]+\left[H_2Y^{2-}\right]+\cdots+\left[H_6Y^{2+}\right]}{\left[Y^{4-}\right]}+\frac{[NY]+\left[Y^{4-}\right]}{\left[Y^{4-}\right]}-\frac{\left[Y^{4-}\right]}{\left[Y^{4-}\right]}$$

$$\alpha_Y=\alpha_{Y(H)}+\alpha_{Y(N)}-1 \tag{5.13}$$

如果 EDTA 存在多种副反应，只需考虑其中最主要的即可，忽略影响很小的副反应。

【例 5.8】 pH = 5 时，用 0.01 mol · L^{-1}的 EDTA 滴定等浓度的 Zn^{2+}，溶液中共存有 0.01 mol · L^{-1}的 Mg^{2+}，计算并比较 $\lg\alpha_{Y(H)}$、$\lg\alpha_{Y(Mg)}$ 和 $\lg\alpha_Y$ 的大小。如果共存的是 0.01 mol · L^{-1}的 Ca^{2+}，$\lg\alpha_{Y(H)}$、$\lg\alpha_{Y(Ca)}$ 和 $\lg\alpha_Y$ 又是多少？已知：$\lg K_{MgY}=8.7$，$\lg K_{CaY}=10.69$。

解　查附录 10，pH = 5 时 $\lg\alpha_{Y(H)}=6.45$。

$$\alpha_{Y(Mg)}=1+K_{MgY}\left[Mg^{2+}\right]=1+10^{8.7}\times10^{-2}\approx10^{5.7}\qquad \lg\alpha_{Y(Mg)}\approx5.7$$

$$\alpha_Y=\alpha_{Y(H)}+\alpha_{Y(Mg)}-1=10^{6.45}+10^{5.7}-1\approx10^{6.5}\qquad \lg\alpha_Y\approx6.5$$

计算表明，此时 Y 主要的副反应是其酸效应。如果共存的是钙，则

$$\alpha_Y=\alpha_{Y(H)}+\alpha_{Y(Ca)}-1=10^{6.45}+10^{10.69}\times10^{-2}-1=10^{8.69}\qquad \lg\alpha_Y\approx8.7$$

此时 Y 的副反应主要是 Ca^{2+}的共存金属离子效应。

在较高和较低酸度下，MY 也可能发生副反应，形成的 MHY 和 M(OH)Y 一般不稳定，多数计算中忽略不计。

5.3.3　条件稳定常数

M 与 Y 反应达到平衡，可用 K_{MY} 衡量此反应进行的完全程度。K_{MY} 越大，反应越完全。如果有副反应发生，则主反应进行的完全程度不仅与 K_{MY} 本身的大小有关，还与副反应进行的程度(用副反应系数表示)有关。将副反应系数[式(5.6)和式(5.9)]引入稳定常数的表达式[式(5.5)]，得

$$K_{MY}=\frac{[MY]}{[M][Y]}=\frac{[MY]}{([M']/\alpha_M)\times([Y']/\alpha_Y)}=\frac{[MY]}{[M'][Y']}\times\alpha_M\times\alpha_Y \tag{5.14}$$

用 K'_{MY} 表示式中 $[MY]/[M'][Y']$，称 K'_{MY} 为条件稳定常数。K'_{MY} 从形式上表达了 $M'+Y' \rightleftharpoons MY$ 的“平衡常数”，或者说表达了 M 和 Y 有副反应时，反应整体向右进行的程度。数值上，K'_{MY} 相当于用副反应系数修正过的稳定常数，即

$$K'_{MY} = \frac{K_{MY}}{\alpha_M \alpha_Y} \tag{5.15}$$

或

$$\lg K'_{MY} = \lg K_{MY} - \lg \alpha_M - \lg \alpha_Y \tag{5.16}$$

对于确定的金属离子 M 与 Y 的反应，K_{MY} 为常数，主反应进行的程度就取决于副反应的严重程度。副反应进行程度越大，副反应系数越大，K'_{MY} 比 K_{MY} 小得越多，主反应进行程度越小。如果 M 和 Y 的副反应均可忽略，则 $\lg K'_{MY} = \lg K_{MY}$。所以，K'_{MY} 很好地表达了有副反应时，主反应进行的程度。这种区分主、副，并使用关联反应的相关参数对主反应的特征参数进行修正的方法，对解决类似于配位平衡这样的复杂反应是很有用的。

【例 5.9】 计算 pH = 2 和 pH = 10 时的 $\lg K'_{ZnY}$。

解 查附录 10，pH = 2 时和 pH = 10 时，$\lg \alpha_{Y(H)}$ 分别为 13.51 和 0.45。

$$\lg K'_{MY} = \lg K_{MY} - \lg \alpha_M - \lg \alpha_Y$$

pH = 2 时：存在的副反应只有 EDTA 的酸效应，所以

$$\lg K'_{ZnY} = \lg K_{ZnY} - \lg \alpha_{Zn} - \lg \alpha_{Y(H)} = 16.5 - \lg 1 - 13.5 = 3$$

pH = 10 时：存在的副反应有 EDTA 的酸效应和 Zn^{2+} 的水解效应，$\alpha_{Zn(OH)} = 10^{2.5}$ (计算过程见例 5.5)，所以

$$\lg K'_{ZnY} = \lg K_{ZnY} - \lg \alpha_{Zn(OH)} - \lg \alpha_{Y(H)} = 16.5 - \lg 10^{2.5} - 0.45 = 13.55$$

计算表明，在 pH = 2 时，由于 EDTA 的酸效应比较严重，Zn^{2+} 和 EDTA 的 $\lg K'_{ZnY}$ 很小，Zn^{2+} 与 Y^{4-} 反应进行不完全。在 pH = 10 时，Zn^{2+} 的水解效应较 EDTA 的酸效应更严重，但此时 $\lg K'_{ZnY}$ 仍然足够大，Zn^{2+} 与 Y^{4-} 反应能完全进行。

在不考虑其他副反应的情况下，酸度对 K'_{MY} 的影响比较稳定，部分金属离子的 K'_{MY} 随 pH 的变化如图 5.7 所示。理解图中曲线的变化趋势及原因对本章后续内容的学习非常重要。

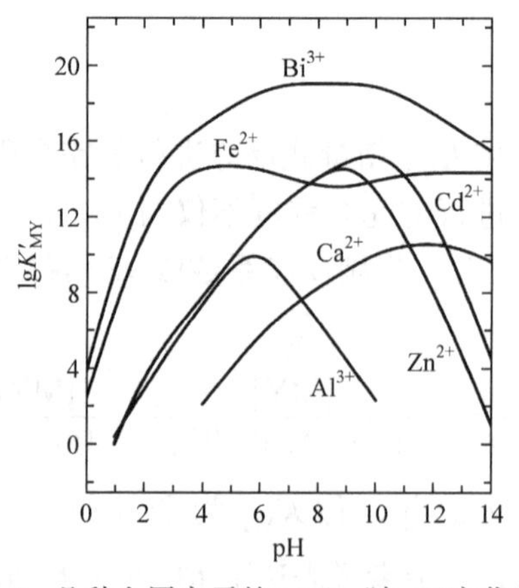

图 5.7 几种金属离子的 $\lg K'_{MY}$ 随 pH 变化曲线

【例 5.10】 计算 pH = 10 时，$c_{(NH_3)} = 0.1 mol \cdot L^{-1}$(指$[NH_3]+[NH_4^+]$，不包括与 Zn^{2+}配位的 NH_3)，计算 $Zn^{2+} + Y^{4-} \rightleftharpoons ZnY^{2-}$ 的 $\lg K'_{ZnY}$。

解　此时存在的副反应有：EDTA 的酸效应、Zn^{2+}的水解效应和 NH_3 的配位效应。pH = 10 时，$\alpha_{Zn(OH)} = 10^{2.5}$(计算过程见例 5.5)。

$$pH = pK_{(NH_4^+)} + \lg\frac{[NH_3]}{[NH_4^+]} = 9.26 + \lg\frac{[NH_3]}{0.1-[NH_3]} = 10$$

$$[NH_3] = 0.085 \ mol \cdot L^{-1}$$

$$\alpha_{Zn(NH_3)} = 1 + 10^{2.37} \times 0.085 + 10^{4.81} \times 0.085^2 + 10^{7.31} \times 0.085^3 + 10^{9.46} \times 0.085^4$$

$$\alpha_{Zn(NH_3)} = 1 + 10^{1.3} + 10^{2.7} + 10^{4.1} + 10^{5.2} \approx 10^{5.2}$$

$$\alpha_{Zn} = 10^{2.5} + 10^{5.2} - 1 \approx 10^{5.2}$$

$$\lg K'_{ZnY} = \lg K_{ZnY} - \lg\alpha_{Zn} - \lg\alpha_{Y(H)} = 16.5 - 5.2 - 0.45 = 10.85$$

虽然 NH_3 的存在进一步加剧了 Zn^{2+}的副反应，但 $\lg K'_{ZnY}$ 仍然较大，主反应进行程度仍然很大。

【例 5.11】 pH = 10 时，$c_{NH_3} = 0.1 \ mol \cdot L^{-1}$，$[Mg^{2+}] = 0.01 \ mol \cdot L^{-1}$ 时(Mg^{2+}在 pH = 10 时水解可忽略)，计算 $Zn^{2+} + Y^{4-} \rightleftharpoons ZnY^{2-}$ 的 $\lg K'_{ZnY}$。

解　此时存在的副反应有：EDTA 的酸效应、Mg^{2+}的共存金属离子效应、Zn^{2+}的水解效应和 NH_3 的配位效应。

$$\alpha_{Y(Mg)} = 1 + K_{MgY}[Mg^{2+}] = 1 + 10^{8.7} \times 10^{-2} \approx 10^{5.7} \qquad \lg\alpha_{Y(Mg)} \approx 5.7$$

$$\alpha_Y = \alpha_{Y(H)} + \alpha_{Y(Mg)} - 1 = 10^{0.45} + 10^{5.7} - 1 \approx 10^{5.7} \qquad \lg\alpha_Y \approx 5.7$$

$$\alpha_{Zn} = \alpha_{Zn(OH)} + \alpha_{Zn(NH_3)} - 1$$

$$\alpha_{Zn} \approx 10^{5.2}$$

$$\lg K'_{ZnY} = \lg K_{ZnY} - \lg\alpha_{Zn} - \lg\alpha_{Y(H)} = 16.5 - 5.7 - 5.2 = 5.6$$

由于 Mg^{2+}的存在，$\lg K'_{ZnY}$ 进一步降低。EDTA 能与许多金属离子形成稳定的配合物，有些 K_{MY} 很大，甚至达到 10^{30} 以上，但实际滴定中，不可避免会存在一些副反应，对应的条件稳定常数要比 K_{MY} 小很多，MY 形成的程度并没有 K_{MY} 所反映的那么大。

5.4　配位滴定基本原理

5.4.1　配位滴定曲线

在配位滴定过程中，若以 EDTA 为滴定剂，被滴定的是金属离子 M，则随着 EDTA 的滴入，M 与 EDTA 不断反应，[M′]逐渐减小(pM′逐渐增大)，达到化学计量点附近 pM′发生突跃。

将 pM′作为滴定过程中溶液的特征变化量，使用 pM′作为纵坐标，以滴定分数或 EDTA 加入量作为横坐标作图，所得曲线称为配位滴定曲线。滴定曲线可以很好地描述配位滴定过程中溶液的特征变化。

【例 5.12】 用 $0.02000\ \text{mol}\cdot\text{L}^{-1}$ EDTA 滴定同浓度的 Zn^{2+}，若滴定后溶液 pH 为 9.0，c_{NH_3} 为 $0.10\ \text{mol}\cdot\text{L}^{-1}$，计算化学计量点时的 pZn'_{sp} 、 pZn_{sp} 、 pY'_{sp} 、 pY_{sp} 及滴定突跃范围。

解 在 EDTA 滴定 Zn^{2+}的过程中，发生如下反应：

$$NH_3 + H^+ \rightleftharpoons NH_4^+$$

$$\begin{array}{ccccc} & Zn^{2+} & + & Y^{4-} & \rightleftharpoons ZnY^{2-} \\ NH_3 \nearrow\!\!\swarrow & & \searrow\!\!\nwarrow OH^- & \downarrow\uparrow H^+ & \\ \alpha_{Zn(NH_3)} & & \alpha_{Zn(OH)} & \alpha_{Y(H)} & \end{array}$$

在化学计量点时，

$$[NH_3] = \delta_{NH_3} c_{NH_3} = \frac{K_{a,NH_4^+}}{[H^+] + K_{a,NH_4^+}} \times 0.10 = 0.035(\text{mol}\cdot\text{L}^{-1})$$

$$\alpha_{Zn(NH_3)} = 1 + \beta_1[NH_3] + \beta_2[NH_3]^2 + \beta_3[NH_3]^3 + \beta_4[NH_3]^4 = 10^{3.72}$$

溶液的 pH 为 9.0 时，通过计算或查表(附录 9 和附录 10)可得 $\alpha_{Zn(OH)} = 10^{0.2}$，$\alpha_{Y(H)} = 10^{1.28}$，此时

$$\alpha_{Zn} = \alpha_{Zn(OH)} + \alpha_{Zn(NH_3)} - 1 = 10^{3.72} + 10^{0.2} - 1 \approx 10^{3.72}$$

$$\lg K'_{ZnY} = \lg K_{ZnY} - \lg\alpha_{Zn} - \lg\alpha_{Y(H)} = 16.5 - 3.72 - 1.28 = 11.5$$

对于 1 : 1 的等浓度滴定反应 $M' + Y' \rightleftharpoons MY$，当 $\lg K'_{MY}$ 较大，滴定达到计量点时，溶液中 $[M']_{sp}$: $[Y']_{sp}$ =1 : 1，$[MY]_{sp} \approx pc_M^{sp}$ (c_M^{sp} 指计量点时金属离子总浓度，包括[MY]及[M′])，

$$K'_{MY} = \frac{[MY]_{sp}}{[M']_{sp}[Y']_{sp}} \approx \frac{c_M^{sp}}{[M']_{sp}^2} \quad [M']_{sp} = [Y']_{sp} = \sqrt{\frac{c_M^{sp}}{K'_{MY}}} \tag{5.17}$$

$$pM'_{sp} = pY'_{sp} = \frac{1}{2}(\lg K'_{MY} + pc_M^{sp}) \tag{5.18}$$

对于等浓度滴定，式中 $c_M^{sp} \approx c_M^0 / 2$($c_M^0$ 为 M 的初始浓度)，则

$$pZn'_{sp} = pY'_{sp} = \frac{1}{2}(\lg K'_{ZnY} + pc_{Zn}^{sp}) = \frac{11.5 + 2}{2} = 6.75$$

$$[Zn]_{sp} = \frac{[Zn']_{sp}}{\alpha_{Zn}} = \frac{10^{-6.75}}{10^{3.72}} = 10^{-10.47} \qquad p[Zn]_{sp} = 10.47$$

$$[Y]_{sp} = \frac{[Y']_{sp}}{\alpha_{Y(H)}} \approx \frac{10^{-6.75}}{10^{1.28}} = 10^{-8.03} \qquad p[Y]_{sp} = 8.03$$

在滴定突跃前点，剩余 0.1%Zn′。在化学计量点前，按剩余 Zn′浓度算 pZn'_{sp} 。

$$[Zn'_{sp}] = 0.1\% \times c_{Zn}^{sp} \tag{5.19}$$

$$pZn'_{sp} = 3 + pc_{Zn}^{sp} = 3 + 2 = 5$$

在滴定突跃后点，Y′过量 0.1%时，化学计量点后，按过量 Y′浓度计算 pZn'_{sp}。

$$[Y'_{sp}] = 0.1\% \times c_Y^{sp}$$

$$[Zn_{sp}] = \frac{[Zn'_{sp}]}{[Y'_{sp}]K'_{ZnY}} \approx \frac{c_{Zn}^{sp}}{[Y'_{sp}]K'_{ZnY}} = \frac{c_{Zn}^{sp}}{0.1\% \times c_Y^{sp} \times K'_{ZnY}}$$

$$pZn'_{sp} = \lg K'_{ZnY} - 3 = 11.49 - 3 \approx 8.5 \tag{5.20}$$

pZn′突跃范围为 5.0～8.5。

【例 5.13】 在 pH = 10 的氨性缓冲溶液中，游离$[NH_3]$为 0.20 mol · L^{-1}，以 2.0 ×10^{-2} mol · L^{-1} EDTA 滴定 2.0 × 10^{-2} mol · L^{-1} Zn^{2+}，计算化学计量点时的pZn'_{sp}。如果被滴定的是 2.0 × 10^{-2} mol · L^{-1} Ca^{2+}，化学计量点时的pCa'_{sp}又为多少？已知：$\lg K_{ZnY} = 16.5$，$\lg K_{CaY} = 10.69$；Zn^{2+}-OH^-的 $\lg\beta_1$～$\lg\beta_4$分别为 4.4、10.1、14.2、15.5，$[Zn(NH_3)]^{2+}$的 $\lg\beta_1$～$\lg\beta_4$分别为 2.37、4.81、7.31、9.46；pH = 10 时，$\lg\alpha_{Y(H)} = 0.45$。

解　化学计量点时，$c_{Zn}^{sp} = 1.0\times10^{-2}$ mol · L^{-1}，$[NH_3]$为 0.10 mol · L^{-1}。

$$\alpha_{Zn(NH_3)} \gg \alpha_{Zn(OH)}$$

$$\alpha_{Zn} = \alpha_{Zn(OH)} + \alpha_{Zn(NH_3)} - 1 = \alpha_{Zn(NH_3)} = 10^{5.5}$$

$$\lg K'_{ZnY} = 16.5 - 5.5 - 0.45 = 10.55$$

$$pZn'_{sp} = \frac{1}{2}(pc_{Zn}^{sp} + \lg K'_{ZnY}) = \frac{1}{2}(-\lg10^{-2} + 10.35) = 6.18$$

如果滴定的是 Ca^{2+}，由于 Ca^{2+}不与 NH_3 配位，因此

$$\lg K'_{CaY} = \lg K_{CaY} - 0 - 0.45 = 10.24$$

$$pCa'_{sp} = \frac{1}{2}(pc_{Ca}^{sp} + \lg K'_{CaY}) = \frac{1}{2}(-\lg10^{-2} + 10.24) = 6.12$$

计算结果说明，尽管K_{ZnY}和K_{CaY}相差巨大，但在氨性溶液中，NH_3 的配位效应使$\lg K'_{ZnY}$和$\lg K'_{CaY}$相差很小。在该条件下测定 Zn^{2+}，如果有 Ca^{2+}共存，则测得的是二者的合量。

5.4.2　影响滴定突跃的因素

图 5.8 为 M 和 EDTA 的初始浓度均为 0.010 mol · L^{-1}，不同K'_{MY}对应的滴定曲线。从图 5.8 及式(5.19)可以看出，不同K'_{MY}主要影响滴定突跃后点，K'_{MY}越大，滴定突跃后点 pM′越大，突跃范围也越大。图 5.9 所示为 M 与 EDTA 为等浓度滴定，K'_{MY}不变，但金属离子浓度不同时的滴定曲线。从图 5.9 及式(5.18)可以看出，不同金属离子的浓度主要影响滴定突跃前点，浓度越大，滴定突跃前点 pM′越小，突跃范围越大。总之，K'_{MY}和c_M^0越大，pM′突跃越大。

M 和 Y 的副反应系数大小关系到K'_{MY}的大小，从而影响滴定突跃的大小，特别是溶液的酸度影响$\alpha_{Y(H)}$和$\alpha_{M(OH)}$的大小，对K'_{MY}及滴定突跃有重要影响。图 5.8 中两条虚线分别表示 pH = 7 和 pH = 10 时 0.01 mol · L^{-1} EDTA 滴定同浓度 Ca^{2+}的滴定曲线。pH = 10 时，EDTA 的酸效应更小，K'_{MY}较 pH = 7 时的大，滴定曲线的突跃更大。

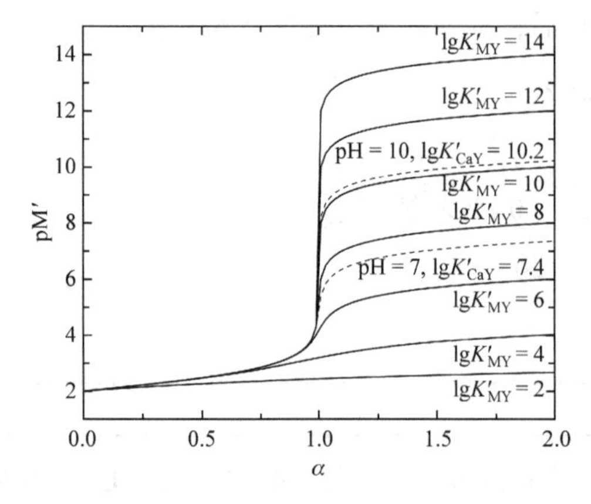

图 5.8　$\lg K'_{MY}$ 不同的滴定曲线($c_M^0 = 0.010\ mol \cdot L^{-1}$)

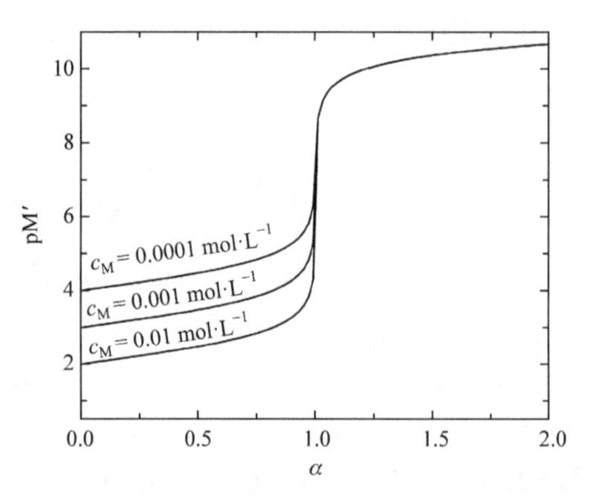

图 5.9　M 浓度不同 $\lg K'_{MY}$ 相同的滴定曲线

5.5　配位滴定终点的判断

5.5.1　金属指示剂的变色原理

在配位滴定中，可以使用光度法、电化学法、指示剂法等来判断滴定终点，其中最常用的是指示剂法。正如酸碱滴定中，所用的酸碱指示剂能够感应 pH 的突跃一样，配位滴定中所用指示剂也能够指示 pM'的突跃。通常，配位滴定中所用的指示剂是一种能与被测金属离子形成有色配合物，且指示剂本身颜色与形成的配合物颜色有明显差别的有机染料，称为金属指示剂(metallochromic indicator，In)。金属指示剂对金属离子浓度的改变十分灵敏，当金属离子浓度发生突变时，指示剂颜色改变。金属指示剂通常是同时具有酸碱性质的有机染料，溶液 pH 不同，对金属指示剂与金属离子的配位反应和指示剂自身的结构和颜色都有影响。

将 In 加入被滴定离子的溶液中后，与 M 反应形成有色配合物 MIn，溶液呈 MIn 的颜色。开始滴定后，随着 Y 的加入，初始加入的 Y 几乎全部与 M 反应，溶液仍然呈现 MIn 的颜色；随着 Y 的加入，[M]逐渐降低。当[M]降低到一定程度时，加入的 Y 如果能够夺取 MIn 中的 M 离子，就会释放出 In。当释放出的 In 达到一定浓度时，溶液就呈现出 In 的颜色，溶液的颜色随之发生改变。

滴定前：$M + In \rightleftharpoons MIn$，溶液颜色主要为 MIn 的颜色。

滴定开始：$M + Y \rightleftharpoons MY$，溶液颜色变化不明显。

变色：$MIn + Y \rightleftharpoons MY + In$，溶液颜色主要为 In 的颜色。

对于 M 与 In 的平衡，有

$$K_{MIn} = \frac{[MIn]}{[M][In]}$$

$$pM = \lg K_{MIn} + \lg \frac{[In]}{[MIn]} \tag{5.21}$$

如果 M 和 MY 均无色，则滴定过程中溶液颜色由有色物质 MIn 和 In 决定。滴定过程中溶液呈现什么颜色，取决于过程中的 pM 的变化引起的[In]/[MIn]比例的变化。

滴定前，加入指示剂 In，形成有色配合物 MIn。滴定开始后，随着 EDTA 的滴加，[M]逐渐降低，pM 缓慢升高(图 5.10)，[In]/[MIn]缓慢增加，颜色逐渐变化但不显著，仍然呈现 MIn 的颜色。当 pM 增加到等于 $\lg K_{MIn}$ 时，[In] = [MIn]，溶液呈现出混合色，这一点称为金属指示剂的理论变色点($pM_{ep} = \lg K_{MIn}$)。pM_{ep} 说明了滴定过程中指示剂在什么时候发生变色。如果指示剂的 $\lg K_{MIn}$ 恰好位于 Y 滴定 M 的突跃范围内，由于 pM 的突然大幅变化，引起[In]/[MIn]的大幅变化，溶液颜色也随之发生显著改变。如果指示剂的 $\lg K_{MIn}$ 不位于 Y 滴定 M 的 pM 突跃范围内，颜色变化就不显著。

如果 M 有色，根据 EDTA 的性质，形成的 MY 颜色更深，滴定终点的颜色变化为由 MIn + MY 混合色变为 MY + In 混合色。如果 M 溶液颜色较弱，MY 颜色通常也较弱，所以终点时溶液呈现的颜色变化仍然是由 MIn 色变化为 In 色。

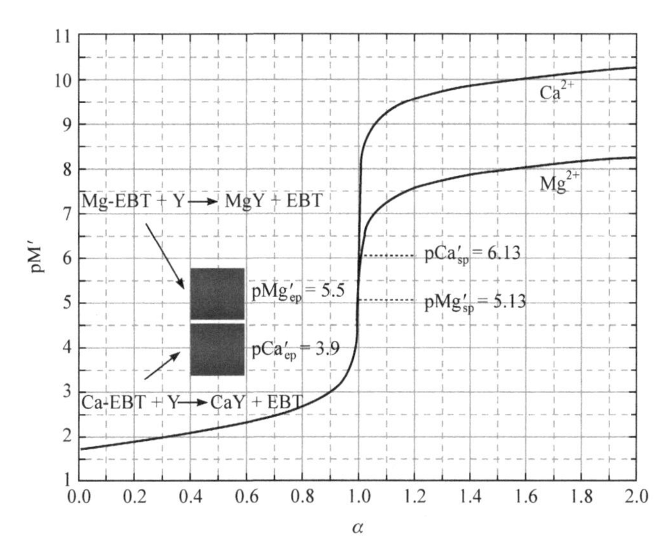

图 5.10　以 EBT 为指示剂滴定 Ca^{2+}和 Mg^{2+}时变色点和计量点位置比较

显然，金属指示剂本身就是配位剂，不宜加入太多，否则会引入系统误差。如果被滴定溶液本身颜色较深(如被滴定离子本身有色)，则会对指示剂变色的观察造成干扰。

不同的金属指示剂，$\lg K_{MIn}$ 不同，这与所选用的指示剂以及被滴定的离子有关。在选择指示剂时，最重要的就是要选择变色点位于计量点附近(突跃范围内)的指示剂，才能得到准确的分析结果。

前面的讨论并没有考虑副反应。即使在没有共存离子和其他配体的简单体系中，金属离子与指示剂也还存在下面的平衡：

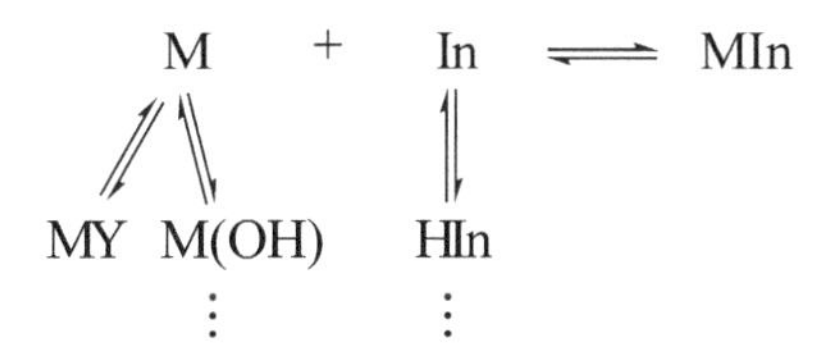

沿用前面区分主、副反应的思路，将 M 与 In 的反应指定为主反应，其他反应为副反应。可以将该配位显色反应写成(不考虑 MIn 的副反应)：

$$M' + In' \rightleftharpoons MIn$$

$$K'_{MIn} = \frac{[MIn]}{[M'][In']}$$

变色点时$[MIn]=[In']$，则

$$pM'_{ep} = \lg K'_{MIn} \tag{5.22}$$

考虑滴定过程中指示剂可能存在的副反应，可得

$$pM'_{ep} = \lg K'_{MIn} = \lg K_{MIn} - \lg \alpha_{In(H)} - \lg(\alpha_{M(OH)} + \alpha_{M(Y)}) \tag{5.23}$$

式中，$\alpha_{In(H)}$为指示剂的酸效应系数；$\alpha_{M(Y)}$为溶液中 Y 引起的副反应系数。对于大多数滴定，因酸度适宜，$\alpha_{M(OH)}$较小，加之计量点前或计量点附近[Y]很小，$\alpha_{M(Y)}$也可以忽略，指示剂的理论变色点可用下式估算：

$$pM'_{ep} = \lg K_{MIn} - \lg \alpha_{In(H)} \tag{5.24}$$

可见，金属指示剂的变色点是随 pH 而变化的。实际滴定中，指示剂的变色点是在具体滴定条件下，用待测离子标准溶液与 EDTA 标准溶液尝试滴定而获得，也可用光度法辅助获得。常见金属指示剂的酸效应值和变色点(只考虑指示剂的酸效应)见附录 11。

【例 5.14】 在 pH = 10 的氨性缓冲溶液中，以铬黑 T(EBT)为指示剂，计算滴定 Mg^{2+}和 Ca^{2+}时的理论变色点pMg'_{ep}和pCa'_{ep}。已知：$\lg K_{Ca\text{-}EBT} = 5.4$，$\lg K_{Mg\text{-}EBT} = 7.0$。铬黑 T 是三元酸($H_3A$)，其$\lg \beta_1^H$、$\lg \beta_2^H$、$\lg \beta_3^H$分别为 11.5、17.9、21.8。查看附录 11 并进一步理解表中数据。

解

$$pMg'_{ep} = \lg K_{Mg\text{-}EBT} - \lg \alpha_{EBT(H)}$$

$$\alpha_{EBT(H)} = 1 + \beta_1^H[H^+] + \beta_2^H[H^+]^2 + \beta_3^H[H^+]^3 = 10^{1.5}$$

$$pMg'_{ep} = 7.0 - 1.5 = 5.5$$

$$pCa'_{ep} = \lg K_{Ca-EBT} - \lg \alpha_{EBT(H)} = 5.4 - 1.5 = 3.9$$

【例 5.15】 在 pH = 10 的氨性缓冲溶液中，以 $2.0\times10^{-2}\ mol\cdot L^{-1}$ EDTA 分别滴定 $2.0\times10^{-2}\ mol\cdot L^{-1}$ Mg^{2+}和 $2.0\times10^{-2}\ mol\cdot L^{-1}$ Ca^{2+}，计算计量点时的pMg'_{ep}和pCa'_{ep}，初步估计是否可以用 EBT 作为指示剂滴定 Mg^{2+}和 Ca^{2+}。

解 滴定 Mg^{2+}和 Ca^{2+}的计量点分别为

$$pMg'_{sp} = \frac{1}{2}\left(\lg K'^{sp}_{MgY} + pc^{sp}_{Mg}\right) = \frac{1}{2}\times(8.7 + 2 - 0.45) = 5.12$$

$$pCa'_{sp} = \frac{1}{2}\left(\lg K'^{sp}_{CaY} + pc^{sp}_{Ca}\right) = \frac{1}{2}\times(10.7 + 2 - 0.45) = 6.12$$

结合【例 5.14】，虽然K'_{CaY}比K'_{MgY}大，前者的突跃大，但就指示剂变色点而言，由于

$K_{Ca\text{-}EBT}$ 比 $K_{Mg\text{-}EBT}$ 小，在较低的 pM′时即变色，所以反而是滴定镁时变色点离计量点更近，误差更小。滴定钙时，如果使用 EBT 指示剂，变色点位于滴定曲线中 pM′变化较缓区域(相对于突跃部分来说)，所以变色也不是很敏锐(图 5.9)。

5.5.2　配位滴定对指示剂的要求

能与金属离子反应显色的物质很多，但只有一部分能作配位滴定的指示剂。实际滴定中，应选择合适的指示剂，并控制滴定条件，使指示剂变色点(pM'_{ep})和计量点(pM'_{sp})尽可能一致。指示剂变色点应在滴定的 pM′突跃范围内，否则误差大。这是配位滴定选择指示剂最重要的理论依据。此外，还应满足：

(1) 在滴定条件下，显色配合物 MIn 与 In 的颜色应显著不同。

(2) 显色反应灵敏、迅速，变色具有良好的可逆性。

(3) 显色配合物的稳定性要适当($\lg K_{MY}-\lg K_{MIn}>2$)。MIn 的稳定性要比 MY 的稳定性稍低，这样 EDTA 才能从 MIn 中夺取 M 并置换出 In，使溶液发生颜色的变化。但如果 MIn 的稳定性比 MY 的稳定性低很多($K_{MIn}\ll K_{MY}$)，则变色发生在较低 pM′时，终点提前到达，且变色不灵敏(pM 变化较小区段)。如果 MIn 比 MY 更稳定($K_{MIn}>K_{MY}$)，需要过量 EDTA 才能将 M 从 MIn 中夺取出来，在计量点附近不变色。

(4) 比较稳定，易于保存和使用，水溶性好。

表 5.1 列出了几种常用的金属指示剂及其在配位滴定中的应用，关于它们的详细介绍，可以参考《分析化学手册》。

表 5.1　常见金属离子指示剂的基本性质及其应用

指示剂	pH 范围	颜色变化		直接滴定的离子	注意事项
		In	MIn		
铬黑 T (EBT)	8～10	蓝	红	Mg^{2+}、Zn^{2+}、Cd^{2+}、Pb^{2+}、Mn^{2+}、稀土离子	Fe^{3+}、Al^{3+}、Cu^{2+}、Ni^{2+}等有封闭作用
二甲酚橙 (XO)	<6	亮黄	红	pH<1 测 ZrO^{2+}； pH = 1～3.5 测 Bi^{3+}、Th^{4+}； pH = 5～6 测 Tl^{3+}、Zn^{2+}、Pb^{2+}、Cd^{2+}、Hg^{2+}、稀土离子	Fe^{3+}、Al^{3+}、Ni^{2+}、Ti^{4+}等有封闭作用
钙指示剂 (NN)	12～13	蓝	红	pH = 12～13 测 Ca^{2+}	Ti^{4+}、Fe^{3+}、Al^{3+}、Cu^{2+}、Co^{2+}、Mn^{2+}等有封闭作用
PAN	2～12	黄	紫红	pH = 2～3 测 Th^{4+}、Bi^{3+}； pH = 4～5 测 Cu^{2+}、Ni^{2+}、Pb^{2+}、Cd^{2+}、Zn^{2+}、Mn^{2+}、Fe^{2+}	MIn 在水中溶解度很小，为防止其僵化，滴定时加热
酸性铬蓝 K	8～13	蓝	红	pH = 10 测 Mg^{2+}、Zn^{2+}、Mn^{2+}； pH = 13 测 Ca^{2+}	
磺基水杨酸 (saal)	1.5～2.5	无色	紫红	pH = 1.5～2.5 测 Fe^{3+}	FeY^-呈黄色

5.5.3　指示剂的封闭与僵化

1. 指示剂的封闭现象

有些条件下，指示剂与溶液中的某种金属离子生成的 NIn 比 MY 更稳定，滴定至计量点甚至 Y 稍过量也不能置换出 In，以至于在计量点附近看不到颜色的明显改变，这种现象称为指示剂的封闭。例如，Al^{3+}、Fe^{3+}、Cu^{2+}、Co^{2+}、Ni^{2+}等与铬黑 T 形成稳定红色配合物($\lg K_{CuIn} = 21.38$，$\lg K_{CoIn} = 20.0$)。在 pH = 10，用铬黑 T 作指示剂测定 Ca^{2+}、Mg^{2+}合量时，这些离子会封闭指示剂，无法确定终点。解决的办法是加入掩蔽剂使之生成更稳定的配合物，不再与指示剂作用；例如，微量的 Al^{3+}、Fe^{3+}可用三乙醇胺掩蔽，Cu^{2+}、Co^{2+}、Ni^{2+}等可用 KCN 掩蔽。如果干扰离子量太大，则需预先分离除去。

有时，采用返滴定可以解决一些指示剂的封闭问题。例如，Al^{3+}对二甲酚橙指示剂有封闭作用，测定 Al^{3+}时，可先加入一定量且过量的 EDTA，在 pH = 3.5 时煮沸使 Al^{3+}与 EDTA 完全反应，再调整 pH 至 5～6，加入二甲酚橙，用 Zn^{2+}或 Pb^{2+}标准溶液返滴定过量的 EDTA。

2. 指示剂的僵化现象

有些指示剂或 MIn 配合物在水中溶解度小，滴定时 EDTA 与 MIn 的交换缓慢，终点拖长，这种现象称为指示剂的僵化。一般采用加热、加入有机溶剂或表面活性剂以增加它们的溶解度。例如，用 PAN 作指示剂，滴定时常加热或加入乙醇。又如，以磺基水杨酸为指示剂，EDTA 滴定 Fe^{3+}时，可先将溶液加热至 50～70℃以后再进行滴定。如果僵化现象不严重，在接近化学计量点时，放慢滴定速度，剧烈振荡，也可以得到准确的结果。

5.5.4 两种特殊的指示剂

除了前面所述的直接使用有机染料分子作为指示剂，配位滴定中也会用到一些特殊的间接指示剂，如 Cu-PAN 指示剂和 MgY-铬黑 T 指示剂。

Cu-PAN 指示剂是 CuY 与少量 PAN 的混合液。用该指示剂可以测定许多金属离子，包括一些与 PAN 不显色或显色配合物不稳定的离子。以测定 Ca^{2+}为例，加入 Cu-PAN 指示剂后，置换出的 Cu^{2+}和 PAN 形成紫红色的 Cu-PAN；用 EDTA 滴定至变色点附近时，EDTA 夺取 Cu-PAN 中的 Cu^{2+}，游离出 PAN，颜色变为黄绿色(蓝色 CuY 和黄色 PAN 的混合色)。

黄绿色

$$CuY + PAN + Ca^{2+} \longrightarrow CaY + Cu\text{-}PAN \quad (\uparrow Y)$$

蓝色　黄色　紫红色

MgY-铬黑 T 常用于 Ca^{2+}和 Ba^{2+}的滴定。在 pH = 10 的溶液中，用 EDTA 测定钙或钡时，加入 MgY 和铬黑 T，发生置换反应：

$$MgY + EBT + Ca^{2+} \longrightarrow CaY + Mg\text{-}EBT \quad (\uparrow Y)$$

蓝色　红色

铬黑 T 与置换出的 Mg^{2+}反应形成红色配合物 Mg-EBT($\lg K_{Ca\text{-}EBT} = 5.4$，$\lg K_{Mg\text{-}EBT} = 7.0$)。滴定开始后，加入的 EDTA 先与 Ca^{2+}反应，继而与溶液中的 Mg^{2+}反应，最后夺取 Mg-EBT 中的 Mg^{2+}而游离出 EBT，溶液显蓝色，颜色变化明显。如果不加 MgY，则颜色转换发生在 Ca-EBT

和 EBT 之间，变化不灵敏，如图 5.10 所示。过程中加入 MgY 后 Ca^{2+}置换出等量的 Mg^{2+}，所以不需要准确加入。

5.6　配位滴定的终点误差及准确滴定的判别

5.6.1　终点误差的计算

指示剂变色点往往与化学计量点并不完全重合，在指示剂变色时停止滴定(滴定终点)必然会引起终点误差。设金属离子的初始浓度为 c_M^0，体积为 V_M^0，EDTA 浓度为 c_Y^0；终点时滴入的 EDTA 的总体积为 V_Y^{ep}，计量点时对应的 EDTA 的体积为 V_Y^{sp}。对于 1∶1 型的滴定反应，终点误差可表示为

$$E_r = \frac{\text{实际测得M的量}-\text{M的真实量}}{\text{M的真实量}}\times 100\% = \frac{c_Y^0 V_Y^{ep} - c_M^0 V_M^0}{c_M^0 V_M^0}\times 100\% \tag{5.25}$$

经过进一步推导后，可更直观地建立起终点误差、终点、计量点之间的关系，计算也更方便。

$$E_r = \frac{10^{\Delta pM'} - 10^{-\Delta pM'}}{\sqrt{K'^{sp}_{MY} c_M^{sp}}}\times 100\% \tag{5.26}$$

其中，$\Delta pM' = pM'_{ep} - pM'_{sp}$；$c_M^{sp}$ 为计量点时金属离子的总浓度(包括[MY]及[M′])。该式称为林邦终点误差公式。

可以直观地看出，终点误差：①与 $K'^{sp}_{MY} c_M^{sp}$ 有关。$K'^{sp}_{MY} c_M^{sp}$ 越大(突跃越大)，终点误差越小；如果金属离子浓度确定，则 c_M^{sp} 确定，此时 K'^{sp}_{MY} 越大，终点误差越小。K'^{sp}_{MY} 确定时，被测离子浓度越大，终点误差越小。②与 $\Delta pM'$ 有关。$\Delta pM'$ 越大，终点离计量点越远，终点误差越大，反之终点误差越小。

【例 5.16】 在 pH = 10 的氨性缓冲溶液中，以铬黑 T(EBT)作指示剂，用 0.020 mol · L^{-1} EDTA 滴定 0.020 mol · L^{-1} Ca^{2+}溶液，计算终点误差。已知：$\lg K_{Ca\text{-}EBT} = 5.4$。

解

$$\lg K'^{sp}_{CaY} = \lg K^{sp}_{CaY} - \lg\alpha_{Ca} - \lg\alpha_{Y(H)} = 10.69 - 0 - 0.45 = 10.24$$

$$pCa'_{sp} = \frac{1}{2}\left(\lg K'^{sp}_{CaY} + pc^{sp}_{Ca}\right) = \frac{1}{2}\times(10.24 + 2) = 6.12$$

$pCa'_{ep} = \lg K_{Ca\text{-}EBT} - \lg\alpha_{EBT(H)} = 3.9$（$pCa'_{ep}$ 也可由附录 11 查得，表中值已扣除了 $\lg\alpha_{In(H)}$）。

$$\Delta pCa' = 3.9 - 6.12 = -2.22$$

$$E_r = \frac{10^{-2.22} - 10^{2.22}}{\sqrt{10^{10.24}\times 10^{-2}}}\times 100\% = -1.3\%$$

需要注意，终点误差公式中隐含了 pH 对终点误差的影响。pH 不同，pM'_{sp} 和 pM'_{ep} 也不同，终点误差不同。

5.6.2 准确滴定的判别

在配位滴定中，当使用指示剂判断滴定终点时，即使指示剂变色点和计量点完全重合，由于人眼判断颜色变化的局限性，仍然会有±0.2～±0.5 单位的pM′偏差，即ΔpM′至少达到±0.2～±0.5，所引起的颜色变化才能被人眼感知。等浓度滴定时，若约定 $\Delta pM' = \pm 0.2$ ，代入终点误差计算公式[式(5.25)]，可得

$$\lg K'^{sp}_{MY} c^{sp}_{M} = \left(\frac{0.95}{E_r}\right)^2 \tag{5.27}$$

这样从理论上可以推导出不同终点误差要求时需要满足的必要条件：

$$E_r \leqslant \pm 0.1\%, \quad \lg K'^{sp}_{MY} c^{sp}_{M} \geqslant 6 \tag{5.28}$$

$$E_r \leqslant \pm 0.3\%, \quad \lg K'^{sp}_{MY} c^{sp}_{M} \geqslant 5 \tag{5.29}$$

$$E_r \leqslant \pm 1.0\%, \quad \lg K'^{sp}_{MY} c^{sp}_{M} \geqslant 4 \tag{5.30}$$

若采用多元混合指示剂、光度法等方法来判断终点，更小的ΔpM′引起的颜色变化即可被感知，同样终点误差时对 $\lg K'^{sp}_{MY} c^{sp}_{M}$ 的要求也随之改变。

【例 5.17】 判断在 pH = 1 的溶液中用等浓度 EDTA 滴定 0.02 mol · L^{-1} Bi^{3+}和在 pH = 5 的溶液中滴定 0.02 mol · L^{-1} Ca^{2+}的可能性。已知：$\lg K_{BiY} = 27.94$ ，$\lg K_{CaY} = 10.69$ ；pH = 1 时，$\lg\alpha_{Bi(OH)} = 0.1$ ，$\lg\alpha_{Y(H)} = 17.5$ ；pH = 5 时，$\lg\alpha_{Y(H)} = 6.45$ 。

解 在 pH = 1 时滴定 Bi^{3+}：

$$\lg K'^{sp}_{BiY} = \lg K^{sp}_{BiY} - \lg\alpha_{Bi(OH)} - \lg\alpha_{Y(H)} = 27.94 - 0.1 - 17.5 = 10.34$$

$$\lg K'^{sp}_{BiY} c^{sp}_{Bi} = 10.34 - 2 = 8.34 > 6$$

在 pH = 5 时滴定 Ca^{2+}：

$$\lg K'^{sp}_{CaY} = \lg K^{sp}_{CaY} - \lg\alpha_{Ca(OH)} - \lg\alpha_{Y(H)} = 10.69 - 0 - 6.45 = 4.24$$

$$\lg K'^{sp}_{CaY} c^{sp}_{Ca} = 4.24 - 2 + 2.24 > 4$$

计算结果表明，在 pH = 1 可准确滴定 0.02 mol · L^{-1} Bi^{3+}，在 pH = 5 不能准确滴定 0.02 mol · L^{-1} Ca^{2+}。

在实际滴定中，被滴定溶液中除 M 离子外，可能还含有一种或一种以上的干扰离子。由于 EDTA 配位的广泛性，判断干扰最严重离子 N 存在下是否能准确滴定 M 是很重要的。由于溶液变得复杂，可将终点误差放宽至 $E_r = \pm 0.3\%$ 。如仍约定 $\Delta pM' = \pm 0.2$ ，欲准确滴定 M，应满足 $\lg K'^{sp}_{MY} c^{sp}_{M} \geqslant 5$ 。

$$\lg K'^{sp}_{MY} c^{sp}_{M} = \lg K^{sp}_{MY} c^{sp}_{M} - \lg\alpha_{M} - \lg\alpha_{Y} \geqslant 5$$

$$\lg K'^{sp}_{MY} c^{sp}_{M} = \lg K^{sp}_{MY} c^{sp}_{M} - \lg\alpha_{M} - \lg(\alpha_{Y(H)} + \alpha_{Y(N)} - 1) \geqslant 5$$

$$\lg K'^{sp}_{MY} c^{sp}_{M} = \lg K^{sp}_{MY} c^{sp}_{M} - \lg\alpha_{M} - \lg(\alpha_{Y(H)} + K_{NY}[N_{sp}]) \geqslant 5$$

考虑一种极端情况，忽略 α_{M} 和 $\alpha_{\mathrm{Y(H)}}$，可以推导出 N 存在时准确滴定 M 的一个极限条件，即

$$\lg K'^{\mathrm{sp}}_{\mathrm{MY}} c^{\mathrm{sp}}_{\mathrm{M}} = \lg K^{\mathrm{sp}}_{\mathrm{MY}} c^{\mathrm{sp}}_{\mathrm{M}} - \lg K^{\mathrm{sp}}_{\mathrm{NY}}[\mathrm{N_{sp}}] \geqslant 5 \text{ 或 } \Delta \lg K c_{\mathrm{sp}} \geqslant 5 \tag{5.31}$$

【例 5.18】 判断能否分别滴定浓度均为 0.02 $\mathrm{mol \cdot L^{-1}}$ 的 Bi^{3+}和 Fe^{3+}混合溶液中的 Bi^{3+}，Bi^{3+}和 Pb^{2+}混合溶液中的 Bi^{3+}？已知：$\lg K_{\mathrm{BiY}} = 27.94$，$\lg K_{\mathrm{Fe(III)Y}} = 25.1$，$\lg K_{\mathrm{PbY}} = 18.04$。

解 Bi^{3+}和 Fe^{3+}：　　$\Delta \lg K c_{\mathrm{sp}} = 27.94 - 25.1 < 5$

Bi^{3+}和 Pb^{2+}：　　$\Delta \lg K c_{\mathrm{sp}} = 27.94 - 18.4 > 5$

计算说明，理论上可以在 0.02 $\mathrm{mol \cdot L^{-1}}$ Pb^{2+}存在下准确滴定同浓度的 Bi^{3+}，但如果共存的是 0.02 $\mathrm{mol \cdot L^{-1}}$ Fe^{3+}，则不能准确测定。

注意：这里的判断只说明一种可能性，即在某一合适的条件下，如合适的 pH 和指示剂，M 离子具有被准确滴定的基本属性(或 N 存在时准确测定 M 而不需要加以掩蔽或消除)，并不说明在何种条件下可以准确测定。但如果不满足条件，说明被测离子不满足准确滴定的基本属性。如果不能准确测定是由 N 的干扰引起的，对 N 的干扰不加处理就不能准确测定。

5.7 配位滴定中的酸度控制

配位滴定中酸度的控制非常重要。欲准确滴定某浓度的 M 离子，根据准确滴定的判断条件知道，$\lg K'_{\mathrm{MY}}$ 应足够大，而酸度过高或过低 $\lg K'_{\mathrm{MY}}$ 均降低，只有在合适的酸度范围内才能使 $\lg K'_{\mathrm{MY}}$ 满足准确滴定的要求[式(5.27)～式(5.30)]。另外，指示剂变色点 $\mathrm{pM'_{ep}}$ 也随酸度变化而变化[式(5.23)]，只有在一定的酸度范围内，才能保证 $\Delta \mathrm{pM'}$ 足够小并有敏锐的变色。在滴定中随着 EDTA 的加入(实际滴定中使用的是 $Na_2H_2Y_2$)，不断有 H^+释放到溶液中($\mathrm{M}^{n+} + \mathrm{H_2Y^{2-}} \rightleftharpoons \mathrm{MY}^{n-2} + 2\mathrm{H}^+$)，同时滴定过程中溶液被不断稀释，均使酸度发生改变。所以，在配位滴定中酸度的控制和维持非常重要。

5.7.1 最高允许酸度

根据式(5.27)的判断条件，如果欲将终点误差控制在±0.1%内，应满足

$$\lg K'^{\mathrm{sp}}_{\mathrm{MY}} c^{\mathrm{sp}}_{\mathrm{M}} \geqslant 6$$

对于确定浓度单一金属离子的滴定，

$$\lg K_{\mathrm{MY}} - \lg \alpha_{\mathrm{M(OH)}} - \lg \alpha_{\mathrm{Y(H)}} \geqslant 6 + \mathrm{p}c^{\mathrm{sp}}_{\mathrm{M}}$$

在最高酸度下，$\alpha_{\mathrm{M(OH)}}$ 往往可忽略，则

$$\lg \alpha_{\mathrm{Y(H)}} \leqslant \lg K_{\mathrm{MY}} - 6 + \lg c^{\mathrm{sp}}_{\mathrm{M}} \tag{5.32}$$

若 $c^{\mathrm{sp}}_{\mathrm{M}} = 0.010\ \mathrm{mol \cdot L^{-1}}$，则上式变为

$$\lg\alpha_{Y(H)} \leqslant \lg K_{MY} - 8 \tag{5.33}$$

【例 5.19】　计算用 0.02 mol · L^{-1} EDTA 滴定相同浓度的 Ca^{2+}溶液允许的最低 pH(最高酸度)。已知 $\lg K_{CaY} = 10.69$。

解

$$\lg\alpha_{Y(H)} \leqslant \lg K_{MY} - 6 + \lg c_M^{sp} = 10.69 - 6 - 2 = 2.69$$

通过计算或查附录 10 可得 pH≥7.59。

对于其他金属离子，假定化学计量点时的浓度 c_M^{sp} 为 0.01 mol · L^{-1}，根据其 K_{MY} 也可算出相应的最小 pH。常将 K_{MY}、$\alpha_{Y(H)}$ 及相应的最低 pH 之间的关系绘于一张图中[图 5.6，$K_{MY}(\alpha_{Y(H)})$ - pH 关系图]，以方便使用和判断。注意：被滴定离子浓度不同或对终点误差的要求不同，相应的最高酸度也不同。

5.7.2　最低允许酸度

酸度越低(pH 越高)，EDTA 的酸效应减弱，但 M 的水解效应增强。虽然理论上也存在一个最低酸度的制约，但实际在该酸度下进行滴定，金属离子往往已经发生明显水解甚至形成沉淀，导致无法进行滴定。所以，配位滴定的最低允许酸度，一般确定为某浓度金属离子在滴定初始时形成氢氧化物的酸度。低于该酸度，该浓度金属离子将形成氢氧化物沉淀而无法进行滴定。

$$M^{n+} + nOH^- \xlongequal{\quad} M(OH)_n$$

对于一定浓度的金属离子，如果要控制酸度不致形成沉淀，理论上应满足：

$$K_{sp} \leqslant [M^{n+}][OH^-]^n$$

$$[OH^-] \leqslant \sqrt[n]{\frac{K_{sp}}{[M^{n+}]}} \tag{5.34}$$

可用该式粗略估计滴定时的最低酸度。需要指出：①如果滴定前 M 就发生水解以至于形成沉淀，滴定将难以进行，所以，估算最低酸度时使用金属离子的初始浓度；②估算时忽略了其他 OH^-配合物的形成、离子强度等，结果与实际情况有出入；③有些离子的沉淀 pH 还与溶液中存在的阴离子有关，如 Hg^{2+}、Cd^{2+}在含氯离子的溶液中与 Cl^-形成配合物，水解 pH 较其在硝酸盐溶液中的高。利用这一原理，滴定中加入适当的辅助配体，可以在更高的 pH 下进行滴定。

5.7.3　金属指示剂适宜的酸度范围

金属指示剂本身也是弱酸或弱碱，不同的解离型体间颜色不同或有差异。使用金属指示剂的变色来判断终点时，酸度不同，游离指示剂的解离程度不同，颜色就不同。只有在一定酸度范围内，游离指示剂的颜色和指示剂配合物的颜色才有明显差别。如图 5.11 所示，pH = 7.4～10.5，游离的铬黑 T 指示剂在水溶液中呈纯净的蓝色，铬黑 T 与金属离子的配合物多显示红色，如果滴定在 pH = 7.4～10.5 进行，终点颜色转换发生在红色～蓝色之间，易于观察。如果在 pH＜6.4 或 pH＞11.5 使用 EBT，则无法实现敏锐的颜色转换。同样，二甲酚橙(XO)的配合物多为红色，使用 XO 作为配位滴定的指示剂，在 pH＜6 以下才能观察到敏锐的颜色变化。

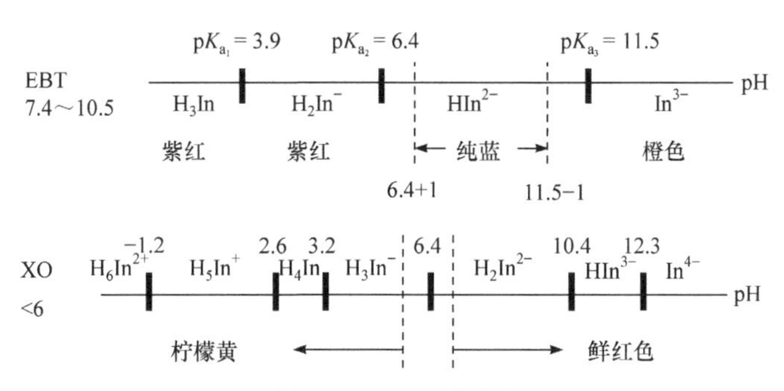

图 5.11　金属指示剂 EBT 和 XO 溶液在不同 pH 时的颜色

在金属离子的水解效应、EDTA 的酸效应、指示剂的变色、对终点误差的要求等共同制约下，对某一金属离子的配位滴定只能在一较窄的 pH 范围内进行。而滴定过程中质子的释放和溶液不断被稀释，pH 不断发生变化，为保证滴定过程中 pH 在要求的范围内，需要使用合适的缓冲剂来控制 pH。在选择缓冲剂时，既要考虑它的缓冲范围，还要注意可能引入的副反应。

【例 5.20】 以铬黑 T 为指示剂，用 0.020 mol · L^{-1} EDTA 滴定等浓度的 Zn^{2+}，确定允许的 pH 范围(E_r≤0.3%)。已知：$\lg K_{ZnY} = 16.5$，$pK_{sp}[Zn(OH)_2] = 16.92$。

解　最高酸度：

$$\lg K'^{sp}_{ZnY} c^{sp}_{Zn} \geqslant 5$$

$$\lg K_{ZnY} - \lg \alpha_{Y(H)} \geqslant 5 + pc^{sp}_{Zn} = 7$$

$$\lg \alpha_{Y(H)} \leqslant \lg K_{ZnY} - 7 = 16.5 - 7 = 9.5$$

查附录 10，对应的 pH 即为此时滴定 Zn^{2+}的最高酸度，为 3.5。

最低酸度：通过求初始 0.020 mol · L^{-1} Zn^{2+}的水解酸度而得。

$$Zn(OH)_2 \;=\!=\!=\; Zn^{2+} + 2OH^-$$

$$[OH^-] = \sqrt{\frac{10^{-16.92}}{0.020}} = 10^{-7.6} (mol \cdot L^{-1})$$

$$pOH = 7.6，pH = 14–7.6 = 6.4$$

如果不考虑指示剂对酸度的限制，则滴定 0.020 mol · L^{-1} Zn^{2+}的 pH 范围为 3.5～6.4。

如果使用铬黑 T 为指示剂，使用的 pH 范围为 7.4～10.5。很显然，这种情况下铬黑 T 不满足要求。这里不能使用铬黑 T 的主要原因是 0.020 mol · L^{-1} Zn^{2+}在 pH = 6.4 已经水解。如果在体系中加入氨性缓冲溶液，由于 NH_3 的配位作用，阻止了 Zn^{2+}的水解，则可以用铬黑 T 为指示剂在 pH = 7.4～10.5 滴定。

5.8　提高配位滴定选择性的途径和方法

虽然 EDTA 具有很强的配位能力，却也使 EDTA 的配位滴定容易受到其他金属离子的干扰。测定 M 离子时，如果存在 N 离子的干扰，降低或消除干扰的途径主要有：

(1) 降低 N 离子的游离浓度，可以通过加入掩蔽剂或通过氧化还原改变 N 的价态等实现；

(2) 控制酸度实现选择性测定 M；

(3) 使用除 EDTA 外的其他更具选择性的配位滴定剂；

(4) 分离干扰离子 N。

5.8.1　降低干扰离子游离浓度

1. 配位掩蔽法

如果 N 离子对 M 的测定造成干扰，可根据 M 和 N 的性质，加入另外一种合适的配位剂 L[称为掩蔽剂 (masking agent)]，使 N 与 L 形成配合物，以降低溶液中 N 的游离浓度，实现对 M 的选择性测定。

【例 5.21】 在 Al^{3+}和 Zn^{2+}的混合溶液(浓度均为 0.02 mol · L^{-1})中，加入 KF 掩蔽 Al^{3+}，若终点时溶液中[F^-] = 0.01 mol · L^{-1}，pH = 5.5 时，能否用同浓度的 EDTA 准确滴定 Zn^{2+}？已知：$\lg K_{AlY} = 16.3$，$\lg K_{ZnY} = 16.50$；铝氟配合物的 $\lg\beta_1$～$\lg\beta_6$ 依次为 6.16、11.2、15.1、17.8、19.2、19.24；查附录 9，$\lg\alpha_{Zn(OH)} = 0$，$\lg\alpha_{Al(OH)} \approx 0.4$，$\lg\alpha_{Y(H)} = 5.5$ (pH = 5.5)。

解　两离子浓度相同，EDTA 配合物的稳定常数也相近，不满足 $\lg K'^{sp}_{MY}c^{sp}_{M} = \lg K_{MY}c^{sp}_{M} - \lg K_{NY}[Al_{sp}] \gg 5$。加入适当浓度的 F^-掩蔽 Al^{3+}，可降低溶液中游离 Al^{3+}浓度以消除干扰。滴定至 Zn^{2+}计量点时 $c^{sp}_{Zn} = 0.01\,mol \cdot L^{-1}$，$c^{sp}_{Al} = 0.01\,mol \cdot L^{-1}$。

$$\alpha_{Al(F)} = 1 + 10^{6.16} \times 10^{-2} + 10^{11.2} \times 10^{-4} + 10^{15.1} \times 10^{-6} + 10^{17.8} \times 10^{-8} + 10^{19.2} \times 10^{-10} + 10^{19.24} \times 10^{-12} \approx 10^{10}$$

$$\alpha_{Al(F)} \gg \alpha_{Al(OH)}，所以\ \alpha_{Al} \approx \alpha_{Al(F)}$$

$$[Al_{sp}] = \frac{c^{sp}_{Al}}{\alpha_{Al}} = \frac{0.01}{10^{10}} = 10^{-12}(mol \cdot L^{-1})$$

[Al^{3+}]已经非常低了，$\lg K'^{sp}_{ZnY}c^{sp}_{Zn} = 10^{16.50} \times 10^{-2} - 10^{16.30} \times 10^{-12} > 5$。

该判断忽略了 EDTA 的酸效应，判断结果只能说明理论上 Al^{3+}已经不干扰了，但能不能准确测定 Zn^{2+}，需要考虑酸效应后计算 $\lg K'^{sp}_{ZnY}c^{sp}_{Zn}$，即

$$\lg K'^{sp}_{ZnY}c^{sp}_{Zn} = \lg K_{ZnY} - \lg\alpha_{Zn} - \lg\left[\alpha_{Y(H)} + \alpha_{Y(Al)} - 1\right] + \lg c^{sp}_{Zn}$$

$$\lg K'^{sp}_{ZnY}c^{sp}_{Zn} = 16.5 - 0 - \lg\left(10^{5.5} + 10^{16.3} \times 10^{-12} - 1\right) + \lg 10^{-2} > 5$$

说明此时可以准确滴定 Zn^{2+}，即 Al^{3+}的干扰已消除。

为了获得良好的掩蔽效果，所选择的掩蔽剂应不与待测离子配位。即使发生配位，也不

应影响准确测定；例如，以铬黑 T 为指示剂在 pH = 8～10 测定 Zn^{2+}，可用 NH_4F 掩蔽 Al^{3+}。在 pH = 10 测定 Ca^{2+}、Mg^{2+}合量时，如果存在 Al^{3+}的干扰，由于 F^-与钙形成 CaF_2 沉淀，就不能用氟化物掩蔽铝。

掩蔽剂对干扰离子应有足够的掩蔽能力，且浓度足够大，且与干扰离子形成的配合物应不干扰终点颜色的判断。

需要特别指出的是，KCN 是常用的掩蔽剂，但有剧毒，绝不能在酸性条件下使用。

在实际测量中，测定 M 时的干扰离子 N 也可能是待测离子之一。测定完 M 离子后，有时可以再加入另外一种试剂[解蔽剂 (demasking agent)]以破坏掩蔽剂与 N 形成的配合物，把 N 释放出来，再继续滴定 N。例如，在氨性缓冲液中以铬黑 T 为指示剂分别测定溶液中 Zn^{2+}和 Mg^{2+}的含量，加入 KCN 掩蔽 Zn^{2+}，然后用 EDTA 滴定 Mg^{2+}，再加入甲醛，破坏$[Zn(CN)_4]^{2-}$，释放出 Zn^{2+}，再继续滴定 Zn^{2+}。

$$4HCHO + [Zn(CN)_4]^{2-} + 4H_2O = Zn^{2+} + \underset{\text{羟基乙腈}}{H_2\overset{\overset{\displaystyle OH}{|}}{C}-CN} + 4OH^-$$

使用配位掩蔽法时，有时还先用 EDTA 直接或返滴定测出 M 和 N 的总量，然后再加入配位剂 L，使其与 NY 反应定量释放出 Y，再以金属离子标准溶液滴定释放出的 Y，从而达到测定 N 的目的。例如，Al^{3+}和 Ti(Ⅳ)共存时，可先加入过量 EDTA 生成 AlY 和 TiY，然后用金属离子溶液返滴定过量的 EDTA。加入 NH_4F 或 NaF 置换出 AlY 和 TiY 中的 EDTA，再次用金属离子标准溶液滴定，可测定二者合量。另取一份溶液，加入苦杏仁酸，则只能释放出 TiY 中的 EDTA，这样可以测定 Ti(Ⅳ)。

2. 沉淀掩蔽法

沉淀掩蔽法应用并不广泛，因为：①某些沉淀反应进行不完全，特别是过饱和现象使掩蔽效率不高；②易发生共沉淀，使被测离子一起被沉淀下来，影响测定的准确度；③沉淀有颜色，或可能吸附金属指示剂，影响变色。比较典型的例子是利用 Ca^{2+}和 Mg^{2+}氢氧化物沉淀溶解度的巨大差异，可以在 pH＞12 的条件下使 Mg^{2+}形成沉淀，从而消除 Mg^{2+}对测定 Ca^{2+}的影响。

3. 氧化还原掩蔽法

某些离子的干扰可通过氧化还原反应改变其价态来消除。例如，Fe^{3+}与 Bi^{3+}的 $\lg K_{BiY}$=28.2，$\lg K_{Fe(Ⅲ)Y}$ = 25.1，Fe^{3+}的存在将会对测定 Bi^{3+}形成严重干扰。可用抗坏血酸(Cl^-对测定 Bi^{3+}形成干扰，不能用盐酸羟胺)将 Fe^{3+}还原为 Fe^{2+}($\lg K_{Fe(Ⅱ)Y}$ = 14.33)，与 $\lg K_{BiY}$ = 28.2 差别巨大，在测定 Bi^{3+}的条件下可消除少量 Fe^{3+}的干扰。滴定 ZrO^{2+}、Th^{4+}、Sn^{4+}、Hg^{2+}时也可用同样的方法消除 Fe^{3+}的干扰。如果被滴定离子的 $\lg K_{MY}$ 与 $\lg K_{Fe(Ⅱ)Y}$ 接近，这种方法则无法消除 Fe^{3+}的干扰，如 Pb^{2+}、Zn^{2+}等测定时 Fe^{3+}的干扰就必须用其他方法消除。

有些金属离子的高价态酸根不与 EDTA 配位，其干扰可通过加入适当的氧化剂来消除，如 $Cr^{3+} \rightarrow Cr_2O_7^{2-}$、$Mn^{2+} \rightarrow MnO_4^-$、$VO^{2+} \rightarrow VO_3^-$、$Mo^{5+} \rightarrow MoO_4^{2-}$。

有些氧化还原掩蔽剂兼具氧化还原和配位能力，如 $Na_2S_2O_3$ 既能将 Cu^{2+}还原为 Cu^+，又能与 Cu^+配位：

$$2Cu^{2+} + 2S_2O_3^{2-} = 2Cu^{+} + S_4O_6^{2-}$$

$$Cu^{+} + 2S_2O_3^{2-} = [Cu(S_2O_3^{2-})_2]^{3-}$$

常用的还原剂有抗坏血酸、盐酸羟胺、联胺、硫脲、$Na_2S_2O_3$、半胱氨酸等；常用的氧化剂有 H_2O_2、$(NH_4)_2S_2O_8$ 等。氧化还原掩蔽要求被掩蔽离子能发生氧化或还原反应，且产物不干扰测定，只有少数几种离子可以采用这种方法来掩蔽。

5.8.2 控制酸度实现分步测定

该方法通过调整酸度来消除 N 对 M 测定的干扰。若金属离子 M 和 N 的稳定常数 $K_{MY} > K_{NY}$(且$\Delta \lg K$ 足够大)，这时可以通过控制溶液酸度先测定 M；测定完毕后溶液中 N 离子如果满足准确测定的要求，则可能通过降低酸度继续测定 N 离子。

【例 5.22】 在 $0.1\ mol \cdot L^{-1}\ HNO_3$ 介质中，能否用EDTA分别准确滴定浓度均为 $2\times10^{-2}\ mol \cdot L^{-1}$ 的 Bi^{3+} 和 Pb^{2+}。已知：$\lg K_{BiY} = 27.94$，$\lg K_{PbY} = 18.04$；pH = 1 时，$\lg \alpha_{Y(H)} = 18.01$，$\lg \alpha_{Bi(OH)} = 0.1$，$\lg \alpha_{Pb(OH)} = 0$；pH = 5.0 时，$\lg \alpha_{Pb(OH)} = 0$，$\lg \alpha_{Y(H)} = 6.45$。

解　滴定至 Bi 计量点时 $c_{Bi}^{sp} = 0.01\ mol \cdot L^{-1}$。

$$\lg K_{BiY}'^{sp} c_{Bi}^{sp} = \lg K_{BiY} - \lg \alpha_{Bi} - \lg[\alpha_{Y(H)} + \alpha_{Y(Pb)}] + \lg c_{Bi}^{sp}$$

$$\lg K_{BiY}'^{sp} c_{Bi}^{sp} = 27.94 - 0.1 - \lg(10^{18.01} + 10^{18.04} \times 10^{-2}) - 2 > 5$$

可知在 $0.1\ mol \cdot L^{-1}\ HNO_3$ 介质中测定 Bi^{3+}、Pb^{2+} 不发生干扰。

测定完 Bi^{3+} 后，按照单一离子考虑是否能继续滴定 Pb^{2+}。再继续滴定至 Pb^{2+} 计量点时，$c_{Pb}^{sp} = 0.005\ mol \cdot L^{-1}$。

$$\lg K_{PbY}'^{sp} c_{Pb}^{sp} = (18.04 - 0 - 18.01) + \lg 0.005 < 0$$

此时不能准确测定 Pb^{2+}。但如果将溶液 pH 调高至 5，则

$$\lg K_{PbY}'^{sp} c_{Pb}^{sp} = (18.04 - 0 - 6.45) + \lg 0.005 = 9.3 > 5$$

因此，可以调高 pH 至 5，再滴定 Pb^{2+}。

一些情况下，还可以通过添加辅助配位剂来提高测定的选择性。例如，在 pH = 10 时 Pb^{2+} 形成沉淀不能直接进行滴定，如果先在酸性溶液中加入酒石酸盐与 Pb^{2+} 形成配合物，再调节至 pH = 10 进行测定，这样就可以防止 Pb^{2+} 水解。酒石酸盐在这里是辅助配体。

5.8.3 使用其他配位滴定剂

除 EDTA 外，还有其他一些氨羧螯合剂可用于配位滴定，有些可提高配位滴定的选择性。例如，Al^{3+} 与 EDTA 反应慢，通常需要在加热条件下返滴定，但 CyDTA(1,2-二氨基环己烷四乙酸)与 Al^{3+} 的反应速率快，在室温下即可滴定 Al^{3+}。EDTA 测 Ca^{2+} 时如不加掩蔽则 Mg^{2+} 干扰严重($\lg K_{Mg\text{-}EDTA} = 8.6$，$\lg K_{Ca\text{-}EDTA} = 10.7$)，而 EGTA(乙二醇二乙醚二胺四乙酸)与 Mg^{2+}、Ca^{2+} 所形成的配合物的 $\lg K$ 值差别大($\lg K_{Mg\text{-}EGTA} = 5.2$，$\lg K_{Ca\text{-}EGTA} = 11.0$)，在 Mg^{2+} 存在下测定 Ca^{2+} 可用 EGTA。EDTP(乙二胺四丙酸)与铜离子的 $\lg K_{Cu\text{-}EDTP} = 15.4$，比与其他许多离子的高很多。用

EDTP 滴定 Cu^{2+}时，Zn^{2+}、Cd^{2+}、Mn^{2+}、Mg^{2+}等都不干扰。详细情况请参阅《分析化学手册》。

若采用上述控制酸度、掩蔽干扰离子或选用其他滴定剂等方法仍不能消除干扰离子的影响，就只能采用分离的方法除去干扰离子。

5.9　配位滴定的方式与应用示例

根据具体情况，配位滴定可选择直接滴定、返滴定、置换滴定和/或间接滴定方式进行，实际应用较多的是前三种方式。

1. 直接滴定法

直接用 EDTA 或金属离子标准溶液进行滴定是配位滴定的基本方法。选择适宜的条件，大多数金属离子都可以采用直接滴定法进行滴定，下面列举了部分离子直接滴定的参考 pH 范围。

pH = 1 时，滴定 Bi^{3+}、Zr^{4+}；

pH = 1.5～2.5 时，滴定 Fe^{3+}；

pH = 2.5～3.5 时，滴定 Th^{4+}、Ti^{4+}、Hg^{2+}；

pH = 5～6 时，滴定 Zn^{2+}、Pb^{2+}、Cd^{2+}、Cu^{2+}及稀土元素；

pH = 9～10 时，滴定 Mg^{2+}、Co^{2+}、Ni^{2+}、Zn^{2+}、Mn^{2+}、Cd^{2+}、Pb^{2+}；

pH＞12 时，滴定 Ca^{2+}。

例如，国家标准 GB/T 7477—1987《水质　钙和镁总量的测定　EDTA 滴定法》规定：测定时在 pH = 10 的氨性缓冲溶液中，用 EDTA 滴定钙和镁离子。以铬黑 T 为指示剂，到达终点时溶液的颜色由紫色变为蓝色。在 pH = 10 的氨性缓冲溶液配制中，GB/T 7477—1987 规定加入了适量的 Mg-EDTA 溶液，可使终点变色更敏锐(参阅 5.6.4 小节)。

如试样含铁离子为 30 mg · L^{-1} 或以下，在临滴定前加入适量氰化钠，或三乙醇胺掩蔽。氰化物使锌、铜、钴的干扰减至最小；加氰化物前必须保证溶液呈碱性；试样如含正磷酸盐和碳酸盐，在滴定的 pH 条件下，可能使钙生成沉淀；一些有机物可能干扰测定。如干扰未能消除，或存在铝、钡、铅、锰等离子干扰时，需改用原子吸收法测定。

GB/T 7477—1987 不适用含盐量高的水，如海水等。当水质碳酸盐较高时，可预先酸化水样并加热除去二氧化碳，以防止在碱性条件下形成碳酸盐沉淀。

国家标准 GB/T 8152.1—2006《铅精矿化学分析方法　铅量的测定　酸溶解-EDTA 滴定法》规定：试料用硝酸、硫酸和溴水溶解，用氢溴酸处理去掉砷、锑和锡。通过形成硫酸铅沉淀与其他干扰元素分离，沉淀溶解于乙酸铵溶液中，用二甲酚橙为指示剂，EDTA 滴定溶液中的铅。该方法适用于铅含量在 50%～80%(质量分数)的硫化铅精矿，不适用于钡含量大于 1%(质量分数)的铅精矿。该标准方法为仲裁分析方法。

一些离子如 Zr^{4+}等与 EDTA 配合物虽稳定，但在常温下反应很慢，滴定时需要加热。钛合金中的锆的测定，可在盐酸介质中，以二甲酚橙为指示剂，加热条件下用 EDTA 直接滴定。

2. 返滴定法

返滴定法是在适当的条件下先在样品溶液中定量加入过量的 EDTA，使待测离子与 EDTA 完全反应后，调节溶液 pH，加入指示剂后以合适的金属离子标准溶液滴定过量的 EDTA。根据 EDTA 和金属离子标准溶液的用量，可计算出被测离子的量。

Al^{3+}在酸度不高时即水解形成多种多核 OH^-的配合物，如$[Al_2(H_2O)_6(OH)_3]^{3+}$、$[Al_3(H_2O)_6(OH)_6]^{3+}$等，不仅使$Al^{3+}$与 EDTA 配位反应缓慢，而且影响它们之间 1∶1 的计量比，加之Al^{3+}对二甲酚橙指示剂也有封闭作用，所以不能采用直接滴定法测定Al^{3+}，可用返滴定法测定。

例如，复方铝酸铋片中铝的测定，《中华人民共和国药典》2020 年版二部规定，取药品 10 片，置 50 mL 坩埚中，缓缓炽灼至完全炭化，再在稀硝酸介质中直接用 EDTA 滴定铋。取测定完铋的溶液，滴加氨水至刚好出现沉淀，再滴定稀硝酸至沉淀恰好溶解(调节 pH，此时 pH 约为 6)，加乙酸-乙酸铵缓冲溶液，定量加入一定体积的 EDTA 标准溶液，煮沸，放冷，加二甲酚橙，用锌标准溶液滴定至柠檬黄变为橘红色。滴定结果需进行空白校正。

国家标准 GB/T 30072—2013《镍铁　镍含量的测定　EDTA 滴定法》也用的是返滴定法：试料用硝酸-盐酸(硅高的试料加氢氟酸助溶)，高氯酸冒烟分解。调节试样溶液至微酸性，加入氟化物掩蔽铁、铝和钛，六偏磷酸钠掩蔽锰。定量加入过量 EDTA 并煮沸，在 pH = 4.6 以 PAN 为指示剂，用铜标准溶液滴定过量的 EDTA，测定镍、铜、钴的合量，用数学校正法扣除铜、钴的量，计算得出试样中镍的质量分数。

作为返滴定剂的金属离子 N 与 EDTA 的配合物 NY 应有足够的稳定性，以保证测定的准确度，但又不能比待测离子 M 与 EDTA 的配合物 MY 更稳定，否则将发生反应 $N + MY \longrightarrow NY + M$ 使测定结果偏低。返滴定法测定铝时，ZnY 虽比 AlY 稍稳定($\lg K_{ZnY} = 16.5$，$\lg K_{AlY} = 16.1$)，但因Al^{3+}与 EDTA 配位缓慢，一旦形成 AlY 后，解离也慢，因此在滴定条件下Zn^{2+}不会把 AlY 中的Al^{3+}置换出来。

3. 置换滴定法

利用置换反应置换出等量的金属离子或 EDTA，然后再进行滴定的方法为置换滴定法，如 5.9.1 小节中提到的掩蔽-解蔽法测定Al^{3+}和Ti^{3+}。置换滴定法不仅能扩大配位滴定法的应用范围，还可以提高配位滴定法的选择性。

Ag^+与 EDTA 配合物不够稳定($\lg K_{AgY} = 7.3$)，不能用 EDTA 直接滴定Ag^+，但在Ag^+试液中加入过量$[Ni(CN)_4]^{2-}$，则

$$2Ag^+ + [Ni(CN)_4]^{2-} \rightleftharpoons 2[Ag(CN)_2]^- + Ni^{2+}$$

然后用 EDTA 滴定置换出的Ni^{2+}。

国家标准 GB/T 15249.2—2009《合质金化学分析方法　第 2 部分：银量的测定　火试金重量法和 EDTA 滴定法》，其中 EDTA 测定法采用的是置换滴定法。大致步骤是：将合质金样品加入硝酸、盐酸，低温加热使试料完全溶解，并生成氯化银沉淀，用中速定量滤纸过滤，得氯化银沉淀；用氨水溶解，在氨性介质中加入镍氰化钾，以紫脲酸铵为指示剂，用 EDTA 标准溶液滴定置换出的镍，从而计算银的量。

国家标准 GB/T 14506.4—2010《硅酸盐岩石化学分析方法　第 4 部分：三氧化二铝量测定》，其中铝、钛合量的测定也涉及置换滴定法。其原理是：试料用碳酸钠熔融，取分离二氧化硅后的滤液进行测定，或者用氢氟酸、硫酸处理，焦硫酸钾熔融制备的溶液进行测定。在盐酸介质中，于试样溶液中加入过量 EDTA 使与铁、铝、钛等配位，调节 pH 至 6，以半二甲酚橙为指示剂，用锌标准溶液滴定过量的 EDTA(无需记录体积)，然后加入氟化钾置换出配合物中的 EDTA，再用锌标准溶液滴定释放出的 EDTA，此为铝、钛合量，减去钛含量即得铝量

(钛含量的测定见国家标准 GB/T 14506.8—2010)。

银氧化镉电触头中镉的测定：试样用硝酸分解，以氯化银形式分离银。在 pH = 5.5～5.8 加入过量 EDTA 标准溶液，用锌标准溶液滴定过量的 EDTA。然后加入足量碘化钾，使镉形成 Cd^{2+}-I^-配离子，释放出 EDTA。以二甲酚橙为指示剂，用锌标准溶液滴定释放出的 EDTA，从而计算镉的含量。合金中添加元素锌、铝、锡、镁、镍、铋等均不干扰测定。

4. 间接滴定法

Ba^{2+}、Sr^{2+}虽与 EDTA 能形成稳定的配合物，但缺少敏锐的指示剂，不易直接滴定。一些离子(如 Na^+、K^+等)与 EDTA 形成的配合物不稳定，有些离子(如SO_4^{2-}、PO_4^{3-}、CN^-、Cl^-等阴离子)不与 EDTA 配位，不便于使用配位滴定来测定。有时，这些离子的配位测定可采用间接滴定法，如PO_4^{3-}含量的测定：

$$PO_4^{3-} + Bi(NO_3)_3(\text{过量,定量}) \rightleftharpoons BiPO_4 \downarrow + 3NO_3^-$$

剩余的 Bi^{3+}用 EDTA 标准溶液滴定。

表 5.2 列出了一些间接滴定法。间接滴定法扩大了配位滴定法的测定范围，但手续较烦琐，引入误差机会较多，并不是理想的方法。

表 5.2　几种间接滴定方法

待测离子	方法概述
K^+	沉淀为 $K_2Na[Co(NO_2)_6] \cdot 6H_2O$，过滤、洗涤、溶解后测定其中的 Co^{2+}
Na^+	$NaZn(UO_2)_3Ac_9 \cdot 9H_2O$，过滤、洗涤、溶解后测定其中的 Zn^{2+}
PO_4^{3-}	沉淀为 $MgNH_4PO_4 \cdot 6H_2O$，过滤、洗涤、溶解后测定其中的(或过量)Mg^{2+}
S^{2-}	沉淀为 CuS，测定过量的 Cu^{2+}
SO_4^{2-}	沉淀为 $BaSO_4$，测定过量的 Ba^{2+}，以 MgY-EBT 为指示剂
Cl^-, Br^-, I^-	沉淀为卤化银，过滤后滤液中的 Ag^+与$[Ni(CN)_4]^{2-}$置换，测定置换出的 Ni^{2+}

【拓展阅读】

一种 pH 低依赖性配位滴定纳米球指示剂

含有羧酸基团的叔胺与许多金属离子形成非常稳定的螯合物。施瓦辛巴赫(G. Schwarzenbach)于 1945 年首先认识到这类分子作为分析试剂的潜力，发表了一系列有关的基础研究，其中的乙二胺四乙酸(EDTA)已经成为配位滴定法中最重要的一种滴定剂。施瓦辛巴赫还描述了多齿配体与金属离子配位中的螯合效应产生的特殊稳定性，指出与 N、O 配位时，形成 5、6 螯合环稳定性最高。提出了以紫脲酸铵为指示剂，后来又提出以铬黑 T 为指示剂测定水的硬度，奠定了 EDTA 配位滴定法的基础。

几十年来，具有良好水溶性的螯合滴定剂和指示剂一直被认为是在水中进行配位滴定的基础之一。溶解性不好被认为是需要解决的问题，需进行改进以增加溶解度。例如，用 PAN 作指示剂，滴定时常加热或加入乙醇。此外，使用这些指示剂需要对 pH 加以控制，如铬黑 T 适用的 pH 范围为 7.4～10.5，二甲酚橙需要在 pH<6 使用。

最近，瑞士日内瓦大学的巴克(E. Bakker)发明了一种具有离子交换特性的纳米球乳液，并在其中掺入亲脂性离子载体。将其用作滴定钙的指示剂，滴定曲线显示出与 pH 的低依赖性、终点变色也更加敏锐的特性(图 5.12)。

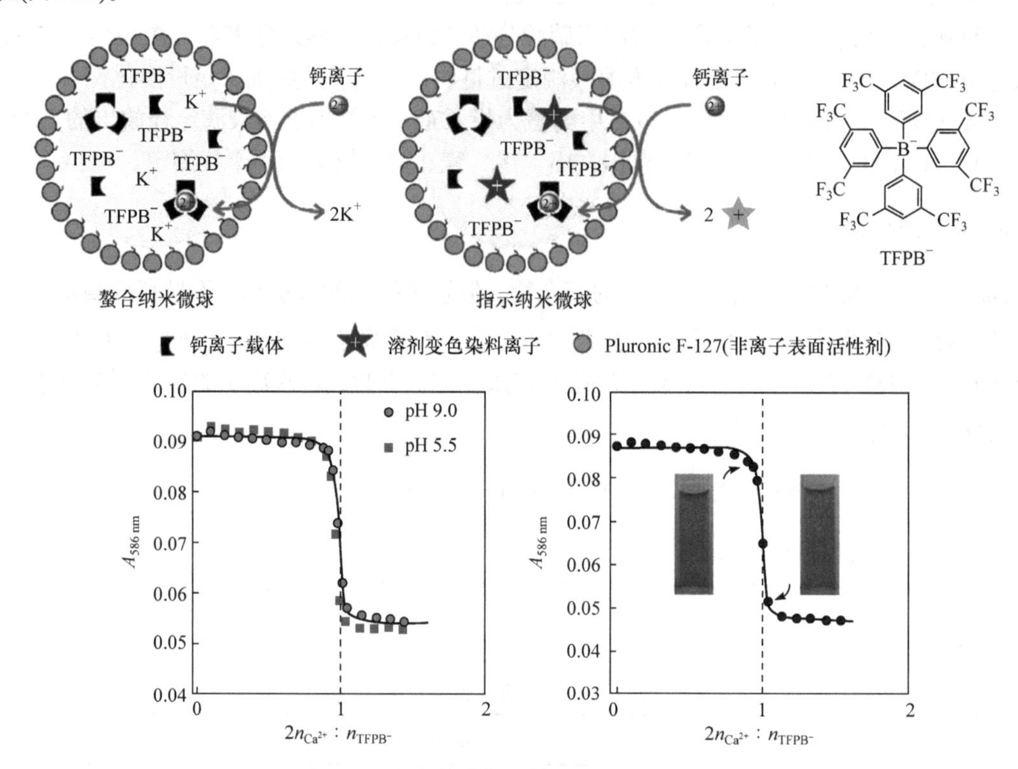

图 5.12 纳米微球指示剂的指示原理示意图

滴定时，将一定体积的螯合纳米微球乳液和指示纳米微球乳液混合，稀释至一定体积，向其中滴加含钙离子的溶液。加入的钙离子与 $TFPB^-$的抗衡离子交换，可以将 Ca^{2+}提取到螯合微球中。在指示微球中，当溶液中不存在 Ca^{2+}时，溶剂变色染料离子主要位于纳米球中，呈蓝色。仅在终点处，溶剂变色染料离子被 Ca^{2+}交换从而进入水溶液，颜色将变为红色，变色敏锐。在 pH = 5.5 和 pH = 9.0 分别进行滴定，滴定曲线很接近。

【参考文献】

杭州大学化学系分析化学教研室. 1997. 分析化学手册-第二分册：分析化学[M]. 2 版. 北京：化学工业出版社

武汉大学. 2016. 分析化学(上册)[M]. 6 版. 北京：高等教育出版社

薛华，李隆弟，郁鉴源，等. 1994. 分析化学[M]. 6 版. 北京：清华大学出版社

郑燕英. 2015. 分析化学[M]. 上海：同济大学出版社

David H. 2000. Modern Analytical Chemistry[M]. Columbus: McGraw-Hill Higher Education

Douglas A S, Donald M W, et al. 2004. Fundamentals of Analytical Chemistry[M]. 8th ed. New York: Thomson Learning, Inc.

Gary D C, Purnendu K D, Kevin A S. 2013. Analytical Chemistry[M]. 7th ed. Hoboken: Wiley

John A D. 1998. Lange's Handbook of Chemistry [M]. 5th ed. Columbus: McGraw-Hill Inc.

Zhai J Y, Xir X J, Bakker E. 2015. Solvatochromic Dyes as pH-Independent Indicators for Ionophore Anosphere-Based Complexometric Titrations. Anal Chem, 87(24): 12318-12323.

【思考题和习题】

1. 简要回答下列问题。

(1) 举例说明什么是单齿配体，什么是多齿配体。

(2) Cu^{2+}、Zn^{2+}等离子均能与 NH_3形成配合物，说明为什么配位滴定法测定这些离子常用的滴定剂是 EDTA

而不是 NH_3。

(3) 为什么 EDTA 与大多数金属离子形成 1∶1 的配合物，而不是多级配合物。

2. Cd^{2+}与I^-可形成 1～4 级配合物，说明其逐级反应与累积反应、逐级稳定常数与累积稳定常数之间的关系。
3. 如何通过$[F^-]$和 Al^{3+}-F^-的逐级稳定常数快速估计 Al^{3+}-F^-溶液中配合物的主要存在型体？
4. 查阅附录，对 EDTA 与金属离子的配合物按照稳定常数大小进行分区。
5. 举例说明分布系数和副反应系数之间的关系。
6. 以二元酸 H_2A 为例，说明其解离常数 K_{a_i} 和逐级质子化常数 K_i^H 、累积质子化常数 β_i^H 之间的关系。
7. 查阅附录相关参数，说明 EDTA 滴定 Cd^{2+}时，水解效应、EDTA 的酸效应以及条件稳定常数随 pH 的变化。
8. 条件稳定常数和稳定常数之间有什么关系？有了稳定常数为什么还要引入条件稳定常数？影响条件稳定常数的因素有哪些？是如何影响的？
9. TiO^{2+}与 EDTA 反应生成 TiOY，TiOY 还能与 H_2O_2 形成 $TiO(H_2O_2)Y$。若以 EDTA 滴定 TiO^{2+}：

   (1) 写出反应中涉及的平衡，注明主反应和副反应。

   (2) H_2O_2 与 TiOY 反应，使稳定常数增大还是减小了？为什么？
10. 滴定突跃大小的影响因素有哪些？它们是如何影响滴定突跃大小的？
11. 在 pH = 10 的氨性缓冲溶液中，用 0.02 mol · L^{-1}的 EDTA 滴定 Cu^{2+}和 Mg^{2+}的混合液(浓度均为 0.02 mol · L^{-1})，以铜离子选择性电极指示终点。实验结果表明，若终点时控制游离氨浓度$[NH_3]$在 10^{-3} mol · L^{-1} 左右，会出现两个滴定突跃；若终点时控制游离氨浓度$[NH_3]$在 0.2 mol · L^{-1} 左右，只会出现一个滴定突跃。使用副反应系数、条件稳定常数、滴定突跃大小的影响因素等解释其原因。
12. 配位滴定的终点误差大小主要由什么决定？终点误差的正负由什么决定?滴定突跃越大，终点误差越小吗？
13. 简述以二甲酚橙为指示剂，EDTA 滴定 Zn^{2+}时指示剂变色原理。说明其变色点是如何随 pH 的变化而变化的。
14. Ca^{2+}不与 PAN 显色，但在 pH = 10～12 时，加入适量的 CuY，却可以用 PAN 作为指示剂滴定 Ca^{2+}，为什么？如何变色？
15. 某指示剂是一种三元弱酸，H_2In^-是红色，HIn^{2-}是蓝色，In^{3-}是橙色；它的 pK_{a_1} 为 1.0，pK_{a_2} 为 7.36，pK_{a_3} 为 13.5；它的 Ca^{2+}配合物颜色为红色，稳定常数为 $\lg K_{CaIn} = 5.25$。该指示剂在不同的 pH 范围呈现什么颜色？它在什么 pH 范围内使用可能用作 Ca^{2+}指示剂？pH = 12 时，以它为指示剂测定 Ca^{2+}，终点时 pCa'_{ep} 为多少？
16. 综合分析配位滴定中控制 pH 的重要性。
17. EDTA 滴定 Ca^{2+}、Mg^{2+}时可以用三乙醇胺、KCN 掩蔽 Fe^{3+}，但不能使用盐酸羟胺和抗坏血酸；在 pH = 1 时滴定 Bi^{3+}，可采用抗坏血酸掩蔽 Fe^{3+}，而三乙醇胺和 KCN 却不能使用，为什么？为什么禁止在 pH＜6 时使用氰化钾。
18. 利用本章所学的关于条件稳定常数、准确滴定的判定条件、滴定的酸度条件、干扰消除方法、指示剂选择、滴定方式、指示剂颜色变化、掩蔽和解蔽等知识，查阅附录和相关资料，定性设计一个配位滴定步骤以测定：(1) Bi^{3+}和 Fe^{2+}；(2) Bi^{3+}和 Fe^{3+}；(3) Mg^{2+}和 Zn^{2+}；(4) Pb^{2+}和 Cu^{2+}；(5) Fe^{3+}和 Fe^{2+}总量；(6) Ni^{2+}和 Zn^{2+}；(7) In^{3+}、Zn^{2+}、Mg^{2+}；(8) Ni^{2+}、Zn^{2+}、Mg^{2+}；(9) EDTA-Ca 和 Ca^{2+}混合溶液中 EDTA-Ca 和 Ca^{2+}的浓度。
19. 为什么在使用 Ca^{2+}标准溶液标定 EDTA 浓度时，常在溶液中加入 MgY？
20. 为什么 Al^{3+}的 EDTA 配位滴定常用返滴定来测定？
21. Ca^{2+}和 Mg^{2+}是质量不达标的蒸馏水中常见的离子，怎样检验溶液中的 Ca^{2+}和 Mg^{2+}？如果蒸馏水中 Ca^{2+}和 Mg^{2+}超标，说明下列情况下它们对测定结果的影响：

    (1) 用该蒸馏水配制 Zn^{2+}标准溶液，然后在 pH = 5～6 时以二甲酚橙为指示剂标定 EDTA；

    (2) 用(1)中标定过的 EDTA 测定样品溶液中的 Zn^{2+}、Ca^{2+}和 Mg^{2+}；

    (3) 用该蒸馏水配制 Ca^{2+}标准溶液，然后在 pH = 10 以铬黑 T 为指示剂标定 EDTA；

    (4) 用(3)中标定过的 EDTA 测定样品溶液中的 Ca^{2+}和 Mg^{2+}。
22. 阅读附录 9，对不同金属离子的水解酸度进行总结分类。
23. 已知 AlF_6^{3-} 配离子的逐级稳定常数的 $\lg K_i$ 分别为 6.31、5.02、3.83、2.74、1.63 和 0.47，该配离子的 $\lg\beta_1$～

$\lg\beta_6$分别为多少？

24. 海水中的氯离子含量平均为 0.56 mol · L^{-1}，海水中的可溶性汞盐存在的主要型体是什么？Hg^{2+}-Cl^-体系的 $\lg\beta_1$～$\lg\beta_4$分别为 6.74、13.22、14.07、15.07。
25. 将 100 mL 0.020 mol · L^{-1} Zn^{2+}溶液与 100 mL 0.28 mol · L^{-1} 氨水混合后，溶液中哪种型体浓度最大？其平衡浓度各是多少？
26. 已知柠檬酸(以 H_3A 表示)的 pK_{a_1} 、pK_{a_2} 、pK_{a_3} 分别为 3.13、4.76、6.40，计算其 $\lg\beta_1^H$ 、$\lg\beta_2^H$ 、$\lg\beta_3^H$ ，以及在 pH = 4 时的 $\delta_{H_2A^-}$ 。
27. 判断存在的副反应，计算各条件下的副反应系数和条件稳定常数：
    (1) Ca^{2+}-EDTA 的条件稳定常数：①pH = 5.0；②pH = 10。
    (2) pH = 2.0 时 Fe^{3+}-EDTA 的条件稳定常数。
    (3) Al^{3+}-EDTA 的条件稳定常数：pH = 5.0，[F^-] = 0.1 mol · L^{-1}。
    (4) Zn^{2+}-EDTA 的条件稳定常数：浓度均为 2.0×10^{-2} mol · L^{-1} Zn^{2+}、Al^{3+}混合溶液，pH = 5.0，[F^-] = 0.1 mol · L^{-1}。
    (5) Cd^{2+}-EDTA 的条件稳定常数：pH = 5.5，浓度均为 0.01 mol · L^{-1} 的 Cd^{2+}、Mg^{2+}和 EDTA 的混合溶液。
28. 计算下列滴定时计量点 pM'_{sp} ：
    (1) pH = 2.0 时，用 0.02000 mol · L^{-1} EDTA 标准溶液滴定 20.00 mL 0.02000 mol · L^{-1} Fe^{3+}。
    (2) 在 pH = 5.5 的六次甲基四胺缓冲溶液中，以 2×10^{-2} mol · L^{-1} EDTA 滴定同浓度的 Zn^{2+}。
    (3) pH = 5.0，以 2.0×10^{-2} mol · L^{-1} EDTA 滴定 Zn^{2+}和 Al^{3+}混合溶液中的 Zn^{2+}(浓度均为 2.0×10^{-2} mol · L^{-1})，计量点时[F^-] = 0.2 mol · L^{-1}。忽略因 Al^{3+}的消耗而导致的[F^-]减小。
29. 浓度均为 0.02000 mol · L^{-1} Zn^{2+}、Cd^{2+}混合溶液，加入过量 KI，如果终点时游离 I^-浓度为 1 mol · L^{-1}，在 pH = 5 时，以二甲酚橙(XO)为指示剂，用等浓度的 EDTA 滴定其中的 Zn^{2+}，计算终点误差。
30. 铬黑 T 是一种有机弱酸，它的 pK_{a_1} 、pK_{a_2} 、pK_{a_3} 分别为 3.9、6.4、11.5，用作 EDTA 配位滴定 Mg^{2+}的指示剂具有很高的准确度。
    (1) 计算在 pH = 10 以 0.02000 mol · L^{-1} EDTA 标准溶液滴定等浓度 Mg^{2+}的 pMg'_{ep} 。
    (2) $\lg K_{Mg\text{-}EBT} = 7.0$，计算在 pH = 10 滴定镁时的 $\lg K'_{Mg\text{-}EBT}$ 、pMg'_{ep} 和终点误差。
    (3) 计算并讨论 EDTA 测定 Mg^{2+}时，溶液 pH 在 7～11 变化时对终点误差的影响，并得出结论。
31. 浓度均为 0.02000 mol · L^{-1} 的 Cd^{2+}、Hg^{2+}，欲在 pH = 6 用等浓度 EDTA 滴定其中的 Cd^{2+}：
    (1) 用 KI 掩蔽其中的 Hg^{2+}，终点时[I^-] = 0.01 mol · L^{-1}，能否完全掩蔽 Hg^{2+}？$\lg K'_{CdY}$ 为多少？
    (2) 已知二甲酚橙与 Cd^{2+}和 Hg^{2+}均能显色，pH = 6.0 时，$\lg K'_{Hg\text{-}XO} = 9.0$，$\lg K'_{Cd\text{-}XO} = 5.5$，能否用二甲酚橙作为滴定 Cd^{2+}的指示剂?(即 Hg^{2+}此时是否与指示剂反应显色)
    (3) 若以二甲酚橙为指示剂，终点误差为多少？
32. 已知下列指示剂的质子化累积稳定常数以及它们和 Mg^{2+}的配合物的稳定常数：
    埃铬黑 R：$\lg\beta_1^H = 13.5$ ，$\lg\beta_2^H = 20.5$ ，$\lg K_{MgIn} = 7.6$ ；
    铬黑 T：$\lg\beta_1^H = 11.6$ ，$\lg\beta_2^H = 17.8$ ，$\lg K_{MgIn} = 7.0$ 。
    如果在 pH = 10 时，以 0.02000 mol · L^{-1} EDTA 滴定同浓度的 Mg^{2+}，分别用这两种指示剂，计算计量点和滴定终点时的 pMg′。选用哪种指示剂较好？
33. 查阅相关常数，计算下列情况下用 0.02 mol · L^{-1} EDTA 标准溶液滴定等浓度的 Pb^{2+}的终点误差。以二甲酚橙为指示剂。
    (1) pH = 5.0，以 HAc-Ac^-为缓冲溶液，缓冲溶液总浓度为 0.3 mol · L^{-1}。
    (2) pH = 5.0，以六次甲基四胺-盐酸六次甲基四胺为缓冲溶液，缓冲溶液总浓度为 0.3 mol · L^{-1}。
    (3) 讨论为什么终点误差不同。
    已知：$\lg K_{PbY} = 18.3$ ，$pK_a(HAc) = 4.74$ ，pK_a(六次甲基四胺离子) = 5.15 ，$\lg\alpha_{Y(H)} = 6.45$(pH = 5) ，$\lg\alpha_{Pb(OH)} = 0$(pH = 5) ，Pb(Ⅱ)-Ac^-的 $\lg\beta_i$ 分别为 2.52、4、6.4、8.5；$pPb_{ep} = 7.0$(pH = 5，表值) 。
34. 假定 Al^{3+}和 EDTA 浓度均为 0.02000 mol · L^{-1}，$E_t\leqslant\pm0.2\%$，ΔpM′=0.2，计算：
    (1) 滴定 Al^{3+}的最高酸度。

(2) 滴定 Al^{3+}的最低酸度。

(3) 综合说明为什么一般采用返滴定法测定铝。

35. 溶液中有 Al^{3+}、Mg^{2+}、Zn^{2+}三种离子，浓度均为 0.02000 mol · L^{-1}，加入 NH_4F 使终点时$[F^-]$为 0.01 mol · L^{-1}，能否准确滴定其中的 Zn^{2+}?

36. 用 0.0200 mol · L^{-1} EDTA 滴定浓度均为 0.020 mol · L^{-1} 的 Th^{4+}和 La^{3+}。已知：$\lg K_{ThY}=23.2$，$\lg K_{LaY}=16.34$，$K_{sp}[La(OH)_3]=10^{-18.8}$。

(1) 是否可以分步滴定两离子?

(2) 滴定 Th^{4+}后，再滴定 La^{3+}的适宜酸度范围是多少?

37. 称取含 Fe_2O_3 和 Al_2O_3 的试样 0.2000 g，将其溶解后，在 pH = 2.0，50℃左右以磺基水杨酸为指示剂，用 0.02000 mol · L^{-1} EDTA 滴定 Fe^{3+}，用去 18.16 mL；然后将 pH 调高至 3.5，加入同浓度的 EDTA 25.00 mL，加热煮沸溶液，再调 pH 至 4.5，以 PAN 为指示剂，趁热用 0.02000 mol · L^{-1} Cu^{2+}标准溶液滴定过量的 EDTA，用去 8.62 mL。计算试样中 Fe_2O_3 和 Al_2O_3 的质量分数。

38. 测定铅锡合金中锡、铅含量时，称取试样 0.2000 g，用 HCl 溶解后，准确加入 50.00 mL 0.03000 mol · L^{-1} EDTA 和 50 mL 水。加热煮沸 2 min，冷却后，用六次甲基四胺将溶液调节至 pH = 5.5。加入少量 1,10-邻二氮菲，以二甲酚橙作指示剂，用 0.03000 mol · L^{-1} Pb^{2+}标准溶液回滴 EDTA 用去 3.00 mL。然后加入足量 NH_4F，加热至 40℃左右，置换出 SnY 中的 EDTA，再用上述 Pb^{2+}标准溶液滴定，用去 35.00 mL，计算试样中锡、铅的质量分数。

39. 称取含 Bi、Pb、Cd 的合金试样 2.420 g，用 HNO_3 溶解并定容至 250 mL。移取 50.00 mL 试液于 250 mL 锥形瓶中，调节 pH = 1，以二甲酚橙为指示剂，用 0.02479 mol · L^{-1} EDTA 溶液滴定，消耗 25.67 mL；然后用六次甲基四胺缓冲溶液将 pH 调至 5，再以上述 EDTA 溶液滴定，消耗 EDTA 溶液 24.76 mL；加入邻二氮菲，置换出 EDTA 配合物中的 Cd^{2+}，用 0.02174 mol · L^{-1} $Pb(NO_3)_2$ 标准溶液滴定游离 EDTA，消耗 6.76 mL。计算此合金试样中 Bi、Pb、Cd 的质量分数。

40. 将一份 24 h 尿样稀释至 2.000 L，取 10.00 mL，加入 pH = 10 的缓冲溶液，然后用 0.003960 mol · L^{-1} EDTA 滴定，消耗 27.32 mL。另取 10.00 mL 样品溶液，将其中的 Ca^{2+}沉淀为 $CaC_2O_4(s)$，用酸将其重新溶解，用 EDTA 滴定，消耗 12.21 mL。假设 15～300 mg Mg/d、50～400 mg Ca/d 是正常的，那么该尿样是否正常?

41. 炉甘石是一种常见的皮肤病用药，其中含有 ZnO 和 Fe_2O_3。称取炉甘石样品 1.022 g，用酸溶解后定容至 250 mL。移取 10 mL 样品溶液，加入 KF 掩蔽 Fe^{3+}，然后调节至合适的 pH，用 0.01294 mol · L^{-1} EDTA 滴定，消耗 38.71 mL；另取 50.00 mL 样品溶液，调节至合适的 pH 后，用 0.002727 mol · L^{-1}的 ZnY 滴定，消耗 2.40 mL。计算试样中 ZnO 和 Fe_2O_3 的含量。

$$Fe^{3+} + ZnY^{2-} \rightleftharpoons FeY^{-} + Zn^{2+}$$

42. 试设计用 0.020 mol · L^{-1} EDTA 溶液滴定浓度均为 0.020 mol · L^{-1} 的 Th^{4+}、La^{3+}方法。已知：$\lg K_{ThY}=23.2$，$\lg K_{LaY}=16.34$；$Th(OH)_4$ 的 $K_{sp}=10^{-44.89}$，$La(OH)_3$ 的 $K_{sp}=10^{-18.8}$；二甲酚橙与 La^{3+}及 Th^{4+}的 $\lg K'_{MIn}$ 如下：

pH	1.0	2.0	2.5	3.0	4.0	4.5	5.0	5.5	6.0
$\lg K'_{LaIn}$		不显色				4.0	4.5	5.0	5.5
$\lg K'_{ThIn}$	3.6	4.9		6.3					

第 6 章　氧化还原滴定法

【内容提要与学习要求】

本章要求学生掌握电极电势、条件电极电势、条件平衡常数的含义，掌握氧化还原反应平衡常数的计算方法。掌握氧化还原滴定中指示剂的类型、指示剂的原理及理论变色点，氧化还原滴定过程中化学计量点电势的计算，氧化还原滴定法测定结果的计算。掌握高锰酸钾法、重铬酸钾法、碘量法的基本原理、滴定条件和应用。

氧化还原滴定法(redox titration)是以氧化还原反应为基础的滴定分析方法。氧化还原反应的核心是基于电子转移的反应过程，这类反应的历程通常较为复杂，需在一定的条件下进行，如果条件不同，副反应可能较多，难以用于滴定分析；还有一些氧化还原反应从平衡观点看可以进行，但反应速率很慢，也不能应用于滴定分析。因此，在氧化还原滴定中，除了从平衡角度判断反应的可行性外，还必须考虑反应机理、反应速率、反应条件以及滴定条件控制等问题。本章将重点讨论高锰酸钾法、重铬酸钾法和碘量法的滴定过程和实现方法。

氧化还原滴定法既可以用于直接测定具有氧化性或还原性的物质，也可以间接测定能与氧化剂或还原剂发生定量反应的物质，在环境、医药、食品及工业分析等领域都有重要作用。例如，环境标准中关于水质的化学需氧量(chemical oxygen demand，COD)分析规定的是采用重铬酸钾法测定，《中华人民共和国药典》中亚硝酸钠、右旋糖酐铁、木糖醇等组分都可以采用氧化还原滴定法进行测定。

6.1　氧化还原平衡

6.1.1　概述

氧化还原反应的实质是不同氧化还原电对(redox couple)之间发生电子转移的过程，各电对电极电势的高低决定反应进行的方向。标准电极电势 $\varphi^{\ominus}$ 是指温度在 298.15 K、标准态(电极反应中有关气体分压为 100 kPa，离子活度为 1.00 $mol \cdot L^{-1}$)下的电极电势。298.15 K 时，规定标准氢电极(standard hydrogen electrode)的电极电势为 0.0000 V，并以之为参考即可测得其他氧化还原电对的标准电极电势。

实际体系中各物质不可能都处于标准态浓度，用非标准态条件下的电动势为判据才能得到正确的结论。能斯特方程(Nernst equation)表达了浓度、温度等对电极电势的影响。

对于电极反应：　　　　　氧化型 $+ ne^- \longrightarrow$ 还原型

能斯特方程可写为

$$\varphi = \varphi^{\ominus} + \frac{RT}{nF}\lg\frac{[\text{氧化态}]}{[\text{还原态}]}$$

式中，R 为摩尔气体常量，8.314 $J \cdot mol^{-1} \cdot K^{-1}$；$T$ 为热力学温度，K；F 为法拉第常量，

96485 C · mol^{-1}；n 为反应中电子转移的摩尔数。

当温度为 298.15 K 时，代入相关常数，能斯特方程可转化为

$$\varphi=\varphi^{\ominus}+\frac{0.059}{n}\lg\frac{[\text{氧化态}]}{[\text{还原态}]} \tag{6.1}$$

氧化还原电对可分为可逆电对和不可逆电对。在反应的任一瞬间，能建立起平衡，符合能斯特公式的电对称为可逆电对，如 Fe^{3+}/Fe^{2+}、$[Fe(CN)_6]^{3-}/[Fe(CN)_6]^{4-}$等；不能在反应的任一瞬间建立起平衡，实际电势与理论电势相差较大的电对，称为不可逆电对。不可逆电对以能斯特公式计算所得的结果仅能作参考，如 MnO_4^-/Mn^{2+}、$Cr_2O_7^{2-}/Cr^{3+}$、$S_4O_6^{2-}/S_2O_3^{2-}$。

对于氧化还原平衡，还应注意对称电对和不对称电对。在半反应中，氧化态和还原态系数相同的电对称为对称电对，如 $Fe^{3+}+e^- \rightleftharpoons Fe^{2+}$；在半反应中，氧化态和还原态系数不同的电对称为不对称电对，如 $Cr_2O_7^{2-}+14H^+ +6e^- \rightleftharpoons 2Cr^{3+}+7H_2O$。当涉及不对称电对计算时，有时情况较为复杂，应加以注意。

6.1.2　条件电极电势

条件电极电势表示的是在一定介质或条件下，电对氧化型和还原型的总浓度皆为 1.00 mol · L^{-1} 时的实际电极电势。它校正了离子强度以及各种副反应的影响，反映了氧化还原电对在一定的外界因素影响下的实际氧化还原能力。它是一个随实验条件而变的常数，故称为条件电极电势。

例如，对于 HCl 溶液中的电对反应：$Fe^{3+}+e^- \rightleftharpoons Fe^{2+}$，严格地讲，能斯特方程中相关浓度应用活度表示，故有

$$\varphi=\varphi^{\ominus}+0.059\lg\frac{a_{Fe^{3+}}}{a_{Fe^{2+}}}$$

如果仅考虑离子强度对电极电势的影响，上式可写成：

$$\varphi=\varphi^{\ominus}+0.059\lg\frac{\gamma_{Fe^{3+}}\left[Fe^{3+}\right]}{\gamma_{Fe^{2+}}\left[Fe^{2+}\right]}=\varphi^{\ominus}+0.059\lg\frac{\gamma_{Fe^{3+}}}{\gamma_{Fe^{2+}}}+0.059\lg\frac{\left[Fe^{3+}\right]}{\left[Fe^{2+}\right]}$$

由于没有副反应，因此$[Fe^{3+}]$和$[Fe^{2+}]$可分别表示其总浓度，当为 1.00 mol · L^{-1}时，电极电势即为其条件电极电势，用 $\varphi^{\ominus'}$ 表示：

$$\varphi=\varphi^{\ominus}+0.059\lg\frac{\gamma_{Fe^{3+}}}{\gamma_{Fe^{2+}}}=\varphi^{\ominus'}$$

若再考虑副反应，

$$\alpha_{Fe^{3+}}=\frac{c_{Fe^{3+}}}{\left[Fe^{3+}\right]}\qquad \alpha_{Fe^{2+}}=\frac{c_{Fe^{2+}}}{\left[Fe^{2+}\right]}$$

则

$$\varphi=\varphi^{\ominus}+0.059\lg\frac{\gamma_{Fe^{3+}}\alpha_{Fe^{2+}}c_{Fe^{3+}}}{\gamma_{Fe^{2+}}\alpha_{Fe^{3+}}c_{Fe^{2+}}}=\varphi^{\ominus}+0.059\lg\frac{\gamma_{Fe^{3+}}\alpha_{Fe^{2+}}}{\gamma_{Fe^{2+}}\alpha_{Fe^{3+}}}+0.059\lg\frac{c_{Fe^{3+}}}{c_{Fe^{2+}}}$$

$$\varphi = \varphi^{\ominus'} + 0.059\lg\frac{c_{Fe^{3+}}}{c_{Fe^{2+}}}$$

$$\varphi^{\ominus'} = \varphi^{\ominus} + 0.059\lg\frac{\gamma_{Fe^{3+}}\alpha_{Fe^{2+}}}{\gamma_{Fe^{2+}}\alpha_{Fe^{3+}}}$$

一般通式：

$$\varphi_{Ox/Red} = \varphi_{Ox/Red}^{\ominus'} + \frac{0.059}{n}\lg\frac{c_{Ox}}{c_{Red}}$$

$$\varphi_{Ox/Red}^{\ominus'} = \varphi_{Ox/Red}^{\ominus} + \frac{0.059}{n}\lg\frac{\gamma_{Ox}\alpha_{Red}}{\gamma_{Red}\alpha_{Ox}} \tag{6.2}$$

可见，条件电极电势除与温度 T 有关外，还与离子强度和副反应系数等有关，当上述条件不变时，条件电极电势为一常数。条件电极电势部分数值可查表，但目前缺乏各种条件下的条件电极电势，因而实际应用有限。

6.1.3　影响条件电极电势的因素

在能斯特方程中，严格来讲应以实际活度代替平衡时的相关浓度，显然离子强度对条件电极电势有影响。另外，氧化型或还原型离子在溶液中如与配位剂发生反应，或与沉淀剂生成沉淀等，都将影响其副反应系数，从而影响条件电极电势。

1. 离子强度对条件电极电势的影响

例如，已知 $\varphi_{[Fe(CN)_6]^{3-}/[Fe(CN)_6]^{4-}} = 0.36\ V$，在不同的离子强度下，其条件电极电势变化如下：

I	0.00064	0.00128	0.112	1.60
$\varphi^{\ominus'}$ / V	0.3619	0.3814	0.4094	0.4584

离子强度使条件电极电势升高还是降低，主要取决于离子强度对电对中的氧化型还是还原型影响大。

如果只存在离子强度的影响，式(6.2)可变为

$$\varphi_{Ox/Red}^{\ominus'} = \varphi_{Ox/Red}^{\ominus} + \frac{0.059}{n}\lg\frac{\gamma_{Ox}}{\gamma_{Red}}$$

在本例中，由于还原型的电荷 $|-4|$ 要高于氧化型电荷 $|-3|$，故通常来说，离子强度对还原型影响大，所以随着离子强度的增加，其条件电极电势升高。

实际工作中，活度系数不易求得，且其影响远小于各种副反应，故计算中一般忽略离子强度的影响。

2. 配位反应对条件电极电势的影响

在氧化还原反应中，当加入能与氧化态或还原态生成配合物的配位剂时，由于氧化型或还原型的平衡浓度发生了变化，会改变该电对的条件电极电势。

如果不考虑离子强度的影响，仅考虑副反应，式(6.2)可变为

$$\varphi_{Ox/Red}^{\ominus'} = \varphi_{Ox/Red}^{\ominus} + \frac{0.059}{n}\lg\frac{\alpha_{Red}}{\alpha_{Ox}}$$

如果加入的配位剂与氧化型生成配合物，则氧化型的副反应系数增大，条件电极电势下降；如果加入的配位剂与还原型生成配合物，则还原型副反应系数增大，条件电极电势升高；如果加入的配位剂与氧化型和还原型都生成配合物，条件电极电势升高还是降低取决于这两个副反应系数的相对大小。半反应的标准电极电势可查阅附录 12。

【例 6.1】 计算总浓度为 1.0×10^{-4} mol · L^{-1} 的 $[Zn(NH_3)_4]^{2+}$ 在 0.10 mol · L^{-1} 氨溶液中，Zn^{2+}/Zn 电对的条件电极电势和 $[Zn(NH_3)_4]^{2+}/Zn$ 电对的电极电势。Zn^{2+}/Zn 半反应的标准电极电势可查阅附录 12。

解 电对 Zn^{2+}/Zn 的电极反应为

$$Zn^{2+}+2e^- \rightleftharpoons Zn$$

$$\varphi=\varphi^{\ominus}_{Zn^{2+}/Zn}+\frac{0.059}{2}\lg\frac{c_{Zn^{2+}}}{\alpha_{Zn(NH_3)}}$$

$$\begin{aligned}\alpha_{Zn(NH_3)}&=1+\beta_1[NH_3]+\beta_2[NH_3]^2+\beta_3[NH_3]^3+\beta_4[NH_3]^4\\&=1+10^{2.37}\times0.10+10^{4.81}\times0.10^2+10^{7.31}\times0.10^3+10^{9.46}\times0.10^4\\&=3.1\times10^5\end{aligned}$$

当 $c_{Zn^{2+}}=1.00\ \text{mol}\cdot\text{L}^{-1}$ 时，

$$\varphi^{\ominus'}_{Zn^{2+}/Zn}=\varphi^{\ominus}_{Zn^{2+}/Zn}+\frac{0.059}{2}\lg\frac{1.00}{\alpha_{Zn(NH_3)}}$$

$$\varphi^{\ominus'}_{Zn^{2+}/Zn}=-0.763+\frac{0.059}{2}\lg\frac{1.00}{3.1\times10^5}=-0.92(\text{V})$$

当 $[Zn(NH_3)_4]^{2+}$ 总浓度为 1.0×10^{-4} mol · L^{-1} 时，

$$\varphi=\varphi^{\ominus'}+\frac{0.059}{2}\lg c_{Zn^{2+}}=-0.92+\frac{0.059}{2}\lg(1.0\times10^{-4})=-1.04(\text{V})$$

【例 6.2】 碘量法测 Cu^{2+}，样品中含 Fe^{3+}，计算 pH = 3.0，[F′]= 0.10 mol · L^{-1} 时，Fe^{3+}/Fe^{2+} 的条件电势，并说明该条件下能否消除 Fe^{3+} 的干扰。

解 pH = 3.0，[F′]= 0.10 mol · L^{-1}，故[F^-]可由下式求出：

$$[F^-]=\delta_{F^-}[F']=\frac{6.6\times10^{-4}}{6.6\times10^{-4}+10^{-3}}\times0.10=10^{-1.4}(\text{mol}\cdot\text{L}^{-1})$$

$$\alpha_{Fe^{3+}(F)}=1+\sum_1^3\beta_i[F^-]^i=1+10^{5.2}\times10^{-1.4}+10^{9.2}\times(10^{-1.4})^2+10^{11.9}\times(10^{-1.4})^3=10^{7.7}\qquad \alpha_{Fe^{2+}(F)}=1$$

$$\varphi^{\ominus'}=\varphi^{\ominus}+0.059\lg\frac{\alpha_{Fe^{2+}}}{\alpha_{Fe^{3+}}}=0.77+0.059\lg\frac{1}{10^{7.7}}=0.32(\text{V})$$

求得 Fe^{3+}/Fe^{2+} 的条件电势为 0.32 V，小于碘离子被氧化的电极电势(0.54 V)，故 Fe^{3+} 不再氧化 I^-，Fe^{3+} 的干扰被消除。

---

3. 溶液酸度对条件电极电势的影响

对有酸、碱参与的电极反应，当酸、碱的浓度发生变化时，条件电极电势也可能发生变化。

【例 6.3】 计算 pH = 8.00 时溶液中 H_3AsO_4/H_3AsO_3 电对的条件电极电势，并判断下列反应的反应方向。

$$H_3AsO_4 + 2H^+ + 2e^- \rightleftharpoons H_3AsO_3 + H_2O \qquad \varphi^{\ominus} = 0.56\ V$$

$$I_2 + 2e^- \rightleftharpoons 2I^- \qquad \varphi^{\ominus} = 0.54\ V$$

解

$$\varphi_{H_3AsO_4/H_3AsO_3} = \varphi^{\ominus}_{H_3AsO_4/H_3AsO_3} + \frac{0.059}{2}\lg\frac{[H_3AsO_4][H^+]^2}{[H_3AsO_3]}$$

$$\varphi_{H_3AsO_4/H_3AsO_3} = \varphi^{\ominus}_{H_3AsO_4/H_3AsO_3} + \frac{0.059}{2}\lg\frac{c_{H_3AsO_4}\delta_{H_3AsO_4}[H^+]^2}{c_{H_3AsO_3}\delta_{H_3AsO_3}}$$

$$\varphi_{H_3AsO_4/H_3AsO_3} = \varphi^{\ominus'}_{H_3AsO_4/H_3AsO_3} + \frac{0.059}{2}\lg\frac{c_{H_3AsO_4}}{c_{H_3AsO_3}}$$

$$\varphi^{\ominus'}_{H_3AsO_4/H_3AsO_3} = \frac{0.059}{2}\lg\frac{\delta_{H_3AsO_4}[H^+]^2}{\delta_{H_3AsO_3}}$$

查表可得：H_3AsO_4 的 $pK_{a_1} = 2.2$，$pK_{a_2} = 7.0$，$pK_{a_3} = 11.5$；H_3AsO_3 的 $pK_a = 9.2$，故有

$$\delta_{H_3AsO_4} = \frac{[H^+]^3}{[H^+]^3 + K_{a_1}[H^+]^2 + K_{a_1}K_{a_2}[H^+] + K_{a_1}K_{a_2}K_{a_3}} = 10^{-6.8}$$

将 $\delta_{H_3AsO_3} = \dfrac{[H^+]}{[H^+] + K_a} = 0.94$ 代入条件电极电势公式得

$$\varphi^{\ominus'}_{H_3AsO_4/H_3AsO_3} = 0.56 + \frac{0.059}{2}\lg\frac{10^{-6.8} \times (10^{-8})^2}{0.94} = -0.11(V)$$

故在 pH = 8.00 的条件下，I_2 可氧化 H_3AsO_3 为 H_3AsO_4，反应方向如下：

$$I_2 + H_3AsO_3 + H_2O \rightleftharpoons 2I^- + H_3AsO_4 + 2H^+$$

4. 沉淀生成对条件电极电势的影响

在氧化还原反应中，当加入能与氧化型或还原型生成沉淀物的沉淀剂时，与加入配位剂类似，条件电极电势将发生变化。如果加入的沉淀剂与氧化型生成沉淀物，则氧化型的副反应系数增大，条件电极电势下降；如果加入的沉淀剂与还原型生成沉淀物，则还原型副反应系数增大，条件电极电势升高；如果加入的沉淀剂与氧化型和还原型都生成沉淀物，则条件电极电势升高还是降低取决于这两个副反应系数的相对大小。

【例 6.4】 计算 Cu^{2+}/Cu^{+}电对在 1.0 mol · L^{-1}的 KI 溶液中的条件电极电势，并说明为什么能发生下述反应：$2Cu^{2+}+5I^{-} \rightleftharpoons 2CuI + I_3^{-}$(忽略离子强度的影响)。已知 $\varphi^{\ominus}_{Cu^{2+}/Cu^{+}} = 0.16\ V$，$\varphi^{\ominus}_{I_3^-/I^-} = 0.54\ V$，$K_{sp(CuI)} = 1.1\times10^{-12}$。

解

$$Cu^{2+} + e^{-} \rightleftharpoons Cu^{+};\quad \varphi_{Cu^{2+}/Cu^{+}} = \varphi^{\ominus}_{Cu^{2+}/Cu^{+}} + 0.059\lg\frac{[Cu^{2+}]}{[Cu^{+}]}$$

$$\varphi_{Cu^{2+}/Cu^{+}} = \varphi^{\ominus}_{Cu^{2+}/Cu^{+}} + 0.059\lg\frac{[Cu^{2+}][I^{-}]}{K_{sp(CuI)}}$$

$$\varphi_{Cu^{2+}/Cu^{+}} = \varphi^{\ominus}_{Cu^{2+}/Cu^{+}} + 0.059\lg\frac{1}{K_{sp(CuI)}} + 0.059\lg[Cu^{2+}][I^{-}]$$

因为还原型 Cu^{+}与 I^{-}反应生成沉淀，故 Cu^{+}的总浓度可看成 1.0 mol · L^{-1}，当$[Cu^{2+}]$和$[I^{-}]$浓度均为 1.0 mol · L^{-1}时，Cu^{2+}/Cu^{+}的条件电势为

$$\varphi^{\ominus'}_{Cu^{2+}/Cu^{+}} = \varphi^{\ominus}_{Cu^{2+}/Cu^{+}} + 0.059\lg\frac{1}{K_{sp(CuI)}}$$

$$\varphi_{Cu^{2+}/Cu^{+}} = \varphi^{\ominus'}_{Cu^{2+}/Cu^{+}} + 0.059\lg[Cu^{2+}][I^{-}]$$

$$\varphi^{\ominus'}_{Cu^{2+}/Cu^{+}} = 0.16 + 0.059\lg\frac{1}{1.1\times10^{-12}} = 0.87(V)$$

可见，此时 Cu^{2+}/Cu^{+}电对的条件电势远大于 Cu^{2+}/Cu^{+}的标准电极电势，也大于 I_3^{-}/I^{-}电对的电势，故题中的反应能够发生。

值得注意的是，对于与 I^{-}溶液共存的 Cu^{2+}/Cu^{+}电对，由于 Cu^{+}与 I^{-}发生沉淀反应：

$$Cu^{2+} + e^{-} \rightleftharpoons Cu^{+},\quad Cu^{+} + I^{-} \rightleftharpoons CuI$$

实际工作中常用 Cu^{2+}/CuI 电对表示：

$$Cu^{2+} + I^{-} + e^{-} \rightleftharpoons CuI$$

$$\varphi_{Cu^{2+}/CuI} = \varphi^{\ominus}_{Cu^{2+}/CuI} + 0.059\lg[Cu^{2+}][I^{-}]$$

显然，Cu^{2+}/CuI 电对的标准电极电势即为【例 6.4】中所求得的条件电势：

$$\varphi^{\ominus}_{Cu^{2+}/CuI} = \varphi^{\ominus}_{Cu^{2+}/Cu^{+}} + 0.059\lg\frac{1}{K_{sp(CuI)}} = 0.87\ V$$

类似地，有 Ag^{+}/Ag 电对与 Cl^{-}共存时，可用 $AgCl/Ag$ 电对来表示：

$$Ag^{+} + e^{-} \rightleftharpoons Ag,\quad Ag^{+} + Cl^{-} \rightleftharpoons AgCl$$

$$AgCl + e^{-} \rightleftharpoons Ag + Cl^{-}$$

$$\varphi_{AgCl/Ag} = \varphi^{\ominus}_{AgCl/Ag} + 0.059\lg\frac{1}{[Cl^{-}]}$$

可以推出：

$$\varphi^{\ominus}_{AgCl/Ag} = \varphi^{\ominus}_{Ag^+/Ag} + 0.059\lg K_{sp(AgCl)}$$

再如，Zn^{2+}/Zn 与氨溶液共存，可用$[Zn(NH_3)_4]^{2+}/Zn$ 电对来表示：

$$Zn^{2+} + 2e^- \rightleftharpoons Zn$$

$$Zn^{2+} + 4NH_3 \rightleftharpoons [Zn(NH_3)_4]^{2+},\ K_s = \frac{[Zn(NH_3)_4^{2+}]}{[Zn^{2+}][NH_3]^4}$$

$$[Zn(NH_3)_4]^{2+} + 2e^- \rightleftharpoons Zn + 4NH_3$$

$$\varphi_{[Zn(NH_3)_4]^{2+}/Zn} = \varphi^{\ominus}_{[Zn(NH_3)_4]^{2+}/Zn} + \frac{0.059}{2}\lg\frac{[Zn(NH_3)_4^{2+}]}{[NH_3]^4}$$

$$\varphi^{\ominus}_{[Zn(NH_3)_4]^{2+}/Zn} = \varphi^{\ominus}_{Zn^{2+}/Zn} + \frac{0.059}{2}\lg\frac{1}{K_s}$$

条件电极电势在沉淀副反应或配位副反应存在时得到了广泛地应用，可以较简便地处理实际情况，但在诸如不同离子强度和各种酸度等条件下的条件电极电势仍需继续完善。

6.1.4　氧化还原反应进行的程度

氧化还原反应进行的程度可以用化学反应的平衡常数来衡量。氧化还原反应平衡常数通常可以用反应中相关电对的标准电极电势和反应的计量关系进行求算，如下列氧化还原半反应：

$$Ox_1 + n_1e^- \rightleftharpoons Red_1 \qquad Ox_2 + n_2e^- \rightleftharpoons Red_2$$

假设第一个半反应的电极电势大于第二个半反应的电极电势，则氧化还原总反应可写为

$$n_2Ox_1 + n_1Red_2 \rightleftharpoons n_2Red_1 + n_1Ox_2$$

其中：

$$\varphi_1 = \varphi_1^{\ominus'} + \frac{0.059}{n_1}\lg\frac{c_{Ox_1}}{c_{Red_1}} \qquad \varphi_2 = \varphi_2^{\ominus'} + \frac{0.059}{n_2}\lg\frac{c_{Ox_2}}{c_{Red_2}}$$

当反应达平衡时：

$$\varphi_1 = \varphi_2,\quad \varphi_1^{\ominus'} + \frac{0.059}{n_1}\lg\frac{c_{Ox_1}}{c_{Red_1}} = \varphi_2^{\ominus'} + \frac{0.059}{n_2}\lg\frac{c_{Ox_2}}{c_{Red_2}}$$

可推出：

$$\frac{n_1n_2\left(\varphi_1^{\ominus'} - \varphi_2^{\ominus'}\right)}{0.059} = \lg\left(\frac{c_{Ox_2}}{c_{Red_2}}\right)^{n_1} \times \left(\frac{c_{Red_1}}{c_{Ox_1}}\right)^{n_2} = \lg K'$$

通式为

$$\lg K' = \frac{n\left(\varphi_1^{\ominus'} - \varphi_2^{\ominus'}\right)}{0.059} \tag{6.3}$$

式中，n 为 n_1 和 n_2 的最小公倍数，或电子转移的最小公倍数。

可见条件平衡常数 K' 与两电对的条件电极电势差值和转移的电子数有关。条件电极电势的差值越大，K' 值越大，反应进行得越完全。

如果不考虑副反应，则平衡常数 K 为

$$\lg K = \frac{n\left(\varphi_1^\ominus - \varphi_2^\ominus\right)}{0.059} \tag{6.4}$$

【例 6.5】 将纯铜片置于 $AgNO_3$ 溶液中反应达到平衡时，计算反应的平衡常数 K。已知：$\varphi^\ominus_{Cu^{2+}/Cu} = 0.340\ V$，$\varphi^\ominus_{Ag^+/Ag} = 0.799\ V$。

解　铜片置于 $AgNO_3$ 溶液中发生置换反应：

$$2Ag^+ + Cu \rightleftharpoons 2Ag + Cu^{2+}$$

$$\lg K = \frac{\left(\varphi_1^\ominus - \varphi_2^\ominus\right)n}{0.059} = \frac{2\times(0.799-0.340)}{0.059} = 15.6$$

$$K = 3.6\times10^{15}$$

【例 6.6】 已知：$Pb^{2+} + 2e^- \rightleftharpoons Pb$，$\varphi_1^\ominus = -0.126\ V$；$PbSO_4 + 2e^- \rightleftharpoons Pb + SO_4^{2-}$，$\varphi_2^\ominus = -0.359\ V$。求 $PbSO_4$ 的溶度积 K_{sp}。

解　设电极 Pb^{2+}/Pb 为正极，$PbSO_4/Pb$ 为负极，电池反应为

$$Pb^{2+} + SO_4^{2-} \rightleftharpoons PbSO_4$$

$$K = \frac{1}{[Pb^{2+}][SO_4^{2-}]} = \frac{1}{K_{sp}}$$

$$\lg K = \frac{n\left(\varphi_1^\ominus - \varphi_2^\ominus\right)}{0.059} = \frac{2\times\left[-0.126-(-0.359)\right]}{0.059} = 7.90$$

解得

$$K_{sp} = \frac{1}{K} = 1.8\times10^{-8}$$

一个化学反应，通常认为当反应物反应了 99.9%及以上时，反应进行完全，如：

$$Ox_1 + Red_2 \rightleftharpoons Red_1 + Ox_2$$

$$K' = \frac{c_{Ox_2}}{c_{Red_2}} \times \frac{c_{Red_1}}{c_{Ox_1}}$$

在化学计量点时，$c_{Ox_2} = c_{Red_1}$，$c_{Red_2} = c_{Ox_1}$，有

$$K' = \left(\frac{c_{Ox_2}}{c_{Red_2}}\right)^2 = \left(\frac{c_{Red_1}}{c_{Ox_1}}\right)^2$$

当反应完成了 99.9%及以上时，

$$\frac{c_{\mathrm{Ox}_2}}{c_{\mathrm{Red}_2}}=\frac{c_{\mathrm{Red}_1}}{c_{\mathrm{Ox}_1}}\geqslant\frac{99.9}{0.1}\approx10^3$$

$$K'=\frac{c_{\mathrm{Ox}_2}}{c_{\mathrm{Red}_2}}\times\frac{c_{\mathrm{Red}_1}}{c_{\mathrm{Ox}_1}}\geqslant10^6$$

若由两个半反应的电势差来表示，对于对称电对，当电子转移数为

$n_1=n_2=1$ 时，

$$\varphi_1^{\ominus'}-\varphi_2^{\ominus'}=\frac{0.059}{n}\lg K'\geqslant0.059\times6=0.35(\mathrm{V})$$

当 $n_1=n_2=2$ 时，

$$\varphi_1^{\ominus'}-\varphi_2^{\ominus'}=\frac{0.059}{n}\lg K'\geqslant\frac{0.059\times6}{2}=0.18(\mathrm{V})$$

如果 $n_1=1$，$n_2=2$ 时，电子转移最小公倍数为 2。例如，

$$\mathrm{Ox_1+2Red_2\rightleftharpoons Red_1+2Ox_2}$$

化学计量点时：$c_{\mathrm{Ox}_2}=2c_{\mathrm{Red}_1}$，$c_{\mathrm{Red}_2}=2c_{\mathrm{Ox}_1}$，有

$$K'=\left(\frac{c_{\mathrm{Ox}_2}}{c_{\mathrm{Red}_2}}\right)^2\times\frac{c_{\mathrm{Red}_1}}{c_{\mathrm{Ox}_1}}\geqslant10^9$$

$$\varphi_1^{\ominus'}-\varphi_2^{\ominus'}=\frac{0.059}{n}\lg K'\geqslant\frac{0.059\times9}{2}=0.27(\mathrm{V})$$

注意，以上推算的均为对称电对，在涉及不对称电对的计算中，氧化型与还原型的系数不同，情况比较复杂，应加以注意。

6.2　氧化还原反应的速率

氧化还原反应进行的方向及限度通常是根据氧化还原电对的电极电势的相对大小进行判断。但是，一般的反应方程式只表示了反应最初和最终的状态，实际上氧化还原反应大多经历了一系列中间步骤，只要有一步反应是慢的，就会影响反应的总速率。因此，电势差的大小只体现了反应进行的可能性和进行程度，并不能说明反应的可实现性。在某些氧化还原反应中，虽然两个电对的条件电极电势相差足够大，反应进行的程度大，但实际反应速率较慢。

反应速率因氧化还原反应历程的复杂性不同而快慢不一，反应的历程则取决于氧化剂和还原剂本身的性质和反应的具体条件。例如，许多氧化还原反应中电子的转移往往会遇到很多阻力，如溶液中的溶剂分子和各种配体的阻碍、物质之间的静电排斥力等，造成氧化还原反应速率缓慢。氧化还原反应的机理属于动力学问题，许多反应的机理非常复杂，仍有待更深入的研究。

化学反应速率是实现反应的重要影响因素。探讨影响氧化还原反应速率的因素，有利于在氧化还原滴定分析中设法创造条件加速反应以达到滴定分析的要求。本节主要探讨以下几个主要影响因素。

1. 反应物的浓度

反应物浓度是影响反应速率的主要因素之一。在大多数情况下，反应速率与反应物浓度成正比。由于大多数氧化还原反应是非基元反应，整个反应速率取决于反应历程中最慢的一步，因此不可根据质量作用定律直接书写速率方程，即不能直接根据初始反应物浓度判断反应速率，但通常情况下反应物浓度越大，反应速率越快。

例如，对于硫代硫酸钠标定过程中涉及的如下反应：

$$K_2Cr_2O_7 + 6KI + 14HCl \rightleftharpoons 8KCl + 2CrCl_3 + 7H_2O + 3I_2$$

KI 过量 5 倍，HCl 浓度为 0.8～1 $mol \cdot L^{-1}$ 时，反应进行较快。

2. 反应温度

根据反应速率理论，升高温度不仅能够增加反应物之间的碰撞概率，还增加了活化分子或活化离子的活化百分数，从而加速化学反应的进行。对绝大多数反应而言，速率常数与温度的关系符合阿伦尼乌斯方程，即升高温度能提高反应速率。一般来说，体系温度每增加 10℃，反应速率能增加 2～4 倍。因此，在许多氧化还原滴定分析中，常采用加热的方式来加快滴定进程。例如，在酸性介质中，用 $Na_2C_2O_4$ 标定 $KMnO_4$ 溶液的反应：

$$2MnO_4^- + 5C_2O_4^{2-} + 16H^+ \rightleftharpoons 2Mn^{2+} + 10CO_2 + 8H_2O$$

在室温下，上述反应速率很慢，但将溶液加热至 70～80℃时，反应明显加快。应当注意，用加热的方法来加快反应速率，对有些反应不利。例如，在间接碘量法的相关测定过程中，加热往往导致生成的 I_2 挥发从而造成损失导致误差产生；加热含 Fe^{2+}、Sn^{2+}等还原性物质的溶液会促使其更容易被空气中的 O_2 氧化而导致误差。上述情况只能利用其他方法提高反应速率。

3. 催化作用

在滴定分析过程中，经常通过加入催化剂或利用反应自身生成的具有催化性能的物质来改变化学反应的速率。

催化反应机理很复杂，由于催化剂的存在，可能产生一系列中间价态离子、游离基或活泼的中间配合物，从而改变原来的氧化还原反应历程；也可能是通过改变原来进行反应时所需的活化能，从而使反应速率发生变化。

例如，同样在酸性介质中，用 $Na_2C_2O_4$ 标定 $KMnO_4$ 溶液的反应中：

$$2MnO_4^- + 5C_2O_4^{2-} + 16H^+ \rightleftharpoons 2Mn^{2+} + 10CO_2 + 8H_2O$$

此反应较慢，若加入适量的 Mn^{2+}，或在反应进行了一定时间并生成适量 Mn^{2+}后，能促使反应快速地进行，Mn^{2+}起到催化剂的作用。这种由生成物自身起催化剂作用的反应，称为自催化反应。这一类催化作用的特点是在滴定开始时的反应速率比较慢，随滴定剂的不断加入，生成物中催化剂浓度也会逐渐增大，反应速率逐渐加快，随后由于体系中反应物的浓度越来越小，反应速率会逐渐降低。

在分析化学中有时也需要采用催化剂减缓反应速率。例如，在配制试剂时为了防止试剂被空气中的氧氧化，延长试剂的保存期限，常加入能减慢空气中氧的氧化速率的负催化剂或阻化剂。

4. 诱导作用

在氧化还原反应体系中，一个反应的进行可能诱发另一个速率极慢甚至是不能进行的反应较快地完成，这种现象即为诱导作用。产生诱导作用的反应称为诱导反应，被诱导发生或加快的反应称为受诱反应。

例如，$KMnO_4$ 氧化 Cl^-的反应速率极慢，但是当体系中同时存在 Fe^{2+}时，MnO_4^-与 Fe^{2+}的反应进行可以加速 MnO_4^-和 Cl^-的反应，这里 MnO_4^-与 Fe^{2+}的反应称为诱导反应，而 MnO_4^-和 Cl^-的反应称为受诱反应：

$$MnO_4^- + 5Fe^{2+} + 8H^+ \rightleftharpoons Mn^{2+} + 5Fe^{3+} + 4H_2O \text{ (诱导反应)}$$

$$2MnO_4^- + 10Cl^- + 16H^+ \rightleftharpoons 2Mn^{2+} + 5Cl_2 + 8H_2O \text{ (受诱反应)}$$

其中，MnO_4^-称为作用体，Fe^{2+}称为诱导体，Cl^-称为受诱体。

诱导反应和催化反应有所不同，在催化反应中，催化剂一直存在于溶液中起作用，因其参加反应后又转变回原来的组成，宏观上不消耗反应物且不改变其组成；而在诱导反应中，诱导体参加反应后被消耗并且变为其他物质，诱导反应也会随着诱导体被耗尽而终止。

产生诱导反应的主要诱因是反应过程中产生的不稳定游离基或中间价态离子。在滴定分析中诱导反应通常是有害的，但也可以在适当的情况下加以应用。例如，可以利用一些诱导效应很大的反应进行选择性的分离和鉴定。

6.3　氧化还原滴定方法

6.3.1　氧化还原滴定前的预处理

1. 预处理的作用

氧化还原滴定中，待测组分的初始价态往往不是滴定反应中所需要的价态。因此，常需要在滴定前预先进行氧化或还原处理，使被测组分转化为能被滴定的特定价态，才能进行滴定和定量计算。例如，在测定铁矿石中的全铁含量时，首先是用酸溶解样品，铁元素在溶液中的主要存在形态是 Fe^{3+}，必须先将其还原为 Fe^{2+}，才能进一步用 $K_2Cr_2O_7$ 标准溶液滴定并计算总的铁含量。

2. 预处理氧化剂或还原剂的选择

预处理氧化剂或还原剂应当符合一定的条件：必须能将待测组分定量且快速地转化为所需价态；反应需具有较好的选择性，它只将待测组分氧化或还原为所需要的特定价态，与其他组分不发生反应或不同时发生反应，即利用氧化还原反应的差异达到选择氧化或还原的目的；过量的预处理剂易被除去，或对滴定过程不产生影响。

例如，测铁矿石总铁含量时，要将 Fe^{3+}还原为 Fe^{2+}，可选用 $SnCl_2$ 进行预处理，过量的 $SnCl_2$ 用 $HgCl_2$ 除去，最后生成 Hg_2Cl_2 沉淀不被滴定剂氧化，则无需过滤除去。

$$2Fe^{3+} + Sn^{2+} \rightleftharpoons 2Fe^{2+} + Sn^{4+}$$

$$Sn^{2+} + 2HgCl_2 \rightleftharpoons Sn^{4+} + 2Cl^- + Hg_2Cl_2 \downarrow$$

3. 常用的预处理氧化剂和还原剂及使用条件

表 6.1 和表 6.2 介绍了常用的预处理氧化剂和预处理还原剂及其主要应用，在氧化还原滴定分析时，可根据实际情况选用。

表 6.1　常用的预处理氧化剂

氧化剂	反应条件	主要应用	除去方法
H_2O_2	碱性介质 NaOH或HCO_3^-	$Cr^{3+} \rightarrow CrO_4^{2-}$	煮沸分解
$(NH_4)_2S_2O_8$	酸性介质 (HNO_3 或 H_2SO_4) Ag^+催化	$Mn^{2+} \rightarrow MnO_4^-$ $Ce^{3+} \rightarrow Ce^{4+}$ $Cr^{3+} \rightarrow Cr_2O_7^{2-}$ $VO^{2+} \rightarrow VO^{3-}$	煮沸分解
$NaBiO_3$	酸性介质 室温	$Mn^{2+} \rightarrow MnO_4^-$ Ce(Ⅲ) → Ce(Ⅳ)	过滤除去
PbO_2	焦磷酸盐缓冲液 pH = 2～6	Ce(Ⅲ) → Ce(Ⅳ) Cr(Ⅲ) → Cr(Ⅵ) Mn(Ⅱ) → Mn(Ⅲ)	过滤除去
$HClO_4$	热的浓 $HClO_4$	V(Ⅳ) → V(Ⅴ) Ce(Ⅲ) → Ce(Ⅳ) $I^- \rightarrow IO_3^-$	迅速冷却并 用水稀释
KIO_3	酸性介质 加热	$Mn^{2+} \rightarrow MnO_4^-$	通常不必除去或加 Hg^{2+}生成沉淀过滤
$KMnO_4$	焦磷酸盐和氟化物 Cr^{3+}存在	Ce(Ⅲ) → Ce(Ⅳ) V(Ⅳ) → V(Ⅴ)	亚硝酸钠和尿素

表 6.2　常用的预处理还原剂

还原剂	反应条件	主要应用	除去方法
SO_2	$H_2SO_4(1\ mol \cdot L^{-1})$ SCN^-催化，加热	Fe(Ⅲ) → Fe(Ⅱ) As(Ⅴ) → As(Ⅲ) Cu(Ⅱ) → Cu(Ⅰ) Sb(Ⅴ) → Sb(Ⅲ)	煮沸或通 CO_2
$SnCl_2$	HCl 介质 加热	Fe(Ⅲ) → Fe(Ⅱ) As(Ⅴ) → As(Ⅲ) Mo(Ⅵ) → Mo(Ⅴ)	加 $HgCl_2$ 氧化
$TiCl_3$	酸性介质	Fe(Ⅲ) → Fe(Ⅱ)	加水稀释，$TiCl_3$ 被水中溶解氧氧化
盐酸肼、硫酸肼	酸性介质	As(Ⅴ) → As(Ⅲ)	浓 H_2SO_4，加热

续表

还原剂	反应条件	主要应用	除去方法
锌汞齐还原柱	H_2SO_4 介质	Fe(Ⅲ) → Fe(Ⅱ) Cr(Ⅲ) → Cr(Ⅱ) Ti(Ⅳ) → Ti(Ⅲ) V(Ⅴ) → V(Ⅲ) Mo(Ⅵ) → Mo(Ⅲ)	

6.3.2　滴定曲线及误差

在氧化还原滴定过程中，随着滴定剂的加入，被滴定物质的氧化态或还原态的浓度逐渐变化，有关电对的电极电势也随之不断变化。根据氧化还原电对的电极电势随滴定剂的滴入而改变，以电对的电极电势 φ 为纵坐标，滴定分数为横坐标，绘制电极电势随滴定分数变化的曲线，即可得到相应的滴定曲线。滴定曲线可以通过实验测定不同时刻的电势数据进行描绘，也可以应用能斯特方程进行电对电极电势理论值的计算并绘制曲线。

例如，以 0.1000 mol · L^{-1} $Ce(SO_4)_2$ 标准溶液作为滴定剂，在 1 mol · L^{-1} H_2SO_4 介质中滴定 20.00 mL 的 0.1000 mol · L^{-1} $FeSO_4$ 溶液为例，具体反应为

$$Ce^{4+} + Fe^{2+} \rightleftharpoons Fe^{3+} + Ce^{3+}$$

$$\varphi^{\ominus'}_{Ce^{4+}/Ce^{3+}} = 1.44\ V \qquad \varphi^{\ominus'}_{Fe^{3+}/Fe^{2+}} = 0.68\ V$$

在滴定过程中，反应体系中主要存在两个电对：Ce^{4+}/Ce^{3+}和 Fe^{3+}/Fe^{2+}，每当反应达到新的平衡，这两个电对的电势值必然是相同的。因此，绘制滴定曲线时，在不同的滴定阶段，可以根据其中一个便于计算的电对来求得其 φ 值。

1. 化学计量点前

滴定前溶液中主要是被滴定物 Fe^{2+}，在溶解氧的氧化作用下，溶液中有极少量的 Fe^{3+}存在，但由于 Fe^{3+}浓度未知，此时电对 Fe^{3+}/Fe^{2+}的电势无法计算。

滴定开始，体系中同时存在 Fe^{3+}/Fe^{2+}和 Ce^{4+}/Ce^{3+}两个电对，由于滴入的 Ce^{4+}基本上全部被还原为 Ce^{3+}，溶液中 Ce^{4+}浓度极小，不易直接求算。相反，被滴定物 $c_{Fe^{3+}}/c_{Fe^{2+}}$ 可以根据滴定分数确定相应的数值，因此从滴定开始到化学计量点前可以利用 Fe^{3+}/Fe^{2+}电对计算 φ 值。

$$\varphi_{Fe^{3+}/Fe^{2+}} = \varphi^{\ominus'}_{Fe^{3+}/Fe^{2+}} + 0.059\lg\frac{c_{Fe^{3+}}}{c_{Fe^{2+}}}$$

例如，滴定突跃前点，即 Ce^{4+}滴定分数为 99.9%时，

$$\frac{c_{Fe^{3+}}}{c_{Fe^{2+}}} = \frac{99.9}{0.1} \approx 10^3$$

$$\varphi_{Fe^{3+}/Fe^{2+}} = \varphi^{\ominus'}_{Fe^{3+}/Fe^{2+}} + 0.059\lg\frac{c_{Fe^{3+}}}{c_{Fe^{2+}}} = 0.68 + 0.059\lg10^3 = 0.86(V)$$

2. 化学计量点时

化学计量点时，Ce^{4+}滴定分数为 100%，Ce^{4+}与 Fe^{2+}都定量转化为 Ce^{3+}和 Fe^{3+}，溶液中的

Ce^{4+}和 Fe^{2+}浓度未知，但 $c(Ce^{4+}) = c(Fe^{2+})$、$c(Ce^{3+}) = c(Fe^{3+})$，因此

$$\varphi_{sp} = \varphi^{\ominus'}_{Fe^{3+}/Fe^{2+}} + 0.059\lg\frac{c_{Fe^{3+}}}{c_{Fe^{2+}}}, \quad \varphi_{sp} = \varphi^{\ominus'}_{Ce^{4+}/Ce^{3+}} + 0.059\lg\frac{c_{Ce^{4+}}}{c_{Ce^{3+}}}$$

将两式相加，得

$$2\varphi_{sp} = \varphi^{\ominus'}_{Ce^{4+}/Ce^{3+}} + \varphi^{\ominus'}_{Fe^{3+}/Fe^{2+}} + 0.059\lg\frac{c_{Fe^{3+}}c_{Ce^{4+}}}{c_{Fe^{2+}}c_{Ce^{3+}}} = \varphi^{\ominus'}_{Ce^{4+}/Ce^{3+}} + \varphi^{\ominus'}_{Fe^{3+}/Fe^{2+}}$$

$$\varphi_{sp} = \frac{\varphi^{\ominus'}_{Ce^{4+}/Ce^{3+}} + \varphi^{\ominus'}_{Fe^{3+}/Fe^{2+}}}{2} = \frac{1.44 + 0.68}{2} = 1.06(\text{V})$$

对于一般可逆对称氧化还原反应：

$$n_2\text{Ox}_1 + n_1\text{Red}_2 \rightleftharpoons n_2\text{Red}_1 + n_1\text{Ox}_2$$

通式可写为

$$\varphi_{sp} = \frac{n_1\varphi_1^{\ominus'} + n_2\varphi_2^{\ominus'}}{n_1 + n_2} \tag{6.5}$$

如果不考虑副反应，则

$$\varphi_{sp} = \frac{n_1\varphi_1^{\ominus} + n_2\varphi_2^{\ominus}}{n_1 + n_2} \tag{6.6}$$

对于可逆对称的氧化还原滴定反应，其化学计量点电势仅取决于两电对的条件电势(或标准电势)和电子转移数，与滴定剂或被滴定物的浓度无关。

3. 化学计量点后

滴定突跃后点，即 Ce^{4+}滴定分数为 100.1%时，溶液中 Fe^{2+}浓度极小，不易直接求算，相反，溶液中存在过量滴定剂，即 Ce^{4+}和 Ce^{3+}浓度比较好确定，因此计量点后可以利用 Ce^{4+}/Ce^{3+}电对计算 φ 值。

$$\frac{c_{Ce^{4+}}}{c_{Ce^{3+}}} = \frac{0.1}{100} = \frac{1}{10^3}$$

$$\varphi = \varphi^{\ominus'}_{Ce^{4+}/Ce^{3+}} + 0.059\lg\frac{c_{Ce^{4+}}}{c_{Ce^{3+}}} = 1.44 + 0.059\lg\frac{1}{10^3} = 1.26(\text{V})$$

根据上述方法可以计算出不同滴定分数时的 φ 值，结果见表 6.3，绘制的滴定曲线如图 6.1 所示。

表 6.3　在 1.0 mol · L^{-1} H_2SO_4 介质中，用 0.1000 mol · L^{-1} $Ce(SO_4)_2$ 标准溶液滴定 20.00 mL 0.1000 mol · L^{-1} $FeSO_4$ 溶液时体系的电极电势

滴入 Ce^{4+}溶液的体积/mL	滴定分数/%	电势/V
1.00	5.0	0.60
2.00	10.0	0.62
4.00	20.0	0.64
8.00	40.0	0.67

续表

滴入 Ce^{4+} 溶液的体积/mL	滴定分数/%	电势/V
10.00	50.0	0.68
12.00	60.0	0.69
18.00	90.0	0.74
19.80	99.0	0.80
19.98	99.9	0.86
20.00	100.0	1.06
20.02	100.1	1.26
22.00	110.0	1.38
30.00	150.0	1.42
40.00	200.0	1.44

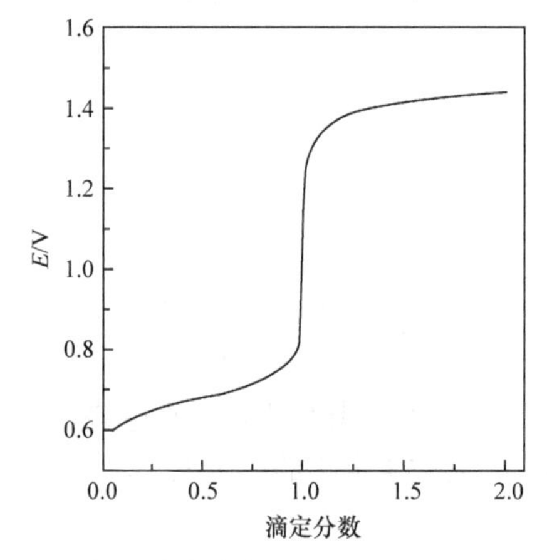

图 6.1 0.1000 mol · L^{-1} $Ce(SO_4)_2$ 标准溶液滴定 20.00 mL 0.1000 mol · L^{-1} $FeSO_4$ 溶液的滴定曲线 (1.0 mol · L^{-1} H_2SO_4 介质)

突跃范围：0.86～1.26 V。从滴定分析的误差要求(±0.1%以内)出发，对称电对的突跃范围通式如下：

$$\left(\varphi_2^{\ominus'}+\frac{0.059}{n_2}\lg 10^3\right)\sim\left(\varphi_1^{\ominus'}+\frac{0.059}{n_1}\lg 10^{-3}\right)$$

其取决于两电对的电子转移数与电势差，与浓度无关。氧化剂和还原剂两电对 $\Delta\varphi^{\ominus'}$ 差值大，滴定突跃大；差值小，滴定突跃小。$n_1 = n_2$ 时，化学计量点为滴定突跃的中点。如果 $n_1 \neq n_2$，化学计量点偏向 n 值较大的电对一方，如，$2Fe^{3+}+Sn^{2+} \rightleftharpoons 2Fe^{2+}+Sn^{4+}$，突跃范围为 0.23～0.50 V，$\varphi_{sp} = 0.32$ V，偏向 $\varphi^{\ominus'}_{Sn^{4+}/Sn^{2+}}$。

一般来说，$\Delta\varphi^{\ominus'} > 0.2$ V 才呈现明显的突跃；$\Delta\varphi^{\ominus'}$ 为 0.2～0.4 V 时，可借助电位法确定终点；$\Delta\varphi^{\ominus'} > 0.4$ V 时，可用电位法和普通指示剂法确定终点。

【例 6.7】 计算在 1.0 mol · L^{-1} H_2SO_4 中用 $KMnO_4$ 滴定 Fe^{2+}，反应的条件平衡常数为多少？达到化学计量点时 Fe^{3+} 与 Fe^{2+} 的浓度比为多少？已知：$\varphi^{\ominus'}_{MnO_4^-/Mn^{2+}} = 1.45$ V。

解　(1) 滴定反应为

$$MnO_4^- + 5Fe^{2+} + 8H^+ \rightleftharpoons Mn^{2+} + 5Fe^{3+} + 4H_2O$$

两电对的电子转移数的最小公倍数 $n = 5$，

$$\lg K' = \frac{n\left(\varphi_1^{\ominus'} - \varphi_2^{\ominus'}\right)}{0.059} = \frac{5\times(1.45-0.68)}{0.059} = 65.3$$

$$K' = 1.78\times10^{65}$$

(2) 化学计量点时，$c_{Fe^{2+}} = 5c_{MnO_4^-}$，$c_{Fe^{3+}} = 5c_{Mn^{2+}}$，

$$K' = \frac{c_{Mn^{2+}}}{c_{MnO_4^-}}\times\left(\frac{c_{Fe^{3+}}}{c_{Fe^{2+}}}\right)^5 = \left(\frac{c_{Fe^{3+}}}{c_{Fe^{2+}}}\right)^6 = 1.78\times10^{65}$$

$$\frac{c_{Fe^{3+}}}{c_{Fe^{2+}}} = 7.5\times10^{10}$$

【例 6.8】　在 1 mol · L^{-1} HCl 介质中，计算 Fe^{3+}与 Sn^{2+}反应的平衡常数，并分析化学计量点时反应进行的程度。已知：$\varphi^{\ominus'}_{Fe^{3+}/Fe^{2+}} = 0.68\ V$，$\varphi^{\ominus'}_{Sn^{4+}/Sn^{2+}} = 0.14\ V$。

解

$$2Fe^{3+} + Sn^{2+} \rightleftharpoons 2Fe^{2+} + Sn^{4+}$$

$$\lg K' = \frac{\left(\varphi_1^{\ominus'} - \varphi_2^{\ominus'}\right)n}{0.059} = \frac{2\times(0.68-0.14)}{0.059} = 18.3$$

$$K' = 2.0\times10^{18}$$

由于

$$K' = \left(\frac{c_{Fe^{2+}}}{c_{Fe^{3+}}}\right)^2 \times \frac{c_{Sn^{4+}}}{c_{Sn^{2+}}} = \left(\frac{c_{Fe^{2+}}}{c_{Fe^{3+}}}\right)^3 = 1.7\times10^{18}$$

$$\frac{c_{Fe^{2+}}}{c_{Fe^{3+}}} = 1.2\times10^6 \gg 10^3$$

可见，反应进行得十分完全。

当氧化还原滴定涉及不可逆氧化还原电对，由于不可逆电对的电极电势不遵从能斯特方程，实际的滴定曲线与理论计算所得的滴定曲线差异较大。这种区别主要体现在溶液的电势主要由不可逆电对控制时。

例如，用 $KMnO_4$ 在 H_2SO_4 介质中滴定 Fe^{2+}，

$$MnO_4^- + 5Fe^{2+} + 8H^+ \rightleftharpoons Mn^{2+} + 5Fe^{3+} + 4H_2O$$

在达到化学计量点前，体系的电势主要由可逆氧化还原电对 Fe^{3+}/Fe^{2+}控制，实际测得的

滴定曲线与理论计算所得的滴定曲线没有明显差别；化学计量点后，体系电势主要由不可逆氧化还原电对 MnO_4^-/Mn^{2+} 控制，理论与实测曲线有较明显的差别，这种差别可以在图 6.2 中清楚地看到。

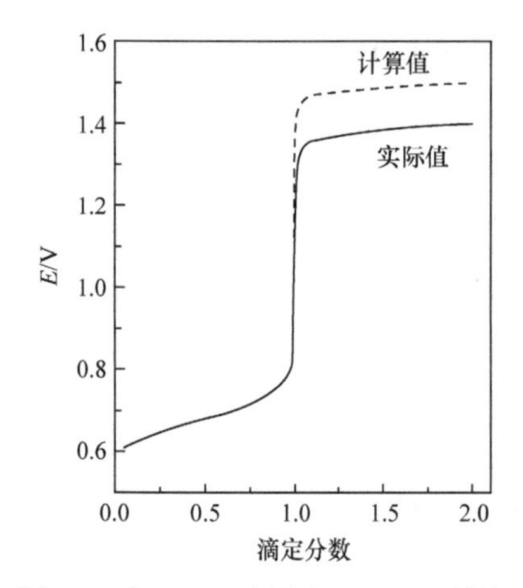

图 6.2　在 H_2SO_4 介质中，$KMnO_4$ 滴定 Fe^{2+} 的实测与理论滴定曲线

故在涉及不可逆电对的指示剂选择时，要格外注意。

6.3.3　氧化还原滴定中的指示剂

1. 氧化还原指示剂

氧化还原指示剂通常是一些复杂的有机物或者几种复杂有机物的混合物。这类指示剂本身也具有氧化性或还原性，电对的氧化型 In(Ox)和还原型 In(Red)具有不同的颜色。滴定时指示剂电对的氧化型和还原型浓度会随滴定体系电势改变而发生变化，引起颜色的变化进而可以判定滴定终点。这类指示剂在氧化还原滴定分析中应用最为广泛。

指示剂电对的电极反应为

$$\mathrm{In_{Ox}} + n\mathrm{e}^- \rightleftharpoons \mathrm{In_{Red}}\ ,\quad \varphi = \varphi_{\mathrm{In}}^{\ominus} + \frac{0.059}{n}\lg\frac{[\mathrm{In_{Ox}}]}{[\mathrm{In_{Red}}]}$$

滴定过程中，当指示剂的氧化态和还原态的浓度比变化时，如

$$\frac{[\mathrm{In_{Ox}}]}{[\mathrm{In_{Red}}]} \geqslant 10\ ,\quad \varphi \geqslant \varphi_{\mathrm{In}}^{\ominus} + \frac{0.059}{n}\ ，溶液呈氧化态色$$

$$\frac{[\mathrm{In_{Ox}}]}{[\mathrm{In_{Red}}]} \leqslant 10\ ,\quad \varphi \leqslant \varphi_{\mathrm{In}}^{\ominus} - \frac{0.059}{n}\ ，溶液呈还原态色$$

$$\frac{[\mathrm{In_{Ox}}]}{[\mathrm{In_{Red}}]} = 1\ ,\quad \varphi = \varphi_{\mathrm{In}}^{\ominus}\ ，理论变色点，溶液呈氧化态和还原态的混合色$$

理论变色范围：$\varphi = \varphi_{\mathrm{In}}^{\ominus} \pm \frac{0.059}{n}$，若采用条件电势：$\varphi = \varphi_{\mathrm{In}}^{\ominus'} \pm \frac{0.059}{n}$。

表 6.4 中列举了一些常用氧化还原指示剂的条件电极电势。

表 6.4　常见氧化还原指示剂的 $\varphi_{\mathrm{In}}^{\ominus'}[c(\mathrm{H^+}) = 1.0\ \mathrm{mol \cdot L^{-1}}]$ 及颜色变化

指示剂	$\varphi_{\mathrm{In}}^{\ominus'}$ / V $c(\mathrm{H^+}) = 1.0\ \mathrm{mol \cdot L^{-1}}$	氧化型颜色	还原型颜色
四磺酸基靛蓝	0.36	蓝色	无色
亚甲基蓝	0.53	蓝色	无色
二苯胺	0.75	紫色	无色
乙氧基苯胺	0.76	黄色	红色
二苯胺磺酸钠	0.85	紫红色	无色
邻苯氨基苯甲酸	0.89	紫红色	无色
邻二氮菲-亚铁	1.06	浅蓝色	红色
硝基邻二氮菲-亚铁	1.25	浅蓝色	紫红色

在选择指示剂时，应尽量使指示剂的电极电势或条件电极电势(有副反应时)与化学反应计量点时电势一致，或至少应使指示剂变色点的电极电势(或条件电极电势)处于滴定体系的电势突跃范围。

2. 自身指示剂

有些氧化还原滴定的标准溶液或待测物质本身就具有一定的颜色，随着滴定反应进行到化学计量点附近，这类物质会使体系颜色发生显著变化，这种情况在滴定时则无需另加指示剂。例如，MnO_4^-具有紫红色，在高锰酸钾滴定法中，MnO_4^-被还原为无色的Mn^{2+}，到达化学计量点时，只要MnO_4^-稍过量[仅需$c(MnO_4^-) \geqslant 2\times10^{-6}\ mol\cdot L^{-1}$]，体系就能观察到粉红色。

3. 专属指示剂

有些物质本身不具备氧化还原性，却能与某种氧化剂或还原剂结合产生特定的颜色。借助这类物质可指示氧化还原滴定的终点，具备这种特性的指示剂称为专属指示剂。例如，最常用的淀粉指示剂，可与I_3^-结合生成蓝色的吸附化合物，当I_3^-被还原为I^-时，蓝色消失，反应特效而灵敏。因此，在碘量法中，淀粉溶液是最常用的指示剂，以蓝色的出现或消失指示终点。又如，利用Fe^{3+}与SCN^-结合形成红色的配合物的特性，KSCN 可用作Fe^{3+}滴定Sn^{2+}的指示剂。

6.3.4 氧化还原滴定的终点误差

大多数氧化还原滴定反应进行得非常完全，而且有不少自身指示剂、专属指示剂等灵敏指示剂，更为重要的是不少氧化还原电对为不可逆电对，用能斯特方程计算出的电极电势与实测值不完全相等，因此对氧化还原滴定的终点误差讨论较少。这里只简单介绍氧化还原滴定的终点误差的计算方法，对了解分析结果的准确性具有一定的意义。

氧化还原滴定误差的计算，一般是将指示剂的理论变色点作为滴定终点，计算出滴定终点时滴定物和被滴定物的浓度，由此可算出多加滴定剂或少加滴定剂相当于被滴定物的量，除以被滴定物的初始总量，进而可推出林邦终点误差公式。

设氧化还原滴定反应中$\Delta\varphi=\varphi_{ep}-\varphi_{sp}$，$\Delta\varphi^{\ominus'}=\varphi_1^{\ominus'}-\varphi_2^{\ominus'}$，电子转移数$n_1=n_2$，对称电对的林邦终点误差公式为

$$E_r=\frac{10^{\Delta\varphi/0.059}-10^{-\Delta\varphi/0.059}}{10^{\Delta\varphi^{\ominus'}/(2\times0.059)}}\times100\% \tag{6.7}$$

电子转移数$n_1\neq n_2$时，林邦终点误差公式为

$$E_r=\frac{10^{n_1\Delta\varphi/0.059}-10^{-n_2\Delta\varphi/0.059}}{10^{n_1n_2\Delta\varphi^{\ominus'}/(n_1+n_2)0.059}}\times100\% \tag{6.8}$$

【例 6.9】 在 1 $mol\cdot L^{-1}$ H_2SO_4介质中，用 0.1000 $mol\cdot L^{-1}$ Ce^{4+}标准溶液滴定 0.1000 $mol\cdot L^{-1}$ Fe^{2+}溶液，以硝基邻二氮菲-亚铁为指示剂，求滴定的终点误差。已知：$\varphi_{In}^{\ominus'}=1.25\ V$，$\varphi_{Ce^{4+}/Ce^{3+}}^{\ominus'}=1.44\ V$，$\varphi_{Fe^{3+}/Fe^{2+}}^{\ominus'}=0.68\ V$。

解　滴定反应为 $Ce^{4+} + Fe^{2+} \rightleftharpoons Fe^{3+} + Ce^{3+}$。由于终点与化学计量点很接近，可近似认为终点时 $V = 2V_0$，而且 Fe^{2+}基本上全部都被氧化为 Fe^{3+}，即 $c_{Fe^{3+}}^{ep} \approx 0.05000\ mol \cdot L^{-1}$，$c_{Ce^{3+}}^{ep} \approx 0.05000\ mol \cdot L^{-1}$。滴定终点时，$\varphi_{ep} = \varphi_{In}^{\ominus'} = 1.25\ V$。

由 Fe^{3+}/Ce^{2+}电对：

$$\varphi_{ep} = \varphi_{Fe^{3+}/Fe^{2+}}^{\ominus'} + 0.059\lg\frac{c_{Fe^{3+}}^{ep}}{c_{Fe^{2+}}^{ep}} = 0.68 + 0.059\lg\frac{0.05000}{c_{Fe^{2+}}^{ep}} = 1.25(V)$$

解得

$$c_{Fe^{2+}}^{ep} = 1.1\times10^{-11} mol\cdot L^{-1}$$

由 Ce^{4+}/Ce^{3+}电对：

$$\varphi_{ep} = \varphi_{Ce^{4+}/Ce^{3+}}^{\ominus'} + 0.059\lg\frac{c_{Ce^{4+}}^{ep}}{c_{Ce^{3+}}^{ep}} = 1.44 + 0.059\lg\frac{c_{Ce^{4+}}^{ep}}{0.05000} = 1.25(V)$$

解得

$$c_{Ce^{4+}}^{ep} = 3.0\times10^{-5} mol\cdot L^{-1}$$

$$E_r = \frac{c_{Ce^{4+}}^{ep} - c_{Fe^{2+}}^{ep}}{c_{Fe}^{sp}}\times100\% = \frac{3.0\times10^{-5} - 1.1\times10^{-11}}{0.05000}\times100\% = 0.06\%$$

如果用式(6.7)林邦终点误差公式：

$$\varphi_{sp} = \frac{n_1\varphi_1 + n_2\varphi_2}{n_1 + n_2} = \frac{1.44 + 0.68}{2} = 1.06(V)$$

求得

$$\Delta\varphi = \varphi_{ep} - \varphi_{sp} = 1.25 - 1.06 = 0.19(V)$$

$$\Delta\varphi^{\ominus'} = \varphi_1^{\ominus'} - \varphi_2^{\ominus'} = 1.44 - 0.68 = 0.76(V)$$

代入式(6.7)林邦终点误差公式：

$$E_t = \frac{10^{\Delta\varphi/0.059} - 10^{-\Delta\varphi/0.059}}{10^{\Delta\varphi^{\ominus'}/(2\times0.059)}}\times100\% = \frac{10^{0.19/0.059} - 10^{-0.19/0.059}}{10^{0.76/(2\times0.059)}}\times100\% = 0.06\%$$

两者结果一致。

6.4　氧化还原滴定方法的应用

6.4.1　高锰酸钾法

1. 概述

高锰酸钾氧化能力强，可以直接、间接地测定多种无机物和有机物；Mn^{2+}近于无色，而 MnO_4^-本身具有特殊的紫红色，当溶液中其浓度约为 $2\times10^{-6} mol\cdot L^{-1}$时，可以看到溶液呈粉红色，可作自身指示剂。由于 $KMnO_4$ 氧化能力强，因此方法的选择性欠佳，而且 $KMnO_4$ 与还原性物质的反应历程比较复杂，易发生副反应，溶液也不够稳定。可以通过严格控制滴定条件，采用适当的方法配制和保存标准溶液，减少上述缺点的影响。

当体系的酸碱介质条件不同时，$KMnO_4$的氧化能力和还原产物不同。

在强酸性溶液中：

$$MnO_4^- + 8H^+ + 5e^- \rightleftharpoons Mn^{2+} + 4H_2O \qquad \varphi^{\ominus} = 1.51\ V$$

由于在强酸性溶液中$KMnO_4$有较强的氧化性，因而高锰酸钾滴定法一般多在 0.5～1 $mol \cdot L^{-1}$ H_2SO_4 介质中进行。注意不使用盐酸介质，因为盐酸具有还原性，能诱发一些副反应干扰滴定。硝酸由于含有氮氧化物容易产生副反应也很少采用。

在微酸性、中性或弱碱性溶液中：

$$MnO_4^- + 2H_2O + 3e^- \rightleftharpoons MnO_2\downarrow + 4OH^- \qquad \varphi^{\ominus} = 0.59\ V$$

反应产物为棕色的 MnO_2 沉淀，妨碍终点观察，所以很少使用。

在强碱性溶液中：

$$MnO_4^- + e^- \rightleftharpoons MnO_4^{2-} \qquad \varphi^{\ominus} = 0.56\ V$$

在强碱性(pH＞12，c_{NaOH}＞2 $mol \cdot L^{-1}$)条件下，氧化还原反应速率比在酸性条件下更快，所以常用 $KMnO_4$ 在强碱性溶液中测定有机物。

MnO_4^-在强碱性(c_{NaOH}≥2.0 $mol \cdot L^{-1}$)条件下，被还原为MnO_4^{2-}。MnO_4^{2-}不稳定，易歧化生成MnO_4^-和 MnO_2，可加入钡盐生成 $BaMnO_4$ 沉淀使其稳定在 Mn(Ⅵ)状态。

2. $KMnO_4$标准溶液的配制与标定

在配制与标定 $KMnO_4$标准溶液时应当注意：分析纯 $KMnO_4$试剂中含有少量 MnO_2及其他杂质；配制时，所用的蒸馏水中常含有还原性物质与 $KMnO_4$反应会析出 $MnO(OH)_2$等还原产物，并促进 $KMnO_4$ 进一步分解。因此，$KMnO_4$标准溶液不能采用直接法配制，需先配成近似浓度的溶液。

按国家标准 GB/T 601—2016《化学试剂　标准滴定溶液的制备》规定，配制时称取 $KMnO_4$ 稍多于理论量，溶于相应体积的蒸馏水中，缓缓加热煮沸 15 min，冷却，于暗处放置 2 周，用已处理过的 4 号玻璃滤埚(在同样浓度的高锰酸钾溶液中缓缓煮沸 5 min)过滤。储存于棕色瓶中。

$Na_2C_2O_4$、$H_2C_2O_4 \cdot 2H_2O$、As_2O_3、$(NH_4)_2Fe(SO_4)_2 \cdot 2H_2O$ 或纯铁丝等基准物质均可用于标定 $KMnO_4$溶液。国家标准 GB/T 601—2016《化学试剂　标准滴定溶液的制备》规定用的是经 105～110℃烘箱中干燥的工作基准试剂草酸钠，在硫酸介质中标定，近终点时加热至约 65℃，继续滴定至溶液呈粉红色，并保持 30 s，同时做空白试验。其反应如下：

$$2MnO_4^- + 5C_2O_4^{2-} + 16H^+ \rightleftharpoons 2Mn^{2+} + 10CO_2\uparrow + 8H_2O$$

实验室常规滴定时主要控制温度、酸度、滴定速度和滴定终点等。

1) 温度

该反应速率较慢，常将 $Na_2C_2O_4$溶液加热至 70～80℃再进行滴定。温度不能过高，超过 90℃时 $H_2C_2O_4$分解，导致标定结果偏高。

$$H_2C_2O_4 \xrightarrow{\geq 90℃} CO_2 + CO + H_2O$$

2) 酸度

用硫酸调节酸度，一般控制在 0.5～1 mol · L^{-1}，酸度不足易生成 MnO_2 沉淀，酸度过高 $H_2C_2O_4$ 会发生分解。

3) 滴定速度

MnO_4^- 与 $C_2O_4^{2-}$ 的反应初始速率很慢，当有 Mn^{2+} 生成后，反应速率逐渐加快，Mn^{2+} 称为自催化剂。因此，开始滴定时，应等第一滴 $KMnO_4$ 溶液褪色后，再加第二滴。此后，可适当加快滴定速度，但不能过快，否则加入的 $KMnO_4$ 溶液在热的酸性溶液中因来不及与 $C_2O_4^{2-}$ 反应会发生分解，导致测定结果偏低。

$$4MnO_4^- + 12H^+ \rightleftharpoons 4Mn^{2+} + 5O_2 + 6H_2O$$

若滴定前加入少量催化剂 $MnSO_4$，则在滴定的初始阶段就可以较快的速率进行。

4) 滴定终点

滴定至溶液中 $KMnO_4$ 呈淡粉红色，30 s 不褪色即为终点。放置时间过长，空气中的还原性物质可能使 $KMnO_4$ 褪色。

标定好的 $KMnO_4$ 溶液在放置一段时间后，若发现有棕色沉淀析出，应重新过滤并标定。

3. 应用示例

1) H_2O_2 含量测定——直接滴定法

许多还原性物质，如 Fe^{2+}、$C_2O_4^{2-}$、H_2O_2、As(Ⅲ)、Sb(Ⅲ)等，都可以用 $KMnO_4$ 直接滴定。国家标准 GB/T 1616—2014《工业过氧化氢》规定，利用在酸性介质中，H_2O_2 与 MnO_4^- 定量反应来进行工业过氧化氢的含量测定：

$$2MnO_4^- + 5H_2O_2 + 6H^+ \rightleftharpoons 2Mn^{2+} + 5O_2 + 8H_2O$$

滴定刚开始时反应速率较慢，但由于 H_2O_2 不稳定极易分解，不能通过加热来加快反应速率，滴定只能在室温下进行。随着 $KMnO_4$ 不断滴入，生成 Mn^{2+} 的自身催化作用促使反应速率加快。

若 H_2O_2 中含有机物质等还原性物质，会消耗 $KMnO_4$ 使结果不准确，这时应考虑用其他方法。

2) COD_{Mn} 的测定——返滴定法

环境监测和企业生产中，常采用 $KMnO_4$ 指数法测定水化学需氧量 COD_{Mn}，用所消耗的氧化剂的量表示水的污染程度，表示为每毫升水样中氧的量(mg · L^{-1})。在酸性条件下，水中的还原性物质(包括有机物、NO_2^-、Fe^{2+}、S^{2-}等)与一定量的过量的 $KMnO_4$ 标准溶液反应，使其氧化完全。反应后剩余的 $KMnO_4$ 用过量的 $Na_2C_2O_4$ 标准溶液还原，最后余下的 $Na_2C_2O_4$ 再用 $KMnO_4$ 标准溶液进行返滴定，从而间接计算出水中化学需氧量。煤炭行业标准 MT/T 369—2007《煤矿水化学耗氧量的测定 高锰酸钾法》，就是利用上述方法。

6.4.2 重铬酸钾法

1. 概述

$K_2Cr_2O_7$ 是一种常用的强氧化剂，Cr(Ⅵ)在酸性介质中与还原性物质反应被还原为 Cr(Ⅲ)，

反应为

$$Cr_2O_7^{2-} + 14H^+ + 6e^- \rightleftharpoons 2Cr^{3+} + 7H_2O \quad \varphi^{\ominus} = 1.33\ V$$

$K_2Cr_2O_7$的氧化能力不如$KMnO_4$强，因此其可以测定的物质比$KMnO_4$少，但与$KMnO_4$法相比，有以下优点：

$K_2Cr_2O_7$容易提纯，在 140～150℃干燥后，可以用直接法配制标准溶液；配好的标准溶液相当稳定，长时间密闭存放也可保证其浓度无显著变化，便于长期保存；在室温下不与Cl^-作用，可以用盐酸作滴定介质。

重铬酸钾法被其他还原性物质干扰相比高锰酸钾法较少。因为$K_2Cr_2O_7$的氧化能力不及$KMnO_4$，而且在酸性介质中(盐酸)，$Cr_2O_7^{2-}/Cr^{3+}$电对的条件电极电势往往小于标准电势。应当注意的是，还原产物Cr^{3+}呈绿色，无法直接通过稍过量的$K_2Cr_2O_7$的橙色来判断终点，需要加入氧化还原指示剂，常用的是二苯胺磺酸钠指示剂。

2. *应用示例*

1) 铁矿石中全铁含量的测定

GB/T 6730.5—2022《铁矿石　全铁含量的测定　三氯化钛还原后滴定法》规定了$K_2Cr_2O_7$容量法测定铁矿石中全铁含量的方法：

试样用热的浓盐酸等分解完全后，趁热用$SnCl_2$将大部分Fe^{3+}还原为Fe^{2+}，直到溶液保持淡黄色($FeCl_3$)，再加适量钨酸钠-磷酸溶液作指示剂，然后滴加$TiCl_3$溶液，还原少量未完全还原的Fe^{3+}，当Fe^{3+}被定量还原为Fe^{2+}后，稍过量的$TiCl_3$可将无色的指示剂中的六价钨还原为蓝色的五价，俗称钨蓝。用稀$K_2Cr_2O_7$溶液氧化钨蓝至蓝色刚好消失。再加入适量的H_2SO_4-H_3PO_4混酸，加入二苯胺磺酸钠作指示剂，用$K_2Cr_2O_7$标准溶液滴定至溶液由绿色经蓝绿色最后变为紫红色即为终点。

$$Fe_2O_3 + 6HCl \rightleftharpoons 2FeCl_3 + 3H_2O$$

$$2Fe^{3+} + Sn^{2+} \rightleftharpoons 2Fe^{2+} + Sn^{4+}$$

$$Fe^{3+} + Ti^{3+} \rightleftharpoons Fe^{2+} + Ti^{4+}$$

$$Cr_2O_7^{2-} + 6Fe^{2+} + 14H^+ \rightleftharpoons 2Cr^{3+} + 6Fe^{3+} + 7H_2O$$

反应中涉及的钨蓝生成及消失比较复杂，在此不作叙述。

滴定时加入H_3PO_4，可形成$[Fe(HPO_4)_2]^-$配合物，降低Fe^{3+}/Fe^{2+}电势，使化学计量点时滴定突跃增大(原来为 0.86～0.97，增大后为 0.69～0.97，指示剂的变色范围为 0.81～0.87)，同时通过加入H_3PO_4，生成无色的$[Fe(HPO_4)_2]^-$，可以消除Fe^{3+}的黄色对指示剂变色观察的影响。

2) COD_{Cr}的测定

地表水、生活污水及工业废水的化学需氧量常采用重铬酸钾法测定，如我国环境保护标准 HJ 828—2017《水质 化学需氧量的测定 重铬酸盐法》方法的基本原理是：强酸性介质中，在待测水样或空白试样(重蒸水)中加入一定量过量的$K_2Cr_2O_7$标准溶液，以Ag_2SO_4作为催化剂，加热回流，使试样中的还原性物质氧化完全，反应余下的$K_2Cr_2O_7$以邻二氮菲-亚铁(试亚铁灵)为指示剂，用$(NH_3)_2Fe(SO_4)_2$标准溶液回滴。体系颜色由黄色经蓝绿色最后变为红褐色时即为滴定终点，根据还原性物质消耗的 $K_2Cr_2O_7$ 体积，扣除空白后计算出 COD_{Cr}。该法适用范围最广泛，可以测定各类水样的化学需氧量。例如，GB/T 14420—2014《锅炉用水和冷却水分析方法化学耗氧量的测定　重铬酸钾快速法》也是采用该法。该方法的缺点是分析过程中常需加入 $HgSO_4$ 消除 Cl^-的干扰，引入了 Hg^{2+}，加之方法本身使用的 Cr(Ⅵ)，都会对环境造成污染。

$K_2Cr_2O_7$ 氧化水样中还原性物质需要进行较长时间的回流，以使其充分反应，若回流过程中溶液颜色变绿，说明试样的化学需氧量过高，需要将水样稀释后重做。测定水样时，应当取重蒸水按相同步骤做空白试验。

3) 利用 $Cr_2O_7^{2-}$-Fe^{2+}反应测定其他物质

$Cr_2O_7^{2-}$ 与 Fe^{2+}的反应速率快，可逆性强，计量关系好，指示剂变色明显。因此，该反应不仅用于测铁，还可以间接测定多种物质。

(1) 测定氧化剂：NO_3^- (或 ClO_3^-)等氧化剂被还原时的反应速率较慢，测定时可加入过量的 Fe^{2+}标准溶液与其反应：

$$3Fe^{2+} + NO_3^- + 4H^+ \rightleftharpoons 3Fe^{3+} + NO + 2H_2O$$

待反应完全后用 $K_2Cr_2O_7$ 标准溶液返滴定剩余的 Fe^{2+}，即可求得 NO_3^- 含量。

(2) 测定还原剂：一些强还原剂如 Ti^{3+}极不稳定，易被空气中的氧氧化。为使测定准确，可将 Ti^{4+}流经还原柱后，用盛有 Fe^{3+}溶液的锥形瓶接收，此时发生如下反应：

$$Fe^{3+} + Ti^{3+} \rightleftharpoons Fe^{2+} + Ti^{4+}$$

置换出的 Fe^{2+}，再用 $K_2Cr_2O_7$ 标准溶液滴定。

(3) 非氧化还原性物质的测定：一些与铬酸根生成沉淀的非氧化还原性物质，如 Pb^{2+}、Ba^{2+}等，可先将其生成铬酸盐沉淀，沉淀经过滤和洗涤后，溶解于酸中，这时铬酸根转变成重铬酸根，用 Fe^{2+}标准溶液滴定重铬酸根，可以间接求出非氧化还原性物质的含量，如 Pb^{2+}含量的测定：

$$Pb^{2+} \xrightarrow{CrO_4^{2-}} PbCrO_4 \downarrow \xrightarrow{H^+} Cr_2O_7^{2-} \xrightarrow{Fe^{2+}(\text{滴定})} Cr^{3+}$$

6.4.3 碘量法

1. 概述

碘量法是利用 I_2 的氧化性与 I^-的还原性进行滴定分析的方法。单质 I_2 的溶解性差(20℃时，溶解度为 0.00133 $mol \cdot L^{-1}$)，且极易挥发，通常将 I_2 溶解于一定浓度的 KI 溶液中形成 I_3^- 配离子(为简化起见，有时仍写为 I_2)，半反应为

$$I_3^- + 2e^- \rightleftharpoons 3I^- \qquad \varphi^{\ominus} = 0.545\ V$$

根据 I_3^- / I^- 电对的电势值可以判断 I_2 是较弱的氧化剂，能与较强的还原剂作用；I^-是中等强度的还原剂，能与很多氧化性物质反应，适用范围更加广泛。根据上述两类情况，通常将碘量法分为直接碘量法和间接碘量法。

2. 碘量法滴定方式

1) 直接碘量法

电势比 $\varphi^{\ominus}(I_3^- / I^-)$ 低的还原性物质，可直接用 I_3^- 标准溶液滴定，这种方法称为直接碘量

法(也称碘滴定法)。直接碘量法可直接滴定强还原性物质，如钢铁中硫的含量及$S_2O_3^{2-}$、As(Ⅲ)、Sn(Ⅱ)、SO_3^{2-}、S^{2-}、维生素 C 含量等。

直接碘量法不能在较强的碱性溶液中进行滴定，否则会发生歧化反应：

$$3I_2 + 6OH^- \rightleftharpoons 5I^- + IO_3^- + 3H_2O$$

也不能在强酸性介质中进行，因为被测还原性物质通常不稳定。

2) 间接碘量法

电势比$\varphi^\ominus(I_3^-/I^-)$高的氧化性物质，在一定条件下，先将待测组分用 KI 还原释放出相应量的I_2，再用$Na_2S_2O_3$标准溶液滴定生成的I_2，这种方法称为间接碘量法(也称滴定碘法)。例如，用间接碘量法测定$KMnO_4$的含量，其原理是：$KMnO_4$在酸性介质中，与过量的 KI 作用析出I_2，最后用$Na_2S_2O_3$标准溶液滴定，再通过相关反应的计量关系算出$KMnO_4$的含量。

$$2MnO_4^- + 10I^- + 16H^+ \rightleftharpoons 2Mn^{2+} + 5I_2 + 8H_2O$$

$$I_2 + 2S_2O_3^{2-} \rightleftharpoons 2I^- + S_4O_6^{2-}$$

间接碘量法可以应用于Cu^{2+}、MnO_4^-、CrO_4^{2-}、$Cr_2O_7^{2-}$、IO_3^-、BrO_3^-、NO_2^-等氧化性物质的分析测定。此外，《中华人民共和国药典》中也常采用间接碘量法测定药物组分和辅料，如山梨醇、木糖醇、葡萄糖注射液中葡萄糖、甲状腺粉、西地碘含片、安钠咖注射液中咖啡因以及药品中的水分等，都可以采用间接碘量法进行测定。使用间接碘量法测定待测物时，应当注意预防I_2的挥发或I^-的氧化。

间接碘量法对体系的酸度也有要求，滴定应当在中性或弱酸性体系中进行，因为强碱性介质中I_2与$S_2O_3^{2-}$生成硫酸盐，同时，I_2还会发生歧化反应：

$$4I_2 + Na_2S_2O_3 + 10NaOH \rightleftharpoons 2Na_2SO_4 + 8NaI + 5H_2O$$

$$3I_2 + 6OH^- \rightleftharpoons 5I^- + IO_3^- + 3H_2O$$

在强酸性介质中，$Na_2S_2O_3$溶液会发生分解反应，同时，I^-易被空气中的O_2氧化。

$$S_2O_3^{2-} + 2H^+ \rightleftharpoons SO_2 + S\downarrow + H_2O$$

$$4I^- + 4H^+ + O_2 \rightleftharpoons 2I_2 + 2H_2O$$

3. 碘量法的滴定条件和终点指示

淀粉是碘量法的专属指示剂，I_2与淀粉呈现蓝色，其显色灵敏度除与I_2的浓度有关，还与淀粉的性质、加入的时间、温度及反应介质等条件有关。使用淀粉指示剂指示终点时要注意以下几点：①所用的淀粉必须是可溶性淀粉。②I_3^-与淀粉的蓝色在热溶液中会消失，不能在热溶液中进行滴定。③淀粉与I_2在弱酸性溶液中显蓝色，灵敏度很高；当 pH＜2 时，淀粉水解成糊精，与I_2作用显红色；若 pH＞9 时，I_2转变为IO^-，与淀粉不显色。

直接碘量法时，淀粉应在滴定开始时加入，终点时，溶液由无色突变为蓝色；间接碘量法时，淀粉应等滴至I_2的黄色很浅时再加入(若过早加入淀粉，它与I_2形成的蓝色配合物会吸留部分I_2，往往易使终点提前且不明显)，终点时，溶液由蓝色转变为无色。

淀粉指示液一般配成$10\ g\cdot L^{-1}$，用量为 2～5 mL。

4. 碘量法的误差来源和防止措施

碘量法的误差来源于两个方面：一是 I_2 易挥发；二是在酸性溶液中 I^-易被空气中的 O_2 氧化。通过加入过量 KI 与 I_2 生成 I_3^- 配离子可有效预防 I_2 的挥发。另外，应当使用碘量瓶进行析出 I_2 的反应，反应时容器应密闭并置于暗处。析出的 I_2 必须立即滴定，以减少 I_2 的挥发，同时滴定过程中不能剧烈振荡。反应温度不宜过高(<25℃)，因为升高温度不仅会加速 I_2 的挥发，还会增大细菌的活力，进而加速 $Na_2S_2O_3$ 的分解。

Cu^{2+}、NO_2^- 等离子催化空气对 I^-的氧化，应设法消除干扰。

5. 碘量法标准溶液的配制和标定

1) 硫代硫酸钠标准溶液的配制与标定

分析纯的 $Na_2S_2O_3 \cdot 5H_2O$ 仍含有少量 S、Na_2SO_4、Na_2CO_3 等杂质，不能作为基准物质直接配制标准溶液，需用间接法配制标准溶液。配制好的 $Na_2S_2O_3$ 溶液由于微生物、CO_2、O_2 和光的作用，通常会发生以下反应：

$$Na_2S_2O_3 \xrightarrow{\text{微生物}} Na_2SO_3 + S\downarrow$$

$$S_2O_3^{2-} + CO_2 + H_2O \rightleftharpoons HSO_3^- + HCO_3^- + S\downarrow$$

$$S_2O_3^{2-} + \frac{1}{2}O_2 \rightleftharpoons SO_4^{2-} + S\downarrow$$

此外，日光和水中微量的 Cu^{2+}或 Fe^{3+}等也能促使 $Na_2S_2O_3$ 分解，因此配制 $Na_2S_2O_3$ 溶液时，应当用新煮沸杀灭细菌并除去 CO_2 的蒸馏水，并加入少量 Na_2CO_3 使溶液呈弱碱性以抑制细菌生长。另外，分解反应一般在配制的初期发生，因此配好的溶液应储于棕色瓶中，于暗处放置 2 周后，4 号玻璃滤埚过滤去沉淀，然后再标定；标定后的 $Na_2S_2O_3$ 溶液在储存过程中若发现溶液变混浊，应重新标定或弃去重配。

配制好的 $Na_2S_2O_3$ 溶液通常以 $K_2Cr_2O_7$ 或 KIO_3 作基准物质进行标定。移取一定体积的 $K_2Cr_2O_7$ 或 KIO_3 标准溶液，在酸性介质中加入过量的 KI 溶液，析出相应量的 I_2：

$$Cr_2O_7^{2-} + 6I^- + 14H^+ \rightleftharpoons 2Cr^{3+} + 3I_2\downarrow + 7H_2O$$

$$IO_3^- + 5I^- + 6H^+ \rightleftharpoons 3I_2\downarrow + 3H_2O$$

析出的 I_2 以淀粉作指示剂，用待标定的 $Na_2S_2O_3$ 溶液滴定并计算 $Na_2S_2O_3$ 溶液的准确浓度。

$$I_2 + 2S_2O_3^{2-} \rightleftharpoons 2I^- + S_4O_6^{2-}$$

注意控制酸度在适宜范围内，酸度过低不宜于主反应的快速进行，过高会加速空气中的 O_2 氧化 I^-，一般以 0.2～0.4 $mol \cdot L^{-1}$ 的盐酸为宜。

$K_2Cr_2O_7$ 与 KI 作用慢，应将溶液储存于碘量瓶或锥形瓶中盖好，在暗处放置 10 min，待反应完全后，再进行滴定。KIO_3 与 KI 反应快，不需放置，宜及时滴定。

所用 KI 溶液中不含有 KIO_3 或 I_2。如果 KI 溶液显黄色，应事先用 $Na_2S_2O_3$ 溶液滴定至无色后再使用。

GB/T 601—2016《化学试剂　标准滴定溶液的制备》中规定的 $Na_2S_2O_3$ 溶液标定方法采用的是经 120℃±2℃干燥至恒量的工作基准试剂重铬酸钾。由于存在副反应，不能用 $K_2Cr_2O_7$

或 KIO_3 直接标定 $Na_2S_2O_3$ 溶液。

2) I_2 标准溶液的配制和标定

用升华法制得的纯碘，可直接配制成标准溶液。但通常用的是市售碘先配成近似浓度的碘溶液，然后用 As_2O_3 基准试剂或已知准确浓度的 $Na_2S_2O_3$ 标准溶液来标定碘溶液的准确浓度。GB/T 601—2016《化学试剂　标准滴定溶液的制备》对这两种方法都有规定。

由于 I_2 难溶于水，易溶于 KI 溶液，故配制时是将 I_2 和 KI 溶于水中，保存于棕色试剂瓶中，放置 2 天后标定。

As_2O_3 标定：As_2O_3 难溶于水，多用 NaOH 溶解，使之生成亚砷酸钠，再用 I_2 溶液滴定 AsO_3^{3-}。

$$As_2O_3 + 6OH^- \rightleftharpoons 2AsO_3^{3-} + 3H_2O$$

$$AsO_3^{3-} + I_2 + H_2O \rightleftharpoons AsO_4^{3-} + 2I^- + 2H^+$$

滴定时加入 $NaHCO_3$ 保持溶液 pH 为 8 左右。因为在酸性溶液中，I^-可能被氧化成 I_2 而析出。

$Na_2S_2O_3$ 标定：由于 As_2O_3 为剧毒物，故也可改用已知浓度的 $Na_2S_2O_3$ 标准溶液标定 I_2 溶液。

$$I_2 + 2S_2O_3^{2-} \rightleftharpoons 2I^- + S_4O_6^{2-}$$

【例 6.10】 选择 KIO_3 作基准物质标定 $Na_2S_2O_3$ 溶液时，准确称取 KIO_3 0.3567 g 溶于水，并配制成 100.0 mL 溶液，准确移取 25.00 mL KIO_3 溶液置于碘量瓶中，加入适量 H_2SO_4 及 KI 溶液后，用待标定的 $Na_2S_2O_3$ 溶液滴定至终点时，消耗 24.98 mL，计算 $Na_2S_2O_3$ 标准溶液的准确浓度。

解 标定过程的反应为

$$IO_3^- + 5I^- + 6H^+ \rightleftharpoons 3I_2\downarrow + 3H_2O$$

$$I_2 + 2S_2O_3^{2-} \rightleftharpoons 2I^- + S_4O_6^{2-}$$

$$c(Na_2S_2O_3) = \frac{6\times\dfrac{0.3567}{214.0}\times\dfrac{25.00}{100.0}}{24.98\times10^{-3}} = 0.1001\ (mol\cdot L^{-1})$$

---

6. 应用示例

1) 维生素 C(L-抗坏血酸)的测定——直接碘量法

由于维生素 C 分子中的烯二醇基还原性很强，可被 I_2 定量氧化成二酮基，反应式如下：

```
 ┌────O─────┐      H   OH                    ┌────O─────┐       H   OH
 │          │      │   │                     │          │       │   │
 C ─ C ═ C ─ C ─ C ─ CH2  +  I2  ⇌   C ─ C ─ C ─ C ─ C ─ CH2  +  2HI
 ‖   │   │   │   │                      ‖   ‖   ‖   │   │
 O   OH  OH  H   H                      O   O   O   H   OH
```

《中华人民共和国药典》规定了直接碘量法测定维生素 C 类制剂中维生素 C 含量的方法，维生素 C 片、维生素 C 泡腾片、维生素 C 注射液等均可采用此法。准确称取一定量的试样，加新煮沸过并冷却的水 100 mL 与稀乙酸 10 mL 溶解后，加入淀粉指示剂，立即用 I_2 标准溶液滴定，至溶液显蓝色并在 30 s 内不褪。每 1 mL 碘滴定液(0.05 mol · L^{-1})相当于 8.806 mg 的 $C_6H_8O_6$。

此外，直接碘量法还可以用于测定溶液中的 S^{2-}或 H_2S，先将溶液调至弱酸性，以淀粉为指示剂，用 I_2 标准溶液直接滴定 H_2S。

$$I_2 + H_2S \rightleftharpoons 2I^- + S\downarrow + 2H^+$$

应当注意，上述滴定若在碱性介质中进行，S^{2-}将部分氧化为SO_4^{2-}，另外 I_2 也会在碱性溶液中发生歧化反应。

由于 I_2 的氧化能力较弱且易挥发，对反应体系介质的酸碱性要求太高，因此直接碘量法有很大的局限性。

2) 间接碘量法测定 Cu 含量

间接碘量法测定铜是基于 Cu^{2+}与过量 KI 反应析出相应量的 I_2，然后用 $Na_2S_2O_3$ 标准溶液滴定，反应为

$$2Cu^{2+} + 4I^- \rightleftharpoons 2CuI\downarrow + I_2\downarrow$$

$$I_2 + 2S_2O_3^{2-} = 2I^- + 2S_4O_6^{2-}$$

中华人民共和国有色金属行业标准 YS/T 521.1—2009《粗铜化学分析方法 第 1 部分：铜量的测定 碘量法》的规定是：试料用硝酸溶解，三价砷和锑用溴氧化，用氨水中和至氢氧化铜沉淀刚刚生成，加入冰醋酸和氟化铵饱和溶液，再加入碘化钾，有碘析出，立即用硫代硫酸钠标准滴定溶液滴定。当溶液呈淡黄色时，加入淀粉溶液继续滴定至溶液呈淡蓝色，加入硫氰酸钾溶液，摇动，待吸附的碘释出后，继续滴定至淡蓝色消失即为终点。

加入氨水后，再加入冰醋酸能形成 HAc-NH_4Ac 缓冲溶液。由于 CuI 沉淀表面会吸附一些 I_2 导致结果偏低，故加入 KSCN 使沉淀转化为溶解度更小且吸附 I_2 倾向更小的 CuSCN，这样可以有效地提高测定的准确度，即

$$CuI + SCN^- = CuSCN\downarrow + I^-$$

需要注意的是，应当在接近终点时才加入 KSCN，否则 SCN^-会还原 I_2 从而使测定结果偏低。

上述间接碘量法还可以拓展应用到食品分析中。例如，GB/T 37493—2019 规定了采用铜还原碘量法测定粮油、谷物、豆类中可溶性糖的方法。将可溶性糖水解还原成还原糖后，在碱性介质中用 Cu^{2+}与还原糖作用生成 Cu_2O 沉淀；在 H_2SO_4 介质中，Cu_2O 能定量地消耗 KIO_3 和 KI 作用所析出的 I_2，溶液中剩余的 I_2 再用 $Na_2S_2O_3$ 标准溶液滴定。

6.4.4 其他氧化还原滴定法

1. 铈量法

铈量法是采用四价铈盐在酸性介质中作氧化剂的滴定分析方法。因为 Ce^{4+}易水解生成碱式盐沉淀，不适合在碱性、中性或弱酸性介质中应用，故常用 $Ce(SO_4)_2$ 的 H_2SO_4 溶液作滴定剂。在 H_2SO_4 介质中，其电极反应如下：

$$Ce^{4+} + e^- \rightleftharpoons Ce^{3+} \quad \varphi^\ominus = 1.61\ V$$

电极电势介于 $KMnO_4$ 与 $K_2Cr_2O_7$ 之间。一般情况下，能用 MnO_4^- 滴定的，用 Ce^{4+}也可以。

铈量法不受制剂中淀粉、糖类等的干扰，因此《中国人民共和国药典》对片剂、糖浆剂等制

剂中的亚铁测定常规定用铈量法，如硫酸亚铁片及硫酸亚铁缓释片、葡萄糖酸亚铁及其制剂、富马酸亚铁及其制剂等。另外，还可以直接测定过氧化氢、某些金属低价化合物及有机还原性物质。

硫酸铈的硫酸溶液非常稳定，且 $Ce(SO_4)_2$ 容易提纯，可直接配制标准溶液，配制好的溶液稳定，放置时间长，加热煮沸皆不易分解。另外，Ce^{4+}还原为 Ce^{3+}只有一个电子转移，不生成中间价态产物，反应简单。

$Ce(SO_4)_2$ 标准溶液滴定常用邻二氮菲作指示剂：还原态呈红色，氧化态呈淡蓝色。

Ce^{4+}在酸性溶液中为黄色，Ce^{3+}为无色，当滴定无色样品时，也可利用 Ce^{4+}本身的黄色指示终点，但灵敏度不高。另外，酸度较低时，H_3PO_4 有干扰。

2. 溴酸钾法

溴酸钾法是以 $KBrO_3$ 为滴定剂的滴定分析法。可以直接滴定亚铁盐、亚铜盐、亚砷酸盐、亚锡盐、碘化物和亚胺类等还原性物质。以甲基橙为指示剂，化学剂量点后，过量的 $KBrO_3$ 氧化指示剂，使甲基橙褪色指示滴定终点。

$KBrO_3$ 是强氧化剂，在酸性溶液中，半反应式如下：

$$2BrO_3^- + 12H^+ + 10e^- \rightleftharpoons Br_2 + 6H_2O \qquad \varphi^\ominus = 1.44\ V$$

$KBrO_3$ 易提纯，可直接配制成标准溶液。如需标定，可用间接碘量法进行，原理如下：

$$BrO_3^- + 6I^- + 6H^+ \rightleftharpoons Br^- + 3I_2 + 3H_2O$$

$$I_2 + 2S_2O_3^{2-} \rightleftharpoons 2I^- + 2S_4O_6^{2-}$$

有些物质不能被 $KBrO_3$ 直接氧化，但可以和 Br_2 定量反应，因此可采取下述方法测定。用过量的 $KBrO_3$-KBr 作为标准溶液，在酸性介质中析出 Br_2 与被测物质反应，剩余的 Br_2 再与 KI 作用析出 I_2，析出的 I_2 用 $Na_2S_2O_4$ 滴定，这是间接溴酸钾法，它在有机分析中应用较多。例如，苯酚的测定可用此法。

$$Br_2(aq) + 2e^- \rightleftharpoons 2Br^- \quad \varphi^\ominus = 1.087\ V$$

$$BrO_3^- + 5Br^- + 6H^+ \rightleftharpoons 3Br_2 + 3H_2O$$

$$C_6H_5OH + 3Br_2(\text{过量}) = C_6H_2Br_3OH + 3HBr + Br_2(\text{剩余})$$

（苯酚 + 3Br₂(过量) ═ 2,4,6-三溴苯酚 + 3HBr + Br₂(剩余)；结构式中标注：OH，Br，Br，Br）

$$Br_2 + 2KI \rightleftharpoons I_2 + 2KBr$$

$$I_2 + 2S_2O_3^{2-} \rightleftharpoons 2I^- + 2S_4O_6^{2-}$$

6.5　氧化还原滴定结果的计算

氧化还原滴定结果主要是依据氧化还原反应中的化学计量关系进行求算。

例如，被测组分 A 经过反应先得到物质 B 再得到物质 Z 后，用滴定剂 T 来滴定，计量关系为 aA～bB～zZ～tT；由各步反应的化学计量关系可得出 aA～tT，试样中 A 的含量可用下式计算：

$$w(\mathrm{A})=\frac{\frac{a}{t}c_{\mathrm{T}}V_{\mathrm{T}}M_{\mathrm{A}}}{m_{\mathrm{s}}\times 1000}\times 100\%$$

式中，m_s 为试样的质量，g；c_T 为滴定剂的浓度，mol · L^{-1}；V_T 为消耗的滴定剂体积，mL；M_A 为待测组分 A 的摩尔质量，g · mol^{-1}。

【例 6.11】 准确称取某钢铁试样 1.000 g，测定样品中锰和钒的含量。将试样用酸溶解后，待测组分还原为 Mn^{2+}和 VO^{2+}，用 0.02000 mol · L^{-1} $KMnO_4$ 标准溶液滴定，用去滴定剂 2.50 mL，继续加入焦磷酸后，用上述 $KMnO_4$ 标准溶液滴定生成的 Mn^{2+}和试液中原有的 Mn^{2+}，使之全部生成$[Mn(H_2P_2O_7)_3]^{3-}$，用去滴定剂 4.00 mL，计算该样品中 Mn 和 V 的质量分数。

解 滴定过程的主要反应为

$$5VO^{2+}+MnO_4^-+11H_2O \rightleftharpoons 5VO_4^{3-}+Mn^{2+}+22H^+$$

$$MnO_4^-+4Mn^{2+}+15H_4P_2O_7 \rightleftharpoons 5\left[Mn(H_2P_2O_7)_3\right]^{3-}+4H_2O+22H^+$$

因为 $\varphi^{\ominus}_{\mathrm{V(V)/V(IV)}}<\varphi^{\ominus}_{\mathrm{Mn(III)/Mn(II)}}$，$VO^{2+}$先被滴定。

计量关系 V～VO^{2+}～$\frac{1}{5}MnO_4^-$， $w(\mathrm{V})=\dfrac{5\times 0.02000\times 2.50\times\dfrac{50.94}{1000}}{1.000}\times 100\%=1.27\%$

试样中的 Mn～Mn^{2+}～$\frac{1}{4}MnO_4^-$，滴定 VO^{2+} 时产生的 Mn^{2+}～ MnO_4^-，

$$w(\mathrm{Mn})=\frac{(4\times 4.00\times 0.02000-2.50\times 0.02000)\times\dfrac{54.94}{1000}}{1.000}\times 100\%=1.48\%$$

【例 6.12】 准确称取不纯的 Sb_2S_3 试样 0.2000 g，将试样充分燃烧后生成的 SO_2 通入 $FeCl_3$ 溶液中，使 Fe^{3+}还原为 Fe^{2+}。在稀硫酸介质中用 0.02000 mol · L^{-1} $KMnO_4$ 滴定溶液中的 Fe^{2+}，消耗 23.50 mL。计算 Sb_2S_3 中 Sb 的含量。

解 测定过程有关的主要反应为

$$2Sb_2S_3+9O_2 \rightleftharpoons 2Sb_2O_3+6SO_2\uparrow$$

$$SO_2+H_2O \rightleftharpoons H_2SO_3$$

$$2Fe^{3+}+H_2SO_3+H_2O \rightleftharpoons 2Fe^{2+}+SO_4^{2-}+4H^+$$

$$MnO_4^-+5Fe^{2+}+8H^+ \rightleftharpoons Mn^{2+}+5Fe^{3+}+4H_2O$$

由上述反应可知 Sb 与滴定剂 $KMnO_4$ 的计量关系为

$$Sb \sim \frac{1}{2}Sb_2S_3 \sim \frac{3}{2}SO_2 \sim \frac{3}{2}H_2SO_3 \sim 3Fe^{2+} \sim \frac{3}{5}MnO_4^-$$

$$w(Sb) = \frac{\frac{5}{3} \times 0.02000 \times 23.50 \times \frac{121.8}{1000}}{0.2000} \times 100\% = 47.71\%$$

【例 6.13】　量取废水试样 100.0 mL，试液用 H_2SO_4 酸化后测定其化学需氧量(COD)，加入 25.00 mL 0.01667 mol · L^{-1} $K_2Cr_2O_7$溶液，加入 Ag_2SO_4催化剂和玻璃珠回流煮沸一定时间，待水样中还原性物质充分氧化后，以邻二氮菲-亚铁为指示剂，用 0.1000 mol · L^{-1} $(NH_3)_2Fe(SO_4)_2$ 标准溶液滴定剩余的 $Cr_2O_7^{2-}$，消耗滴定剂 15.00 mL，计算该水样的化学需氧量。

解　有关反应为

$$Cr_2O_7^{2-} + 14H^+ + 6e^- \rightleftharpoons 2Cr^{3+} + 7H_2O$$

$$O_2 + 4H^+ + 4e^- \rightleftharpoons 2H_2O$$

$$6Fe^{2+} + Cr_2O_7^{2-} + 14H^+ \rightleftharpoons 6Fe^{3+} + 2Cr^{3+} + 7H_2O$$

由以上电对反应可知在氧化同一还原性物质时，3 mol O_2 相当于 2 mol $K_2Cr_2O_7$，即

$$1O_2 \sim 4e^- \sim \frac{2}{3}Cr_2O_7^{2-}，\text{且有} Fe^{2+} \sim \frac{1}{6}Cr_2O_7^{2-}$$

因此，与废水样品中还原性物质作用的 $K_2Cr_2O_7$ 物质的量应等于所加入 $K_2Cr_2O_7$ 的总物质的量减去与 $FeSO_4$ 作用的物质的量，故

$$COD_{Cr} = \frac{\frac{3}{2}\left[(cV)_{K_2Cr_2O_7} - \frac{1}{6}(cV)_{Fe^{2+}}\right] \times 32.00 \times 10^3}{V_{水样}}$$

$$= \frac{\frac{3}{2} \times \left(0.01667 \times 25.00 - \frac{1}{6} \times 0.1000 \times 15.00\right) \times 32.00 \times 10^3}{100.0} = 80.04(mg \cdot L^{-1})$$

也可以直接利用 6.4.2 小节中的 COD 计算公式求算：

$$COD_{Cr} = \frac{(V_0 - V_1) \times c_{Fe^{2+}} \times 8 \times 10^3}{V_{水样}}$$

理论上假定空白为零时，$cV_0(Fe^{2+}) = 6cV(K_2Cr_2O_7)$，

$$COD_{Cr} = \frac{(6 \times 0.01667 \times 25.00 - 0.1000 \times 15.00) \times 8 \times 10^3}{100.0} = 80.04(mg \cdot L^{-1})$$

【例 6.14】　准确称取 0.5005 g 苯酚试样，加入 NaOH 溶解完全并用水定容至 250.0 mL。移取 25.00 mL 配制好的试液置于碘量瓶中，加入适量 HCl 和 25.00 mL $KBrO_3$-KBr 标准溶液，使苯酚溴化为三溴苯酚；再加入 KI 溶液，使溶液中未与苯酚反应的 Br_2 还原并析出相应量的 I_2，用 0.1008 mol · L^{-1} $Na_2S_2O_3$ 标准溶液滴定析出的 I_2，消耗 15.05 mL；同时，另取 25.00 mL

$KBrO_3$-KBr 标准溶液按相同步骤做空白试验，消耗 $Na_2S_2O_3$ 40.20 mL，计算样品中苯酚的质量分数。

解　反应式如下：

$$KBrO_3 + 5KBr + 6HCl \rightleftharpoons 3Br_2 + 6KCl + 3H_2O$$

$$C_6H_5OH + 3Br_2 \rightleftharpoons C_6H_2Br_3OH + 3HBr$$

$$Br_2 + 2KI \rightleftharpoons I_2 + 2KBr$$

$$I_2 + 2S_2O_3^{2-} \rightleftharpoons 2I^- + S_4O_6^{2-}$$

可知计量关系为

$$C_6H_5OH \sim 3Br_2 \sim 3I_2 \sim 6S_2O_3^{2-}$$

$$w(C_6H_5OH) = \frac{\frac{1}{6} \times 0.1008 \times (40.20 - 15.05) \times 10^3 \times 94.11}{0.5005 \times \frac{25.00}{250.0}} \times 100\% = 79.45\%$$

【拓展阅读】

卡尔·费休法测定水分含量

卡尔·费休法是水分测定的经典方法，也是国家标准规定的最常用的水分测定方法。例如，国标 GB/T 2441.3—2010《尿素的测定方法》中就采用了卡尔·费休法测定水分；此外，GB 5009.3—2016《食品中水分的测定》中的第四法也介绍了该方法的应用。

该方法的基本原理是当 I_2 氧化 SO_2 时，需要定量的水分存在，其反应为

$$I_2 + SO_2 + 2H_2O \longrightarrow H_2SO_4 + 2HI$$

上述反应为可逆反应，碱性介质可以促使反应向右进行，吡啶 C_5H_5N 是最适宜的碱性物质。因为吡啶可与体系中的酸结合，有利于上述反应定量进行。

$$C_5H_5N \cdot I_2 + C_5H_5N \cdot SO_2 + C_5H_5N + H_2O \longrightarrow 2C_5H_5N \cdot HI + C_5H_5N \cdot SO_3$$

但生成的亚硫酸吡啶也能与水反应，消耗待测组分从而产生误差。

$$C_5H_5N \cdot SO_3 + H_2O \longrightarrow C_5H_5N \cdot HOSO_2OH$$

因此，需要加入甲醇以防止上述副反应发生。

$$C_5H_5N \cdot SO_3 + CH_3OH \longrightarrow C_5H_5N \cdot HOSO_2OCH_3$$

由上可知，滴定时的标准溶液是由 I_2、SO_2、C_5H_5N 和 CH_3OH 组成的混合液，此混合液称为卡尔·费休试剂(简称卡氏试剂)，通常用纯水进行标定。卡氏试剂具有强吸水性，在储存和使用时都应当注意密封，避免空气中水分的影响。试剂为棕色试液，当其滴入待测液与水作用后，棕色褪去，试液为浅黄色，当待测溶液呈现红棕色即为终点，无需另外加入指示剂。卡尔·费休容量法属于非水滴定，所用的容量器皿必须洁净干燥，否则会产生误差。

卡尔·费休容量法不仅适用于有机物或无机物中常量水分的测定，还可以利用该法通过对反应中生成或消耗水的量的测定，间接地确定某些有机物的含量。此外，对于微量水分的测定，常采用卡尔·费休库仑法

进行测定，这是一种电化学分析方法，将在仪器分析中介绍。

【参考文献】

林承志. 2011. 化学之路: 新编化学发展简史[M]. 北京: 科学出版社

武汉大学. 2016. 分析化学(上册)[M]. 6 版. 北京: 高等教育出版社

Speight J. 2005. Lange's Handbook of Chemistry[M]. 70th ed. NewYork: McGraw-Hill

【思考题和习题】

1. “氧化还原反应的条件平衡常数越大，反应越适用于氧化还原滴定分析。”这一说法是否正确？为什么？
2. Fe^{3+}/Fe^{2+}电对的条件电极电势随着溶液离子强度的增加，会增大还是减小？加入F^-后，该电对的条件电极电势又会如何变化？
3. 为什么氧化还原滴定分析中计算滴定过程中溶液的电势既可以用氧化剂电对的电极电势也可以用还原剂电对的电极电势？
4. 常用的氧化还原滴定法有哪些？举例说明。
5. 简述碘量法中误差的主要来源有哪些。在配制和标定 $Na_2S_2O_3$ 标准溶液时有哪些注意事项？
6. 水分测定的国家标准方法常采用卡尔 · 费休容量分析法，简述该方法的基本原理，并说明卡尔 · 费休试剂的组成。
7. $KMnO_4$ 在酸性溶液中有如下还原反应：$MnO_4^- + 8H^+ + 5e^- \rightleftharpoons Mn^{2+} + 4H_2O$，试推出其电极电势与 pH 的关系式，并计算 pH = 2.0 和 pH = 5.0 时 MnO_4^-/Mn^{2+} 的条件电极电势(忽略离子强度的影响)。已知 $\varphi^{\ominus}_{MnO_4^-/Mn^{2+}} = 1.51\ V$。
8. 计算 Zn^{2+}/Zn 电对在总浓度为 0.020 mol · L^{-1} NH_3-NH_4Cl 缓冲溶液(pH = 10.0)中的条件电极电势。当 Zn^{2+} 总浓度为 2.0×10^{-4} mol · L^{-1}时，该电对的电极电势为多少(忽略离子强度的影响)？
9. 根据 $\varphi^{\ominus}_{Hg_2^{2+}/Hg}$ 和 Hg_2Cl_2 的 K_{sp}，计算 $\varphi^{\ominus'}_{Hg_2Cl_2/Hg}$。当 Cl^-浓度为 0.010 mol · L^{-1}时，Hg_2Cl_2/Hg 电对的电极电势为多少？
10. 计算 Ag^+/Ag 电对在总浓度为 0.10 mol · L^{-1} NH_3-NH_4Cl 缓冲溶液(pH = 10.0)中的条件电极电势。已知：Ag-NH_3 配合物的 $\lg\beta_1 = 3.24$、$\lg\beta_2 = 7.05$；$\varphi^{\ominus}_{Ag^+/Ag} = 0.799\ V$。(忽略离子强度并忽略形成 $Ag^+/AgCl_2^-$ 配合物的影响)
11. 计算在 pH = 3.0，含未配位的 EDTA 浓度为 0.10 mol · L^{-1} 的体系中，Fe^{3+}/Fe^{2+}电对的条件电极电势。已知 pH = 3.0 时，$\lg\alpha_{Y(H)} = 10.60$；$\varphi^{\ominus}_{Fe^{3+}/Fe^{2+}} = 0.77\ V$。
12. 计算：(1) 在 298.15 K 时，反应 $Fe^{2+} + Ag^+ \rightleftharpoons Fe^{3+} + Ag$ 的平衡常数；(2) 已知反应开始时，Ag^+浓度为 1.0 mol · L^{-1}，Fe^{2+}浓度为 0.10 mol · L^{-1}，达到平衡时溶液中 Fe^{3+}的浓度为多少？
13. 用 $K_2Cr_2O_7$ 标准溶液滴定 Fe^{2+}，若化学计量点时 Fe^{3+}的浓度为 0.05000 mol · L^{-1}，溶液 pH 应当低于多少才能使滴定反应定量进行？
14. 分别计算 0.0200 mol · L^{-1} $K_2Cr_2O_7$ 和 0.0200 mol · L^{-1} $KMnO_4$ 在 1 mol · L^{-1} $HClO_4$ 溶液中用固体亚铁盐还原至一半时的电极电势。已知：$\varphi^{\ominus'}_{Cr_2O_7^{2-}/Cr^{3+}} = 1.02\ V$，$\varphi^{\ominus'}_{MnO_4^-/Mn^{2+}} = 1.45\ V$。
15. 计算用 0.10 mol · L^{-1} Ce^{4+}滴定在 1.0 mol · L^{-1} H_2SO_4 介质中的 0.10 mol · L^{-1} Fe^{2+}溶液，用二苯胺磺酸钠作指示剂时($\varphi^{\ominus'}_{In} = 0.84\ V$)滴定的终点误差。
16. 以 0.1000 mol · L^{-1} 的 $Na_2S_2O_3$ 标准溶液滴定 20.00 mL 0.05000 mol · L^{-1} 的 I_2 溶液(体系含 KI 1.0 mol · L^{-1})。计算滴定分数为 50%、100%及 200%时体系的平衡电极电势。已知：$\varphi^{\ominus'}_{I_3^-/I^-} = 0.545\ V$，$\varphi^{\ominus'}_{S_4O_6^{2-}/S_2O_3^{2-}} = 0.080\ V$。
17. 标定 $KMnO_4$ 溶液时，称取纯 As_2O_3 试样 0.2473 g，用 NaOH 溶液溶解后，再用 H_2SO_4 将试液酸化，用待标定的 $KMnO_4$ 溶液滴定至终点，用去 25.00 mL，计算 $KMnO_4$ 标准溶液的浓度。
18. 准确称取油漆填料红丹试样 0.1000 g，测定样品中的 Pb_3O_4，用 HCl 溶解试样，趁热在试液中加入 0.02 mol · L^{-1}

$K_2Cr_2O_7$溶液 25 mL，析出 $PbCrO_4$沉淀，反应为 $2Pb^{2+} + Cr_2O_7^{2-} + H_2O \rightleftharpoons 2PbCrO_4\downarrow + 2H^+$，冷后将 $PbCrO_4$沉淀过滤后再用盐酸溶解，加入 KI 溶液和淀粉指示剂，用 0.1000 mol · L^{-1} $Na_2S_2O_3$标准溶液滴定，用去滴定剂 12.00 mL。求试样中 Pb_3O_4的质量分数。

19. 用重量法测定 1.000 g 某硅酸盐试样中铁和铝，测得(Fe_2O_3 + Al_2O_3)的总量 0.5000 g。将沉淀用酸溶解，并将 Fe^{3+}还原为 Fe^{2+}，用 0.03000 mol · L^{-1} $K_2Cr_2O_7$溶液滴定 Fe^{2+}，用去 30.00 mL。计算试样中 FeO 和 Al_2O_3的含量。
20. 取 25.00 mL 未知浓度的 KI 溶液，加入 10.00 mL 0.05000 mol · L^{-1} KIO_3溶液，反应完全后煮沸以除去 I_2。冷却后，加入过量的 KI 溶液使之与剩余的 KIO_3反应析出 I_2，将溶液调节至弱酸性，用 0.1008 mol · L^{-1} $Na_2S_2O_3$溶液滴定，用去滴定剂 21.14 mL。计算 KI 溶液的浓度。
21. 一定质量的 $KHC_2O_4 \cdot H_2C_2O_4 \cdot 2H_2O$ 试样既能被 30.00 mL 0.1000 mol · L^{-1} 的 NaOH 刚好中和完全，又恰好能被 40.00 mL 的 $KMnO_4$溶液氧化。计算 $KMnO_4$溶液的浓度。
22. 将 1.000 g 钢样中的铬氧化生成 $Cr_2O_7^{2-}$ 后，再加入 20.00 mL 过量的 0.05000 mol · L^{-1} $FeSO_4$溶液，然后以 0.01006 mol · L^{-1} 的 $KMnO_4$溶液返滴定试液，终点时消耗 5.55 mL，求钢样中铬的质量分数。
23. 准确称取标准钢样(含硫 0.051%)0.5000 g，于管式炉中充分燃烧，将 S 转化为 SO_2后用含淀粉的水吸收后用碘标准溶液滴定，消耗 11.60 mL 碘标液，计算该碘标液对硫的滴定度。另称取待测试样 0.5000 g，用相同方法分析硫含量，消耗上述碘标液 7.00 mL，计算该样品中硫的含量。

第 7 章　沉淀滴定法

【内容提要与学习要求】

学习沉淀平衡的基础知识，了解影响难溶物溶解度的重要因素，重点掌握沉淀滴定法的分类依据、测试原理、滴定条件和应用范围；了解沉淀滴定法滴定曲线的计算方法、突跃范围和绘制滴定曲线；了解银量法对含有 Cl^-、Br^-、I^-、Ag^+、SCN^-和 CN^-等离子样品的分析方法，以及经预处理后能定量产生这些离子的有机物的测定方法。

沉淀滴定法(precipitation titration)是以沉淀反应为基础的一种滴定分析法。沉淀反应很多，但能用于沉淀滴定的反应并不多，其主要原因是很多沉淀反应达不到滴定反应的要求。目前应用较广的是生成难溶性银盐的反应，也称银量法(argentimetry)，可测定 Cl^-、Br^-、I^-、CN^-、SCN^-和 Ag^+等离子的含量。许多可溶性的无机和有机卤化物，如工业氯化钠和盐酸麻黄碱的含量可直接用银量法测定。对于不可溶的有机卤化物，其卤素原子与碳原子结合比较紧密，可通过适当的处理后再用银量法测定。例如，脂肪族卤化物溴米索伐(2-溴-*N*-氨基甲酰基-3-甲基丁酰胺)，可通过在碱性溶液中加热水解，使溴以离子的形式进入溶液，再用银量法测定。

7.1　概　　述

将沉淀反应用作滴定分析，必须符合前面讲到的滴定分析对化学反应的要求，所以用于沉淀滴定的化学反应必须符合下列条件：

(1) 生成的沉淀溶解度必须很小；

(2) 沉淀反应迅速，定量完成，不易形成过饱和溶液；

(3) 有确定滴定终点的简单方法；

(4) 沉淀的吸附现象应不妨碍化学计量点的确定。

由于上述条件的限制，很多沉淀反应难以用于滴定分析，原因是多方面的，如沉淀溶解度较大、易形成过饱和溶液、达到平衡的速度慢、共沉淀现象严重、没有合适的指示剂等。目前应用最多的是银量法，它是利用生成难溶性银盐沉淀的滴定法，即利用 Ag^+与卤素和类卤素离子的反应来测定 Cl^-、Br^-、I^-、CN^-、SCN^-和 Ag^+等。根据滴定条件和选用指示剂的不同，银量法可分为莫尔(Mohr)法、福尔哈德(Volhard)法和法扬斯(Fajans)法。除银量法外，其他沉淀反应，如 $K_4[Fe(CN)_6]$与 Zn^{2+}、四苯硼酸钠与 K^+、Ba^{2+}与SO_4^{2-}、Pb^{2+}与$C_2O_4^{2-}$和MoO_4^{2-}等形成沉淀的反应，也可以用于沉淀滴定法，其反应方程式如下：

$$2K_4[Fe(CN)_6]+3Zn^{2+} \longrightarrow K_2Zn_3[Fe(CN)_6]_2\downarrow+6K^+$$

$$NaB(C_6H_5)_4+K^+ \longrightarrow KB(C_6H_5)_4\downarrow+Na^+$$

$$SO_4^{2-} + Ba^{2+} = BaSO_4 \downarrow$$

$$C_2O_4^{2-} + Pb^{2+} = PbC_2O_4 \downarrow$$

7.2 莫 尔 法

莫尔法是以 K_2CrO_4 为指示剂确定滴定终点的一种银量法。在中性或弱碱性介质中，采用 $AgNO_3$ 标准溶液直接滴定卤素 X(Cl^-或 Br^-)的反应，用以测定卤素的含量。例如，以 K_2CrO_4 为指示剂，用 $AgNO_3$ 直接滴定 NaCl，其化学反应过程为

滴定开始至终点前：　　$Ag^+ + Cl^- = AgCl\downarrow$(白色)

终点附近：　　$2Ag^+ + CrO_4^{2-} = Ag_2CrO_4\downarrow$(砖红色)

由于形成 AgCl 沉淀所需的 Ag^+浓度小于形成 Ag_2CrO_4 沉淀所需的 Ag^+浓度，根据分步沉淀原理，在滴定过程中$[Ag^+][Cl^-] > K_{sp(AgCl)}$首先达到，AgCl 白色沉淀会在溶液体系中先被沉淀出来。随着 $AgNO_3$ 标准溶液的不断加入，溶液中 Cl^-的浓度越来越小，Ag^+的浓度相应越来越大，直至 $[Ag^+]^2[CrO_4^{2-}] > K_{sp(Ag_2CrO_4)}$ 时，便出现砖红色的 Ag_2CrO_4 沉淀，由此可以指示滴定终点的到达。

7.2.1 滴定曲线

以 0.1000 mol · L^{-1} $AgNO_3$ 滴定 20.00 mL 等浓度 NaCl 为例，计算并绘制滴定曲线。

$$Ag^+ + Cl^- = AgCl\downarrow$$

$$[Ag^+][Cl^-] = K_{sp(AgCl)} = 1.8\times10^{-10}$$

$$pAg + pCl = 9.74$$

该滴定反应平衡常数大，可认为 Ag^+与 Cl^-完全反应。

1. 滴定前

$V_{Ag} = 0$，$\alpha = 0$，此时溶液中只有 Cl^-，则有$[Cl^-] = 0.1000$ mol · L^{-1}，pCl = 1.00。

滴定开始至计量点前：

当 $V_{Ag} = 18.00$ mL，$\alpha = 0.90$，此时溶液中剩余有 Cl^-，故按剩余 Cl^-计：

$$[Cl^-] = \frac{20.00-18.00}{20.00+18.00}\times 0.1000\ mol\cdot L^{-1} = 5.26\times10^{-3}\ mol\cdot L^{-1}$$

$$pCl = 2.28 \quad pAg = 9.74 - 2.28 = 7.46$$

同理可以算出，当 $V_{Ag} = 19.98$ mL，$\alpha = 0.999$，pCl = 4.30，pAg = 5.44(突跃前点)。

2. 计量点时

$V_{Ag} = 20.00$ mL，$\alpha = 1.000$，此时溶液中 Ag^+和 Cl^-浓度相等，故有

$$[Ag^+] = [Cl^-] = \sqrt{K_{sp}}$$

$$[Cl^-] = [Ag^+] = 1.34\times10^{-5}\ mol\cdot L^{-1}$$

$$pCl = 4.87，pAg = 4.87$$

3. 计量点后

$V_{Ag} = 20.02\ mL$，$\alpha = 1.001$，此时溶液中 Ag^+过量，故按过量 Ag^+计：

$$[Ag^+] = \frac{20.02 - 20.00}{20.02 + 20.00} \times 0.1000\ mol \cdot L^{-1} = 5.00 \times 10^{-5}\ mol \cdot L^{-1}$$

$$pAg = 4.30，pCl = 5.44(突跃后点)$$

同理可以算出，当 $V_{Ag} = 20.20\ mL$，$\alpha = 1.010$，$pAg = 3.30$，$pCl = 6.44$。

按照上述计算，可得到滴定过程中各阶段溶液的 pCl 和 pAg 变化情况(表 7.1)。以滴入的 $AgNO_3$ 体积为横坐标，pCl 或 pAg 为纵坐标作图，即可得到 $AgNO_3$ 滴定等浓度 NaCl 的滴定曲线，如图 7.1 所示。

表 7.1　0.1000 mol · L^{-1} $AgNO_3$ 滴定 20.00 mL 等浓度 NaCl 时溶液的 pCl 和 pAg

加入 $AgNO_3$ 体积/mL	滴定分数 α	剩余 NaCl 体积/mL	过量 $AgNO_3$ 体积/mL	pCl	pAg
0.00	0.000	20.00		1.0	
18.00	0.900	2.00		2.28	7.46
19.80	0.990	0.20		3.28	6.46
19.98	0.999	0.02		4.30	5.44
20.00	1.000	0.00	0.00	4.87	4.87
20.02	1.001		0.02	5.44	4.30
20.20	1.010		0.20	6.44	3.30
22.00	1.100		2.00	7.44	2.30
40.00	2.000		20.00	8.26	1.48

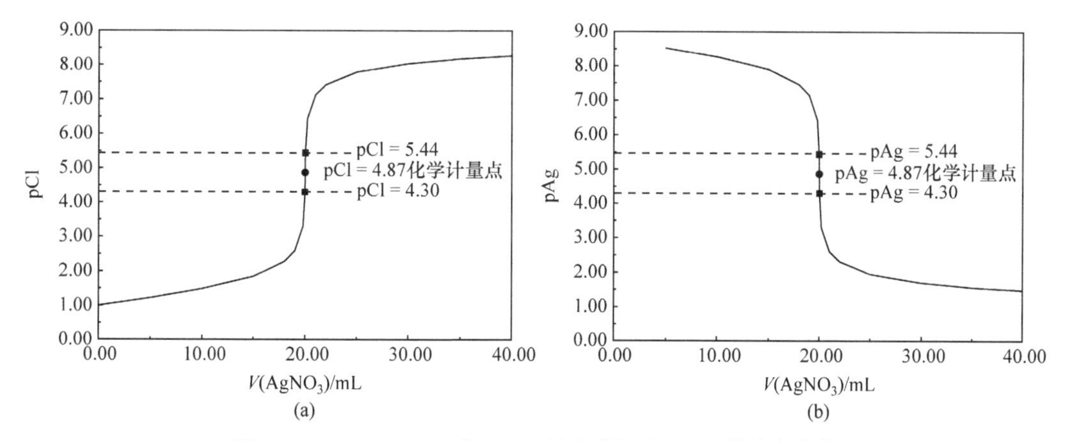

图 7.1　0.1000 mol · L^{-1} $AgNO_3$ 滴定等浓度 NaCl 的滴定曲线

显然，沉淀滴定法的滴定突跃大小还与滴定剂和被滴定物质的浓度有关。若滴定剂或被滴定物质浓度增大(减小)10 倍，滴定突跃增大(减小)1 个 pAg(pCl)单位。滴定剂或被滴定物质浓度都增大(减小)10 倍，滴定突跃增大(减小)2 个 pAg(pCl)单位。

以 0.1000 mol · L^{-1} $AgNO_3$ 分别滴定 20.00 mL 等浓度 Cl^-、Br^-和 I^-，其滴定曲线如图 7.2 所示。可以看到，在相同浓度的 Cl^-、Br^-和 I^-的滴定曲线上，主要影响滴定突跃后点，突跃范围由大到小是 $I^- > Br^- > Cl^-$。因此，以相同浓度溶液滴定时，生成的沉淀的溶解度越小，滴定突跃范围越大。K_{sp}减小或增大 10^n，突跃增大或减小 n 个 pAg(pCl)单位。

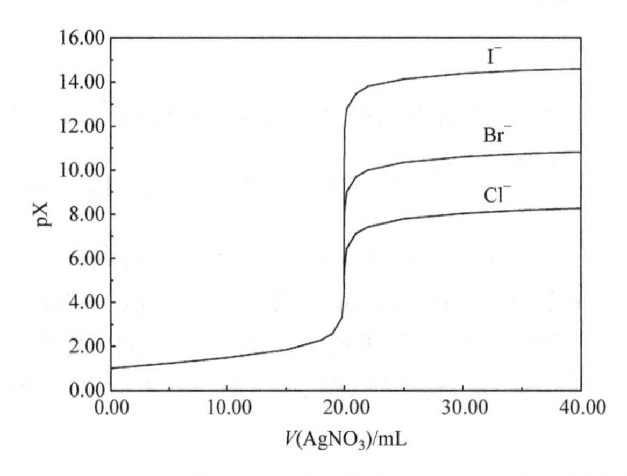

图 7.2　0.1000 mol · L^{-1} $AgNO_3$ 滴定等浓度 Cl^-、Br^-和 I^-的滴定曲线

7.2.2　滴定条件

1. 指示剂浓度

采用莫尔法滴定，适宜的 K_2CrO_4 指示剂用量是获得准确滴定结果的重要保障。如果 CrO_4^{2-} 的浓度太大，会导致滴定终点提前到达，而且 CrO_4^{2-} 本身的颜色也会影响终点颜色变化(出现砖红色沉淀)的判断；若 CrO_4^{2-} 的浓度太小，会使滴定终点滞后。在化学计量点时，生成 Ag_2CrO_4 沉淀所需 CrO_4^{2-} 浓度可计算如下：

$$[Ag^+]_{sp} = [Cl^-]_{sp} = \sqrt{K_{sp(AgCl)}}$$

$$[CrO_4^{2-}] = \frac{K_{sp(Ag_2CrO_4)}}{[Ag^+]_{sp}^2} = \frac{K_{sp(Ag_2CrO_4)}}{K_{sp(AgCl)}} = \frac{2.0\times10^{-12}}{1.8\times10^{-10}} = 1.1\times10^{-2}(mol\cdot L^{-1})$$

在实际滴定中，浓度如此高的 K_2CrO_4 指示剂的黄色会遮蔽 Ag_2CrO_4 的砖红色，对终点的颜色判断不利。实验表明，通常终点时 CrO_4^{2-} 浓度控制为 5×10^{-3} mol · L^{-1} 比较合适，此时溶液中 Ag^+浓度可按下式计算：

$$[Ag^+] = \sqrt{\frac{K_{sp(Ag_2CrO_4)}}{[CrO_4^{2-}]}} = \sqrt{\frac{2.0\times10^{-12}}{5\times10^{-3}}} = 2.0\times10^{-5}(mol\cdot L^{-1})$$

$$pAg = 4.70$$

K_2CrO_4 浓度降低后，要使 Ag_2CrO_4 析出沉淀，必须多滴加 $AgNO_3$ 标准溶液，这时会引起滴定剂过量，终点将在化学计量点后出现，从而产生正误差。根据用 0.1000 mol · L^{-1} $AgNO_3$ 标准溶液滴定 0.1000 mol · L^{-1} Cl^- 溶液的滴定曲线可知，其 pAg 突跃范围为 5.44～4.30，可见滴定终点 pAg = 4.70 在突跃范围内，产生的终点误差小于 0.1%，不会影响分析结果的准确度。但是如果溶液较稀，如用 0.01000 mol · L^{-1} $AgNO_3$ 标准溶液滴定 0.01000 mol · L^{-1} Cl^-溶液，滴定误差可高达 0.6%，严重影响分析结果的准确度。实际测量中，应做指示剂空白滴定，从实际消耗的滴定剂中减去空白值可得较准确的结果。

2. 溶液的酸度

采用莫尔法滴定，溶液体系的酸度控制十分重要，一般应控制在中性或者微碱性(pH 6.5～10.5)条件下进行。

若溶液为酸性，则 Ag_2CrO_4 可能出现如下溶解反应：

$$Ag_2CrO_4 + H^+ = 2Ag^+ + HCrO_4^-$$

这将导致终点时 Ag_2CrO_4 沉淀延迟出现，或者无法生成 Ag_2CrO_4 沉淀，使测定结果偏高或无法确定终点。

若溶液的碱性太强，Ag^+会发生如下反应：

$$2Ag^+ + 2OH^- = 2AgOH\downarrow \longrightarrow Ag_2O\downarrow + H_2O$$

溶液中会有黑色 Ag_2O 沉淀析出，影响 Ag^+与 Cl^-的结合，影响滴定终点的观察。

因此，针对溶液酸性太强的情况，可用 $Na_2B_4O_7 \cdot 10H_2O$ 或 $NaHCO_3$ 中和；当溶液碱性太强时，可用稀 HNO_3 溶液中和。

滴定液中如有氨存在，易与滴入的 Ag^+生成$[Ag(NH_3)_2]^+$，消耗滴定剂而使结果偏高。如果 pH 较大的溶液中存在氨时，应用酸中和，使其转化为铵盐：

$$NH_3 + H^+ \rightleftharpoons NH_4^+$$

实验证明，当$[NH_4^+] > 0.05\ mol \cdot L^{-1}$时，需将溶液的 pH 控制在 6.5～7.2 再进行滴定。

滴定时应剧烈摇动，以减少 AgCl 沉淀对 Cl^-的吸附，防止终点提前。

3. 干扰因素

凡能与 Ag^+生成沉淀的阴离子都干扰测定，如 PO_4^{3-}、AsO_4^{3-}、SO_3^{2-}、S^{2-}、CO_3^{2-}、$C_2O_4^{2-}$等；凡能与 CrO_4^{2-} 生成沉淀的阳离子也干扰测定，如 Ba^{2+}、Pb^{2+}等。许多有色离子，如 Cu^{2+}、Co^{2+}、Ni^{2+}等，会影响滴定终点的观察。Fe^{3+}、Al^{3+}等在中性或微碱性溶液中易发生水解，因此这些离子应在滴定前预先分离。莫尔法也可用于滴定 Br^-和 CN^-，但不适合滴定 I^-和 SCN^-，原因是 AgI 和 AgSCN 沉淀对 I^-和 SCN^-具有强烈的吸附作用，使终点变色不明显，误差较大。测定试样中的 Ag^+时，不能直接用 NaCl 标准溶液滴定，因为 K_2CrO_4 指示剂加入后生成的 Ag_2CrO_4 沉淀容易凝聚，用 NaCl 标准溶液继续滴定时，沉淀再转化成 AgCl 的反应进行极慢，使终点出现过迟。可用返滴定法，即加入过量和定量的 NaCl 溶液，再用 $AgNO_3$ 标准溶液滴定。

7.2.3　应用

工业生产中多有用到莫尔法检测可溶性卤化物，如生理盐水中的氯化物、水质检验中的氯离子等。国家标准(GB)和行业标准(HG、YB 等)收录了基于沉淀滴定法的相关标准，如国家标准 GB/T 15453—2018《工业循环冷却水和锅炉用水中氯离子的测定》、国家标准 GB/T 33584.3—2017《海水冷却水质要求及分析检测方法　第 3 部分：氯化物的测定》，包括氯离子、溴离子和碘离子等，方法简单、易操作。

【例 7.1】 工业锅炉水中可溶性卤化物的测定。

解 准确移取一定体积 V 的工业锅炉水，置于锥形瓶中，加入酚酞指示剂，若水样变红，用硝酸溶液(或者硫酸溶液)调节水样的 pH，使红色刚好变为无色。加入 K_2CrO_4 指示剂溶液，再用 $AgNO_3$ 标准溶液滴至溶液刚出现砖红色为止，体积 V_1。同时，取相应体积的去离子水做空白试验，消耗 $AgNO_3$ 标准溶液体积 V_0。

$$Ag^+ + Cl^- \Longrightarrow AgCl\,(白色)\downarrow$$

$$2Ag^+ + CrO_4^{2-} \Longrightarrow Ag_2CrO_4\,(砖红色)\downarrow$$

水样中 Cl 含量可按如下计算：

$$\rho(Cl) = \frac{(V_1 - V_0)\times c_{AgNO_3}\times M_{Cl}}{V}\times 10^3$$

式中，V_0、V_1、V 的单位为 mL；c 的单位为 $mol \cdot L^{-1}$；M 的单位为 $g \cdot mol^{-1}$。

7.3 福尔哈德法

福尔哈德法是在酸性介质中，以铁铵矾 $NH_4Fe(SO_4)_2 \cdot 12H_2O$ 为指示剂，用 NH_4SCN 标准溶液直接滴定 Ag^+的一种银量法。

滴定反应和终点指示方法如下：

$$Ag^+ + SCN^- \Longrightarrow AgSCN\downarrow\,(白色) \qquad K_{sp(AgSCN)} = 1.0\times10^{-12}$$

$$Fe^{3+} + SCN^- \Longrightarrow [FeSCN]^{2+}\,(红色) \qquad K = 138$$

随着 SCN^-的不断加入，Ag^+的浓度逐渐降低，当滴定到计量点附近时，微过量的 SCN^-与 Fe^{3+}反应生成红色$[FeSCN]^{2+}$配合物，从而指示滴定终点的到达。

7.3.1 滴定条件

1. 溶液的酸度

一般控制溶液的酸度在 0.1～1 $mol \cdot L^{-1}$，以 HNO_3 为宜。若酸度过低，指示剂中 Fe^{3+}易水解。当溶液呈中性或碱性时，Fe^{3+}将形成$[Fe(OH)]^{2+}$等深色配合物，碱性较强时，甚至会产生 $Fe(OH)_3$ 沉淀，这些都将影响对滴定终点的观察和判断。

2. 指示剂的用量

理论上指示剂用量计算如下：

计量点时，

$$[Ag^+]_{sp} = [SCN^-]_{sp} = \sqrt{K_{sp(AgSCN)}} = \sqrt{1.0\times10^{-12}} = 1.0\times10^{-6}(mol\cdot L^{-1})$$

当$[FeSCN^{2+}] = 6.0\times10^{-6}\ mol \cdot L^{-1}$ 人眼可感观其红色，故指示剂 Fe^{3+}的浓度应为

$$[Fe^{3+}]_{sp}=\frac{[FeSCN^{2+}]}{[SCN^-]_{sp}K}=\frac{6.0\times10^{-6}}{1.0\times10^{-6}\times138}=0.04(mol\cdot L^{-1})$$

实际上，取 0.04 mol · L^{-1} 的 Fe^{3+}溶液时，$FeSCN^{2+}$颜色较深，妨碍终点观察。一般采用 Fe^{3+}溶液的浓度为 0.015 mol · L^{-1}，这时 SCN^-和 Ag^+的浓度分别为

$$[SCN^-]_{ep}=\frac{[FeSCN^{2+}]}{[Fe^{3+}]_{ep}K}=\frac{6.0\times10^{-6}}{0.015\times138}=2.9\times10^{-6}(mol\cdot L^{-1})$$

$$[Ag^+]_{ep}=\frac{K_{sp(AgSCN)}}{[SCN^-]_{ep}}=3.4\times10^{-7}(mol\cdot L^{-1})$$

如以 0.1000 mol · L^{-1} SCN^-滴定等浓度的 Ag^+为例，此时相对误差为

$$E_r=\frac{[SCN^-]_{ep}+[FeSCN^{2+}]_{ep}-[Ag^+]_{ep}}{c_{ep}^{Ag^+}}$$

$$E_r=\frac{2.9\times10^{-6}+6.0\times10^{-6}-3.4\times10^{-7}}{0.05}=+0.017\%<0.1\%$$

采用 Fe^{3+}指示剂的浓度为 0.015 mol · L^{-1} 左右，不影响测定的准确度。

滴定过程中，由于不断形成的 AgSCN 沉淀易吸附溶液中的 Ag^+，使计量点前溶液中的 Ag^+浓度大为降低，导致终点提前出现，结果偏低。因此，临近滴定终点时必须剧烈摇动溶液，使吸附的 Ag^+释放出来。

3. 返滴定法

Ag^+的测定是在酸性溶液中，以铁铵矾为指示剂，用 NH_4SCN 标准溶液直接滴定。而试液中含有卤素或 SCN^-等离子，不能采用直接滴定法，而应采用返滴定法。即在酸性介质中，先加入准确过量的 $AgNO_3$ 标准溶液，使卤离子或 SCN^-生成银盐沉淀，再以铁铵矾作指示剂，用 SCN^-标准溶液滴定剩余的 Ag^+，微过量的 SCN^-与 Fe^{3+}反应生成红色$[FeSCN]^{2+}$，指示滴定终点到达。

当用福尔哈德返滴定法测定 Cl^-时，由于 AgSCN 的溶解度(1.0×10^{-6} mol · L^{-1})小于 AgCl 的溶解度(1.3×10^{-5} mol · L^{-1})，在用 KSCN 标准溶液返滴定过量 Ag^+到终点附近时，若剧烈摇动，有可能引起沉淀间的转化反应：

$$AgCl+SCN^- = AgSCN+Cl^-$$

加入的 SCN^-与 Fe^{3+}形成的红色配合物将随着摇动而逐渐解离，红色褪去。为了出现持久的红色指示终点，势必继续滴入 SCN^-，直到 Cl^-与 SCN^-浓度之间建立一定的平衡关系，导致滴加的 SCN^-标准溶液过量。为了避免出现终点和计量点相差较大的误差，通常采取一些相应的措施。例如，过滤除去 AgCl 沉淀，即向试液中加入准确过量的 $AgNO_3$ 标准溶液之后，将形成沉淀后的试液煮沸，使 AgCl 沉淀发生凝聚，过滤除去该沉淀，再用 HNO_3 充分洗涤沉淀，洗涤液与滤液合并后返滴定。再如，隔离沉淀，即在形成 AgCl 沉淀后，加入少量有机溶剂，如硝基苯、邻苯二甲酸二丁酯、1, 2-二氯乙烷、甘油、四氯化碳、苯等，用力摇动试液后，使有机溶剂包裹住 AgCl 沉淀，再用 SCN^-标准溶液返滴定。

福尔哈德法在返滴定 Br^-、I^-和 SCN^-时，滴定终点十分明显，不会发生沉淀转化。因此，

不必采取上述措施。

返滴定法是在加入过量 $AgNO_3$ 溶液后，再加入铁铵矾指示剂，而不是相反，这一点对 I^- 的滴定非常重要，以免 Fe^{3+} 对 I^- 的氧化作用而造成误差：

$$2Fe^{3+} + 2I^- = 2Fe^{2+} + I_2$$

4. 干扰因素

与标准溶液 SCN^- 发生反应的物质都要预先除去，如强氧化剂、氮的低价氧化物、铜盐、汞盐等能与 SCN^- 反应，干扰终点的判断以及影响结果准确度。

7.3.2　应用

采用福尔哈德直接滴定法可在酸性溶液中测定 Ag^+，返滴定法可以测定 Cl^-、Br^-、I^- 和 SCN^- 等。例如，国家标准 GB/T 23852—2009《工业硫氰酸盐的分析方法》，又如《中华人民共和国药典》收载的通则“氯化钠测定法”可用于生物制品的氯含量测定。福尔哈德法也可用于测定 PO_4^{3-} 和 AsO_4^{3-} 等。在生产上常用此法测定有机氯化物，如农药中的 666、药物氯烯雌醚。该方法比莫尔法应用更广泛。

【例 7.2】　银合金中银的测定。

解　在检测银合金首饰纯度时，可参考国家标准 GB/T 11886—2015《银合金首饰　银含量的测定　伏尔哈特法》，实验采用 HNO_3 溶解银合金 m 克(当样品中含有其他金属，如锡时，需用混合酸)，低温加热溶解：

$$Ag + NO_3^- + 2H^+ = Ag^+ + NO_2\uparrow + H_2O$$

加热煮沸除去氮氧化物(黄烟)，以免发生副反应：

$$HNO_2 + SCN^- + H^+ = NOSCN\ (红色) + H_2O$$

冷却后，向样品溶液中加入 100 $g\cdot L^{-1}$ 铁铵矾指示剂 1～2 mL，以浓度为 c 的 KSCN 或 NH_4SCN 标准溶液作为滴定剂，至溶液呈现淡红色为滴定终点，消耗的体积为 V。

$$Ag^+ + SCN^- = AgSCN\downarrow (白色)$$

$$Fe^{3+} + SCN^- = [FeSCN]^{2+}\ (红色)$$

银合金中 Ag 含量可按下式计算：

$$w_{Ag}(‰) = \frac{c\times V\times M\times 10^{-3}}{m}\times 10^3$$

式中，c 为 SCN^- 标准溶液的浓度，单位为 $mol\cdot L^{-1}$；V 的单位为 mL；M 的单位为 $g\cdot mol^{-1}$；m 的单位为 g。

有机卤化物经一定的预处理后转化为无机卤化物，可以用福尔哈德返滴定法进行测定。许多药物可采用银量法测定其含量，《中华人民共和国药典》收载了氯霉素、林旦、盐酸丙卡巴肼等药物的银量测定方法，这些测定方法的应用在加强药品安全性和有效性、推动药品质

量提高、促进医药产业健康发展等方面发挥了重要作用。

有机卤化物的预处理方法可根据卤素的结合方式选取合适的手段，常用的处理方法有氢氧化钠水解法、碳酸钠熔融法、氧化法(氧瓶燃烧法)等。

【例 7.3】 残留农药 666(六氯环己烷)中氯含量的测定。

解 首先，称取试样与氢氧化钠-乙醇溶液加热回流水解，将有机氯转化为溶于水溶液的 Cl^-：

$$C_6H_6Cl_6 + 3OH^- = C_6H_3Cl_3 + 3Cl^- + 3H_2O$$

溶液经冷却后加 HNO_3 酸化，用准确过量的 $AgNO_3$ 溶液沉淀其中的 Cl^-，加入有机溶剂隔离沉淀，以铁铵矾作指示剂，再用 SCN^- 标准溶液回滴过量的 Ag^+ 至出现浅红色为终点。

【例 7.4】 复混肥料中氯离子的含量测定。

解 按国家标准 GB/T 24890—2010《复混肥料中氯离子含量的测定》规定，称取某肥料约 1.0000 g，加 100 mL 水，缓慢加热至沸后，微沸 10 min，冷却至室温，溶液转移到 250 mL 容量瓶中，稀释定容，混匀。经干过滤后得到滤液。准确吸取 50 mL 的滤液，依次加入 5 mL 硝酸溶液，加入 25.00 mL 硝酸银溶液，摇动至沉淀分层，加入 5 mL 邻苯二甲酸二丁酯，摇动片刻。加水至总体积约为 100 mL，以 2 mL 铁铵矾为指示剂，用 $0.05000\ mol\cdot L^{-1}$ 硫氰酸铵标准溶液滴定剩余的硝酸银，$V = 24.70$ mL，至出现浅橙红色为止。同时进行空白试验，消耗硫氰酸铵标准溶液 V_0 为 27.52 mL。求该复混肥料中 Cl 的质量分数。

解 查表得 $M_{Cl} = 0.03545\ g\cdot mmol^{-1}$。

$$w(Cl) = \frac{(V_0 - V) \times c \times 0.03545}{m \times \frac{1}{5}} \times 100\%$$

$$= \frac{(27.52 - 24.70) \times 0.05000 \times 0.03545}{1.0000 \times \frac{1}{5}} \times 100\%$$

$$= 2.50\%$$

故该复混肥料中 Cl 的质量分数为 2.50%。

7.4 法扬斯法

银量法中采用吸附指示剂确定滴定终点的方法称为法扬斯法。吸附指示剂是一类有机染料，如酸性有机染料解离出的阴离子在溶液中易被带正电荷的胶状沉淀吸附，吸附后结构改变，从而引起颜色的变化，指示滴定终点的到达。

在采用 $AgNO_3$ 标准溶液滴定 Cl^- 的测定体系中，以荧光黄为吸附指示剂。荧光黄是一种有机弱酸，可表示为 HFIn，其电离式如下：

$$HFIn = H^+ + FIn^-\ (黄绿色)$$

在计量点前，溶液中存在过量的 Cl^-，AgCl 沉淀吸附 Cl^-而带负电荷，形成 $AgCl \cdot Cl^-$，荧光黄阴离子不被吸附，溶液呈黄绿色。当滴定到达计量点时，AgCl 沉淀显电中性，阴、阳离子均不吸附。计量点后，一滴过量的 $AgNO_3$ 使溶液出现过量的 Ag^+，则 AgCl 沉淀吸附 Ag^+ 形成带正电荷的 $AgCl \cdot Ag^+$，其能强烈地吸附荧光黄阴离子 FIn^-，FIn^-被吸附后结构发生变化而呈粉红色，从而指示终点。

$$AgCl \cdot nAg^+ + mFIn^- = AgCl \cdot nAg^+ \cdot mFIn^-$$

黄绿色　　　　粉红色

当采用 NaCl 标准溶液测定 Ag^+时，溶液的颜色变化正好相反。可见吸附指示剂的颜色变化是可逆的。

7.4.1 滴定条件

1. 溶液的酸度

吸附指示剂的酸性不同，在溶液中解离出阴离子的能力不同，故滴定时溶液的酸度大小依吸附指示剂的酸性大小，可选择在弱碱性、中性或很弱的酸性(如 HAc)溶液中进行。例如，荧光黄吸附指示剂($K_a = 10^{-7}$)，pH 一般控制在 7～10，若溶液酸度较大，指示剂的阴离子与 H^+结合，形不成荧光黄阴离子而不被吸附。对于酸性稍强的吸附指示剂，溶液的酸性也可大一些，如二氯荧光黄($K_a = 10^{-4}$)在 pH = 4～10 滴定。曙红(四溴荧光黄，$K_a = 10^{-2}$)的酸性更强些，在 pH = 2 时仍可以应用。

2. 胶体保护

由于吸附指示剂是吸附在沉淀表面上变色，为了使终点变色明显，必须使沉淀有较大的表面，故滴定前一般在溶液中加入糊精或淀粉等胶体保护剂，将 AgCl 沉淀保持在溶胶状态，使终点颜色变化明显。

3. 指示剂的选择

不同的指示剂阴离子被沉淀吸附的能力不同，在滴定时选择的指示剂阴离子被沉淀吸附的能力应小于沉淀对被测离子吸附的能力，否则在计量点前，指示剂阴离子即被吸附而改变颜色，使终点提前。当然，如果指示剂阴离子被沉淀吸附的能力太弱，则终点滞后，也会造成误差太大的结果，因此，应选择具有合适吸附力的吸附指示剂。卤化银对卤离子和几种吸附指示剂的吸附能力大小顺序如下：

I^-＞SCN^-＞Br^-＞曙红＞Cl^-＞荧光黄

可见，曙红吸附指示剂可用于 Br^-、I^-和 SCN^-的测定，而不能用于 Cl^-的测定；荧光黄吸附指示剂适合滴定 I^-、SCN^-、Br^-和 Cl^-。表 7.2 列出了几种常用的吸附指示剂及其应用示例。

表 7.2 常用的吸附指示剂

指示剂	被测离子	滴定剂	滴定条件	终点颜色变化
荧光黄	Cl^-、Br^-、I^-、SCN^-	$AgNO_3$	pH 7～10	黄绿→粉红
二氯荧光黄	Cl^-、Br^-、I^-、SCN^-	$AgNO_3$	pH 4～10	黄绿→红
曙红	Br^-、SCN^-、I^-	$AgNO_3$	pH 2～10	橙黄→红紫

续表

指示剂	被测离子	滴定剂	滴定条件	终点颜色变化
溴酚蓝	生物碱盐类、Cl^-、SCN^-	$AgNO_3$	弱酸性	黄绿→灰紫
甲基紫	Ag^+	NaCl	酸性溶液	黄红→红紫
罗丹明 6G	Ag^+	NaBr	稀 HNO_3	橙→红紫

采用法扬斯法时，被滴定离子的浓度不能太低，否则沉淀少，吸附指示剂量不足，终点不易观察。另外，由于卤化银易感光变灰，影响终点观察，应避免在强光下滴定。

7.4.2 应用

法扬斯法可用于测定 Cl^-、Br^-、I^-、SCN^-和SO_4^{2-}及生物碱类等物质。例如，《中华人民共和国药典》收录了采用曙红作指示剂测定药物碘酊中碘化钾；以溴酚蓝为指示剂测定药片中的盐酸麻黄碱。方法终点明显、简便，但反应条件要求严格，应注意滴定条件。

【例 7.5】 碘解磷定总碘量的测定。

解 碘解磷定又称 1-甲基-2-吡啶甲醛肟碘化物，$C_7H_9IN_2O$，分子量 264.07，其结构式为

CH₃–N⁺(吡啶环)–CH=N–OH　I^-

按《中华人民共和国药典》规定，准确称量试样约 0.5 g，加水 50 mL 溶解后，加入稀乙酸 10 mL，滴加 10 滴曙红钠指示剂，用硝酸银滴定液(0.1 mol · L^{-1})滴定至溶液由玫红色转变为紫红色。每 1 mL 硝酸银滴定液(0.1 mol · L^{-1})相当于 12.69 mg 的 I。按干燥品计算含碘量，按 I 计，应为 47.6%～48.5%。

【拓展阅读】

有机物中氯、溴元素的分析

在药物、农药和其他有机物的研制过程中，需要对有机物的元素组成进行定量分析，再结合其他表征和测试手段确定化合物的结构和含量。当定量分析对象是有机化合物中的卤素时，一般采用氧瓶燃烧法分解试样。试样中的有机物被氧化为无机物，卤素成为卤离子后被测定。氧瓶燃烧具体方法为：称取适量含氯或溴的有机物样品包入滤纸中，将滤纸包夹在连接于燃烧瓶瓶塞下端的干燥铂丝上，向燃烧瓶中加入 6 mL 去离子水和 4 mL 2% NaOH 作为吸收液。通过连接燃烧瓶和氧气钢瓶的橡皮管向密闭燃烧瓶中充满过量氧气。用酒精灯点燃滤纸条后，迅速移入燃烧瓶中并塞紧瓶塞，包裹在滤纸内的样品随即被点燃，并在铂丝催化下于过量氧氛围中燃烧分解，吸收液吸收生成的卤化氢。待分解完全后，静置吸收燃烧产物 30 min 以上或摇匀 5 min，用去离子水淋洗燃烧瓶塞和瓶壁。采用莫尔法、福尔哈德法或法扬斯法可以定量测定吸收液中的 Cl^-或 Br^-含量，进而计算有机物中氯或溴的质量分数。目前，已有氧气燃烧分解和库仑滴定卤素自动分析商品仪器。氧瓶燃烧法涉及的主要化学反应式如下：

$$\text{有机卤} \xrightarrow[\triangle]{O_2/Pt} HX + X_2 + CO_2$$

$$HX + NaOH = NaX + H_2O$$

$$X_2 + 2NaOH + H_2O_2 = 2NaX + 2H_2O + O_2$$

【参考文献】

郭兴杰. 2015. 分析化学[M]. 3 版. 北京: 中国医药科技出版社
华中师范大学, 东北师范大学, 陕西师范大学, 等. 2001. 分析化学(上册)[M]. 3 版. 北京: 高等教育出版社
胡琴, 彭金咏. 2016. 分析化学[M]. 2 版. 北京: 科学出版社
于世林, 苗凤琴, 杜洪光, 等. 2013. 图解现代分析化学基本实验操作技术[M]. 北京: 科学出版社
王约伯, 高敏. 2013. 有机元素微量定量分析[M]. 北京: 化学工业出版社
王中慧, 张清华. 2013. 分析化学[M]. 北京: 化学工业出版社
武汉大学. 2016. 分析化学(上册)[M]. 6 版. 北京: 高等教育出版社

【思考题和习题】

1. 列表比较莫尔法、福尔哈德法、法扬斯法的基本原理、滴定条件及应用范围。
2. 莫尔法不宜测定试样中 I^-和 SCN^-的原因是什么？如果需要测定，选择哪种方法合适？
3. 在实际应用中，用福尔哈德法滴定含氯试样时，为了防止沉淀的转化可采取哪些措施？如果试样为含碘溶液时，滴定分析的流程是什么？
4. 用吸附指示剂滴定分析时，采取哪些措施可以使滴定终点颜色变化明显？
5. 下列情况下的分析测定，结果是偏高、偏低还是无影响？说明理由。
   (1) pH = 4 时用莫尔法滴定 Cl^-；
   (2) 试样为含有 Cl^-的铵盐，在 pH = 10 时用莫尔法滴定；
   (3) 试液为 pH = 7 的 KI 溶液，用莫尔法测定 I^-；
   (4) 用福尔哈德法测定 Cl^-时，未加硝基苯或未进行沉淀过滤；
   (5) 用福尔哈德法测定 Br^-时，未加硝基苯或未进行沉淀过滤；
   (6) 用福尔哈德测定 I^-时，先加入铁铵矾指示剂，再加入过量 $AgNO_3$ 后才进行滴定；
   (7) 用福尔哈德法测定 Ag^+，在终点前未剧烈摇动；
   (8) 用福尔哈德法测定 Cl^-，在终点前剧烈摇动；
   (9) 用法扬斯法滴定 Cl^-时，以曙红为指示剂；
   (10) 用吸附指示剂二氯荧光黄测定浓度约为 1.5×10^{-3} mol · L^{-1} 的 Br^-。
6. 用银量法测定下列试样中的 Cl^-含量时，选择哪种指示剂指示终点较为合适？
   (1) $CaCl_2$；(2) $FeCl_3$；(3) $BaCl_2$；(4) NH_4Cl；
   (5) $NaCl + Na_3PO_4$；(6) $NaCl + Na_2SO_4$；(7) $NaCl + Pb(NO_3)_2$。
7. 现有 20 mL 0.0050 mol · L^{-1} $AgNO_3$ 溶液和 20 mL 0.0050 mol · L^{-1} NaCl 溶液，混合后是否有沉淀析出？
8. 比较 Ag_2S 和 Bi_2S_3 在纯水中的溶解度大小。若在 0.01 mol · L^{-1} 的 Na_2S 溶液中，哪个的溶解度大？
9. 某试液中含有等浓度的 Cl^-和 I^-，向该溶液中逐滴滴入 $AgNO_3$ 溶液，哪种离子先沉淀？第二种离子开始沉淀时，I^-和 Cl^-的浓度比为多少？如果是 Cl^-和 Br^-的混合溶液，情况又如何？由此讨论 Cl^-、Br^-和 I^-分步滴定的可能性。
10. 向 100 mL 0.03000 mol · L^{-1} KCl 溶液中加入 0.3400 g 固体硝酸银。求此时溶液中的 pCl 及 pAg。
11. 某试样中仅由 NaBr 和 KBr 组成。准确称取 0.2500 g 试样，溶解后，以铬酸钾作指示剂，用 0.1005 mol · L^{-1} 的 $AgNO_3$ 滴定至终点，消耗 22.50 mL，求混合试样中 NaBr 和 KBr 的质量。
12. 称取 NaCl 基准试剂 0.1050 g，加水溶解后，经加入 40.00 mL 的 $AgNO_3$ 标准溶液沉淀后，过量的 Ag^+需要 22.50 mL 的 NH_4SCN 标准溶液滴定至终点。已知 20.00 mL 的 $AgNO_3$ 标准溶液与 20.20 mL 的 NH_4SCN 标准溶液能完全作用。计算 $AgNO_3$ 和 NH_4SCN 标准溶液的浓度各为多少。
13. 称取 0.5000 g 纯 KIO_x 试样，经一定的预处理后，碘被还原成 I^-。先用 40.00 mL 0.1010 mol · L^{-1} $AgNO_3$ 标准溶液沉淀后，过量的 Ag^+再用 0.1000 mol · L^{-1} NH_4SCN 标准溶液回滴，消耗 17.04 mL。求出 KIO_x 的分子式。
14. 某试样可用福尔哈德返滴定法分析其组分 NaBr 和 KBr 的含量。称取一定质量的试样溶于水后，加入 45.00 mL 0.1000 mol · $L^{-1}$$AgNO_3$ 标准溶液沉淀，过量的 Ag^+需要消耗 21.60 mL KSCN 标准溶液。经实验

测定，取 25.00 mL $AgNO_3$ 标准溶液用去 23.80 mL KSCN 标准溶液，且实验结果表明混合物中含有 45.06% NaBr 和 53.50% KBr。计算称取试样的质量。

15. 用福尔哈德法可以测定某含砷农药的含量。称取该试样 0.2015 g，溶于 HNO_3 后转化为 H_3AsO_4，调至中性，加 $AgNO_3$ 使其沉淀为 Ag_3AsO_4，将沉淀过滤、洗涤，再溶于 HNO_3 中。以 0.1020 mol · L^{-1} 的 NH_4SCN 标准溶液滴定至终点，消耗 28.30 mL。求该农药中 As 的质量分数。
16. 某试剂厂生产化学试剂 NH_4Cl，根据国家规定标准：一级为 99.5%，二级为 99.0%，三级为 98.5%，化验室对该厂生产试剂进行质量检验。称取试样 0.2000 g，以荧光黄为指示剂并加入淀粉，用 0.1490 mol · L^{-1} $AgNO_3$ 滴定，用去 24.80 mL，此产品符合哪级标准？
17. 某可溶性试样含有 NaCl 和 NaBr 两种化合物。准确称取该试样 0.5918 g，加水溶解，经用 $AgNO_3$ 溶液沉淀、洗涤和干燥后，用重量法测定，得到 AgCl 和 AgBr 的混合沉淀 0.5238 g。另称取相同质量的试样 1 份，溶解后，采用莫尔法滴定，消耗了 0.1055 mol · L^{-1} $AgNO_3$ 溶液 28.55 mL。计算试样中 NaCl 和 NaBr 的质量分数。

第 8 章　重量分析法

【内容提要与学习要求】

掌握重量分析法对沉淀形式和称量形式的要求，影响沉淀溶解度的各种因素；了解均相成核和异相成核作用，晶形沉淀和无定形沉淀的形成过程和沉淀特点；理解影响沉淀纯度的主要因素；掌握晶形沉淀和无定形沉淀的沉淀条件的控制方法，了解均匀沉淀法；掌握待测组分与称量形式之间的换算因数及重量分析结果的计算方法。

在科学实验、工农业生产和医药卫生等方面，经常利用沉淀反应将被测组分定量地转化为难溶化合物沉淀下来，再将沉淀过滤、洗涤、烘干或灼烧，最后称量沉淀的质量，以求得被测组分的含量。一些常见的非金属元素如硅、磷、硫等和一些常见的金属元素如铁、钙、镁、钨、稀土元素等常用重量分析法进行测定。某些中药中无机化合物如芒硝中 Na_2SO_4 也可用重量分析法测定。在一定酸度下，某些生物碱、有机碱类可与苦味酸、杂多酸(如硅钨酸)等沉淀剂作用，生成难溶盐，用沉淀法测定该类组分的含量。

8.1　重量分析法概述

8.1.1　重量分析法的分类和特点

重量分析法(gravimetric analysis)是经典的定量分析方法之一。它是用适当的方法将待测组分与其他组分分离，然后用称量的方法测定待测组分含量的一种分析方法。

根据分离方法的不同，常用的重量分析法主要有沉淀法、气化法、提取重量法和电解重量法。

沉淀法是以沉淀反应为基础，将待测组分转化为溶解度较小的沉淀，再将沉淀过滤、洗涤、烘干或灼烧，最后称量并计算其含量。沉淀法是重量分析的主要方法。例如，测定试液中 SO_4^{2-} 含量时，在试液中加入适当过量的 $BaCl_2$ 使 SO_4^{2-} 定量生成 $BaSO_4$ 沉淀，经过滤、洗涤、干燥后，称取 $BaSO_4$ 的质量，从而计算试液中 SO_4^{2-} 的含量。

气化法(又称为挥发法)是用加热或其他方法使试样中待测组分气化逸出，然后根据气体逸出前后试样质量之差来计算待测组分的含量；或用吸收剂将逸出的气体全部吸收，根据吸收剂质量的增加值来计算该组分的含量。例如，欲测定氯化钡晶体($BaCl_2 \cdot 2H_2O$)中结晶水的含量，可将一定量的试样加热，使水分逸出，根据试样质量的减少值计算试样中水分的含量。也可以用吸收剂(如高氯酸镁)吸收逸出的水分，根据吸收剂质量的增加值计算水分的含量。

提取重量法是采用溶剂浸提试样中的待测组分，根据试样质量减少或浸出物质量来计算待测组分的方法。例如，农产品中油脂含量的测定，可以将一定质量的试样用有机溶剂(如乙醚、石油醚等)反复浸提，待油脂完全浸提到有机溶剂中后称量剩余物的质量，或将提取液中的溶剂蒸发除去，称量剩余油脂的质量，以计算油脂的含量。

电解重量法是利用电解原理，使被测成分在电极上析出，然后称量求其含量的方法。

重量分析法是根据称得的质量来计算试样中待测组分含量的一种分析方法。重量分析中的全部数据都是由分析天平(电光分析天平或电子天平)称量得来的，且不需要基准物，对常量组分的测定，可得到较准确的分析结果，相对误差一般不超过 0.1%。因此，在科学研究及基准物的分析中，也常以重量分析为标准。但重量分析操作烦琐，较费时，不适于生产中的控制分析，且对低含量组分的测定误差较大。

以上四种方法中，以沉淀法应用较多，本章主要讨论沉淀法。

8.1.2　重量分析法的一般测定过程

在一定的条件下，将试样转化为试液，于试液中加入过量的沉淀剂，使待测组分和沉淀剂发生沉淀反应以适当的形式沉淀出来，然后过滤和洗涤该沉淀，再将沉淀烘干或灼烧成适当的称量形式，经称量后，即可由称量形式的化学组成和质量计算待测组分的含量。其过程简述如下：

沉淀的生成→沉淀的过滤→沉淀的洗涤→沉淀的烘干或灼烧→沉淀称量→结果计算

过滤沉淀的方法有多种，应根据沉淀的性质及过滤后对沉淀的处理需要进行选择。若沉淀颗粒较细，过滤后只需干燥即可获得称量形式，可采用垂熔玻璃坩埚过滤。垂熔玻璃坩埚的底部是玻璃粉烧结而成的玻璃过滤板，其孔眼大小与玻璃粉粗细有关。其规格如表 8.1 所示。

表 8.1　垂熔玻璃坩埚规格

坩埚滤孔/编号	1	2	3	4	5
滤孔平均大小/μm	80～120	40～80	15～40	5～15	2～5

沉淀重量分析中常用 4 号或 5 号垂熔玻璃坩埚，使用时应注意，不能用垂熔玻璃坩埚过滤热或冷浓碱液、浓硫酸等，因为它们均能溶解滤板的玻璃粉，增大滤孔眼或造成滤板脱裂。

沉淀若需要灼烧，则必须用滤纸过滤。滤纸大小要由沉淀的量来决定，并不是由溶液的体积来决定，沉淀最好只装到滤纸高度的1/3 左右，常用的定量滤纸(无灰滤纸)直径为 7 cm 或 9 cm，经灼烧后的所余灰分必须小于 0.0001 g。必要时，可扣去空白滤纸的灰分进行校正试验。

滤纸是一种具有良好过滤性能的纸，纸质疏松，对液体有强烈的吸收性能。分析实验室常用滤纸作为过滤介质，实现固体与液体的分离。目前我国生产的滤纸主要有定量分析滤纸、定性分析滤纸和层析定性分析滤纸三类。定性滤纸用于定性化学分析和相应的过滤分离，如进行 Cl^-和 $BaSO_4$ 沉淀的过滤分离；而定量滤纸是用于需要准确测定结果的场合，如沉淀重量分析、药物分析中的炽灼残渣测定等，一般定量滤纸过滤后，还需进入高温炉进行灼烧处理，灼烧后滤纸残留灰分极少。

定量分析滤纸：定量分析滤纸在制造过程中，纸浆经过盐酸和氢氟酸处理，并经过蒸馏水洗涤，将纸纤维中大部分杂质除去，所以灼烧后残留灰分很少，灰化后产生灰分的量不超过 0.0009%，对分析结果几乎不产生影响，适用于精密定量分析。无灰滤纸也是一种定量滤纸，其灰分小于 0.0001 g，这个质量在分析天平上可忽略不计。目前国内生产的定量分析滤纸分快速、中速、慢速三类，区别在于滤纸孔径大小的不同，在滤纸盒上分别用白带(快速)、蓝带(中速)、红带(慢速)为标志分类。

定性分析滤纸：定性分析滤纸一般残留灰分较多，仅供一般的定性分析和用于过滤沉淀，不能用于重量分析。定性分析滤纸的类型和规格与定量分析滤纸基本相同，有快速、中速、慢速滤纸之分。快速、中速、慢速滤纸是根据其孔径大小分类的，快速滤纸孔径为 80～120 μm，中速滤纸孔径为 30～50 μm，慢速滤纸孔径为 1～3 μm。

层析定性分析滤纸：层析定性分析滤纸主要是在纸色谱分析中用作分离的载体，利用待分离的混合物中各组分保留能力的不同，进行待测物的定性分离。

8.1.3 重量分析法对沉淀形式和称量形式的要求

1. 沉淀形式和称量形式

在重量分析中，向试液中加入沉淀剂使被测组分沉淀下来，所得的沉淀就是沉淀形式(precipitation form)；沉淀经过过滤、洗涤、烘干或灼烧后所得的用于称量的物质称为称量形式(weighing form)。

由于沉淀在烘干或灼烧过程中可能发生化学变化，因此沉淀形式和称量形式有可能不相同。例如，测定钡盐中 Ba^{2+}时，加入稀 H_2SO_4 为沉淀剂，得到 $BaSO_4$ 沉淀，烘干后仍为 $BaSO_4$，此时沉淀形式和称量形式相同。测定 Mg^{2+}时，沉淀形式为 $MgNH_4PO_4 \cdot 6H_2O$，经灼烧后得到称量形式为 $Mg_2P_2O_7$，沉淀形式和称量形式不相同。再如，Ca^{2+}的测定，沉淀形式是 $CaC_2O_4 \cdot H_2O$，灼烧后得到称量形式是 CaO，沉淀形式和称量形式不相同。

2. 沉淀重量法对沉淀形式的要求

为了保证分析结果的准确度，沉淀形式须满足以下要求：

(1) 沉淀完全，沉淀的溶解度小。即沉淀的溶解损失不超过分析天平的称量误差，即不超过 0.0002 g。

(2) 沉淀纯净。

(3) 沉淀易于洗涤和过滤。这就要求尽可能得到粗大的晶形沉淀。

(4) 沉淀形式易转化为称量形式。

3. 沉淀重量法对称量形式的要求

(1) 组成必须与化学式完全符合，这是进行组分含量计算的基础。

(2) 称量形式要稳定，不与空气中的水分和二氧化碳反应，也不易吸收空气中的水分和二氧化碳，干燥、灼烧时不易分解等。

(3) 称量形式的摩尔质量要尽量大，以便以少量的待测组分得到较大质量的称量形式，从而提高分析灵敏度，同时减小称量误差，提高分析结果的准确度。

例如，测定铝时，称量形式可以是 Al_2O_3(M = 101.96 g · mol^{-1})或 8-羟基喹啉铝(M = 459.44 g · mol^{-1})，如果两种称量形式的沉淀在操作中都损失 1 mg，则铝的损失量 x 分别为

$$M_{Al_2O_3} : 2M_{Al} = 1 : x$$

$$x = \frac{2M_{Al}}{M_{Al_2O_3}} = \frac{2 \times 27}{101.96} = 0.5(mg)$$

$$M_{Al(C_9H_6NO)_3} : M_{Al} = 1 : x$$

$$x = \frac{M_{Al}}{M_{Al(C_9H_6NO)_3}} = \frac{27}{459.44} = 0.06(mg)$$

显然，称量形式的摩尔质量越大，被测组分在沉淀中所占的比例越小，则沉淀的损失对被测组分影响越小，分析结果的准确度越高。

4. 沉淀重量法对沉淀剂的要求

作为一种合适的沉淀剂应满足以下要求：

(1) 形成沉淀的溶解度应尽可能小，以达到沉淀完全的目的。例如，沉淀 SO_4^{2-} 时，可选用多种沉淀剂，其中 $BaSO_4$ 的溶解度最小，应选 Ba^{2+} 作为沉淀剂。

(2) 沉淀剂本身溶解度应较大，被沉淀吸附的量应较少，且易于洗涤除去。例如，沉淀 SO_4^{2-} 时，应选用 $BaCl_2$ 而不选用 $Ba(NO_3)_2$，因为 $BaCl_2$ 在水中溶解度大于 $Ba(NO_3)_2$。

(3) 沉淀剂应具有较好的选择性。当有多种离子同时存在时，沉淀剂应对被测离子有选择性。例如，沉淀 Ni^{2+} 选用有选择性的有机沉淀剂丁二酮肟而不用 Na_2S。

(4) 形成的沉淀应具有易于分离和洗涤的良好结构。一般晶形沉淀比非晶形沉淀易于分离和洗涤。例如，沉淀 Al^{3+} 时，若用氨水沉淀则形成非晶形沉淀 $Al(OH)_3$，而用 8-羟基喹啉则形成晶形沉淀，易于过滤和洗涤。

(5) 所形成的沉淀相对分子质量应较大。一般有机沉淀剂形成沉淀的相对分子质量都比较大。

(6) 尽量选用易挥发或易灼烧除去的沉淀剂，这样即使沉淀中带有残余沉淀剂也可经灼烧或烘干除尽，因此铵盐和有机沉淀剂较理想。

8.2　影响沉淀溶解度的因素

利用沉淀反应进行重量分析时，要求沉淀反应尽可能进行得完全。沉淀反应的完全程度主要取决于沉淀溶解度的大小，溶解度越小，因沉淀溶解损失而引起的误差就越小。因此，在重量分析中，必须了解沉淀的溶解度及影响因素，以便在实验中有针对性地选择沉淀剂，控制沉淀条件，使沉淀趋于完全，减少因沉淀溶解而引起的损失，提高分析结果准确度。影响沉淀溶解度的主要因素包括同离子效应、盐效应、酸效应、配位效应及氧化还原反应。

8.2.1　同离子效应

在难溶电解质饱和溶液中加入与其含有相同离子的易溶强电解质，使难溶电解质的溶解度降低的效应称为同离子效应(common ion effect)。例如，在 $BaSO_4$ 的沉淀溶解平衡体系中加入 $BaCl_2$(或 Na_2SO_4)就会破坏 $BaSO_4$ 的沉淀溶解平衡，使平衡向生成 $BaSO_4$ 的方向移动，结果生成更多的 $BaSO_4$ 沉淀。当新的平衡建立时，$BaSO_4$ 的溶解度减小。

【例 8.1】 在 25℃时，$BaSO_4$沉淀在 200 mL 纯水中的溶解度约为 0.5 mg，沉淀溶解损失量已超过重量分析要求，如果加入过量的 H_2SO_4 并使溶液中 SO_4^{2-} 的总浓度为 0.01 $mol \cdot L^{-1}$，则 $BaSO_4$ 的溶解损失为多少？(设总体积为 200 mL)

解 设 $BaSO_4$ 的溶解度为 s，此时$[SO_4^{2-}] = 0.01\ mol \cdot L^{-1}$，

$$K_{sp} = [Ba^{2+}][SO_4^{2-}]$$

$$s = [Ba^{2+}] = \frac{K_{sp}}{[SO_4^{2-}]} = \frac{1.1\times10^{-10}}{0.01} = 1.1\times10^{-8}(mol\cdot L^{-1})$$

沉淀在 200 mL 溶液中的损失量为

$$\frac{1.1\times10^{-8}\times200\times233.4}{1000} = 5.1\times10^{-7}(g) = 5.1\times10^{-4}(mg)$$

由此可见，当加入过量沉淀剂时，$BaSO_4$ 沉淀的溶解损失远远小于重量分析允许的溶解损失。利用同离子效应是使被测组分沉淀完全的重要手段，但是并非加入沉淀剂越多越好。沉淀剂过量太多时，往往会发生盐效应或配位效应，反而会使沉淀的溶解度增大。

不同应用领域对沉淀溶解损失的要求是不同的。重量分析一般要求溶解损失不得超过分析天平的称量误差(0.2 mg)。工业生产中也要尽量减少沉淀的溶解损失，避免浪费和污染环境，降低生产成本。因此，在进行沉淀时，可以加入适当过量的沉淀剂。对一般的沉淀分离或制备，沉淀剂一般过量 20%～50%即可；而重量分析中，对不易挥发的沉淀剂，一般过量 20%～30%；对易挥发的沉淀剂，一般过量 50%～100%。另外，洗涤沉淀时，也应根据情况及要求选择合适的洗涤剂以减少洗涤过程的溶解损失。

8.2.2 盐效应

沉淀剂加得过多，特别是存在其他强电解质，使沉淀溶解度增大的现象，称为沉淀反应的盐效应(salt effect)。产生盐效应的原因是随着电解质离子浓度增大，溶液离子强度增大，因而使离子活度系数减小。对于沉淀 MA，以活度表示的活度积 K_{ap} 在一定温度下是一个常数，当活度系数减小后，则必定引起$[M^+]$和$[A^-]$乘积表示的浓度积 K_{sp} 增大，使沉淀的溶解度增大，见式(8.1)：

$$K_{sp} = [M^+][A^-] = \frac{a_M a_A}{\gamma_M \gamma_A} = \frac{K_{ap}}{\gamma_M \gamma_A} \tag{8.1}$$

例如，AgCl 在纯水中的溶解度为 $1.3\times10^{-5}\ mol \cdot L^{-1}$，在 0.1 $mol \cdot L^{-1}$ $NaNO_3$ 溶液中的溶解度为 $1.7\times10^{-5}\ mol \cdot L^{-1}$，溶解度增大了 31%。$BaSO_4$ 在纯水中的溶解度为 $9.6\times10^{-6}\ mol \cdot L^{-1}$，在 0.001 $mol \cdot L^{-1}$ KNO_3溶液中的溶解度为 $1.16\times10^{-5}\ mol \cdot L^{-1}$，溶解度增大了 21%；在 0.01 $mol \cdot L^{-1}$ KNO_3 溶液中的溶解度为 $1.63\times10^{-5}\ mol \cdot L^{-1}$，溶解度增大了 70%；在 0.036 $mol \cdot L^{-1}$ KNO_3 溶液中的溶解度为 $2.35\times10^{-5}\ mol \cdot L^{-1}$，溶解度增大了 145%。

盐效应与同离子效应对沉淀溶解度的影响恰恰相反，所以进行沉淀时应避免加入过多的沉淀剂。若沉淀的溶解度本身很小，一般来说，可以不考虑盐效应的影响。

8.2.3　酸效应

沉淀反应中，由弱酸或多元酸所构成的沉淀以及氢氧化物沉淀的溶解度随溶液的 pH 减小而增大的现象，称为酸效应(acid effect)。产生酸效应的原因是沉淀的构晶离子与溶液中的 H^+ 或 OH^-发生了副反应，使沉淀溶解平衡向溶解的方向移动，沉淀的溶解度增大。比如，许多弱酸盐和多元酸盐(CO_3^{2-}、$C_2O_4^{2-}$、SO_3^{2-}、PO_4^{3-}等)在酸度增大时，溶解度都显著增大，针对这类沉淀，可以通过控制酸度达到沉淀完全或沉淀溶解的目的。

【例 8.2】　计算 CaC_2O_4 在溶液中的溶解度。

(1) 不考虑酸效应；(2) pH = 5.0，考虑酸效应。

解　(1) 设 CaC_2O_4 溶解度为 s_1，

$$CaC_2O_4 \rightleftharpoons Ca^{2+} + C_2O_4^{2-}$$

$$s_1 = [Ba^{2+}] = [C_2O_4^{2-}] = \sqrt{K_{sp}} = \sqrt{2\times10^{-9}} = 4.5\times10^{-5}(mol\cdot L^{-1})$$

(2) 设 CaC_2O_4 溶解度为 s_2，在溶液中除上述沉淀平衡外还存在下列平衡：

$$C_2O_4^{2-} + H^+ \rightleftharpoons HC_2O_4^-$$

$$HC_2O_4^- + H^+ \rightleftharpoons H_2C_2O_4$$

$$c_{总} = [C_2O_4^{2-}] + [HC_2O_4^-] + [H_2C_2O_4] = s_2$$

$$[Ca^{2+}] = s_2 \qquad [C_2O_4^{2-}] = \delta_{C_2O_4^{2-}} c_{总} = \delta_{C_2O_4^{2-}} s_2$$

$$[Ca^{2+}][C_2O_4^{2-}] = s_2^2 \times \delta_{C_2O_4^{2-}} = K_{sp}$$

$$s_2 = \sqrt{\frac{K_{sp}}{\delta_{C_2O_4^{2-}}}}$$

$$\delta_{C_2O_4^{2-}} = \frac{K_{a_1}K_{a_2}}{[H^+]^2 + [H^+]K_{a_1} + K_{a_1}K_{a_2}} = 0.86$$

代入上式得

$$s_2 = \sqrt{\frac{2\times10^{-9}}{0.86}} = 4.8\times10^{-5}(mol\cdot L^{-1})(pH = 5.0)$$

同样可以计算出 CaC_2O_4 在 pH 为 2、3、4 和 6 时，其溶解度分别为 $6.1\times10^{-4}\ mol\cdot L^{-1}$、$1.9\times10^{-4}\ mol\cdot L^{-1}$、$7.2\times10^{-5}\ mol\cdot L^{-1}$ 和 $4.5\times10^{-5}\ mol\cdot L^{-1}$。

由计算可知，CaC_2O_4 的溶解度随着溶液 pH 增加而减小，当 pH＞5 时溶解度趋于不受酸度影响，此时草酸几乎全部以 $C_2O_4^{2-}$ 状态存在，所以要使沉淀完全，应在 pH≥5 的溶液中进行。

8.2.4　配位效应

由于形成沉淀的构晶离子发生了配位反应而使沉淀溶解度增大的现象，称为配位效应(complex effect)。例如，当有 NH_3 存在时，由于形成 $[Ag(NH_3)_2]^+$，AgBr 的溶解度增大。若氨水浓度足够大，则不能生成 AgBr 沉淀。

【例 8.3】　计算 AgBr 在 0.10 mol · L^{-1} NH_3 溶液中的溶解度为纯水中溶解度的多少倍。

解　AgBr 在纯水中溶解度为

$$s_{AgBr} = \sqrt{K_{sp}} = \sqrt{5.0\times10^{-13}} = 7.1\times10^{-7}(mol\cdot L^{-1})$$

AgBr 在 0.1 mol · L^{-1} NH_3 溶液中的溶解度为

$$s_{AgBr} = [Br^-]$$

$$[Ag^+] = \frac{c_{Ag^+}}{\alpha_{Ag(NH_3)}} = \frac{s_{AgBr}}{\alpha_{Ag(NH_3)}}$$

$$s_{AgBr} = \sqrt{K_{sp}\times\alpha_{Ag(NH_3)}}$$

因为

$$\alpha_{Ag(NH_3)} = 1+\beta_1[NH_3]+\beta_2[NH_3]^2 = 1.7\times10^5$$

所以

$$s_{AgBr} = \sqrt{K_{sp}\times\alpha_{Ag(NH_3)}} = \sqrt{9.3\times10^{-7}\times1.7\times10^5} = 2.9\times10^{-4}(mol\cdot L^{-1})$$

$$\frac{2.9\times10^{-4}\ mol\cdot L^{-1}}{7.1\times10^{-7}\ mol\cdot L^{-1}} = 408(倍)$$

在有些情况下，沉淀剂本身又是配位剂。例如，用 HCl 或 NaCl 作沉淀剂沉淀 Ag^+时，氯化银的溶解度先随着氯离子浓度的增大而减小，即同离子效应占优势。当氯化银的溶解度降低到最低值后，随着氯离子浓度的增大而溶解度增大，这中间除了盐效应的影响外，主要还有配位效应的影响。生成的 AgCl 沉淀又可以与过量的 Cl^- 形成 $AgCl_2^-$、$AgCl_3^{2-}$ 和 $AgCl_4^{3-}$ 等配合物，使 AgCl 沉淀的溶解度增大。

8.2.5　其他因素

1. 温度的影响

沉淀的溶解绝大部分是吸热过程，所以沉淀的溶解度一般随温度的升高而增大，但沉淀的性质不同，温度变化对其影响的程度也不同。

通常，对一些在热溶液中溶解度较大的沉淀，如 $MgNH_4PO_4\cdot6H_2O$ 等，为了避免因溶解太多而引起损失，过滤、洗涤等操作应在室温下进行。但对无定形沉淀，如 $Fe_2O_3\cdot nH_2O$、$Al_2O_3\cdot nH_2O$、$PbSO_4$ 等，由于溶解度很小，且溶液冷却后很难过滤，也难洗涤干净，所以一般趁热过滤，并用热的洗涤剂洗涤沉淀。

2. 溶剂的影响

无机沉淀大部分是离子型晶体，它们在水中的溶解度一般比在有机溶剂中大一些，如 $PbSO_4$ 在水中的溶解度为 14.5 mg · (100 mL H_2O)$^{-1}$，在乙醇中为 0.23 mg · (100 mL H_2O)$^{-1}$。因此，分析化学中经常于水溶液中加入乙醇、丙酮等有机溶剂来降低沉淀的溶解度。应该指出，用有机沉淀剂时，所得沉淀在有机溶剂中的溶解度较大，在水中溶解度较小。

3. 沉淀颗粒大小的影响

同种沉淀晶体颗粒大，溶解度小，晶体颗粒小，溶解度大。例如，$SrSO_4$ 沉淀，当晶粒直径为 0.05 μm 时，溶解度为 6.7×10^{-4} mol · L^{-1}，当晶粒直径减小至 0.01 μm 时，溶解度为 9.3×10^{-4} mol · L^{-1}，增大约 40%。

利用上述性质，为了得到较大颗粒的沉淀，人们经常采用陈化(aging)的方法。陈化就是将沉淀和溶液放置一段时间，或加热搅拌一定时间使沉淀中的小晶体溶解，大晶体长大，如图 8.1 所示。因为在沉淀过程中，溶液中同时存在颗粒较大的晶体与颗粒较小的晶体，由于小晶体比表面积大，因此溶解倾向比大晶体大，在同一溶液中对大晶体来说为饱和溶液，对小晶体来说为不饱和溶液，于是小晶体就慢慢溶解，使溶液的浓度增加，对大晶体来说成为过饱和溶液，构晶离子就在大晶体表面析出，这就使小晶体不断溶解，大晶体不断长大。

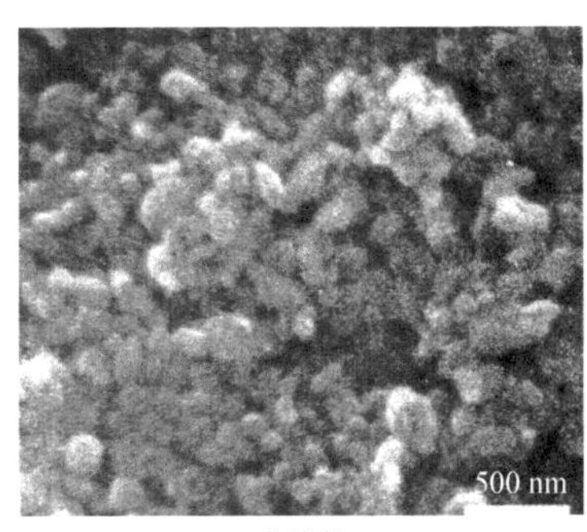

未陈化

室温下陈化4天

图 8.1　$BaSO_4$ 沉淀的陈化效果

4. 形成胶体溶液的影响

进行沉淀反应时，特别是对于无定形沉淀，如果条件控制不好，常会形成胶体溶液，甚至使已经凝聚的胶状沉淀还会因“胶溶”作用而重新分散在溶液中。胶体微粒很小，极易透过滤纸而引起损失，所以应防止胶体生成。将溶液加热和加入大量电解质，对破坏胶体和促进胶体凝聚非常有效。

5. 沉淀析出形态的影响

沉淀亚稳态的溶解度比稳态的溶解度大，所以沉淀能自发地由亚稳态向稳态转化。例如，CoS 沉淀为 α 型，$K_{sp} = 4\times10^{-21}$，放置后转化为 β 型，$K_{sp} = 2\times10^{-25}$，但要注意无定形沉淀在放置过程中会吸附更多的杂质，故应立即过滤。

8.3 沉淀的类型与形成过程

8.3.1 沉淀的类型

沉淀按其物理性质和结构不同，可粗略地分为三类，见表 8.2。

表 8.2 沉淀类型及相应的颗粒直径大小

沉淀类型	晶形沉淀	无定形沉淀	凝乳状沉淀
常见沉淀	$MgNH_4PO_4$、$BaSO_4$、CaC_2O_4	$Fe_2O_3 \cdot nH_2O$	AgCl
沉淀颗粒直径/μm	0.1～1	＜0.02	0.02～0.1

晶形沉淀体积小，颗粒大，粒径在 0.1～1 μm，内部排列较规则，结构紧密，比表面积较小，易于过滤和洗涤。

无定形沉淀又称为胶状沉淀或非晶形沉淀，是由细小的胶体微粒凝聚在一起组成的，杂乱疏松，包含数目不定的水分子，体积庞大。胶体微粒直径一般在 0.02 μm 以下，比表面积比晶形沉淀大得多，容易吸附杂质，不能很好地沉降于容器底部，难以过滤和洗涤。X 射线衍射法证明，一般情况下形成的无定形沉淀并不具有晶体的结构，如 $Fe_2O_3 \cdot nH_2O$ 沉淀。

凝乳状沉淀也是由胶体微粒凝聚在一起组成的，微粒本身是结构紧密的微小晶体，直径在 0.02～0.1 μm。从本质上讲，凝乳状沉淀也属晶形沉淀，但与无定形沉淀相似，凝乳状沉淀也是疏松的，比表面积较大，如 AgCl 沉淀。

8.3.2 沉淀的形成过程

沉淀的形成是个复杂的过程。有关这方面的理论目前仅是定性解释或经验描述。一般认为沉淀的形成要经过晶核的形成和晶核的长大两个过程，如下所示。

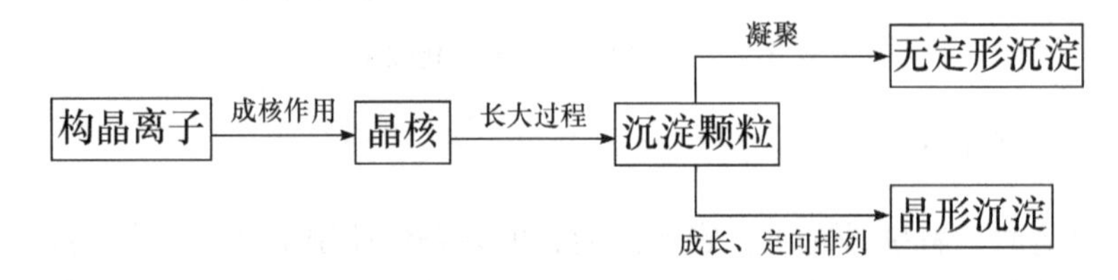

1. 晶核的形成

晶核的形成包含两种情况：一种是均相成核作用，另一种是异相成核作用。

将沉淀剂加入试液中，当溶液至过饱和状态时，构晶离子由于静电作用而缔合起来自发地形成晶核，这种过程称为均相成核作用。一般认为晶核含有 4～8 个构晶离子或 2～4 个离子对。例如，$BaSO_4$ 的晶核由 8 个构晶离子(4 个离子对)组成，CaF_2 的晶核由 9 个构晶离子组成，Ag_2CrO_4 和 AgCl 的晶核由 6 个构晶离子组成。

与此同时，在进行沉淀的介质和容器中，存在大量肉眼看不见的固体微粒。每克化学试剂至少含有 10^{10} 个不溶微粒。烧杯壁上也附有许多 5～10 nm 长的“玻璃核”，以上外来的杂质可以起到晶核的作用，这个过程称为异相成核作用。在进行沉淀反应时，溶液中不可避免地混有大量的固体微粒，如尘埃、试剂中的不溶杂质以及黏附在容器壁上的细小颗粒等，因此异相成核作用总是存在的。在某些情况下，溶液中甚至只有异相成核作用，此时溶液中晶核数目只取决于混入的固体微粒数目，不再形成新的晶核。

均相成核占优势时形成无定形沉淀，异相成核占优势时形成晶形沉淀。

在沉淀的形成过程中，到底是均相成核起作用还是异相成核起作用，与溶液中构晶离子的聚集速度 $v_{聚集}$ 有关。聚集速度的定义如下：

$$v_{聚集} = \frac{K \times (Q - s)}{s} \tag{8.2}$$

式中，$v_{聚集}$ 为聚集速度；Q 为加入沉淀剂瞬间，生成沉淀物质的浓度；s 为沉淀的溶解度；$Q-s$ 为开始沉淀时沉淀物质的过饱和度；$(Q-s)/s$ 为相对过饱和度；K 为比例常数，它与沉淀的性质、温度、溶液中存在的其他物质等因素有关。聚集速度与晶核的形成速度成正比，当溶液的相对过饱和度较小时，沉淀生成的初速度很慢，此时异相成核是主要的成核过程。由于溶液中外来固体微粒的数目是有限的，构晶离子只能在这些有限的晶核上沉积长大，从而可得到较大的沉淀颗粒。但是，当溶液的相对过饱和度较大时，溶液不稳定的构晶离子极易自发聚集形成新的晶核(均相成核的速度快)，使获得的沉淀晶核数目多而颗粒小，形成大量小颗粒的沉淀。

各种沉淀都有一个能大批自发产生晶核的相对过饱和度$(Q-s)/s$ 极限值，称为临界值，见表 8.3。

表 8.3　常见沉淀的临界值

沉淀	K_{sp}	临界值
$BaSO_4$	1.1×10^{-10}	1000
$CaC_2O_4 \cdot H_2O$	2.3×10^{-9}	31
AgCl	1.8×10^{-10}	5.5
$PbCO_3$	7.4×10^{-14}	106
$SrSO_4$	3.2×10^{-7}	39
$SrCO_3$	2.2×10^{-5}	30
$PbSO_4$	1.6×10^{-8}	28
CaF_2	2.7×10^{-11}	21

控制相对过饱和度在临界值以下，沉淀以异相成核为主，得到大颗粒沉淀。超过临界值后，沉淀以均相成核为主，得到小颗粒沉淀。故临界值越大，越容易控制相对过饱和度在临界值以下，沉淀以异相成核为主，得到大颗粒沉淀。

2. 晶核的成长

沉淀过程首先是晶核(grain of crystallization)的形成过程，然后溶液中的构晶离子会不断向晶核表面迁移(扩散)并沉积在晶核上，使晶核逐渐长大，到一定程度后就形成沉淀微粒。沉淀微粒与沉淀微粒之间有聚集为更大聚集体的倾向，这个过程称为聚集过程，其速度的快慢称为聚集速度。在聚集的同时，沉淀颗粒又有按一定的晶格排列而形成更大晶粒的倾向，这种定向排列的过程称为定向，其速度的快慢称为定向速度。聚集速度主要与溶液的相对过饱和度有关，相对过饱和度越大，聚集速度也越大。定向速度的大小则主要与物质的极性有关，极性较强的盐类，一般具有较大的定向速度。沉淀的类型取决于这两个过程速度的相对快慢，如果聚集速度小于定向速度，得到的是晶形沉淀，如 $BaSO_4$ 和 $MgNH_4PO_4$ 等；反之，如果聚集速度大于定向速度，离子来不及在晶核表面进行有序排列，则容易形成无定形沉淀，如高价金属离子的氢氧化物 $Al(OH)_3$ 和 $Fe(OH)_3$ 等。

8.4　影响沉淀纯度的因素

重量分析法要求沉淀越纯净越好，但完全纯净的沉淀是没有的，须在掌握影响沉淀纯度因素的基础上尽可能提高沉淀纯度。影响沉淀纯净的因素主要有共沉淀和后沉淀。

8.4.1　共沉淀

在进行沉淀反应时，溶液中原本不应该沉淀的组分同时也被沉淀下来的现象称为共沉淀(coprecipitation)。因共沉淀而使沉淀沾污，这是沉淀重量分析中最重要的误差来源之一。产生共沉淀的原因有表面吸附、形成混晶和包藏等，其中主要是表面吸附。

1. *表面吸附*

在沉淀的晶格中，构晶离子按照“同种电荷相互排斥，异种电荷相互吸引”的原则进行排列，晶体内部处于静电平衡状态，而在晶体表面的离子都处于电荷不平衡状态。由于静电力作用，晶体表面就具有吸附相反电荷的能力，于是溶液中带相反电荷的离子被吸引到沉淀表面上，因而使沉淀沾污。这种由于沉淀的表面吸附所引起的杂质共沉淀现象称为吸附共沉淀(adsorportion coprecipitation)。例如，在 $AgNO_3$ 溶液中加入过量 NaCl 溶液，生成 AgCl 沉淀后，溶液中存在 Ag^+、Na^+和 Cl^-等，在 AgCl 晶格表面的 Ag^+就吸附过量的构晶离子 Cl^- 形成第一吸附层，使晶体表面带负电荷，然后带负电荷的表面又吸引溶液中带正电荷的 Na^+，构成双电层，如图 8.2 所示。

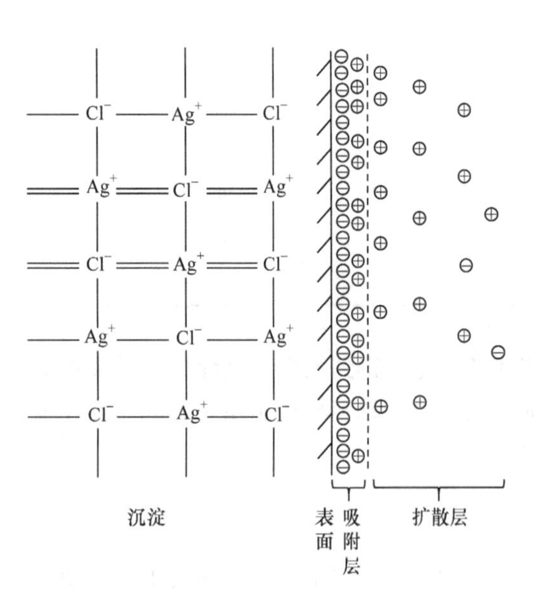

图 8.2　AgCl 沉淀的表面吸附示意图

另外，表面吸附遵循一定的规律：

(1) 过量的构晶离子优先被吸附。

(2) 与构晶离子半径相似、电荷相同的离子极易被吸附。

(3) 与构晶离子生成微溶或解离度很小的化合物，优先被吸附。

(4) 离子的价数越高，浓度越大，越容易被吸附。

(5) 沉淀总表面积大，吸附杂质多。

(6) 温度升高，吸附的量减少，因为吸附过程是放热过程。

减少表面吸附的主要措施是洗涤。另外，控制适当的浓度、陈化和再沉淀也是减少吸附杂质的有效方法。

2. 形成混晶

当杂质离子与构晶离子半径相近，晶体结构相似时，就可以取代晶体中的构晶离子，生成混晶(mixed crystal)。例如，$BaSO_4$ 和 $PbSO_4$、$BaSO_4$ 和 $BaCrO_4$ 等都可以生成混晶，从而引起共沉淀。

由于生成混晶时杂质是进入沉淀内部的，无法用洗涤等方法除去，因此最好是先将这类杂质分离除去。

3. 包藏

在沉淀过程中由于沉淀剂加入太快，使沉淀急速生长，沉淀表面吸附的杂质来不及离开就被随后生成的沉淀所覆盖，使杂质或母液包藏在沉淀内部的现象称为包藏(inclusion)。包藏杂质使晶体生长产生缺陷，不易长大，是造成晶形沉淀沾污的主要原因。对于因包藏而引起的共沉淀，由于杂质是在结晶内部，也不能用洗涤的方法除去杂质，但可以采用陈化、重结晶和改变沉淀条件等方法来减免。

8.4.2　后沉淀

在沉淀过程中，一种本来难以析出沉淀的物质，或者形成稳定的过饱和溶液而不能单独沉淀的物质，在另一种组分沉淀后被“诱导”沉淀下来的现象称为后沉淀，又称为继沉淀(postprecipitation)。例如，在 0.01 $mol \cdot L^{-1}$ Zn^{2+} 的 0.15 $mol \cdot L^{-1}$ HCl 溶液中，通入 H_2S 气体，根据溶度积规则，此时应有 ZnS 沉淀析出，但由于形成过饱和溶液，形成 ZnS 沉淀的速度非常慢。当溶液中有 Cu^{2+} 存在时，首先析出 CuS 沉淀，沉淀中夹杂的 ZnS 沉淀并不多。当沉淀放置一段时间后，便不断有 ZnS 沉淀在 CuS 沉淀表面析出，这种现象就是后沉淀现象。

后沉淀引入的杂质量有时比共沉淀还多，且随着沉淀放置时间的延长而增多，因此为防止后沉淀现象的发生，沉淀的陈化时间不宜过久或不陈化。

后沉淀与共沉淀现象是有区别的，后沉淀引入杂质的量随沉淀在试液中放置时间增加而增加，而共沉淀引入杂质的量受放置时间影响很小；无论杂质是在沉淀之前就存在的，还是沉淀后加入的，后沉淀引入杂质的量基本一致；后沉淀引入杂质的量有时比共沉淀严重得多。

针对后沉淀与共沉淀的特点，减少二者引入杂质的方法也有差异，见表 8.4。

表 8.4　减少共沉淀及后沉淀杂质的方法

沉淀沾污类型	结果	主要减少方法
吸附共沉淀	胶体沉淀不纯的主要原因	洗涤
包藏共沉淀	晶形沉淀不纯的主要原因	陈化或重结晶
混晶共沉淀	杂质离子进入沉淀内部	预先分离除去
后沉淀	“诱导”杂质随后沉淀下来	减少共存时间

8.4.3 获得纯净沉淀的措施

针对引起沉淀沾污的主要原因，为获得纯净沉淀，应采取如下措施。

采用适当的分析程序和沉淀方法。如果溶液中同时存在含量相差很大的两种离子需要沉淀分离，为了防止含量少的离子因共沉淀而损失，应该先沉淀含量少的离子。

选择合适的沉淀剂。例如，在沉淀 Al^{3+}时，可用有机沉淀剂 8-羟基喹啉，形成的沉淀由于不带电荷，可减少杂质离子的吸附量。

改变杂质离子的形态。例如，沉淀 $BaSO_4$ 时，如溶液中含有易被吸附的 Fe^{3+}时，可将 Fe^{3+}预先还原成不易被吸附的 Fe^{2+}，或加入酒石酸、柠檬酸等配位剂，与 Fe^{3+}生成稳定的配合物，Fe^{3+}的共沉淀程度会大大降低。

为了避免发生混晶共沉淀，最好事先分离易形成混晶的离子。

选择适当的洗涤剂进行洗涤。由于吸附是可逆过程，因此洗涤可使沉淀表面吸附的杂质进入洗涤液，从而达到提高沉淀纯度的目的。当然，所选择的洗涤剂必须是在烘干或灼烧时容易挥发除去的物质。

沉淀要及时过滤分离，以减少后沉淀。

改善沉淀条件。沉淀的吸附作用与其颗粒的大小、类型、沉淀时的温度和陈化过程等都有关系，因此要获得纯净的沉淀，应根据具体情况，选择适宜的沉淀条件。

必要时进行再沉淀(二次沉淀)，即将沉淀过滤、洗涤、溶解后，再进行一次沉淀。再沉淀时由于杂质浓度大大降低，共沉淀现象就可以大为减少。

8.5 沉淀条件的选择

为使沉淀完全并得到纯净的沉淀，对不同类型的沉淀，必须选择不同的沉淀条件。

8.5.1 晶形沉淀的沉淀条件

在生成晶形沉淀时，为了得到便于过滤、洗涤和颗粒较大的晶形沉淀，必须减小聚集速度、增大定向速度，一般应控制以下条件。

稀：沉淀反应须在适当稀的溶液中进行。这样可以降低相对过饱和度，并且在较稀的溶液中杂质的浓度较小，共沉淀现象也相应较弱，有利于得到纯净的沉淀。但是对于溶解度较大的沉淀，为了减小沉淀的溶解损失，溶液的浓度也不宜过稀。

热：沉淀反应需在热溶液中进行。这样一方面可增大沉淀的溶解度，降低相对过饱和度，另一方面又能减少杂质的吸附量。但是，对于溶解度受温度影响较大的沉淀，为了防止沉淀在热溶液中的溶解损失，应当在沉淀作用完毕后，将溶液冷却至室温，再进行过滤。

慢：加入沉淀剂的速度要慢并不断搅拌，防止沉淀剂局部过浓而引起大量晶核的快速形成，为构晶离子定向排列创造条件。

搅：加入沉淀剂时应不断搅拌，防止局部过饱和度太大而形成较多的晶核。

陈："陈"即指"陈化"。陈化促使小晶体不断溶解，大晶体不断长大，小晶体中共沉淀的杂质溶解进入溶液，提高了沉淀的纯度。而且粗大的晶形沉淀易于过滤和洗涤。但是，当有混晶共沉淀生成时，陈化并不能显著提高沉淀的纯度。如果有后沉淀现象发生，反而使沉淀的纯度降低。因此，是否进行陈化应当根据沉淀的类型和性质而定。

8.5.2　无定形沉淀的沉淀条件

无定形沉淀如 $Fe_2O_3 \cdot nH_2O$ 和 $Al_2O_3 \cdot nH_2O$ 等，溶解度一般很小，很难通过改变沉淀条件来改变沉淀的物理性质，但可以通过控制沉淀条件，设法破坏胶体、防止胶溶、加速沉淀微粒的凝聚，得到便于过滤洗涤又纯净的沉淀。一般应控制以下条件。

浓：沉淀在较浓的溶液中进行，不断搅拌，适当加快沉淀剂的加入速度。这样可以减小离子的水化程度，有利于得到体积较小、结构较紧密、含水量少的沉淀，而且沉淀微粒也易于凝聚。对于因浓度大而吸附增多的杂质，可在沉淀完毕后，立即用热水适当稀释并充分搅拌使其离开沉淀表面而转移到溶液中。

热：沉淀反应在热溶液中进行。这样不仅可以减小离子的水化程度，促进沉淀微粒的凝聚，防止形成胶体，而且还可以减少沉淀表面对杂质的吸附。

凝：沉淀时加入大量电解质或某些能引起沉淀微粒凝聚的胶体。加入电解质促进沉淀微粒凝聚，防止形成胶体；加入带相反电荷的胶体，可使被测组分沉淀完全。例如，测定 SiO_2 时，通常是在强酸性介质中析出硅胶沉淀，为了防止硅胶形成带负电荷的胶体，应向溶液中加入带正电荷的动物胶，以促进硅胶沉淀完全。

趁：沉淀完毕后，趁热过滤，不陈化。无定形沉淀放置后，将逐渐失去水分而凝聚得更加紧密，使已吸附的杂质难以洗去。为防止洗涤沉淀时发生胶溶现象，洗涤液中可适当加入易挥发的电解质，如 NH_4Cl 和 NH_4NO_3 等。

8.5.3　均相沉淀法

在沉淀过程中，沉淀剂不是直接加入到溶液中，而是通过溶液中的化学反应缓慢而均匀地在溶液中产生，从而使沉淀在整个溶液中缓慢而均匀地析出，这种沉淀方法称为均相沉淀法，也称均匀沉淀(homogeneous precipitation)法。

例如，在沉淀 Pb^{2+}时，由于 H_2S 为气体，使用不方便。因此，通常加入硫代乙酰胺的水溶液作为沉淀剂，控制溶液 pH 为 3.5，在加热的条件下缓慢水解产生 H_2S。

$$CH_3CSNH_2 + 2H_2O + H^+ = CH_3COOH + H_2S + NH_4^+$$

$$Pb^{2+} + H_2S = PbS\downarrow + 2H^+$$

再如，酸性含 Ca^{2+}的试液中加入过量草酸和尿素，缓慢加热使尿素水解生成 NH_3，逐步均匀地提高溶液的 pH，从而使 CaC_2O_4 缓慢均匀地形成。

均相沉淀法还可以利用酯类和其他有机化合物的水解、配合物的分解、氧化还原反应等，缓慢地生成所需的沉淀剂来进行。

均相沉淀法因为能够保持沉淀过程中较小的相对过饱和度，因而可得到颗粒较大、结构紧密、表面吸附杂质少、易过滤、易洗涤的沉淀。采用均相沉淀法，甚至可以得到晶形的 $Fe_2O_3 \cdot nH_2O$ 和 $Al_2O_3 \cdot nH_2O$ 等沉淀。但均相沉淀法仍不能避免后沉淀和混晶共沉淀现象发生。

8.5.4　有机沉淀剂

有机沉淀剂与无机沉淀剂相比具有如下优点。

(1) 沉淀的选择性好。有机沉淀剂种类多，性质各不相同，可根据不同的分析要求选择不同的沉淀剂，可大大提高沉淀的选择性。

(2) 沉淀的溶解度较小，有利于被测物质沉淀完全。

(3) 沉淀对无机杂质吸附能力小，易于获得纯净的沉淀。

(4) 有机沉淀物组成恒定，一般只需烘干而无须灼烧即可称量，简化了分析操作。

(5) 有机沉淀物的称量形式的摩尔质量大，有利于提高分析的准确度。

有机沉淀剂在分析化学中获得了广泛应用。例如，丁二酮肟是选择性较高的沉淀剂，在金属离子中只有 Ni^{2+}、Pd^{2+}、Pt^{2+}、Fe^{2+}能形成沉淀；在弱酸性或弱碱性溶液中，8-羟基喹啉能与许多金属离子形成沉淀，沉淀组成恒定，烘干后即可称量；四苯硼酸钠能与 K^{+}、NH_4^{+}、Rb^{+}及 Ag^{+}等生成离子缔合物沉淀，常用于 K^{+}的测定，沉淀组成恒定，烘干后即可称量。

8.6 重量分析法在工业分析中的应用示例

以上讨论了重量分析对沉淀的要求以及如何获得完全、纯净、易于过滤和洗涤的沉淀。将所得沉淀经过过滤、洗涤、烘干或灼烧后，得到符合称量形式所要求的沉淀，用分析天平准确称量它的质量，根据所得沉淀和样品的质量，即可计算试样中被测组分的含量。由于重量分析法准确度高，在仲裁分析、国家标准和行业标准中被广泛采用。

1. 示例 1：高温合金中测定硅含量

按行业标准 HB 5220.9—2008《高温合金化学分析方法 第 9 部分：重量法测定硅含量》，测试原理是：试料用盐酸和硝酸溶解，通过冒高氯酸烟使硅酸脱水，经过滤洗涤后，将沉淀灼烧成二氧化硅等不纯氧化物。用硫酸、氢氟酸处理，使硅成四氟化硅挥发除去，残渣再灼烧。根据除硅前后质量之差计算出硅的含量。

具体方法为：准确称取 1.00～2.00 g 试样，置于 400 mL 烧杯中，加入 40～80 mL 浓盐酸、10～15 mL 浓硝酸，微热至试样完全溶解。加入 30～40 mL 密度约为 1.67 g · mL^{-1} 的高氯酸，加热蒸发至冒高氯酸浓烟，回流 10～15 min 使硅酸脱水，稍冷。加入 15 mL 浓盐酸润湿盐类，并使六价铬还原。加入 120 mL 热水，搅拌溶解盐类。加入少量纸浆，立即用中速定量滤纸过滤，并用带有橡胶头的玻璃棒将沾在烧杯壁上的沉淀仔细擦净。用热的 5%的盐酸洗净烧杯和玻璃棒，并洗涤沉淀至无铁离子，再用热水洗涤 3～4 次。

将沉淀连同滤纸移入铂坩埚中，烘干，在 500～600℃加热至滤纸完全灰化，盖上铂坩埚盖但不应盖严，置于 1000～1050℃高温炉中灼烧 30～40 min，取出，稍冷，置于干燥器中，冷却至室温，称量，并反复灼烧至恒量(m_1)。

沿铂坩埚内壁加入 8～10 滴约 25%的硫酸、3～5 mL 1.15 g · mL^{-1} 氢氟酸，摇匀。小心缓慢加热蒸发至硫酸烟完全驱尽为止，再将铂坩埚置于高温炉中，于 800℃灼烧 15 min，取出，稍冷，置于干燥器中，冷却至室温，称量，并反复灼烧至恒重(m_2)。

按照下式计算硅的质量分数：

$$w_{Si} = \frac{(m_1 - m_2 - m_3) \times 0.4674}{m} \times 100\%$$

式中，m_1 为氢氟酸处理前铂坩埚、二氧化硅及残渣的质量，g；m_2 为氢氟酸处理后铂坩埚和残渣的质量，g；m_3 为空白试验所测得二氧化硅杂质的质量，g；m 为试样量，g；0.4674 为二氧化硅的换算因数。

2. 示例 2：含镍生铁中镍含量的测定

按国家标准 GB/T 31924—2015《含镍生铁　镍含量的测定　丁二酮肟重量法》规定，测试原理是：试料以盐酸、硝酸分解，高氯酸冒烟驱尽氟和硅。在酒石酸氨性介质中，以丁二酮肟沉淀镍，沉淀于 145℃烘干至恒量，计算得出试料中的镍含量。该方法测定范围(质量分数)为 2.00%～20.00%。

按照 GB/T 31924—2015 的规定进行取制样，研磨的试样粒度应小于 0.125 mm；钻取的试样粒度应为 0.154～1.68 mm。随同试料做空白试验。将 20 mL 热盐酸、10 mL 硝酸、30 mL 水的混合液放入过滤坩埚中过滤，然后以温水洗净坩埚上的酸性物质。将坩埚置于 145℃烘箱中干燥 2 h，在干燥器中冷却至室温后，迅速称量。将试料置于 400 mL 烧杯中，加入 10 mL 水，加入 0.5～1 g 氟化铵，放置 2 min，加入 5 mL 盐酸，放置 1 min，加入 20 mL 硝酸，保持体积于低温加热至样品不再溶解(若样品难溶，此时再加入 0.5～1 g 氟化铵)，加入 10 mL 高氯酸，继续加热至冒高氯酸烟至体积 2～3 mL，加 40 mL 水煮沸溶解盐类。如样品有少量残渣，过滤，滤液收集到 500 mL 烧杯中，用热水洗至无酸性，此为母液。将残渣及滤纸置于铂坩埚中低温灰化，灰化后加入 2～3 g 混合熔剂，送入 900℃高温炉中熔融 10 min 至清澈，取出摇匀，冷却至室温。以少量水浸取于原烧杯中，用水洗净铂坩埚，加 10 mL 盐酸酸化，并与母液合并。

向试液中加入 10 mL 酒石酸溶液，将溶液稀释至 250 mL。在不断搅拌下，用氨水调至 pH 为 4.5，用 60～80℃热水稀释至 300 mL。边搅拌边向试液中加入丁二酮肟，约每 1 mg 镍需加入丁二酮肟 0.4 mL，过量 20 mL(其体积不要超过试液体积的 1/3，以免部分沉淀溶解于乙醇中)。然后边搅拌边用氨水缓慢将溶液调至 pH 为 8～9，充分搅拌后静置 30 min，使沉淀凝聚。将沉淀转移至已恒量的干燥过滤坩埚中，用真空泵抽滤，彻底洗净烧杯，用冷水洗沉淀 6 次(抽滤速度不宜过快，勿使沉淀吸干)，将过滤坩埚和沉淀置于 145℃烘箱中干燥 2 h，取出，置于干燥器中，冷却至室温，称量，反复烘干至恒量。

按下式计算镍的含量(质量分数)：

$$w_{\mathrm{Ni}} = \frac{K \times [(m_2 - m_1) - (m_0 - m_3)]}{m} \times 100\%$$

式中，m_0 为试样空白用过滤坩埚和随同试样空白的总质量，g；m_1 为试样用过滤坩埚质量，g；m_2 为试样用过滤坩埚和丁二酮肟镍沉淀的总质量，g；m_3 为试样空白用过滤坩埚质量，g。

3. 示例 3：铁矿石中钡含量的测定

按国家标准 GB/T 6730.29—2016《铁矿石　钡含量的测定　硫酸钡重量法》规定，测试原理是：试料以盐酸、氢氟酸、硝酸分解，在硫酸存在下，使钡生成的硫酸钡沉淀，与大部分干扰元素分离；用焦硫酸钾熔融，稀硫酸浸取，使钡生成的硫酸钡沉淀与稀土等酸难溶物分离；用碳酸钠-碳酸钾熔融将硫酸钡沉淀转化碳酸钡沉淀，以盐酸溶解后进行铅锶分离和钡的二次沉淀。当试料中铅大于 0.05%时，通硫化氢生成硫化铅与钡分离；当锶大于 0.02%时，用铬酸盐使钡生成铬酸钡与锶分离，钡高时需将铬酸钡转化为碳酸钡分离铬。在盐酸介质中，加硫酸使钡定量生成硫酸钡沉淀，过滤、洗涤、灰化，在 800℃灼烧至恒量，称量并计算得出样品中钡含量。

另外，与重量分析法相关的国家标准还有 GB/T 6730.2—2018《铁矿石　水分含量的测定　重量法》、GB/T 10512—2008《硝酸磷肥中磷含量的测定　磷钼酸喹啉重量法》等，重量分析法尽管比较烦琐，但在特定应用场景中依然有很好的应用。

【拓展阅读】

重量分析法的历史及发展

重量分析法兴起于 18 世纪，曾对质量守恒定律和定比定律的证实有重要贡献。在当时和以后一段时间内，重量分析法一直在分析化学中占有重要位置。最早的有机分析也采用重量分析法。18 世纪后，重量分析在方法、试剂、仪器等方面不断改进，试样用量渐趋减少。重量分析法曾用于测定原子量、金属和非金属物质。21 世纪以来，随着仪器分析技术的发展，经典的重量分析法的应用逐渐减少，但该法准确度高，所用仪器简单，仍然是其他仪器分析方法无法替代的。

随着称量仪器的更新换代，天平的灵敏度越来越高，分析天平的感度为 0.1 mg，电子微天平的感度可达 1 μg，石英晶体微天平可以称量纳克级的样品。在重量分析法的基础上，发展了新的检测技术，可以研究气体、液体的成分变化，液膜的厚度，DNA 探针杂交等。

在高温下能准确称量样品重量的热天平可用于研究药物和各种材料的热稳定性，或者材料在加热条件下的分解历程。例如，草酸钙沉淀在 500℃加热能定量地转变为碳酸钙，加热至 800℃以上分解为氧化钙。杜瓦尔曾用热天平测定了几百种沉淀的热重曲线。

【参考文献】

柴逸峰, 邸欣. 2016. 分析化学(上册)[M]. 8 版. 北京: 人民卫生出版社
杭州大学化学系分析化学教研室. 1997. 分析化学手册[M]. 2 版. 北京: 化学工业出版社
华东理工大学, 四川大学. 2018. 分析化学[M]. 7 版. 北京: 高等教育出版社
华中师范大学. 2011. 分析化学(上册)[M]. 4 版. 北京: 高等教育出版社
李龙泉, 林长山, 朱玉瑞. 1997. 定量化学分析[M]. 合肥: 中国科学技术大学出版社
唐晓燕. 1998. 分析方法标准化[M]. 北京: 中国建材工业出版社
武汉大学. 2016. 分析化学(上册)[M]. 6 版. 北京: 高等教育出版社
邹明珠, 许宏鼎, 苏星光, 等. 2008. 化学分析教程[M]. 北京: 高等教育出版社
Harris D C. 2003. Quantitative Chemical Analysis[M]. 6th ed. New York: W. H. Freeman and Company

【思考题和习题】

1. 重量分析对沉淀的要求是什么？
2. 解释下列名词：
   沉淀形式，称量形式，同离子效应，盐效应，酸效应，配位效应，聚集速度，定向速度，共沉淀现象，后沉淀现象，再沉淀，陈化，均相沉淀法，换算因数。
3. Ni^{2+}与丁二酮肟(DMG)在一定条件下形成丁二酮肟镍 $Ni(DMG)_2$ 沉淀，然后可以采用两种方法测定：一是将沉淀洗涤、烘干，以 $Ni(DMG)_2$ 的形式称量；二是将沉淀灼烧成 NiO 的形式称量。采用哪一种方法较好？为什么？
4. 影响沉淀溶解度的因素有哪些？
5. 简述沉淀的形成过程，形成沉淀的类型与哪些因素有关？
6. $BaSO_4$ 和 AgCl 的 K_{sp} 相差不大，但在相同条件下进行沉淀，为什么所得沉淀的类型不同？
7. 影响沉淀纯度的因素有哪些？如何提高沉淀的纯度？
8. 说明沉淀表面吸附的选择规律，如何减少表面吸附杂质？
9. 简要说明晶形沉淀和无定形沉淀的沉淀条件。
10. 为什么要进行陈化？哪些情况不需要进行陈化？

11. 什么是均相沉淀法？有哪些优点？试举一个均相沉淀法的实例。
12. 有机沉淀剂较无机沉淀剂有哪些优点？
13. 讨论下述各情况对 $BaSO_4$ 沉淀法测定结果的影响(A. 偏高；B. 偏低；C. 无影响)：
(1) 测 S 时有 Na_2SO_4 共沉淀；　(2) 测 Ba 时有 Na_2SO_4 共沉淀；
(3) 测 S 时有 H_2SO_4 共沉淀；　(4) 测 Ba 时有 H_2SO_4 共沉淀。
14. 计算下列各组测定组分和称量形式之间的换算因数。

编号	称量形式	测定组分
1	$Mg_2P_2O_7$	P_2O_5，$MgSO_4 \cdot 7H_2O$
2	Fe_2O_3	$(NH_4)_2Fe(SO_4)_2 \cdot 6H_2O$
3	$BaSO_4$	SO_3，S

15. 计算 Ag_2CrO_4 沉淀在：(1) 0.0010 $mol \cdot L^{-1}$ $AgNO_3$ 溶液中；(2) 0.0010 $mol \cdot L^{-1}$ K_2CrO_4 溶液中的溶解度。
16. 已知某金属氢氧化物 $M(OH)_2$ 的 $K_{sp} = 4 \times 10^{-15}$，向 0.10 $mol \cdot L^{-1}$ 的 M^{2+} 溶液中加入 NaOH，忽略体积变化和各种氢氧基配合物，计算下列不同情况生成沉淀时的 pH。
    (1) M^{2+} 有 1%沉淀；
    (2) M^{2+} 有 50%沉淀；
    (3) M^{2+} 有 99%沉淀。
17. 称取过磷酸钙肥料试样 0.4891 g，经处理后得到 0.113 g $Mg_2P_2O_7$，试计算试样中 P_2O_5 和 P 的质量分数。
18. 将固体 AgBr 和 AgCl 加入 50.0 mL 纯水中，不断搅拌使其达到平衡。计算溶液中 Ag^+ 的浓度。
19. 测定硅酸盐中 SiO_2 的质量，称取试样 0.5000 g，得到不纯的 SiO_2 0.2835 g。将不纯的 SiO_2 用 HF 和 H_2SO_4 处理，使 SiO_2 以 SiF_4 的形式逸出，残渣经灼烧后为 0.0015 g，计算试样中 SiO_2 的质量分数。若不用 HF 及 H_2SO_4 处理，测定结果的相对误差为多大？
20. 设有可溶性氯化物、溴化物、碘化物的混合物 1.200 g，加入 $AgNO_3$ 溶液使其沉淀为卤化物后，其质量为 0.4500 g，卤化物经加热并通入氯气使 AgBr、AgI 等转化为 AgCl 后，混合物的质量为 0.3300 g，若用同样质量的试样加入氯化亚钯处理，其中只有碘化物转化为 PdI_2 沉淀，它的质量为 0.0900 g。原混合物氯、溴、碘的质量分数各为多少？
21. 称取含砷试样 0.5000 g，溶解后在弱碱性介质中将砷处理为 AsO_4^{3-}，然后沉淀为 Ag_3AsO_4。将沉淀过滤、洗涤，最后将沉淀溶于酸中。以 0.1000 $mol \cdot L^{-1}$ NH_4SCN 溶液滴定其中的 Ag^+ 至终点，消耗 45.45 mL。计算试样中砷的质量分数。
22. 称取含硫的纯有机化合物 1.0000 g。首先用 Na_2O_2 熔融，使其中的硫定量转化为 Na_2SO_4，然后溶解于水，用 $BaCl_2$ 溶液处理，定量转化为 $BaSO_4$ 1.0890 g。计算：
    (1) 有机化合物中硫的质量分数；
    (2) 若有机化合物的摩尔质量为 214.33 $g \cdot mol^{-1}$，求该有机化合物中硫原子个数。

第 9 章　吸光光度法

【内容提要与学习要求】

了解物质对光的选择性吸收原理和可见-紫外吸收光谱特点；掌握朗伯-比尔定律的数学表达式、成立条件及其在分光光度法中的意义；了解分光光度计的基本结构；掌握分光光度法测定物质含量的基本方法，包括显色反应及其影响因素、测量波长的选择原则、参比溶液选择原则和方法、干扰的消除方法、标准曲线的绘制方法等；了解偏离朗伯-比尔定律的物理和化学因素；掌握吸光度测量误差与吸光度值之间的关系，明确测量误差控制的方法；了解目视比色、示差吸光光度法、双波长光度法等常用分光光度分析方法。

吸光光度法(absorptiometry)是利用物质对光的选择性吸收而建立起来的分析方法，基于溶液对单色光的吸收程度来确定物质含量。该法又名光度分析或分光光度法(spectrophotometry)。基于吸光光度法的定量分析大多建立在显色反应基础上，测试手段依托光度计，兼具化学分析与仪器分析的特点，所以纳入本教材讲解。根据入射光的波长范围，常见的吸光光度法可分为紫外-可见吸光光度法、红外光谱法，本章内容侧重于可见吸光光度法。

相较于滴定分析法，吸光光度法采用仪器作为检测手段，灵敏度高，可不经富集直接测定微量组分的含量，而滴定分析法或重量分析法常用于常量组分分析，对微量组分需经富集才能进行，操作过程烦琐且准确度也难以保证。目前吸光光度法分析技术成熟，稳定性好，普及率高，所需仪器价格低廉，易于操作和维护，相对误差为 2%～5%(目视比色法为 5%～20%)，基本能满足一般微量组分测定准确度的要求。若用差示分光光度法，其相对误差甚至可低至 0.5%。

吸光光度法在工农业生产、医疗卫生及环境保护等领域中发挥着重要的作用。例如，磷是钢铁中最常见的有害元素，实验室经常用锑磷钼蓝吸光光度法测定钢铁及合金中磷的含量，检测范围质量分数在 0.01%～0.06%。大部分药物是有机物，在紫外区产生吸收峰，因此紫外吸光光度法是有机药物分析测定的常备方案，如布洛芬等可在乙醇溶液中直接测定。

9.1　物质对光的选择性吸收

9.1.1　光的基本性质

光是一种电磁波，具有波动性和微粒性。不同波长的光具有不同的能量。描述波动性的重要参数是波长(λ，cm 或 nm)和频率 υ(Hz)。它们之间的关系为

$$\upsilon = \frac{c}{\lambda} \tag{9.1}$$

式中，真空中光的传播速度 c 为一常数，$c = 3\times10^{10}\ \mathrm{cm\cdot s^{-1}}$。由上式可见，光的频率与波长成反比，即波长越长的光，频率越小；反之，波长越短的光，频率越大。

光是带有能量的微粒流，称为光子或光量子。光的吸收本质上是物质与光的相互作用。分子的外层电子具有一定的能级，外层电子吸收能量(一定波长的光子提供)后可由低能级(E_1)向高能级(E_2)跃迁。吸光物质对可见光的吸收符合普朗克定律：只有具有一定波长(能量)的光，其能量与物质分子能级间的能量差相等时，这一波长的光才会被吸收，即满足式(9.2)的条件。物质分子选择性吸收光的能量由物质分子的结构决定。

$$\Delta E = E_2 - E_1 = h\upsilon = h\frac{c}{\lambda} \tag{9.2}$$

式中，ΔE 为吸光分子的两个能级差，等于被吸收的光子的能量，J；h 为普朗克常量，$6.626\times10^{-34}\,\text{J}\cdot\text{s}$。由式(9.2)可见，吸收光的波长越长，能量越低；反之，吸收光的波长越短，能量越高。

理论上，将仅具有某一波长的光称为单色光。单色光由具有相同能量的光子组成。由不同波长的光组成的光称为复合光，复合光的光子能量不同。日光是多种波长的光混合的复合白光。

按照波长(能量)将电磁波划分为不同的区域时，利用不同波长(能量)的电磁波可以建立不同的电磁波谱或光谱方法(表 9.1)。由于受人的视觉分辨能力的限制，表中波长 400～780 nm 的光为可见光；而 200～400 nm 的光为近紫外光。一般地，紫外-可见分光光度计的可测量波长范围为 190～900(1000)nm，比色计的可测量波长范围为 400～900 nm。

表 9.1 电磁波谱分布和相应分析方法

波谱	波长范围	分析方法
γ 射线	0.05～0.17 nm	中子活化分析，穆斯堡尔谱法
X 射线	0.1～10 nm	X 射线光谱法
远紫外线	10～200 nm	真空紫外光谱法
近紫外线	200～400 nm	紫外光谱法
可见光	400～760 nm	比色法、可见分光光度法
近红外线	0.75～2.5 μm	红外光谱法
中红外线	2.5～50 μm	红外光谱法
远红外线	50～1000 μm	红外光谱法
微波	1～1000 mm	微波光谱法
射频	1～1000 m	核磁共振波谱法

9.1.2 物质的颜色与光的互补性

溶液呈现不同的颜色是由于溶液中的质点(离子或分子)对不同波长的光具有选择性吸收而引起的。白光是多波长的复合光，当它通过某溶液时，该溶液会选择性吸收某些波长的色光而让那些未被吸收的色光透射过去，人们将被吸收的光和透射的光称为互补色光。不同互补光所展示的颜色参见表 9.2。例如，$K_2Cr_2O_7$ 水溶液能吸收蓝色光而呈现其互补光的黄色，则蓝色和黄色互为互补色。若物质对白光中所有颜色的光全部吸收，呈现黑色；若反射所有颜色的光则呈现白色；若透过所有颜色的光，则为无色。

表 9.2　物质颜色与吸收光之间的互补关系

物质所呈颜色(透过光)	吸收光颜色	吸收光波长λ范围/nm
黄绿	紫	400～450
黄	蓝	450～480
橙	绿蓝	480～490
红	蓝绿	490～500
紫红	绿	500～560
紫	黄绿	560～580
蓝	黄	580～600
绿蓝	橙	600～650
蓝绿	红	650～750

9.1.3　物质对光产生选择性吸收的原因

不同的物质对光产生不同的吸收是由物质分子的结构决定的。分子内部具有一系列不连续的量子化的特征能级，包括电子能级、振动能级和转动能级，其中电子能级分为基态和能量较高的若干个激发态。电子能级的能量差最大为 1.20 eV；振动能级能量差约 0.051 eV；转动能级能量差最小，一般小于 0.05 eV。同一电子能级中耦合了多个振动能级和转动能级，而在同一振动能级中包含多个转动能级，因此分子吸收光谱为带状光谱。

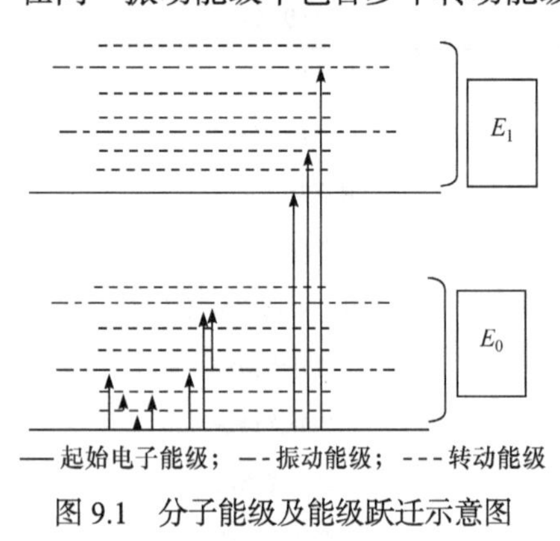

图 9.1　分子能级及能级跃迁示意图

双原子分子的能级示意图如图 9.1 所示。一般地，物质的分子都处于能量最低、最稳定的基态。当用光照射某物质后，如果光具有的能量恰好与物质分子的某一能级差相等时，这一波长的光就被吸收。从而使物质外层电子发生能级跃迁。电子能级跃迁而对光产生的吸收位于紫外-可见光部分，是紫外-可见吸光光度法中物质吸收的主要原因。在电子能级变化时，分子振动和转动能级的变化不可避免。光吸收引起分子振动和转动能级的变化的光谱是红外光谱。由于不同物质分子结构千差万别，所以能级也不同，对光的选择性吸收也不同。

9.2　光吸收定律

9.2.1　朗伯-比尔定律

当一束平行单色光通过任何均匀、非散射的固体、液体或气体介质时，一部分被吸收，一部分透过介质，一部分被器皿的表面反射，如图 9.2 所示。

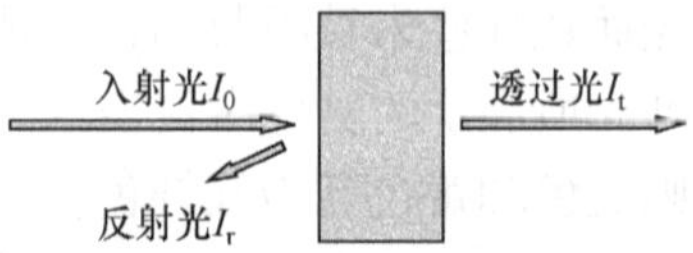

$$I_0 = I_a + I_t + I_r \tag{9.3}$$

入射光I_0　透过光I_t　反射光I_r

图 9.2　单色光透过溶液情况

式中，I_0为入射光的强度；I_a为吸收光的强度；I_t为透射光的强度；I_r为反射光的强度。在吸光光度分析法中，试液和空白溶液分别置于同样质料及厚度的吸收池中，反射光强度基本是不变的，且其影响可以相互抵消，反射光强 I_r 忽略后，得下式：

$$I_0 = I_a + I_t \tag{9.4}$$

光吸收的强弱一般以吸光度(absorbance，*A*)表示，它的定义见式(9.5)。吸光度也称为吸收度、消光度(extinction，*E*)或光密度(optical density，OD)。*A* 作为吸收光程度的度量，其值越大，溶液对光的吸收越强。

$$A = -\lg T = \lg(I_0 / I_t) \tag{9.5}$$

T 为透射比即透射光强度与入射光强度之比，也称为透射率或透光率(transmittance，*T*)。*T* 越大，溶液对光的吸收越小；*T* 越小，溶液对光的吸收越大。

1760 年，朗伯(Lambert)发现当一束平行单色光通过浓度一定的均匀的吸收溶液时，溶液对光的吸收程度与液层厚度 *b*(cm)成正比，这一定律称为朗伯定律，见式(9.6)：

$$A = K_1 b \tag{9.6}$$

当溶液浓度确定时，K_1 为比例常数。

1852 年，比尔(Beer)发现当一束平行的单色光(波长一定的光)通过液层均匀的吸收溶液时，该溶液对光的吸收程度与吸光物质的浓度 *c*(吸光物质的质点数)成正比。其数学表达式为式(9.7)，称为比尔定律。

$$A = K_2 c \tag{9.7}$$

当液层厚度一定时，K_2 为比例常数；*c* 为吸光物质浓度。式(9.6)和式(9.7)成立的前提是一束平行单色光垂直通过某一非散射的吸光物质。配制不同浓度的标准溶液，分别测定吸光度；以吸光度对待测物质的浓度作图，得标准曲线。未知溶液中待测物质的浓度可以根据其吸光度的值在标准曲线中查出。

如果同时考虑液层厚度和溶液浓度对吸光度的影响，即将上述两个定律结合起来，称为朗伯-比尔定律，物质吸光度与液层厚度和浓度之间的关系符合式(9.8)。

$$A = Kbc \tag{9.8}$$

式中，*b* 为液层厚度，cm；*c* 为吸收物质的浓度；*K* 为常数，称为吸收系数(absorption coefficient)。

朗伯-比尔定律不仅适用于可见光区，也适用于紫外和红外光区，是各类吸光光度法定量的依据。

9.2.2　吸收光谱

测定某物质溶液在不同波长处的吸光度，绘制吸光度-波长曲线，称该曲线为该物质的吸收光谱(absorption spectrum)，又称为吸收曲线。吸收光谱描述了物质对不同波长的吸收能力，反映了物质在不同波长处吸光系数的大小。图 9.3 为不同浓度 $KMnO_4$ 溶液的吸收曲线，可见 $KMnO_4$ 溶液对波长为 525 nm 附近的绿光吸收最强，而对紫色光和红色光的吸收很弱，因此呈现紫红色。吸收最大对应的波长

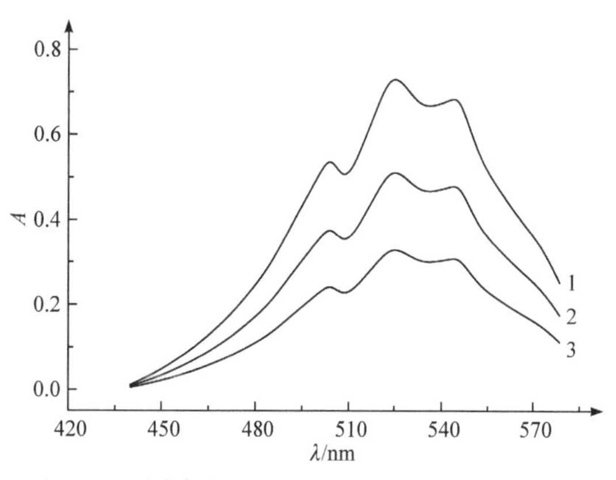

图 9.3　不同浓度的 $KMnO_4$ 吸收曲线($c_1 > c_2 > c_3$)

称为最大吸收波长，用λ_{max}表示，$KMnO_4$溶液的$\lambda_{max}=525$ nm。不同浓度的溶液吸收曲线形状完全相同，但是吸光度值不同，吸光度值与浓度成正比关系。

9.2.3 吸光系数

1. 摩尔吸光系数

当b的单位为cm，c的单位为$mol\cdot L^{-1}$时，K的单位是$L\cdot mol^{-1}\cdot cm^{-1}$，用$\varepsilon$表示，称为摩尔吸光系数，朗伯-比尔定律表示为式(9.9)。

$$A=\varepsilon bc \tag{9.9}$$

ε的物理意义：当吸光物质的浓度为1 $mol\cdot L^{-1}$，吸收层厚度为1 cm时，吸光物质对某波长的光的吸光度。当吸收光波长确定，温度和溶剂等条件一定时，ε的大小取决于物质本身的性质，与化合物溶液的浓度无关，是物质的特征值。同一化合物在不同波长处的ε值一般是不同的，最大吸收波长处的摩尔吸光系数表示为ε_{max}。

某一化合物的溶液在不同波长处测得的吸光度值随波长的变化曲线，一般称为紫外-可见吸收光谱。光谱的曲线形状是物质特有的性质，与溶液中物质的浓度无关。其中最大吸收处(峰)对应的波长以λ_{max}表示，在最小吸收处对应的波长以λ_{min}表示。λ_{max}处的摩尔吸光系数常以ε_{max}表示。ε越大，表示该有色物质对入射光的吸收能力越强，显色反应越灵敏。例如，图9.3所示高锰酸钾的吸收曲线：在可见光区，$KMnO_4$溶液对波长525 nm附近绿色光的吸收最强，$\lambda_{max}=525$ nm，对应的摩尔吸光系数为ε_{max}。

2. 百分吸收系数

当b为1 cm，c的单位是1%(即w/V)时，K用$E_{1\,cm}^{1\%}$表示，称为百分吸收系数，也称比吸收系数，其单位为100 $mL\cdot g^{-1}\cdot cm^{-1}$。《中华人民共和国药典》一直以百分吸收系数作为一些药物的物理特性之一，并且在药物鉴别和含量测定中使用。朗伯-比尔定律表达式变为式(9.10)。百分吸收系数与摩尔吸光系数的关系见式(9.11)。

$$A=E_{1\,cm}^{1\%}bc \tag{9.10}$$

$$\varepsilon=\frac{M}{10}E_{1\,cm}^{1\%} \tag{9.11}$$

一般情况下，在研究有机化合物的分子结构时，多用摩尔吸光系数；用于含量测定时，多用百分吸收系数。

3. 桑德尔灵敏度S

桑德尔灵敏度S指当分光光度仪器检测A值为0.001时，单位面积光程内所能检出的吸光物质的最低质量，单位为$\mu g\cdot cm^{-2}$。桑德尔灵敏度的计算公式如式(9.12)所示。S越小，显色反应的灵敏度越高。可以推出，S与摩尔吸光系数ε及吸光物质摩尔质量M的关系为

$$S=\frac{M}{\varepsilon} \tag{9.12}$$

9.2.4 吸光度的加和性

在测量实际样品时，样品溶液中通常含有两个或多个组分，而这两个或多个组分在同一

波长处的吸光度具有加和性。如式(9.13)所示，在某一波长处测定的吸光度为样品溶液中多个组分在这一波长处吸光度的总和，即在这一波长处，组分 1 在一定浓度下的吸光度 A_1、组分 2 在一定浓度下的吸光度 A_2、…、组分 n 在一定浓度下的吸光度 A_n 的加和，溶液总吸光度 A 与各组分吸光度之间的关系为

$$A = A_1 + A_2 + \cdots + A_n \tag{9.13}$$

式中，A_1、A_2、…、A_n 分别为组分 1、2、…、n 在一定波长下的吸光度。将朗伯-比尔定律代入式(9.13)，得到式(9.14)。

$$A = \varepsilon_1 bc_1 + \varepsilon_2 bc_2 + \cdots + \varepsilon_n bc_n \tag{9.14}$$

式中，ε_1、ε_2、…、ε_n 分别为组分 1、2、…、n 的摩尔吸光系数；c_1、c_2、…、c_n 分别为组分 1、2、…、n 的浓度。双波长分光光度法的基础即是吸光度的加和性原理，对于干扰组分存在时准确测定被分析物含量、排除干扰有重要意义。药物制剂中药物的含量测定可以采用此法排除辅料干扰。

【例 9.1】 用相同的吸收池测定吸光度。已知 1.0×10^{-3} mol · L^{-1} 的 $K_2Cr_2O_7$ 溶液在波长 450 nm 和 530 nm 处的吸光度 A 分别为 0.200 和 0.05。1.0×10^{-4} mol · L^{-1} 的 $KMnO_4$ 溶液在波长 450 nm 处无吸收，在 530 nm 处的吸光度 A 为 0.42。现测得某 $K_2Cr_2O_7$ 和 $KMnO_4$ 的混合溶液在波长 450 nm 和 530 nm 处的吸光度 A 分别为 0.32 和 0.50。计算该混合液中的 $K_2Cr_2O_7$ 和 $KMnO_4$ 的浓度。

解　第一步，根据吸光度加和性原理：$A = \varepsilon_1 bc_1 + \varepsilon_2 bc_2 + \cdots + \varepsilon_n bc_n$ 在两个不同的波长处测得的吸光度值列出等式(1)和(2)：

波长 $\lambda = 450$ nm 处：$A_{450} = 0.32 = A_{450(1)} + A_{450(2)} = \varepsilon_{450(1)} bc_1 + \varepsilon_{450(2)} bc_2$　(1)

波长 $\lambda = 530$ nm 处：$A_{530} = 0.50 = A_{530(1)} + A_{530(2)} = \varepsilon_{530(1)} bc_1 + \varepsilon_{530(2)} bc_2$　(2)

第二步，分别计算出 $K_2Cr_2O_7$ 和 $KMnO_4$ 在 450 nm 和 530 nm 处的 ε 值：

对于 $K_2Cr_2O_7$：$\varepsilon_{450(1)} = A_{450(1)}/bc_1 = 200/b(\text{L} \cdot \text{mol}^{-1} \cdot \text{cm}^{-1})$；$\varepsilon_{530(1)} = A_{530(1)}/bc_1 = 50/b(\text{L} \cdot \text{mol}^{-1} \cdot \text{cm}^{-1})$

对于 $KMnO_4$：$\varepsilon_{450(2)} = 0$；$\varepsilon_{530(2)} = A_{530(2)}/bc_2 = 4200/b(\text{L} \cdot \text{mol}^{-1} \cdot \text{cm}^{-1})$

第三步，将第二步计算出的摩尔吸光系数值代入式(1)和式(2)，解得混合液中，$K_2Cr_2O_7$ 和 $KMnO_4$ 的浓度 c_1 和 c_2 分别为 1.6×10^{-3} mol · L^{-1} 和 1.0×10^{-4} mol · L^{-1}。

9.3　分光光度计及其测量误差

9.3.1　分光光度计

分光光度计通常由光源、单色器、吸收池、检测器和信号处理及显示系统五大部分组成，其结构如图 9.4 所示。从光源发出的连续光经过单色器后，滤去其他波长的光，保留设定的特定波长的单色光强度为 I_0 入射进入吸收池，从吸收池透射出强度为 I_t 的透射光进入检测器被检测光强，并转化为电信号。

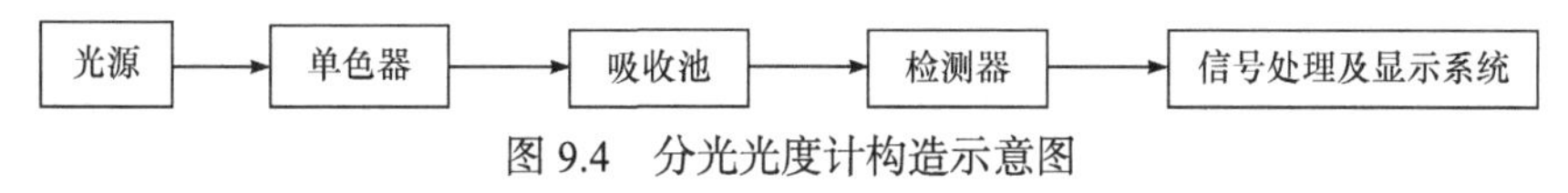

图 9.4　分光光度计构造示意图

1. 光源

光源能够提供有足够强度、稳定且波长连续变化的复合光。通常分光光度计的可见光源采用 6.12 V 钨灯(360.800 nm)，紫外光源采用氢灯或氘灯(185.375 nm)。

2. 单色器

单色器(分光系统)的作用是把复合光色散为按波长顺序排列的单色光,并且能通过出射狭缝分离出某一波长的单色光。单色器也称为分光器，由入射狭缝、出射狭缝、反射镜和色散元件组成，关键部件是色散元件。色散元件有棱镜和衍射光栅两种。

棱镜由玻璃或石英制成，根据光折射的原理，将复合光色散为单色光。目前以棱镜为色散原件的分光光度计很少见，一般以光栅为色散元件。

光栅对光的色散原理是根据光的衍射和干涉将复合光色散为不同波长的单色光。光栅的使用波长范围宽，色散几乎不随波长改变而改变，光栅通常比棱镜有更好的色散和分辨能力。

3. 吸收池

吸收池也称比色皿，其作用是盛装试液。吸收池一般由透明、耐腐蚀的材料组成。根据材质不同，吸收池有玻璃吸收池和石英吸收池两种。玻璃吸收池只能用于可见光区的测量，因为玻璃对紫外光产生吸收而干扰测定。石英吸收池既可用于可见光区又可用于紫外光区，但价格较贵。吸收池一般有多种规格，按盛装液体的厚度分为 0.5 cm、1 cm、2 cm、3 cm 和 5 cm。

为消除吸收池对光的吸收和反射以及溶液中与待测组分共存的其他组分对光的吸收带来的干扰，光度测量中要使用参比溶液。参比溶液与待测溶液要使用材料一致的吸收池。

4. 检测器

检测器是一种光电转换元件，也称光电转换器。其作用是将透过吸收池的光信号变成可测量的电信号。目前，分光光度计一般用光电管或光电倍增管。

光电管由一个半圆筒形的阴极和金属丝阳极组成。阴极表面涂有一层光敏材料，当光照射于光敏材料时，阴极就发射电子。给两电极上加一电压，电子便流向阳极，形成光电流。常用的光电管有蓝敏和红敏两种。蓝敏光电管为铯锑阳极，适用波长范围为 200～625 nm；红敏光电管为银和氧化铯阳极，适用波长范围为 625～1000 nm。

光电倍增管由光电管改进而来，灵敏度比光电管高 200 多倍，由密封在真空管壳内的一个光阴极、多个倍增极和一个阳极组成。光电倍增管应避免强光照射，所以装在暗盒中。

5. 信号处理及显示系统

信号处理及显示系统的作用是检测光电流强度的大小，并以一定的方式显示或记录。现代分光光度计将光电倍增管输出的电流信号经 A/D 转换，由计算机采集数字信号进行处理，可直接得到吸光度 A 或透射比 T 的值。

分光光度计应按照要求定期检定和周期性核查校正，保证测量的可靠性和准确性。在《中华人民共和国药典》中严格规定了需检定的参数，如波长精度、吸光度的准确度、狭缝宽度、杂散度等。

测定中的吸收池必须清洗干净，用于装样品、参比的吸收池必须配对。拿放吸收池，手指捏两个毛面，光面对准光路。装挥发性溶液时，吸收池应加盖。

9.3.2　仪器测量误差

仪器测量不准确也是误差的主要来源。这些误差可能来源于光源不稳定、实验条件偶然变动、读数不准确等。在分光光度法中，仪器检测的是透光率，同一台仪器对于不同透光率的检测误差一般在固定的范围内。由于物质浓度与吸光度成正比关系，浓度测量的相对误差等于吸光度的相对误差，但是吸光度与透光率之间呈负对数关系，吸光度的相对误差与透光率测量的相对误差之间的关系可推导如下。透射比的标尺刻度均匀，吸光度标尺刻度不均匀，如图 9.5 所示。对于同一仪器，读数的波动对透射比为一定值，而对吸光度读数波动不是定值。吸光度越大，读数波动所引起的吸光度误差也越大。

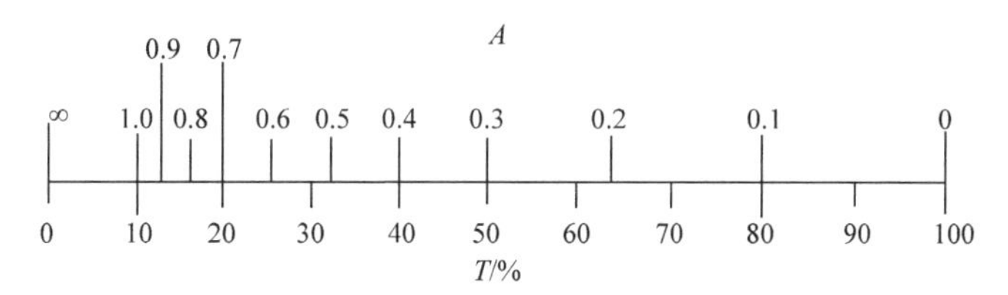

图 9.5　检流计标尺上吸光度与透射比的关系

透光率很小时，表示浓度较大，反映在仪器测量上吸光度大，A 因读数不准带来的误差可能较大；透光率很大时，表示浓度较小，反映在仪器测量上吸光度较小，A 读数值小也可能带来较大的误差。因此，有一个适宜的吸光度取值范围。适宜吸光度可根据下式求得：

$$A = Kbc$$

当 b 一定时，对上式两边微分得

$$\mathrm{d}A = Kb\mathrm{d}c$$

两式相除得

$$\frac{\mathrm{d}A}{A} = \frac{\mathrm{d}c}{c}$$

$\frac{\mathrm{d}c}{c}$ 就是浓度测量的相对误差 E_r，浓度测量的相对误差等于吸光度的相对误差。

A 与 T 的测量误差关系如下：

$$A = -\lg T = -0.434\ln T$$

对上式微分得

$$\mathrm{d}A = -0.434\frac{\mathrm{d}T}{T}$$

$$\frac{\mathrm{d}A}{A} = \frac{\mathrm{d}T}{T\ln T}$$

由此可以看出，吸光度的相对误差并不等于透光率测量的相对误差，而是与 $\ln T$ 有关。

作 $\mathrm{d}A/A(E_r)$-T 曲线图，如图 9.6 所示。$|E_r|T$ 图或对上式再求导数，可求得：当 $A = 0.434$(或 $T = 36.8\%$)时，测量的相对误差最小，透光率过大或过

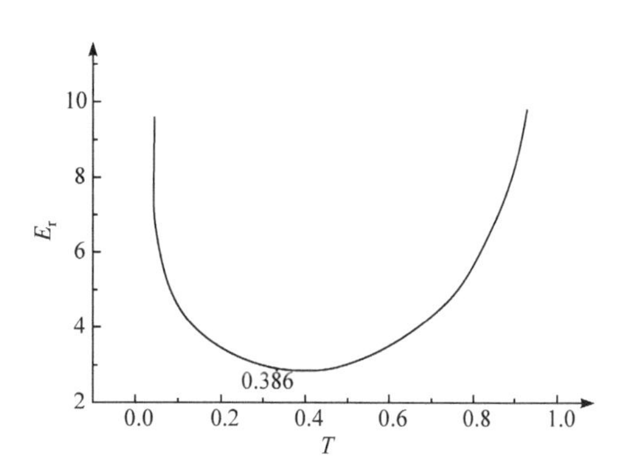

图 9.6　测量误差与透光率的关系图

小，吸光度的相对误差也就是浓度的相对误差都很大。

实际测量中，为保证测量的相对误差较小，透光率一般取 $T = 15\% \sim 65\%$，吸光度取 $A = 0.2 \sim 0.8$。《中国药典分析检测技术指南》中建议药物在测定时的吸光度为 0.3～0.7。

9.4 显色反应及其条件的选择

在比色法和吸光光度法分析中，如果待测物质本身对光有较强吸收，即在某一波长处 ε 足够大，可以直接进行测定，如《中国人民共和国药典》中对多数药物的含量测定。若待测物质对光的吸收很弱，常用显色反应把待测组分转变为有色化合物，然后再进行测定，如对一些无机金属离子的含量测定。显色反应主要有配位反应和氧化还原反应，多数是配位反应。将无色或浅色的无机离子转变为有色离子或配合物的试剂称为显色剂。

9.4.1 对显色反应的要求

显色反应应将被测组分全部转化为有色成分，一般应满足以下要求：

(1) 选择性要好。显色剂不与干扰组分反应，或反应物的 λ_{max} 与待测组分显色化合物的 λ_{max} 相隔较远。

(2) 灵敏度高。有色化合物的摩尔吸光系数值足够大。有色化合物 ε 值应大于 $10^4\ L \cdot mol^{-1} \cdot cm^{-1}$。对于含量比较低的组分，显色剂能使其转化为摩尔吸光系数 ε 值大的化合物；对于含量比较高的组分，不一定要摩尔吸光系数 ε 值大，但选择性要好。

(3) 对比度大。生成的有色物质与显色剂的吸收波长有足够大的差异，最好波长差异 $\Delta\lambda > 60\ nm$。

(4) 有色化合物组成恒定，性质稳定。有色化合物的组成恒定，符合一定的化学式。有色化合物的化学性质足够稳定，至少保证在测量过程中有色化合物不受外界环境如日光照射、空气中二氧化碳、氧气等的影响，溶液的吸光度在测量过程中基本恒定。

9.4.2 影响显色反应效果的因素

1. 显色剂的用量

显色反应一般是可逆的。为使被测定化合物反应完全，通常加入过量的显色剂，保证吸光度与被测物的量有关，与显色剂用量无关。但对于一些显色反应，显色剂过量加入，会造成副反应，引起测量误差。实际工作中一般通过实验确定显色剂的用量。

2. 反应体系的酸度

酸度的影响是多方面的。很多显色剂是有机弱酸，溶液酸度将影响显色剂的平衡浓度，并影响显色反应的完全程度，也影响有色化合物的存在形式和颜色。体系最适宜的 pH 与体系中成分性质有关。在实际测量中，显色反应的适宜酸度仍然用实验方法确定，用缓冲溶液调节。通过实验作出吸光度-pH 关系曲线，从图中确定适宜的 pH 范围。例如，以分光光度法测定 Fe^{2+} 含量，以邻二氮菲为显色剂，其形成的配合物溶液的吸光度与 pH 的关系如图 9.7 所示。经实验测得显色的最佳 pH 范围是 2.0～9.0。

3. 时间和温度

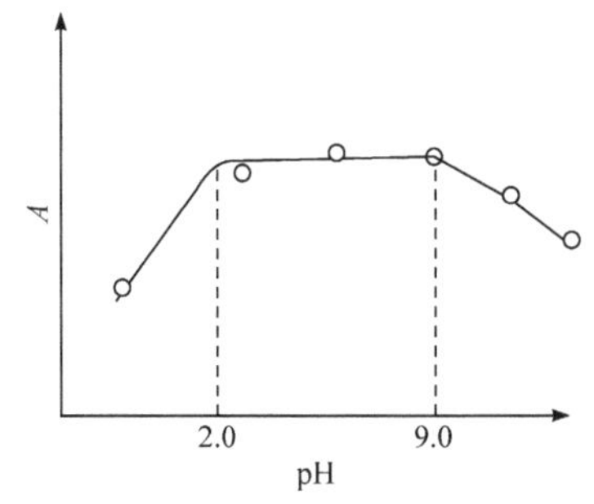

图 9.7　Fe^{2+}与邻二氮菲配合物溶液的吸光度与 pH 的关系

理想的显色反应瞬间可以完成，溶液颜色很快达到稳定状态，并在较长时间内保持不变。这样的显色反应测定时间的选择余地很大。但是有些显色反应虽能迅速完成，但有色化合物很快开始褪色；有些显色反应进行缓慢，溶液颜色需经一段时间后才稳定。因此，必须通过实验确定最适合测定的时间范围，保证测量过程中吸光度稳定。实验时配制一份显色溶液，从加入显色剂起，每隔一段时间测量一次吸光度，绘制吸光度与时间曲线。根据曲线来确定适宜的显色时间。例如，邻二氮菲与 Fe^{2+}的配位显色反应在反应 5 min～3 h 吸光度基本保持不变。

通常多数显色反应可以在室温下进行，如邻二氮菲与 Fe^{2+}的配位显色反应。但是，有些显色反应须加热才能进行。对于加热才能进行的显色反应，须注意显色剂或有色化合物在温度较高时是否分解。

4. 有机溶剂和表面活性剂

有机溶剂一般能够降低有色化合物的解离度，从而提高显色反应的灵敏度。此外有机溶剂还可能提高显色反应的速率，影响有色化合物的溶解度和组成等。在显色反应中加入表面活性剂，很多情况下，可以改变有色化合物的最大吸收波长，并提高在最大吸收波长处的吸光系数，从而提高测定灵敏度。在同一批测量中尽可能使用同一批溶剂或同一瓶溶剂。在测定前，应先检查所用溶剂的吸收波长与样品的吸收波长是否重叠而引起干扰，即将溶剂置于吸收池中，以空气为空白进行测量。在 300 nm 以上波长处测得的吸光度不得大于 0.05；若波长为 251～300 nm，吸光度不得大于 0.10；若波长为 241～250 nm，吸光度不得大于 0.20；若波长为 220～240 nm，吸光度不得大于 0.40。

测量溶剂和吸收池在测定的波长处不吸收光或吸收很弱。表 9.3 列出了部分常见溶剂使用时的极限波长，低于这个极限波长处测量样品吸光度，则不能使用该溶剂。

表 9.3　溶剂的极限波长

溶剂	极限波长/nm	溶剂	极限波长/nm	溶剂	极限波长/nm
水	200	乙醇	215	四氯化碳	260
甲醇	200	二氧六环	220	甲酸甲酯	260
环己烷	200	正己烷	220	乙酸乙酯	260
乙醚	210	甘油	230	苯	280
正丁醇	210	二氯乙烷	233	甲苯	285
异丙醇	210	二氯甲烷	235	吡啶	305
96%硫酸	210	三氯甲烷	245	丙酮	330

9.5　测量条件及测量误差控制

在吸光光度法中，分光光度计测量的误差是测试误差的主要来源。而分光光度计测量受光源稳定性、入射波长选择和精度、实验条件的偶然变动、参比溶液选择、测试数据读取准确性等诸多因素影响。

9.5.1　入射光波长的选择

一般选有色物质的最大吸收波长λ_{max}作为入射波长。这不仅能获得高的灵敏度，而且由于在最大吸收波长附近吸光度的变化较小，入射光波长的稍微偏移和非单色性引起吸光度的变化小、误差小。但是，如果在最大吸收波长处有其他吸光物质干扰测定时，则可选另一灵敏度稍低但能避免干扰的入射光波长。

例如，丁二酮肟光度法测钢中镍含量，配位剂丁二酮肟镍的最大吸收波长为469 nm，但试样中的铁用酒石酸钠掩蔽后，在469 nm处也有一定吸收，干扰镍的测定。如图9.8所示，为避免铁的干扰，可以选择波长521 nm进行测定，虽然镍的测定灵敏度有所降低，但酒石酸铁不干扰镍的测定。

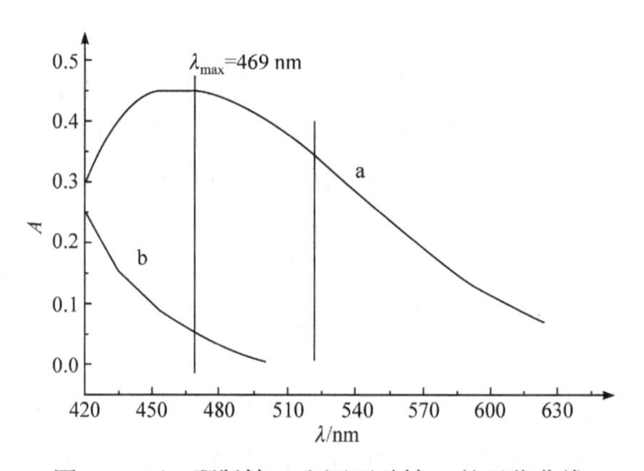

图9.8　丁二酮肟镍(a)和酒石酸铁(b)的吸收曲线

9.5.2　测量狭缝的选择

狭缝宽度太小时，虽然光的单色性好，但光强太弱，仪器的噪声相对增大；狭缝宽度太大时，光的单色性差，非单色光的引入会导致工作曲线线性关系变差，以及测量灵敏度下降，根据测定需要选择适当的狭缝宽度。

9.5.3　参比溶液的选择

在实际分析时，待测溶液须装在吸收池中，由于吸收池表面对光的反射和吸收池材料的吸收，入射光的强度受到一定的损失。此外，由于溶液的某种不均匀性引起的散射，光强可能减弱，以及因过量显色剂和其他试剂、溶剂本身和待测溶液中其他成分所引起的吸收，都会引起吸光度与被测组分浓度之间不符合朗伯-比尔定律。通常利用参比溶液来调节仪器的零点，扣除这些干扰的影响。常见参比溶液选择如下：

(1) 试液及显色剂均无色，蒸馏水作参比溶液。

(2) 显色剂为无色,被测试液中存在其他有色离子,用不加显色剂的被测试液作参比溶液。

(3) 显色剂有颜色，被测试液无色，可选择不加试样溶液的试剂空白作参比溶液。

(4) 显色剂和试液均有颜色，可加入适当掩蔽剂，将被测组分掩蔽起来，使之不再与显色剂作用，而显色剂及其他试剂均按试液测定方法加入，以此作为参比溶液，这样就可以消除显色剂和一些共存组分的干扰。

9.5.4　标准曲线的绘制

朗伯-比尔定律反映的物质吸光度与浓度之间的关系为相关关系，其吸光系数并非定值，会受实验条件的影响。实际工作中采用测量一系列标准溶液的吸光度，绘制标准溶液浓度与吸光度的关系曲线，该曲线称为标准曲线，也称校准曲线或工作曲线。然后根据被测试液的吸光度，从标准曲线上求得被测物质的浓度或含量。

按照朗伯-比尔定律，标准曲线应为一过原点的直线，但有时标准曲线不通过原点，且与朗伯-比尔定律发生偏离，如图 9.9 所示。偏离朗伯-比尔定律的原因主要是仪器或溶液的实际条件与朗伯-比尔定律所要求的理想条件不一致。

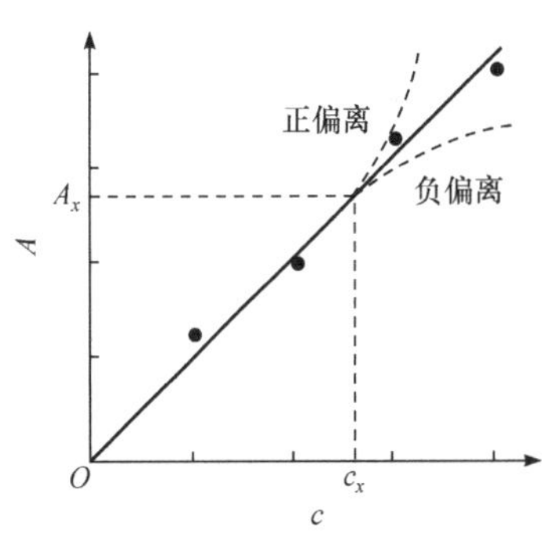

图 9.9　标准曲线及其偏离

引起吸光度偏离朗伯-比尔定律的光学因素有以下三种：

(1) 非单色光引起的偏离。朗伯-比尔定律只适合于物质对单色光的吸收。由于单色器色散能力有限，出口狭缝要保持一定宽度保证光的强度，因此测量仪器的实际入射光是具有某一波段的复合光而非完全的单色光。物质在不同波长下的吸光能力不同，因此引起对朗伯-比尔定律的偏离。非单色光引起的偏离一般是负偏离，即测试的吸光度比实际值小。

(2) 非平行光入射。非平行光穿过吸收池中的溶液，实际光程(光穿过的液层厚度)大于吸收池的厚度 b，因此测定值偏高。

(3) 介质不均匀。当溶液中有微小的不溶颗粒，物质分布不均匀，发生散射使平行光改变方向，不能被检测器检测从而损失部分光，使透射比减小，测得的 A 偏大。散射越大，偏离越多。

引起吸光度偏离朗伯-比尔定律的化学因素有以下几种：

(1) 浓度过高或过低。浓度过高，质点间的相互作用改变了微粒的电荷分布和吸光分子所处环境，所以朗伯-比尔定律不适用于浓度过高的溶液。另外，若有色配合物的解离度较大，特别是当溶液中还有其他配位剂时，常使被测物质在低浓度时显色不完全，有色物质吸光度与被测物质浓度之间不呈定量关系。

(2) 化学反应引起的偏离。溶液对光的吸收与吸光物质的浓度成正比。但是吸光物质若发生解离、缔合、互变异构、形成新的化合物或新的状态而造成吸光物质的实际浓度下降，造成测量中偏离朗伯-比尔定律。形成的新化合物或新的存在形式如果在某测量波长处的吸收系数大于被测定物质，会产生正偏离；反之，若新化合物或新的存在形式在某测量波长处的吸收系数小于被测定物质，会产生负偏离。

9.5.5　待测溶液浓度的选择

待测溶液的浓度决定了其透射比，透射比很小或很大时，仪器测量误差较大。光度测量最好控制吸光度读数在 0.434 左右。根据《中国药典分析检测技术指南》建议，药物在测定时的吸光度应控制在 0.3～0.7，据此控制溶液的合适浓度。另外，也要求待测溶液的浓度最好在标准曲线的线性范围内。

9.6 吸光光度法的应用

9.6.1 定性分析

某化合物的溶液在不同波长下的吸光度不同，以吸光度为纵坐标，以吸收波长为横坐标作图，可得该化合物的吸收光谱。同一种化合物在不同的浓度下，最大吸收波长和最小吸收波长的位置不会改变，也就是说吸收光谱的形状不会改变。对于不同的化合物，它们对不同波长的光的吸收有差异，也就是说吸收光谱的形状不同，最大吸收峰位置有差异，可以据此判断是否是该化合物。吸收光谱的形状由物质的结构决定，可用于定性分析。吸收峰波长处的吸光系数或吸收峰处的吸光度常作为药物鉴定中的特征数据；如果有多个吸收峰，可同时使用几个峰作为鉴定依据。如果有特征的最小吸收的波长(峰谷)，和吸收峰一样，该峰谷的波长、吸光度等可以作为特征参数用于鉴别。

例如，《中华人民共和国药典》中对乙胺嘧啶的鉴别：将乙胺嘧啶以 0.1 $mol \cdot L^{-1}$ HCl 溶液溶解，并定量稀释制成每 1 mL 含 13 μg 的溶液。该溶液在 272 nm 处应有最大吸收，在 261 nm 波长处有最小吸收。在 272 nm 波长处的百分吸收系数($E_{1\,cm}^{1\%}$)应在 309～329 内。

乙醇中微量杂质的检查：苯在 256 nm 处有最大吸收，而乙醇在该波长处几乎无吸收。该法用于乙醇中微量杂质苯的检出，检测限可低至 10 ppm。

9.6.2 定量分析

1. 单组分的直接测定

比较法：在一定条件下，配制标准溶液和样品溶液，在λ_{max}下测 A，根据朗伯-比尔定律有

$$\frac{A_s}{A_x}=\frac{c_s}{c_x}$$

$$c_x=\frac{A_x}{A_s}c_s$$

要求 c_s 与 c_x 大致相当，标准溶液和样品溶液基体相近，测定结果才比较准确。

标准曲线法：对于单组分含量的测定，直接用朗伯-比尔定律测定某一浓度的待测液的吸光度值确定待测物的含量，测定值容易受参比溶液、浓度太大或太小等因素的影响，从而使误差较大。因此，测定含量常用标准曲线法。通常情况下，对于单组分含量的测定，且没有其他干扰物(干扰吸收)时，配制系列不同浓度的样品溶液，进行吸光度测定，并画出吸光度-浓度曲线(也称标准曲线或工作曲线，如图 9.9 所示)，根据待测溶液的吸光度值从标准曲线上查出对应的待测物浓度，这一测量方法称为标准曲线法。理论上，根据朗伯-比尔定律，标准曲线应经过原点，实际上由于吸收池吸光和反光差异、参比溶液选择不尽合理、测量随机误差等因素的影响，偏离原点的标准曲线更常见，一般符合线性方程 $A=Kc+A_0$。标准曲线法

比普通单一浓度测定准确度高。

2. 示差分光光度法

当待测组分浓度过高或过低，引起偏离朗伯-比尔定律；或者即使不偏离朗伯-比尔定律，但吸光度超出了准确测量的读数范围，也将导致很大的测量误差，使准确度严重下降。对高浓度溶液采用一个比待测试液 c_x 稍低的标准溶液 c_s 为参比(调节 $T = 100\%$，$A = 0$)，然后再测定样品溶液的吸光度，从而使样品的吸光度值大小适中，减小测量误差。

在示差分光光度法中，以已知浓度为 c_s 的溶液为参比溶液，测得的样品吸光度为 A_f。

$$A_x = -\lg T_x = \varepsilon b c_x$$

$$A_s = -\lg T_s = \varepsilon b c_s$$

$$A_f = A_x - A_s = \varepsilon b(c_x - c_s) \tag{9.15}$$

$A_f \propto \Delta c$，制作 A_f-Δc 标准曲线。从其中查得 Δc，即可求得 $c_x = c_s + \Delta c$。

示差分光光度法解决了样品溶液中被测物质浓度太高的问题，如果选择的参比溶液基体与被测溶液相同还可消除干扰组分对测定的影响。但是该方法需要一个发光强度较大的光源才能保证透过高浓度溶液的光在检测器的正常响应范围内，这也限制了该方法的应用。

3. 双波长分光光度法

若溶液中除了被测物 x 外，还有另一种干扰物 y 时，干扰物在两个波长 λ_1 和 λ_2 处的吸光系数相同，而待测物 x 在这两个波长处吸光度有差异。根据吸光度的加和性原理：

$$A_{\lambda_1} = A_{x\lambda_1} + A_{y\lambda_1} \tag{9.16}$$

$$A_{\lambda_2} = A_{x\lambda_2} + A_{y\lambda_2} \tag{9.17}$$

以上两式相减得

$$\Delta A = A_{x\lambda_1} - A_{x\lambda_2} = (\varepsilon_{x\lambda_1} - \varepsilon_{x\lambda_2})bc_x \tag{9.18}$$

根据式(9.18)，可以计算待测物 x 的浓度 c。

4. 多组分的同时测定

如果各组分的吸收相互重叠，在一个波长下测得吸光度的值无法计算出组分含量。一般情况下，可测得多个波长下的吸光度，根据吸光度的加和性建立多个波长处吸光度的一元线性方程组，解联立方程组，从而计算出多个组分的含量。例如：若一个体系中含有两个待测组分，分别是 x 和 y；分别在波长 λ_1 和波长 λ_2 处测得吸光度值 A_{λ_1} 和 A_{λ_2}。根据吸光度的加和性原理和朗伯-比尔定律得式(9.19)和式(9.20)。

$$A_{\lambda_1} = A_{x_1\lambda_1} + A_{y_1\lambda_1} = \varepsilon_{x_1\lambda_1} bc_x + \varepsilon_{y_1\lambda_1} bc_y \tag{9.19}$$

$$A_{\lambda_2} = A_{x_2\lambda_2} + A_{y_2\lambda_2} = \varepsilon_{x_2\lambda_2} bc_x + \varepsilon_{y_2\lambda_2} bc_y \tag{9.20}$$

$\varepsilon_{x_1\lambda_1}$、$\varepsilon_{x_2\lambda_2}$、$\varepsilon_{y_1\lambda_1}$、$\varepsilon_{y_2\lambda_2}$ 可由各自的标准溶液测出，解联立方程组可得组分 x、y 的浓度。若溶液含有三个组分，则需要分别在三个波长下测出待测液的吸光度，写出三个方程组成的方程组。由三个组分的标准溶液分别测定它们在三个波长处的摩尔吸光系数。联立解方程组可得三个组分的浓度。同理，有 n 个组分时，可以在 n 个不同的波长处分别测定吸光度，根据吸光度的加和性原理，建立由 n 个方程组成的方程组。将这 n 个组分在 n 个波长处的摩尔吸光系数值代入后联立方程，可计算出 n 个组分的含量。但实际上，该法一般用来测两个组分，很少用于多组分同时测量，因为计算的复杂程度增加，准确程度下降。

9.6.3 吸光光度法的应用示例

吸光光度法在冶金、制药、农业等领域应用十分广泛。

1. 在冶金工业中的应用

在国家标准 GB/T 13747.15—2017《锆及锆合金化学分析方法　第 15 部分》中，采用吸光光度法测定硼。

1) 示例 1：姜黄素分光光度法测定硼

测试原理：样品用硫酸-硫酸铵分解，在硫酸-冰醋酸介质中，硼与姜黄素生成玫瑰红配合物，并能在稀盐酸中析出，经分离后溶于乙醇中，于分光光度计波长 550 nm 处测量其吸光度。测试方法和步骤如下。

试样制备：试样应为长度不大于 5 mm 的碎屑，以四氯化碳清洗，自然风干。称取 1.00 g 试样，精确至 0.1 mg。

称取 1.00 g 金属锆，随同试样做试剂空白试验，试剂空白作为基体溶液。将试样置于 100 mL 石英坩埚(带盖)中。加入 5 g 硫酸铵、10 mL 硫酸(量取 200 mL 硫酸倒入铂金皿中，加入约 10 mL 氢氟酸，搅拌均匀，加热至冒硫酸烟 30 min，冷却)，加盖，在高温电炉上加热至分解完全，冷却。用硫酸将上述试样移入干燥的 25 mL 石英容量瓶中，用硫酸稀释至刻度，混匀。

移取 2.5 mL 试样溶液(标准品溶液)于干燥的 30 mL 石英坩埚中，加入 3 mL 冰醋酸，摇匀。在不断摇动下，加入 3 mL 1.25 g · L^{-1} 姜黄素乙醇溶液，摇匀后加盖，置于 45℃ ± 2℃的甘油浴中加热 40 min。取出后马上加入 15 mL 盐酸($V_{盐酸}$ ∶ $V_{水}$ = 2 ∶ 1)，用塑料棒搅拌至沉积的盐类及硼配合物完全析出，放置 10 min。用 5 mL 盐酸($V_{盐酸}$ ∶ $V_{水}$ = 2 ∶ 1)将石英坩埚中的析出液洗入 G4 玻璃丝漏斗中抽气过滤，用水洗涤坩埚至洗净盐酸，再用 5 mL 乙醚分两次加入 G4 玻璃丝漏斗中，洗涤沉淀。最后用 15 mL 无水乙醇溶解沉淀定容于干燥的 25 mL 比色管中，混匀。将部分试液移入 1 cm 吸收池中，以乙醇为参比，于分光光度计波长 550 nm 处测量其吸光度，减去空白试验溶液的吸光度，从标准曲线上查出相应的硼量。

工作曲线的绘制：称取 1.000 g 金属锆置于 100 mL 石英坩埚中，按照样品制备方法制作标准溶液。移取 0 mL、0.10 mL、0.30 mL、0.50 mL、1.50 mL、2.00 mL 硼标准溶液，分别置于一组 30 mL 石英坩埚中，各滴加 5 滴 100 g · L^{-1} 氢氧化钠溶液，在沸水浴上蒸干。各加入 3 mL 冰醋酸，摇匀，各加 2.5 mL 基体溶液。加入 3 mL 姜黄素乙醇溶液摇匀后，加盖，置于 45℃ ± 2℃的甘油浴中加热 40 min。按照处理样品相同的方法继续处理得系列标准溶液。

将部分溶液移入 1 cm 吸收池中，以乙醇为参比，于分光光度计波长 550 nm 处测量其吸光度，减去标准曲线零浓度溶液的吸光度。以硼量为横坐标，吸光度为纵坐标，绘制标准曲线。

样本测定：对样品独立地进行两次测定，取平均值。该方法测定范围为：0.00005%～0.00050%。另外，要进行方法的精密度测试(包括重复性和允许差)。

2) 示例 2：铁矿石中铁含量的测定(邻二氮菲法)

依据 Fe^{2+}与邻二氮菲(Phen)形成橘红色的配合物，配合物的吸光度 A(目视颜色深度变化)与 Fe^{2+}的浓度呈线性关系，依此作标准曲线。在铁矿石中样品的前处理中，样品溶解后，一般需加入盐酸羟胺，将铁矿石中的 Fe^{3+}还原为 Fe^{2+}。配合物的稳定性好，该法可以在 pH 2～9 的范围内显色。在弱酸性条件下可以测量 Fe^{2+}含量，而使其他常见离子如 Ca^{2+}、Mg^{2+}、Al^{3+}、Sn^{2+}、Zn^{2+}、SiO_3^{2-} 在 40 倍浓度下不干扰，Mn^{2+}、Cr^{2+}、PO_4^{3-} 等在 20 倍条件下不干扰。

2. 农业领域的应用

在农业养殖领域，吸光光度法用于饲料中的酶活力测定。在国家标准 GB/T 36861—2018 中，对饲料添加剂β-甘露聚糖酶活力的测定采用分光光度法。测定原理如下：β-甘露聚糖酶能将甘露聚糖降解成寡糖和单糖。在沸水浴中还原性寡糖和单糖与 3,5-二硝基水杨酸(DNS)试剂发生显色反应。反应液的吸光度(或颜色深浅)与酶解产生的还原糖量成正比，而β-甘露聚糖酶的活力决定了还原糖的生成量。因此可以计算出β-甘露聚糖酶的活力。

标准曲线绘制：吸取缓冲液 4.0 mL，加入 DNS 试剂 5.0 mL，沸水浴加热 5 min。用水冷却至室温，用水定容至 25 mL，制成试剂空白溶液。分别吸取 D-甘露糖标准系列溶液各 2 mL，加入至 25 mL 刻度试管中(每个浓度做 2 个平行实验)，再分别加入 2 mL 乙酸-乙酸钠缓冲溶液和 5 mL DNS 试剂，用手微振，沸水浴加热 5 min，取出，迅速用水冷却至室温，再用水定容至 25 mL。以试剂空白溶液调零，在 540 nm 处测定吸光度(A 值)。以吸光度 A 值对 D-甘露糖浓度绘制标准曲线，获得线性回归方程。每次新配制 DNS 试剂均需要重新绘制标准曲线。

试样酶液的制备：

(1) 固态样品：固态试样应粉碎或充分碾碎，过 0.25 mm 孔径筛。称取适量试样两份，精确至 0.0001 g，分别置于 200 mL 锥形瓶中，加入 100 mL 乙酸-乙酸钠缓冲溶液。摇床或磁力搅拌提取 30 min，上离心机 4000 $r \cdot min^{-1}$ 离心 5 min，取上清液，上清液再用缓冲溶液做两次稀释，使稀释后的待测酶液中β-甘露聚糖酶活力控制在 0.04～0.08 $U \cdot mL^{-1}$。

(2) 液态样品：移取适量试样，用乙酸-乙酸钠缓冲溶液进行稀释、定容，稀释后的待测酶液中β-甘露聚糖酶活力控制在 0.04～0.08 $U \cdot mL^{-1}$。如果稀释后酶液的 pH 偏离 5.5，应用乙酸溶液或乙酸钠溶液调整校正至 5.5，再用乙酸-乙酸钠缓冲溶液适当稀释并定容。

测定过程：

移取 10.0 mL 待测酶液，置于具塞试管内，37℃ ± 0.2℃水浴 10 min；称取 2 g(精确至 0.01 g)甘露聚糖溶液，至 25 mL 刻度试管中，37℃ ± 0.2℃水浴 10 min，加入 5 mL DNS 试剂，振摇 3 s，加入 2 mL 经过 37℃ ± 0.2℃平衡的待测酶液，振摇 3 s，37℃ ± 0.2℃保温 30 min，沸水浴加热 5 min，取出，迅速用水冷却至室温，加水定容至 25 mL 混匀。以试剂空白溶液调零，用 10 mm 吸收池，在 540 nm 处测定样品空白溶液吸光度(A_0)。

称取 2 g(精确至 0.01 g)甘露聚糖溶液，加入 25 mL 刻度试管中，37℃ ± 0.2℃平衡 10 min，加入 2 mL 经过适当稀释的酶液(已经过 37℃ ± 0.2℃平衡)，振摇 3 s，37℃ ± 0.2℃精确保温 30 min，加入 5 mL DNS 试剂，振荡混匀，沸水浴加热 5 min，取出，迅速用水冷却至室温，加水定容至 25 mL 混匀。以试剂空白溶液为对照，在波长 540 nm 下，测定样品管中样液的吸光度(A)，通过线性回归方程计算β-甘露聚糖酶的活力。

在 37℃、pH 5.5 的条件下，每分钟从浓度为 3 $mg \cdot mL^{-1}$ 的甘露聚糖溶液中释放 1 μmol

还原糖所需要的酶量为一个β-甘露聚糖酶活力单位(U)。在重复性条件下，两次独立测定结果绝对差值不超过其算术平均值的 10%。

3. 在药物检测领域的应用

许多药物可以吸收一定波长的紫外-可见光，因此吸光光度法在药物含量测定中的应用十分广泛。药物中的杂质在某一波长下有吸收而药物在此波长下无吸收，可用于原料药中的杂质限量检查。例如，维生素 B_2 注射液的含量测定采用吸光光度法，避光操作。精密量取本品适量(约相当于维生素 B_2 10 mg)，置 1000 mL 容量瓶中，加 10%乙酸溶液 2 mL 与 14%乙酸钠溶液 7 mL，用水稀释至刻度，摇匀，在 444 nm 波长处测定吸光度，按照维生素 B_2 的吸收系数($E_{1\,\mathrm{cm}}^{1\%}$)为 323 计算可得其含量。

【拓展阅读】

析相光度法

表面活性剂溶解于水中时，亲水基团与水分子形成氢键，当温度升高到某一点时，氢键断裂，表面活性剂与水相分离，溶液由澄清变混浊，这一点称为浊点。这种现象是一种可逆过程，当温度低于浊点时，两相消失，重新成为均一溶液。形成浊点的温度与表面活性剂中亲水和疏水链长有关，疏水部分相同时，亲水链长增加，形成浊点的温度升高；相反，疏水链长增加，则形成浊点的温度下降。当溶液处在浊点温度以上时，经放置或离心分离，溶液分成两相：一相为表面活性剂相(约为总体积的 5%)，另一相为水相，其胶团浓度等于临界胶束浓度。溶液中的疏水性物质与表面活性剂的疏水基团结合，被萃取进入表面活性剂相，而亲水性物质仍留在水相中，再经两相分离，就可将样品中的物质分离出来，这种萃取方法是浊点萃取。

分光光度法是与浊点萃取联用的主要检测手段之一，这种联用技术称为析相光度法。该法一般可分为两类：一是利用浊点室温以上的非离子表面活性剂萃取溶液中的疏水化合物，加热至浊点以上析相，用水定容，得到均匀溶液，测定吸光度；二是用浊点在室温下的非离子表面活性剂萃取析相，离心分离后，在胶束相加入浊点高于室温的非离子表面活性剂水溶液，混匀定容，测定吸光度。由于需要将胶束相稀释到一定体积进行吸光度测定，故该法的富集倍数受到一定限制。

分光光度法同时测定多种元素时，显色剂与金属离子形成的配合物吸收光谱往往部分或完全重叠，难以对每一种待测成分单独定量，通过采用特殊的测量方法或结合化学计量学方法，能够较好地解决这一问题，而这些方法也被应用于析相光度法中。

【参考文献】

曹渊，陈昌国. 2010. 现代基础化学实验[M]. 重庆：重庆大学出版社
国家药典委员会. 2017. 中国药典分析检测技术指南[M]. 北京：中国医药科技出版社
国家药典委员会. 2020. 中华人民共和国药典[M]. 北京：中国医药科技出版社
李昌厚. 2010. 紫外-可见分光光度计及其应用[M]. 北京：化学工业出版社
武汉大学. 2016. 分析化学(上册)[M]. 6 版. 北京：高等教育出版社
杨娟. 2008. 浊点萃取与紫外-可见分光光度法联用在铜离子测定中的应用[D]. 武汉：华中师范大学

【思考题和习题】

1. 在紫外-可见分光光度法中，可见光的波长范围一般是(　　)。

A. 0～190 nm　　B. 200～400 nm　　C. 400～780 nm　　D. 780～1200 nm

2. 在紫外分光光度法中，近紫外波的波长范围一般是(　　)。

A. 0～190 nm　　B. 200～400 nm　　C. 400～780 nm　　D. 780～1200 nm

3. 在光度分析中，用 2 cm 的吸收池测得的透光率为 T，若改用 1 cm 的吸收池，测得的透光率为(　　)。

A. $2T$　　B. $T/2$　　C. T^2　　D. $\sqrt{T}$

4. 某物质在某波长摩尔吸光系数很大，则表明(　　)。

A. 该物质在该波长吸光能力很强　　B. 该物质浓度很大

C. 光通过该物质溶液的光程长　　D. 测定该物质的精密度很高

5. 某试液以 2 cm 吸收池测量时，吸光度 $A = 0.60$，若改用 1 cm 吸收池，$A =$ (　　)。

6. 某试液的浓度为 1.00×10^{-3} mol · L^{-1}，以 1 cm 吸收池测量时，吸光度 $A = 0.20$，若用同样的条件测定浓度为 2.50×10^{-3} mol · L^{-1} 的试液，$A =$ (　　)。

7. M 与某显色剂 R 形成有色配位化合物。设两种溶液的浓度均为 1.00×10^{-3} mol · L^{-1}。在一系列 50.0 mL 容量瓶中加入 2.00 mL 的 M 及不同量的 R，定容，在最大吸收波长处用 1.0 cm 吸收池测定吸光度，数据如下：

V_R/mL	2.00	3.00	4.00	5.00	6.00	8.00
A	0.240	0.360	0.468	0.480	0.480	0.480

求配位化合物的组成、解离度及稳定常数。

8. 已知金属离子 M 的总浓度为 1.18×10^{-5} mol · L^{-1}，某显色剂 R 的总浓度为 2.36×10^{-5} mol · L^{-1}，用等摩尔法测得最大吸光度为 0.300，外推法得 $A_{max} = 0.360$，配比为 1 : 2，$K_{稳}$值为多少？

9. 某有色配合物的 0.0010%的水溶液在 480 nm 处，用 2 cm 的吸收池测得吸光度为 0.4，求此有色配合物的摩尔质量(M)。已知$\varepsilon = 2.5\times10^3$ L · mol^{-1} · cm^{-1}。

10. 简述分光光度计主要部件构成及其作用。

11. 简述示差分光光度法和双波长分光光度法与普通分光光度法的区别。这两种方法解决了哪些干扰问题？

12. 用分光光度法测定含钴(钴离子有颜色)试样中的锰含量时，采用 KIO_4 氧化法将试样中 Mn^{2+}氧化为 $KMnO_4$ 进行。标准曲线绘制中，如果用 $KMnO_4$ 标准溶液配制标准系列，应该用什么溶液作参比？如果用纯锰粉，采用稀盐酸溶解、KIO_4 氧化制得标准溶液，再配制系列标准，应该用什么溶液作参比？样品测定中应该用什么溶液作参比？

13. 以铬天青 S 为显色剂分光光度法测定样品溶液中的 Al^{3+}时，Ni^{2+}和 Cr^{3+}等干扰离子也会显色，选用什么参比溶液可消除干扰离子的影响？

附　　录

附录 1　常用基准物质的干燥条件和应用

基准物质		干燥后的组成	干燥条件和温度	标定对象
名称	分子式			
碳酸氢钠	$NaHCO_3$	Na_2CO_3	270～300℃	酸
十水合碳酸钠	$Na_2CO_3 \cdot 10H_2O$	Na_2CO_3	270～300℃	酸
硼砂	$Na_2B_4O_7 \cdot 10H_2O$	$Na_2B_4O_7 \cdot 10H_2O$	放在装有 NaCl 和蔗糖饱和溶液的密闭器皿中	酸
碳酸氢钾	$KHCO_3$	K_2CO_3	270～300℃	酸
二水合草酸	$H_2C_2O_4 \cdot 2H_2O$	$H_2C_2O_4 \cdot 2H_2O$	室温空气干燥	碱或 $KMnO_4$
邻苯二甲酸氢钾	$KHC_8H_4O_4$	$KHC_8H_4O_4$	110～120℃	碱
重铬酸钾	$K_2Cr_2O_7$	$K_2Cr_2O_7$	140～150℃	还原剂
溴酸钾	$KBrO_3$	$KBrO_3$	130℃	还原剂
碘酸钾	KIO_3	KIO_3	130℃	还原剂
铜	Cu	Cu	室温干燥器中保存	还原剂
三氧化二砷	As_2O_3	As_2O_3	室温干燥器中保存	氧化剂
草酸钠	$Na_2C_2O_4$	$Na_2C_2O_4$	130℃	氧化剂
碳酸钙	$CaCO_3$	$CaCO_3$	130℃	EDTA
锌	Zn	Zn	室温干燥器中保存	EDTA
氧化锌	ZnO	ZnO	900～1000℃	EDTA
氯化钠	NaCl	NaCl	500～600℃	$AgNO_3$
氯化钾	KCl	KCl	220～250℃	$AgNO_3$
硝酸银	$AgNO_3$	$AgNO_3$		氯化物

附录 2　弱酸的解离常数

名称	温度/℃	解离常数 K_a	pK_a
砷酸 H_3AsO_4	18	$K_{a_1}=5.5\times10^{-3}$	2.26
		$K_{a_2}=1.7\times10^{-7}$	6.76
		$K_{a_3}=5.1\times10^{-12}$	11.29
硼酸 H_3BO_3	20	$K_a=5.4\times10^{-10}$	9.27
氢氰酸 HCN	25	$K_a=6.2\times10^{-10}$	9.21

续表

名称	温度/℃	解离常数 K_a	pK_a
碳酸 H_2CO_3	25	$K_{a_1}=4.5\times10^{-7}$ $K_{a_2}=4.7\times10^{-11}$	6.35 10.33
铬酸 H_2CrO_4	25	$K_{a_1}=1.8\times10^{-1}$ $K_{a_2}=3.2\times10^{-7}$	0.74 6.49
氢氟酸 HF	25	$K_a=6.3\times10^{-4}$	3.20
亚硝酸 HNO_2	25	$K_a=4.6\times10^{-4}$	3.37
磷酸 H_3PO_4	25	$K_{a_1}=6.9\times10^{-3}$ $K_{a_2}=6.2\times10^{-8}$ $K_{a_3}=4.8\times10^{-13}$	2.16 7.21 12.32
硫化氢 H_2S	25	$K_{a_1}=8.9\times10^{-8}$ $K_{a_2}=1\times10^{-19}$	7.05 19.0
亚硫酸 H_2SO_3	18	$K_{a_1}=1.4\times10^{-2}$ $K_{a_2}=6.3\times10^{-8}$	1.85 7.20
硫酸 H_2SO_4	25	$K_{a_2}=1.0\times10^{-2}$	1.99
甲酸 HCOOH	20	$K_a=1.8\times10^{-4}$	3.75
乙酸 CH_3COOH	20	$K_a=1.75\times10^{-5}$	4.756
一氯乙酸 $CH_2ClCOOH$	25	$K_a=1.4\times10^{-3}$	2.87
二氯乙酸 $CHCl_2COOH$	25	$K_a=4.5\times10^{-2}$	1.35
三氯乙酸 CCl_3COOH	25	$K_a=0.22$	0.66
草酸 $H_2C_2O_4$	25	$K_{a_1}=5.6\times10^{-2}$ $K_{a_2}=1.6\times10^{-4}$	1.25 3.81
琥珀酸 $(CH_2COOH)_2$	25	$K_{a_1}=6.2\times10^{-5}$ $K_{a_2}=2.3\times10^{-6}$	4.21 5.64
酒石酸 $[CH(OH)COOH]_2$	25	$K_{a_1}=6.8\times10^{-4}$ $K_{a_2}=1.2\times10^{-5}$	3.17 4.91
柠檬酸 $C(OH)COOH(CH_2COOH)_2$	18	$K_{a_1}=7.4\times10^{-4}$ $K_{a_2}=1.7\times10^{-5}$ $K_{a_3}=4.0\times10^{-7}$	3.13 4.76 6.40
苯酚 C_6H_5OH	20	$K_a=1.0\times10^{-10}$	9.99

续表

名称	温度/℃	解离常数 K_a	pK_a
苯甲酸 C_6H_5COOH	25	$K_a = 6.25\times10^{-5}$	4.204
水杨酸 $C_6H_4(OH)COOH$	18	$K_{a_1} = 1.0\times10^{-3}$	2.98
		$K_{a_2} = 3\times10^{-14}$	13.6
邻苯二甲酸 $C_6H_4(COOH)_2$	25	$K_{a_1} = 1.14\times10^{-3}$	2.943
		$K_{a_2} = 3.70\times10^{-6}$	5.432

附录3　弱碱的解离常数

名称	温度/℃	解离常数 K_b	pK_b
氨水 $NH_3\cdot H_2O$	25	$K_b = 1.8\times10^{-5}$	4.75
羟胺 NH_2OH	20	$K_b = 9.1\times10^{-9}$	8.04
苯胺 $C_6H_5NH_2$	25	$K_b = 7.4\times10^{-10}$	9.13
乙二胺 $H_2NCH_2CH_2NH_2$	25	$K_{b_1} = 8.3\times10^{-5}$	4.08
		$K_{b_2} = 7.2\times10^{-8}$	7.14
六次甲基四胺 $(CH_2)_6N_4$	25	$K_b = 1.4\times10^{-9}$	8.85
吡啶 C_5H_5N	25	$K_b = 1.7\times10^{-9}$	8.77

资料来源：Haynes W M. 2013～2014. CRC Handbook of Chemistry and Physics. 94th ed. Florida: CRC Press Inc.。

附录4　常用的缓冲溶液

缓冲溶液	共轭酸	共轭碱	pK_a
氨基乙酸-HCl	$^+NH_3CH_2COOH$	$^+NH_3CH_2COO^-$	2.35
一氯乙酸-NaOH	$CH_2ClCOOH$	CH_2ClCOO^-	2.86
甲酸-NaOH	HCOOH	$HCOO^-$	3.74
HAc-NaAc	HAc	Ac^-	4.74
六次甲基四胺-HCl	$(CH_2)_6N_4H^+$	$(CH_2)_6N_4$	5.15
NaH_2PO_4-Na_2HPO_4	$H_2PO_4^-$	HPO_4^{2-}	7.20
三乙醇胺-HCl	$^+NH(CH_2CH_2OH)_3$	$N(CH_2CH_2OH)_3$	7.76
三羟甲基氨基甲烷-HCl	$^+NH_3C(CH_2OH)_3$	$H_2NC(CH_2OH)_3$	8.21
$Na_2B_4O_7$-HCl	H_3BO_3	$H_2BO_3^-$	9.24
NH_3-NH_4Cl	NH_4^+	NH_3	9.26
氨基乙酸-NaOH	$^+NH_3CH_2COO^-$	$NH_2CH_2COO^-$	9.60
$NaHCO_3$-Na_2CO_3	HCO_3^-	CO_3^{2-}	10.25
Na_2HPO_4-NaOH	HPO_4^{2-}	PO_4^{3-}	12.36

附录 5　常用酸碱指示剂

指示剂	变色范围 (pH)	颜色变化	pK_{HIn}	浓度	用量 (滴每 10 mL 试液)
百里酚蓝	1.2～2.8	红～黄	1.7	0.1%的 20%乙醇溶液	1～2
甲基黄	2.9～4.0	红～黄	3.3	0.1%的 90%乙醇溶液	1
甲基橙	3.1～4.4	红～黄	3.4	0.05%的水溶液	1
溴酚蓝	3.0～4.6	黄～紫	4.1	0.1%的 20%乙醇溶液 (或其钠盐的水溶液)	1
溴甲酚绿	4.0～5.6	黄～蓝	5	0.1%的 20%乙醇溶液 (或其钠盐的水溶液)	1～2
甲基红	4.4～6.2	红～黄	5	0.1%的 20%乙醇溶液 (或其钠盐的水溶液)	1
溴百里酚蓝	6.2～7.6	黄～蓝	7.3	0.1%的 20%乙醇溶液 (或其钠盐的水溶液)	1
中性红	6.8～8.0	红～黄橙	7.4	0.1%的 60%乙醇溶液	1
酚红	6.8～8.4	黄～红	8	0.1%的 60%乙醇溶液 (或其钠盐的水溶液)	1
酚酞	8.0～10.0	无～红	9.1	0.5%的 90%乙醇溶液	1～3
百里酚蓝	8.0～9.6	黄～蓝	8.9	0.1%的 20%乙醇溶液	1～4
百里酚酞	9.0～10.6	无～蓝	10	0.1%的 90%乙醇溶液	1～2

附录 6　常用混合指示剂

指示剂溶液的组成	变色时 pH	颜色		备注
		酸色	碱色	
1 份 0.1%甲基黄乙醇溶液 1 份 0.1%次甲基蓝乙醇溶液	3.26	蓝紫	绿	pH = 3.2，蓝紫色 pH = 3.4，绿色
1 份 0.1%甲基橙乙醇溶液 1 份 0.1%靛蓝二磺酸钠水溶液	4.1	紫	黄绿	
1 份 0.1%溴甲酚绿钠盐水溶液 1 份 0.2%甲基橙水溶液	4.3	橙	蓝绿	pH = 3.5，黄色；pH = 4.05，绿色； pH = 4.3，浅绿
3 份 0.1%溴甲酚绿乙醇溶液 1 份 0.2%甲基红乙醇溶液	5.1	酒红	绿	
1 份 0.1%溴甲酚绿钠盐水溶液 1 份 0.2%氯酚红钠盐水溶液	6.1	黄绿	蓝绿	pH = 5.4，蓝绿色；pH = 5.8，蓝色； pH = 6.0，蓝带紫；pH = 6.2，蓝紫

续表

指示剂溶液的组成	变色时pH	颜色		备注
		酸色	碱色	
1份0.1%中性红乙醇溶液 1份0.1%次甲基蓝乙醇溶液	7	蓝紫	绿	pH = 7.0，紫蓝
1份0.1%甲酚红钠盐水溶液 1份0.1%百里酚蓝钠盐水溶液	8.3	黄	紫	pH = 8.2，玫瑰红 pH = 8.4，紫色
1份0.1%百里酚蓝50%乙醇溶液 3份0.1%酚酞50%乙醇溶液	9	黄	紫	从黄到绿，再到紫
1份0.1%酚酞乙醇溶液 1份0.1%百里酚酞乙醇溶液	9.9	无	紫	pH = 9.6，玫瑰红 pH = 10，紫色
2份0.1%百里酚酞乙醇溶液 1份0.1%茜素黄R乙醇溶液	10.2	黄	紫	

附录7　常见金属离子与一些配体形成的配合物的稳定常数β_i

配体	金属离子	$\lg\beta_1$	$\lg\beta_2$	$\lg\beta_3$	$\lg\beta_4$	$\lg\beta_5$	$\lg\beta_6$
氨	Cd(Ⅱ)	2.65	4.75	6.19	7.12	6.8	5.14
	Co(Ⅱ)	2.11	3.74	4.79	5.55	5.73	5.11
	Co(Ⅲ)	6.7	14	20.1	25.7	30.8	35.2
	Cu(Ⅰ)	5.93	10.86				
	Cu(Ⅱ)	4.31	7.98	11.02	13.32	12.86	
	Hg(Ⅱ)	8.8	17.5	18.5	19.28		
	Ni(Ⅱ)	2.8	5.04	6.77	7.96	8.71	8.74
	Pt(Ⅱ)						35.3
	Ag(Ⅰ)	3.24	7.05				
	Zn(Ⅱ)	2.37	4.81	7.31	9.46		
氟离子	Al(Ⅲ)	6.1	11.15	15	17.75	19.37	19.84
	Be(Ⅱ)	5.1	8.8	12.6			
	Cr(Ⅲ)	4.41	7.81	10.29			
	Fe(Ⅲ)	5.28	9.3	12.06			
	Mn(Ⅱ)	5.48					
	Ti [TiO_2^{2+}]	5.4	9.8	13.7	18		
	Zr(Ⅳ)	8.8	16.12	21.94			

续表

配体	金属离子	$\lg\beta_1$	$\lg\beta_2$	$\lg\beta_3$	$\lg\beta_4$	$\lg\beta_5$	$\lg\beta_6$
溴离子	Bi(Ⅲ)	4.3	5.55	5.89	7.82		9.7
	Cd(Ⅱ)	1.75	2.34	3.32	3.7		
	Cu(Ⅰ)		5.89				
	Au(Ⅰ)		12.46				
	Hg(Ⅱ)	9.05	17.32	19.74	21		
	Pt(Ⅱ)				20.5		
	Ag(Ⅰ)	4.38	7.33	8	8.73		
	Sn(Ⅱ)	1.11	1.81	1.46			
氯离子	Bi(Ⅲ)	2.44	4.7	5	5.6		
	Cd(Ⅱ)	1.95	2.5	2.6	2.8		
	Cu(Ⅰ)		5.5	5.7			
	Au(Ⅲ)		9.8				
	Fe(Ⅲ)	1.48	2.13	1.99	0.01		
	Pb(Ⅱ)	1.62	2.44	1.7	1.6		
	Hg(Ⅱ)	6.74	13.22	14.07	15.07		
	Pt(Ⅱ)		11.5	14.5	16		
	Ag(Ⅰ)	3.04	5.04		5.3		
	Sn(Ⅱ)	1.51	2.24	2.03	1.48		
	Sn(Ⅳ)						4
氰根	Cd(Ⅱ)	5.48	10.6	15.23	18.78		
	Cu(Ⅰ)		24	28.59	30.3		
	Au(Ⅰ)		38.3				
	Fe(Ⅱ)						35
	Fe(Ⅲ)						42
	Hg(Ⅱ)				41.4		
	Ni(Ⅱ)				31.3		
	Ag(Ⅰ)		21.1	21.7	20.6		
	Zn(Ⅱ)				16.7		
碘离子	Bi(Ⅲ)	3.63			14.95	16.8	18.8
	Cd(Ⅱ)	2.1	3.43	4.49	5.41		
	Cu(Ⅰ)		8.85				
	In(Ⅲ)	1	2.26				
	I_2	2.89	5.79				
	Fe(Ⅲ)	1.88					

续表

配体	金属离子	$\lg\beta_1$	$\lg\beta_2$	$\lg\beta_3$	$\lg\beta_4$	$\lg\beta_5$	$\lg\beta_6$
碘离子	Pb(Ⅱ)	2	3.15	3.92	4.47		
	Hg(Ⅱ)	12.87	23.82	27.6	29.83		
	Ag(Ⅰ)	6.58	11.74	13.68			
	Tl(Ⅰ)	0.72	0.9	1.08			
	Tl(Ⅲ)	11.41	20.88	27.6	31.82		
乙酸根	Cd(Ⅱ)	1.5	2.3	2.4			
	Ce(Ⅲ)	1.68	2.69	3.13	3.18		
	Cr(Ⅲ)	1.8	4.72				
	Cu(Ⅱ)[a]	2.16	3.2				
	Fe(Ⅱ)[c]	3.2	6.1	8.3			
	Fe(Ⅲ)[a,d]	3.2					
	Hg(Ⅱ)		8.43				
	Mn(Ⅱ)	9.84	2.06				
	Ni(Ⅱ)	1.12	1.81				
	Pb(Ⅱ)	2.52	4	6.4	8.5		
	稀土离子[a,e]	1.6～1.9	2.8～3.0	3.3～3.7			
	Zn(Ⅱ)	1.5					
氢氧根	Al(Ⅲ)	9.27			33.03		
	Be(Ⅱ)	9.7	14	15.2			
	Bi(Ⅲ)	12.7	15.8		35.2		
	Cd(Ⅱ)	4.17	8.33	9.02	8.62		
	Ce(Ⅲ)	14.6					
	Ce(Ⅳ)	13.28	26.46				
	Cr(Ⅲ)	10.1	17.8		29.9		
	Cu(Ⅱ)	7	13.68	17	18.5		
	Fe(Ⅱ)	5.56	9.77	9.67	8.58		
	Fe(Ⅲ)	11.87	21.17	29.67			
	Pb(Ⅱ)	7.82	10.85	14.58			61
	Hg(Ⅱ)	10.6	21.8	20.9			
	Mg(Ⅱ)	2.58					
	Mn(Ⅱ)	3.9		8.3			
	Ni(Ⅱ)	4.97	8.55	11.33			
	Ti (Ⅲ)	12.71					
	Zn(Ⅱ)	4.4	11.3	14.14	17.66		
	Zr(Ⅳ)	14.3	28.3	41.9	55.3		

续表

配体	金属离子	$\lg\beta_1$	$\lg\beta_2$	$\lg\beta_3$	$\lg\beta_4$	$\lg\beta_5$	$\lg\beta_6$
焦磷酸根	Ba(Ⅱ)	4.6					
	Ca(Ⅱ)	4.6					
	Cd(Ⅱ)	5.6					
	Cu(Ⅱ)	6.7	9				
	Pb(Ⅱ)		5.3				
	Mg(Ⅱ)	5.7					
	Ni(Ⅱ)	5.8	7.4				
	Zr(Ⅳ)		6.5				
亚硫酸根	Cu(Ⅰ)	7.5	8.5	9.2			
	Hg(Ⅱ)		22.66				
	Ag(Ⅰ)	5.3	7.35				
硫代硫酸根	Cd(Ⅱ)	3.92	6.44				
	Cu(Ⅰ)	10.27	12.22	13.84			
	Fe(Ⅲ)	2.1					
	Pb(Ⅱ)		5.13	6.35			
	Hg(Ⅱ)		29.44	31.9	33.24		
	Ag(Ⅰ)	8.82	13.46				
硫氰酸根	Cu(Ⅰ)	12.11	5.18				
	Au(Ⅰ)		23		42		
	Fe(Ⅲ)	2.95	3.36				
	Hg(Ⅱ)		17.47		21.23		
	Ag(Ⅰ)		7.57	9.08	10.08		
	Fe(Ⅱ)[c]	3.2	6.1	8.3			
	Hg(Ⅱ)		8.43				
	Mn(Ⅱ)	9.84	2.06				
	Pb(Ⅱ)	2.52	4	6.4	8.5		
乙酰丙酮	Al(Ⅲ)[b]	8.6	15.5				
	Be(Ⅱ)	7.8	14.5				
	Cd(Ⅱ)	3.84	6.66				
	Ce(Ⅲ)	5.3	9.27	12.65			
	Cr(Ⅱ)	5.9	11.7				
	Co(Ⅱ)	5.4	9.54				
	Cu(Ⅱ)	8.27	16.34				
	Fe(Ⅱ)	5.07	8.67				

续表

配体	金属离子	$\lg\beta_1$	$\lg\beta_2$	$\lg\beta_3$	$\lg\beta_4$	$\lg\beta_5$	$\lg\beta_6$
乙酰丙酮	Fe(Ⅲ)	11.4	22.1	26.7			
	Mg(Ⅱ)	3.65	6.27				
	Mn(Ⅱ)	4.24	7.35				
	Ni(Ⅱ)[a]	6.06	10.77	13.09			
	Zn(Ⅱ)[b]	4.98	8.81				
	Zr(Ⅳ)	8.4	16	23.2	30.1		
丁二酮肟(50%二氧六环)	Cd(Ⅱ)	5.7	10.7				
	Co(Ⅱ)	9.8	18.94				
	Cu(Ⅱ)	12	33.44				
	Fe(Ⅱ)		7.25				
	Ni(Ⅱ)	11.16					
	Pb(Ⅱ)	7.3					
	Zn(Ⅱ)	7.7	13.9				
三乙醇胺	Ag(Ⅰ)	2.3	3.64				
	Co(Ⅱ)	1.73					
	Cu(Ⅱ)	4.3					
	Hg(Ⅱ)	6.9	13.08				
	Ni(Ⅱ)	2.7					
	Zn(Ⅱ)	2					
乙醇胺	Ag(Ⅰ)	3.29	6.92				
	Cu(Ⅱ)		6.68		16.48		
	Hg(Ⅱ)	8.51	17.32				
乙二胺	Ag(Ⅰ)	4.7	7.7				
	Cd(Ⅱ)[a]	5.47	10.09	12.09			
	Co(Ⅱ)	5.91	10.64	13.94			
	Co(Ⅲ)	18.7	34.9	48.69			
	Cr(Ⅱ)	5.15	9.19				
	Cu(Ⅰ)		10.8				
	Cu(Ⅱ)	10.67	20	21			
	Fe(Ⅱ)	4.34	7.65	9.7			
	Hg(Ⅱ)	14.3	23.3				
	Mg(Ⅱ)	0.37					
	Mn(Ⅱ)	2.73	4.79	5.67			
	Ni(Ⅱ)	7.52	13.84	18.33			
	Zn(Ⅱ)	5.77	10.83	14.11			

续表

配体	金属离子	$\lg\beta_1$	$\lg\beta_2$	$\lg\beta_3$	$\lg\beta_4$	$\lg\beta_5$	$\lg\beta_6$
2,2′-联吡啶	Ag(Ⅰ)	3.65	7.15				
	Cd(Ⅱ)	4.26	7.81	10.47			
	Co(Ⅱ)	5.73	11.57	17.59			
	Cr(Ⅱ)	4.5	10.5	14			
	Cu(Ⅰ)		14.2				
	Cu(Ⅱ)	8	13.6	17.08			
	Fe(Ⅱ)	4.36	8	17.45			
	Hg(Ⅱ)	9.64	16.74	19.54			
	Mn(Ⅱ)[d]	4.06	7.84	11.47			
	Ni(Ⅱ)	6.8	13.26	18.46			
	Ti(Ⅲ)			25.28			
	V(Ⅱ)	4.9	9.6	13.1			
	Zn(Ⅱ)	5.3	9.83	13.63			
甘氨酸	Ag(Ⅰ)	3.41	6.89				
	Cd(Ⅱ)	4.74	8.6				
	Co(Ⅱ)	5.23	9.25	10.76			
	Cu(Ⅱ)	8.6	15.54	16.27			
	Fe(Ⅱ)[a]	4.3	7.8				
	Fe(Ⅲ)[a,d]	10					
	Hg(Ⅱ)	10.3	19.2				
	Mg(Ⅱ)	3.44	6.46				
	Mn(Ⅱ)	3.6	6.6				
	Ni(Ⅱ)	6.18	11.14	15			
	Pb(Ⅱ)	5.47	8.92				
	Zn(Ⅱ)	5.52	9.96				
草酸根	Ag(Ⅰ)	2.41					
	Al(Ⅲ)	7.26	13	16.3			
	Ba(Ⅱ)	2.31					
	Be(Ⅱ)	4.9					
	Ca(Ⅱ)	3					
	Cd(Ⅱ)	3.52	5.77				
	Ce(Ⅲ)	6.52	10.5	11.3			
	Co(Ⅱ)	4.79	6.7	9.7			
	Co(Ⅲ)			~20			

续表

配体	金属离子	$\lg\beta_1$	$\lg\beta_2$	$\lg\beta_3$	$\lg\beta_4$	$\lg\beta_5$	$\lg\beta_6$
草酸根	Cu(Ⅱ)	6.16	8.5				
	Fe(Ⅱ)	2.9	4.52	5.22			
	Fe(Ⅲ)	9.4	16.2	20.2			
	Hg(Ⅱ)		6.98				
	Mg(Ⅱ)	3.43	4.38				
	Mn(Ⅱ)	3.97	5.8				
	Mn(Ⅲ)[e]	9.98	16.57	19.42			
	Sr(Ⅱ)	2.54					
	Zn(Ⅱ)	4.89	7.6	8.15			
水杨酸根	Al(Ⅲ)	14.11					
	Be(Ⅱ)	17.4					
	Cd(Ⅱ)	5.55					
	Co(Ⅱ)	6.72	11.42				
	Cr(Ⅱ)	8.4	15.3				
	Cu(Ⅱ)	10.6	18.45				
	Fe(Ⅱ)	6.55	11.25				
	Fe(Ⅲ)[a,c]	16.48	28.12	36.8			
	Mg(Ⅱ)	4.7	(75%二氧六环)				
	Mn(Ⅱ)	5.9	9.8				
	Zn(Ⅱ)	6.85					
酒石酸根	Bi(Ⅲ)			8.3			
	Ca(Ⅱ)	2.98	9.01				
	Cu(Ⅱ)	3.2	5.11	4.78	6.51		
	Fe(Ⅲ)	7.49					
	Zn(Ⅱ)	2.68	8.32				
硫脲	Ag(Ⅰ)	7.4	13.1				
	Bi(Ⅲ)			$\lg\beta_6$ 11.9			
	Cd(Ⅱ)	0.6	1.6	2.6	4.6		
	Cu(Ⅰ)			13	15.4		
	Hg(Ⅱ)		22.1	24.7	26.8		
	Pb(Ⅱ)	1.4	3.1	4.7	8.3		
柠檬酸根	金属离子	HL^{2-}配合物 $\lg\beta_1$	L^{3-}配合物 $\lg\beta_1$	金属离子	HL^{2-}配合物 $\lg\beta_1$	L^{3-}配合物 $\lg\beta_1$	
	Ag(Ⅰ)	7.1		Fe(Ⅱ)	3.08	15.5	

续表

配体	金属离子	HL^{2-}配合物 $\lg\beta_1$	L^{3-}配合物 $\lg\beta_1$	金属离子	HL^{2-}配合物 $\lg\beta_1$	L^{3-}配合物 $\lg\beta_1$
柠檬酸根	Al(Ⅲ)	7	20	Fe(Ⅲ)	12.5	25
	Be(Ⅱ)	4.52		Mg(Ⅱ)	3.29	
	Ca(Ⅱ)	4.68		Mn(Ⅱ)	3.67	
	Cd(Ⅱ)	3.98	11.3	Ni(Ⅱ)	5.11	14.3
	Co(Ⅱ)	4.8	12.5	Pb(Ⅱ)	6.5	
	Cu(Ⅱ)	4.35	14.2	Zn(Ⅱ)	4.71	11.4
配体	金属离子	$\lg\beta_1$	$\lg\beta_2$	金属离子	$\lg\beta_1$	$\lg\beta_2$
二甲酚橙	Bi(Ⅲ)	5.52		Zn(Ⅱ)	6.15	
	Fe(Ⅲ)	5.7		Zr(Ⅱ)	7.6	
铬黑 T	Ca(Ⅱ)	5.4		Mg(Ⅱ)	7	
	Zn(Ⅱ)	13.5	20.6			

注：除已经标注外，条件为25℃，离子强度为0。

a. 20℃；b. 30℃；c. 0.1 mol · L^{-1}；d. 1.0 mol · L^{-1}；e. 2.0 mol · L^{-1}。

数据来源：Dean J A. Lange's Handbook of Chemistry. 15th Edition. New York: McGraw-Hill, Inc., 1999.

附录 8　EDTA 配合物的稳定常数(25℃, I = 0)

离子	$\lg K$	离子	$\lg K$	离子	$\lg K$	离子	$\lg K$
Ag(Ⅰ)	7.32	Dy(Ⅲ)	18.0	Na(Ⅰ)	1.66	Ti(Ⅲ)	21.3
Al(Ⅲ)	16.11	Er(Ⅲ)	18.15	Nd(Ⅲ)	16.6	TiO(Ⅱ)	17.3
Am(Ⅲ)	18.18	Eu(Ⅲ)	17.99	Ni(Ⅱ)	18.56	Tl(Ⅲ)	22.5
Ba(Ⅱ)	7.78	Fe(Ⅱ)	14.33	Pb(Ⅱ)	18.3	Tm(Ⅲ)	19.49
Be(Ⅱ)	9.3	Fe(Ⅲ)	24.23	Pd(Ⅳ)	18.5	U(Ⅳ)	17.5
Bi(Ⅲ)	27.94	Ga(Ⅲ)	20.25	Pm(Ⅲ)	17.45	V(Ⅱ)	12.7
Ca(Ⅱ)	11.0	Gd(Ⅲ)	17.2	Pr(Ⅲ)	16.55	V(Ⅲ)	25.9
Cd(Ⅱ)	16.4	Hg(Ⅱ)	21.8	Pu(Ⅲ)	18.12	VO(Ⅱ)	18
Ce(Ⅲ)	16.8	Ho(Ⅲ)	18.1	Pu(Ⅳ)	17.66	V(Ⅴ)	18.05
Cf(Ⅲ)	19.09	In(Ⅲ)	24.95	Ra(Ⅱ)	7.4	Y(Ⅲ)	18.32
Cm(Ⅲ)	18.45	La(Ⅲ)	16.34	Sc(Ⅲ)	23.1	Yb(Ⅲ)	18.7
Co(Ⅱ)	16.31	Li(Ⅰ)	2.79	Sm(Ⅲ)	16.43	Zn(Ⅱ)	16.4
Co(Ⅲ)	36.0	Lu(Ⅲ)	19.83	Sn(Ⅱ)	22.1	Zr(Ⅳ)	29.4
Cr(Ⅱ)	13.6	Mg(Ⅱ)	8.64	Sr(Ⅱ)	8.8		
Cr(Ⅲ)	23.0	Mn(Ⅱ)	13.8	Tb(Ⅲ)	17.6		
Cu(Ⅱ)	18.7	Mo(Ⅴ)	6.36	Th(Ⅳ)	23.2		

附录 9　一些金属离子的 $\lg\alpha_{M(OH)}$ 值

离子	离子强度 /(mol · L^{-1})	pH													
		1	2	3	4	5	6	7	8	9	10	11	12	13	14
Ag(Ⅰ)	0.1											0.1	0.5	2.3	5.1
Al(Ⅲ)	2					0.4	1.3	5.3	9.3	13.3	17.3	21.3	25.3	29.3	33.3
Ba(Ⅱ)	0.1													0.1	0.5
Bi(Ⅲ)	3	0.1	0.5	1.4	2.4	3.4	4.4	5.4							
Ca(Ⅱ)	0.1													0.3	1.0
Cd(Ⅱ)	3									0.1	0.5	2.0	4.5	8.1	12.0
Cu(Ⅱ)	0.1								0.2	0.8	1.7	2.7	3.7	4.7	5.7
Fe(Ⅱ)	1									0.1	0.6	1.5	2.5	3.5	4.5
Fe(Ⅲ)	3			0.4	1.8	3.7	5.7	7.7	9.7	11.7	13.7	15.7	17.7	19.7	21.7
Hg(Ⅱ)	0.1			0.5	1.9	3.9	5.9	7.9	9.9	11.9	13.9	15.9	17.9	19.9	21.9
Mg(Ⅱ)	0.1											0.1	0.5	1.3	2.3
Ni(Ⅱ)	0.1									0.1	0.7	1.6			
Pb(Ⅱ)	0.1							0.1	0.5	1.4	2.7	4.7	7.4	10.4	13.4
Zn(Ⅱ)	0.1									0.2	2.4	5.4	8.5	11.8	15.5

附录 10　EDTA 的酸效应

pH	$\lg\alpha_{Y(H)}$	pH	$\lg\alpha_{Y(H)}$	pH	$\lg\alpha_{Y(H)}$	pH	$\lg\alpha_{Y(H)}$	pH	$\lg\alpha_{Y(H)}$
0	23.64	1.9	13.88	3.8	8.85	5.7	5.15	7.6	2.68
0.1	23.06	2.0	13.51	3.9	8.65	5.8	4.98	7.7	2.57
0.2	22.47	2.1	13.16	4.0	8.44	5.9	4.81	7.8	2.47
0.3	21.89	2.2	12.82	4.1	8.24	6.0	4.65	7.9	2.37
0.4	21.32	2.3	12.50	4.2	8.04	6.1	4.49	8.0	2.27
0.5	20.75	2.4	12.19	4.3	7.84	6.2	4.34	8.1	2.17
0.6	20.18	2.5	11.90	4.4	7.64	6.3	4.20	8.2	2.07
0.7	19.62	2.6	11.62	4.5	7.44	6.4	4.06	8.3	1.97
0.8	19.08	2.7	11.35	4.6	7.24	6.5	3.92	8.4	1.87
0.9	18.54	2.8	11.09	4.7	7.04	6.6	3.79	8.5	1.77
1.0	18.01	2.9	10.84	4.8	6.84	6.7	3.67	8.6	1.67
1.1	17.49	3.0	10.60	4.9	6.65	6.8	3.55	8.7	1.57
1.2	16.98	3.1	10.37	5.0	6.45	6.9	3.43	8.8	1.48
1.3	16.49	3.2	10.14	5.1	6.26	7.0	3.32	8.9	1.38
1.4	16.02	3.3	9.92	5.2	6.07	7.1	3.21	9.0	1.28
1.5	15.55	3.4	9.70	5.3	5.88	7.2	3.10	9.1	1.19
1.6	15.11	3.5	9.48	5.4	5.69	7.3	2.99	9.2	1.10
1.7	14.68	3.6	9.27	5.5	5.51	7.4	2.88	9.3	1.01
1.8	14.27	3.7	9.06	5.6	5.33	7.5	2.78	9.4	0.92

续表

pH	$\lg\alpha_{Y(H)}$	pH	$\lg\alpha_{Y(H)}$	pH	$\lg\alpha_{Y(H)}$	pH	$\lg\alpha_{Y(H)}$	pH	$\lg\alpha_{Y(H)}$
9.5	0.83	10.1	0.39	10.7	0.13	11.3	0.04	11.9	0.01
9.6	0.75	10.2	0.33	10.8	0.11	11.4	0.03	12.0	0.01
9.7	0.67	10.3	0.28	10.9	0.09	11.5	0.02	13.0	0.00
9.8	0.59	10.4	0.24	11.0	0.07	11.6	0.02	14.0	0.00
9.9	0.52	10.5	0.20	11.1	0.06	11.7	0.02		
10.0	0.45	10.6	0.16	11.2	0.05	11.8	0.01		

附录 11　金属指示剂的 $\lg\alpha_{In(H)}$ 值和 pM_t 值

铬黑 T ($pK_{a_3}=11.6$， $pK_{a_2}=6.2$)								
pH	6.0	7.0	8.0	9.0	10.0	11.0	12.0	13.0
$\lg\alpha_{In(H)}$	6.0	4.6	3.6	2.6	1.6	0.7	0.1	
pCa_t(至红)			1.8	2.8	3.8	4.7	5.3	5.4
pMg_t(至红)	1.0	2.4	3.4	4.4	5.4	6.3	6.9	
pZn_t(至红)	6.9	8.3	9.3	10.5	12.2	13.9		

注： $\lg K_{CaIn}=5.4$; $\lg K_{MgIn}=7.0$; $\lg\beta_1^{ZnIn}=12.9$， $\lg\beta_2^{ZnIn_2}=20.0$ 。

二甲酚橙(pM_t 为实验值)										
pH	1.0	2.0	3.0	4.0	4.5	5.0	5.5	6.0	6.5	7.0
pBi_t(至红)	4.0	5.4	6.8							
pCd_t(至红)					4.0	4.5	5.0	5.5	6.3	6.8
pHg_t(至红)						7.4	8.2	9.0		
pPb_t(至红)			4.2	4.8	6.2	7.0	7.6	8.2		
pTh_t(至红)	3.6	4.9	6.3							
pZn_t(至红)					4.1	4.8	5.7	6.5	7.3	8.0

附录 12　标准电极电势

1. 酸性介质

半反应	$\varphi_A^\ominus$/V
$Li^+ + e^- \rightleftharpoons Li$	−0.3045
$K^+ + e^- \rightleftharpoons K$	−2.925
$Na^+ + e^- \rightleftharpoons Na$	−2.714
$La^{3+} + 3e^- \rightleftharpoons La$	−2.37
$Mg^{2+} + 2e^- \rightleftharpoons Mg$	−2.356

续表

半反应	$\varphi_A^\ominus$/V
$Be^{2+} + 2e^- \rightleftharpoons Be$	−1.97
$Zr^{4+} + 4e^- \rightleftharpoons Zr$	−1.70
$Al^{3+} + 3e^- \rightleftharpoons Al$	−1.67
$Ti^{3+} + 3e^- \rightleftharpoons Ti$	−1.21
$Mn^{2+} + 2e^- \rightleftharpoons Mn$	−1.18
$V^{2+} + 2e^- \rightleftharpoons V$	−1.13
$SiO_2 + 4H^+ + 4e^- \rightleftharpoons Si + 2H_2O$	−0.888
$Zn^{2+} + 2e^- \rightleftharpoons Zn$	−0.763
$Fe^{2+} + 2e^- \rightleftharpoons Fe$	−0.44
$Cr^{3+} + e^- \rightleftharpoons Cr^{2+}$	−0.424
$Cd^{2+} + 2e^- \rightleftharpoons Cd$	−0.403
$PbSO_4 + 2e^- \rightleftharpoons Pb + SO_4^{2-}$	−0.351
$Eu^{3+} + e^- \rightleftharpoons Eu^{2+}$	−0.35
$Co^{2+} + 2e^- \rightleftharpoons Co$	−0.277
$H_3PO_4 + 2H^+ + 2e^- \rightleftharpoons H_3PO_3 + H_2O$	−0.276
$Ni^{2+} + 2e^- \rightleftharpoons Ni$	−0.257
$V^{3+} + e^- \rightleftharpoons V^{2+}$	−0.255
$2SO_4^{2-} + 4H^+ + 2e^- \rightleftharpoons S_2O_6^{2-} + 2H_2O$	−0.253
$N_2 + 5H^+ + 4e^- \rightleftharpoons N_2H_5^+$	−0.23
$CO_2 + 2H^+ + 2e^- \rightleftharpoons HCOOH$	−0.16
$AgI + e^- \rightleftharpoons Ag + I^-$	−0.152
$Sn^{2+} + 2e^- \rightleftharpoons Sn$	−0.136
$Pb^{2+} + 2e^- \rightleftharpoons Pb$	−0.125
$2H^+ + 2e^- \rightleftharpoons H_2$	0.000
$HCOOH + 2H^+ + 2e^- \rightleftharpoons HCHO + H_2O$	0.056
$AgBr + e^- \rightleftharpoons Ag + Br^-$	0.071

续表

半反应	$\varphi_A^\ominus$/V
$TiO^{2+} + 2H^+ + e^- \rightleftharpoons Ti^{3+} + H_2O$	0.100
$S + 2H^+ + 2e^- \rightleftharpoons H_2S$	0.144
$Sn^{4+} + 2e^- \rightleftharpoons Sn^{2+}$	0.15
$SO_4^{2-} + 4H^+ + 2e^- \rightleftharpoons H_2SO_3 + H_2O$	0.158
$Cu^{2+} + e^- \rightleftharpoons Cu^+$	0.159
$AgCl + e^- \rightleftharpoons Ag + Cl^-$	0.222
$HCHO + 2H^+ + 2e^- \rightleftharpoons CH_3OH$	0.232
$UO_2^{2+} + 4H^+ + 2e^- \rightleftharpoons U^{4+} + 2H_2O$	0.27
$VO^{2+} + 2H^+ + e^- \rightleftharpoons V^{3+} + H_2O$	0.337
$Cu^{2+} + 2e^- \rightleftharpoons Cu$	0.340
$[Fe(CN)_6]^{3-} + e^- \rightleftharpoons [Fe(CN)_6]^{4-}$	0.361
$2H_2SO_3 + 2H^+ + 4e^- \rightleftharpoons S_2O_3^{2-} + 3H_2O$	0.400
$H_2SO_3 + 4H^+ + 4e^- \rightleftharpoons S + 3H_2O$	0.500
$4H_2SO_3 + 4H^+ + 6e^- \rightleftharpoons S_4O_6^{2-} + 6H_2O$	0.507
$Cu^+ + e^- \rightleftharpoons Cu$	0.520
$I_2 + 2e^- \rightleftharpoons 2I^-$	0.5355
$I_3^- + 2e^- \rightleftharpoons 3I^-$	0.536
$MnO_4^- + e^- \rightleftharpoons MnO_4^{2-}$	0.56
$S_2O_6^{2-} + 4H^+ + 2e^- \rightleftharpoons 2H_2SO_3$	0.569
$CH_3OH + 2H^+ + 2e^- \rightleftharpoons CH_4 + H_2O$	0.59
$HN_3 + 11H^+ + 8e^- \rightleftharpoons 3NH_4^+$	0.695
$O_2 + 2H^+ + 2e^- \rightleftharpoons H_2O_2$	0.695
$Rh^{3+} + 3e^- \rightleftharpoons Rh$	0.76
$(NCS)_2 + 2e^- \rightleftharpoons 2NCS^-$	0.77
$Fe^{3+} + e^- \rightleftharpoons Fe^{2+}$	0.771
$Hg_2^{2+} + 2e^- \rightleftharpoons 2Hg$	0.796

续表

半反应	$\varphi_A^\ominus$/V
$Ag^+ + e^- \rightleftharpoons Ag$	0.799
$2NO_3^- + 4H^+ + 2e^- \rightleftharpoons N_2O_4 + 2H_2O$	0.803
$Hg^{2+} + 2e^- \rightleftharpoons Hg$	0.911
$NO_3^- + 3H^+ + 2e^- \rightleftharpoons HNO_2 + H_2O$	0.94
$NO_3^- + 4H^+ + 3e^- \rightleftharpoons NO + 2H_2O$	0.957
$NHO_2 + H^+ + e^- \rightleftharpoons NO + H_2O$	0.996
$N_2O_4 + 4H^+ + 4e^- \rightleftharpoons 2NO + 2H_2O$	1.039
$Br_2 + 2e^- \rightleftharpoons 2Br^-$	1.065
$N_2O_4 + 2H^+ + 2e^- \rightleftharpoons 2HNO_2$	1.07
$ClO_4^- + 2H^+ + 2e^- \rightleftharpoons ClO_3^- + H_2O$	1.201
$O_2 + 4H^+ + 4e^- \rightleftharpoons 2H_2O$	1.229
$MnO_2 + 4H^+ + 2e^- \rightleftharpoons Mn^{2+} + 2H_2O$	1.23
$N_2H_5^+ + 3H^+ + 2e^- \rightleftharpoons 2NH_4^+$	1.275
$Cl_2 + 2e^- \rightleftharpoons 2Cl^-$	1.358
$Cr_2O_7^{2-} + 14H^+ + 6e^- \rightleftharpoons 2Cr^{3+} + 7H_2O$	1.36
$PbO_2 + 4H^+ + 2e^- \rightleftharpoons Pb^{2+} + 2H_2O$	1.468
$2BrO_3^- + 12H^+ + 10e^- \rightleftharpoons Br_2 + 6H_2O$	1.478
$Mn^{3+} + e^- \rightleftharpoons Mn^{2+}$	1.51
$Au^{3+} + 3e^- \rightleftharpoons Au$	1.52
$NiO_2 + 4H^+ + 2e^- \rightleftharpoons Ni^{2+} + 2H_2O$	1.593
$2HBrO + 2H^+ + 2e^- \rightleftharpoons Br_2 + 2H_2O$	1.604
$2HClO + 2H^+ + 2e^- \rightleftharpoons Cl_2 + 2H_2O$	1.630
$PbO_2 + SO_4^{2-} + 4H^+ + 2e^- \rightleftharpoons PbSO_4 + 2H_2O$	1.698
$MnO_4^- + 4H^+ + 3e^- \rightleftharpoons MnO_2 + 2H_2O$	1.70
$Ce^{4+} + e^- \rightleftharpoons Ce^{3+}$	1.72

续表

半反应	$\varphi_A^\ominus$/V
$H_2O_2+2H^++2e^- \rightleftharpoons 2H_2O$	1.763
$Au^++e^- \rightleftharpoons Au$	1.83
$Co^{3+}+e^- \rightleftharpoons Co^{2+}$	1.92
$HN_3+3H^++2e^- \rightleftharpoons NH_4^++N_2$	1.96
$S_2O_8^{2-}+2e^- \rightleftharpoons 2SO_4^{2-}$	1.96
$O_3+2H^++2e^- \rightleftharpoons O_2+H_2O$	2.075
$F_2+2H^++2e^- \rightleftharpoons 2HF$	3.053

2. 碱性介质

半反应	$\varphi_B^\ominus$/V
$Ca(OH)_2+2e^- \rightleftharpoons Ca+2OH^-$	−3.026
$Mg(OH)_2+2e^- \rightleftharpoons Mg+2OH^-$	−2.687
$Al(OH)_3+3e^- \rightleftharpoons Al+3OH^-$	−2.310
$SiO_3^{2-}+3H_2O+4e^- \rightleftharpoons Si+6OH^-$	−1.7
$Mn(OH)_2+2e^- \rightleftharpoons Mn+2OH^-$	−1.56
$2TiO_2+H_2O+2e^- \rightleftharpoons Ti_2O_3+2OH^-$	−1.38
$Cr(OH)_3+3e^- \rightleftharpoons Cr+3OH^-$	−1.33
$[Zn(OH)_4]^{2-}+2e^- \rightleftharpoons Zn+4OH^-$	−1.285
$[Zn(NH_3)_4]^{2+}+2e^- \rightleftharpoons Zn+4NH_3$	−1.04
$MnO_2+2H_2O+4e^- \rightleftharpoons Mn+4OH^-$	−0.980
$[Cd(CN)_4]^{2-}+2e^- \rightleftharpoons Cd+4CN^-$	−0.943
$SO_4^{2-}+H_2O+2e^- \rightleftharpoons SO_3^{2-}+2OH^-$	−0.94
$2H_2O+2e^- \rightleftharpoons H_2+2OH^-$	−0.828
$HFeO_2^-+H_2O+2e^- \rightleftharpoons Fe+3OH^-$	−0.8
$Co(OH)_2+2e^- \rightleftharpoons Co+2OH^-$	−0.733

续表

半反应	$\varphi_B^\ominus$/V
$CrO_4^{2-} + 4H_2O + 3e^- \rightleftharpoons [Cr(OH)_4]^- + 4OH^-$	−0.72
$Ni(OH)_2 + 2e^- \rightleftharpoons Ni + 2OH^-$	−0.72
$FeO_2^- + H_2O + e^- \rightleftharpoons HFeO_2^- + OH^-$	−0.69
$2SO_3^{2-} + 3H_2O + 4e^- \rightleftharpoons S_2O_3^{2-} + 6OH^-$	−0.58
$[Ni(NH_3)_6]^{2+} + 2e^- \rightleftharpoons Ni + 6NH_3$	−0.476
$S + 2e^- \rightleftharpoons S^{2-}$	−0.45
$O_2 + e^- \rightleftharpoons O_2^-$	−0.33
$CuO + H_2O + 2e^- \rightleftharpoons Cu + 2OH^-$	−0.29
$Mn_2O_3 + 3H_2O + 2e^- \rightleftharpoons 2Mn(OH)_2 + 2OH^-$	−0.25
$2CuO + H_2O + 2e^- \rightleftharpoons Cu_2O + 2OH^-$	−0.22
$O_2 + H_2O + 2e^- \rightleftharpoons HO_2^- + OH^-$	−0.065
$MnO_2 + 2H_2O + 2e^- \rightleftharpoons Mn(OH)_2 + 2OH^-$	−0.05
$NO_3^- + H_2O + 2e^- \rightleftharpoons NO_2^- + 2OH^-$	0.01
$[Co(NH_3)_6]^{3+} + e^- \rightleftharpoons [Co(NH_3)_6]^{2+}$	0.058
$HgO + H_2O + 2e^- \rightleftharpoons Hg + 2OH^-$	0.098
$N_2H_4 + 2H_2O + 2e^- \rightleftharpoons 2NH_3 + 2OH^-$	0.1
$Co(OH)_3 + e^- \rightleftharpoons Co(OH)_2 + OH^-$	0.17
$O_2^- + H_2O + e^- \rightleftharpoons HO_2^- + OH^-$	0.20
$ClO_3^- + H_2O + 2e^- \rightleftharpoons ClO_2^- + 2OH^-$	0.295
$Ag_2O + H_2O + 2e^- \rightleftharpoons 2Ag + 2OH^-$	0.342
$[Ag(NH_3)_2]^+ + e^- \rightleftharpoons Ag + 2NH_3$	0.373
$ClO_4^- + H_2O + 2e^- \rightleftharpoons ClO_3^- + 2OH^-$	0.374
$O_2 + 2H_2O + 4e^- \rightleftharpoons 4OH^-$	0.401
$NiO_2 + 2H_2O + 2e^- \rightleftharpoons Ni(OH)_2 + 2OH^-$	0.490
$FeO_4^{2-} + 2H_2O + 3e^- \rightleftharpoons FeO_2^- + 4OH^-$	0.55

续表

半反应	$\varphi_B^\ominus$/V
$BrO_3^- + 3H_2O + 6e^- \rightleftharpoons Br^- + 6OH^-$	0.584
$MnO_4^{2-} + 2H_2O + 2e^- \rightleftharpoons MnO_2 + 4OH^-$	0.62
$ClO_2^- + H_2O + 2e^- \rightleftharpoons ClO^- + 2OH^-$	0.681
$BrO^- + H_2O + 2e^- \rightleftharpoons Br^- + 2OH^-$	0.766
$HO_2^- + H_2O + 2e^- \rightleftharpoons 3OH^-$	0.867
$ClO^- + H_2O + 2e^- \rightleftharpoons Cl^- + 2OH^-$	0.890
$ClO_2 + e^- \rightleftharpoons ClO_2^-$	1.041
$O_3 + H_2O + 2e^- \rightleftharpoons O_2 + 2OH^-$	1.246
$OH + e^- \rightleftharpoons OH^-$	1.985

数据来源：Speight J G. 2004. Lange's Handbook of Chemistry. 16th ed. New York: McGraw-Hill Inc.。

附录 13　微溶化合物的溶度积(18～25℃，$I = 0$)

微溶化合物	K_{sp}	pK_{sp}	微溶化合物	K_{sp}	pK_{sp}
AgAc	2×10^{-3}	2.7	BiOOH**	4×10^{-10}	9.4
Ag_3AsO_4	1×10^{-22}	22.0	BiI_3	8.1×10^{-19}	18.09
AgBr	5.0×10^{-13}	12.30	BiOCl	1.8×10^{-31}	30.75
Ag_2CO_3	8.1×10^{-12}	11.09	$BiPO_4$	1.3×10^{-23}	22.89
AgCl	1.8×10^{-10}	9.75	Bi_2S_3	1×10^{-97}	97.0
Ag_2CrO_4	2.0×10^{-12}	11.71	$CaCO_3$	2.9×10^{-9}	8.54
AgCN	1.2×10^{-16}	15.92	CaF_2	2.7×10^{-11}	10.57
AgOH	2.0×10^{-8}	7.71	$CaC_2O_4 \cdot H_2O$	2.0×10^{-9}	8.70
AgI	9.3×10^{-17}	16.03	$Ca_3(PO_4)_2$	2.0×10^{-29}	28.70
$Ag_2C_2O_4$	3.5×10^{-11}	10.46	$CaSO_4$	9.1×10^{-6}	5.04
Ag_3PO_4	1.4×10^{-16}	15.84	$CaWO_4$	8.7×10^{-9}	8.06
Ag_2SO_4	1.4×10^{-5}	4.84	$CdCO_3$	5.2×10^{-12}	11.28
Ag_2S	2×10^{-49}	48.7	$Cd_2[Fe(CN)_6]$	3.2×10^{-17}	16.49
AgSCN	1.0×10^{-12}	12.00	$Cd(OH)_2$(新析出)	2.5×10^{-14}	13.60
$Al(OH)_3$(无定形)	1.3×10^{-33}	32.9	$CdC_2O_4 \cdot 3H_2O$	9.1×10^{-8}	7.04
$As_2S_3^*$	2.1×10^{-22}	21.68	CdS	8×10^{-27}	26.1
$BaCO_3$	5.1×10^{-9}	8.29	$CoCO_3$	1.4×10^{-13}	12.84
$BaCrO_4$	1.2×10^{-10}	9.93	$Co_2[Fe(CN)_6]$	1.8×10^{-15}	14.74
BaF_2	1×10^{-6}	6.0	$Co(OH)_2$(新析出)	2×10^{-15}	14.7
$BaC_2O_4 \cdot H_2O$	2.3×10^{-8}	7.64	$Co(OH)_3$	2×10^{-44}	43.7
$BaSO_4$	1.1×10^{-10}	9.96	$Co[Hg(SCN)_4]$	1.5×10^{-6}	5.82
$Bi(OH)_3$	4×10^{-31}	30.4	α-CoS	4×10^{-21}	20.4

续表

微溶化合物	K_{sp}	pK_{sp}	微溶化合物	K_{sp}	pK_{sp}
β-CoS	2×10^{-25}	24.7	$Ni(OH)_2$(新析出)	2×10^{-15}	14.7
$Co_3(PO_4)_2$	2×10^{-35}	34.7	$Ni_3(PO_4)_2$	5×10^{-31}	30.3
$Cr(OH)_3$	6×10^{-31}	30.2	α-NiS	3×10^{-19}	18.5
CuBr	5.2×10^{-9}	8.28	β-NiS	1×10^{-24}	24.0
CuCl	1.2×10^{-6}	5.92	γ-NiS	2×10^{-26}	25.7
CuCN	3.2×10^{-20}	19.49	$PbCO_3$	7.4×10^{-14}	13.13
CuI	1.1×10^{-12}	11.96	$PbCl_2$	1.6×10^{-5}	4.79
CuOH	1×10^{-14}	14.0	PbClF	2.4×10^{-9}	8.62
Cu_2S	2×10^{-48}	47.7	$PbCrO_4$	2.8×10^{-13}	12.55
CuSCN	4.8×10^{-15}	14.32	PbF_2	2.7×10^{-8}	7.57
$CuCO_3$	1.4×10^{-10}	9.86	$Pb(OH)_2$	1.2×10^{-15}	14.93
$Cu(OH)_2$	2.2×10^{-20}	19.66	PbI_2	7.1×10^{-9}	8.15
CuS	6×10^{-36}	35.2	$PbMoO_4$	1×10^{-13}	13.0
$FeCO_3$	3.2×10^{-11}	10.50	$Pb_3(PO_4)_2$	8.0×10^{-43}	42.10
$Fe(OH)_2$	8×10^{-16}	15.1	$PbSO_4$	1.6×10^{-8}	7.79
FeS	6×10^{-18}	17.2	PbS	8×10^{-28}	27.9
$Fe(OH)_3$	4×10^{-38}	37.4	$Pb(OH)_4$	3×10^{-66}	65.5
$FePO_4$	1.3×10^{-22}	21.89	$Sb(OH)_3$	4×10^{-42}	41.4
Hg_2Br_2***	5.8×10^{-23}	22.24	Sb_2S_3	2×10^{-93}	92.8
Hg_2CO_3	8.9×10^{-17}	16.05	$Sn(OH)_2$	1.4×10^{-28}	27.85
Hg_2Cl_2	1.3×10^{-18}	17.88	SnS	1×10^{-25}	25.0
$Hg_2(OH)_2$	2×10^{-24}	23.7	$Sn(OH)_4$	1×10^{-56}	56.0
Hg_2I_2	4.5×10^{-29}	28.35	SnS_2	2×10^{-27}	26.7
Hg_2SO_4	7.4×10^{-7}	6.13	$SrCO_3$	1.1×10^{-10}	9.96
Hg_2S	1×10^{-47}	47.0	$SrCrO_4$	2.2×10^{-5}	4.65
$Hg(OH)_2$	3.0×10^{-26}	25.52	SrF_2	2.4×10^{-9}	8.61
HgS(红色)	4×10^{-53}	52.4	$SrC_2O_4\cdot H_2O$	1.6×10^{-7}	6.80
HgS(黑色)	2×10^{-52}	51.7	$Sr_3(PO_4)_2$	4.1×10^{-28}	27.39
$MgNH_4PO_4$	2×10^{-13}	12.7	$SrSO_4$	3.2×10^{-7}	6.49
$MgCO_3$	6.8×10^{-6}	5.17	$Ti(OH)_3$	1×10^{-40}	40.0
MgF_2	6.4×10^{-9}	8.19	$TiO(OH)_2$****	1×10^{-29}	29.0
$Mg(OH)_2$	1.8×10^{-11}	10.74	$ZnCO_3$	1.4×10^{-11}	10.84
$MnCO_3$	1.8×10^{-11}	10.74	$Zn_2[Fe(CN)_6]$	4.1×10^{-16}	15.39
$Mn(OH)_2$	1.9×10^{-13}	12.72	$Zn(OH)_2$	1.2×10^{-17}	16.92
MnS(无定形)	2×10^{-10}	9.7	$Zn_3(PO_4)_2$	9.1×10^{-33}	32.04
MnS(晶形)	2×10^{-13}	12.7	ZnS	2×10^{-22}	21.7
$NiCO_3$	6.6×10^{-9}	8.18			

*为下列平衡的平衡常数 $As_2S_3 + 4H_2O \rightleftharpoons 2HAsO_2 + 3H_2S$；

**BiOOH：$K_{sp} = [BiO^+][OH^-]$；

***$(Hg_2)_mX_n$：$K_{sp} = [Hg_2^{2+}]^m\,[X^{(2m/n)-}]^n$；

****$TiO(OH)_2$：$K_{sp} = [TiO^{2+}][OH^-]^2$。